国家现代学徒制试点教材

“成果导向+行动学习”课程改革教材

锅炉设备制造技术

主编　刘洋　张福强

主审　白凤臣

哈尔滨工程大学出版社
Harbin Engineering University Press

内容简介

本书是城市热能应用技术专业的核心课程教材，系统地阐述了现代锅炉制造工艺，特别是主要受压零部件的制造技术和检验方法。全书分为五个项目，项目一主要介绍锅炉用金属材料；项目二、项目三、项目四主要介绍锅炉制造的主要加工方法，包括切割工艺和焊接工艺；项目五主要介绍锅炉主要零部件的制造工艺。

本书可作为高职（或中职）院校城市热能应用技术专业教学用书，也可供从事热能动力设备设计、制造、运行和安装工作的工程技术人员参考。

图书在版编目（CIP）数据

锅炉设备制造技术／刘洋，张福强主编．—哈尔滨：哈尔滨工程大学出版社，2019.7
ISBN 978-7-5661-2419-7

Ⅰ．①锅…　Ⅱ．①刘…　②张…　Ⅲ．①锅炉-制造-教材　Ⅳ．①TK226

中国版本图书馆 CIP 数据核字（2019）第 170667 号

选题策划　史大伟　薛　力
责任编辑　卢尚坤　马毓聪
封面设计　李海波

出版发行　哈尔滨工程大学出版社
社　　址　哈尔滨市南岗区南通大街 145 号
邮政编码　150001
发行电话　0451-82519328
传　　真　0451-82519699
经　　销　新华书店
印　　刷　北京中石油彩色印刷有限责任公司
开　　本　787 mm×1 092 mm　1/16
印　　张　18.25
字　　数　470 千字
版　　次　2019 年 7 月第 1 版
印　　次　2019 年 7 月第 1 次印刷
定　　价　49.00 元
http://www.hrbeupress.com
E-mail:heupress@hrbeu.edu.cn

前言

“锅炉设备制造技术”是城市热能应用技术专业的一门专业核心课程,在培养学生掌握专业知识过程中起到重要作用。

本书是为满足高等职业(高职)院校城市热能应用技术专业成果导向(Outcomes-based Education,OBE)教学改革的需要,同时满足国家现代学徒制试点需求而编写的。面向《中国制造2025》的规划,根据高等职业教育的能力培养要求,本书以培养学生沟通整合、学习创新、专业技能、问题解决、责任关怀和职业素养六个能力为核心,基于“成果导向+行动学习”的中心思想,结合热能动力设备的特点,构成本书的基本框架,力求符合实际、实用、规范、必须、精炼的原则。本书在内容上不仅仅介绍理论,而着重学生的学习效果,按照学习目标—任务描述—知识导航—任务实施—任务评量这一脉络引导学生自主学习。同时用知识拓展环节着重介绍国内外锅炉和压力容器制造行业所采用的各种新技术和新工艺,能够充分反映锅炉制造技术水平。并按照真实案例让学生进行任务训练,达到最佳学习效果。

全书共五大项目,每一个项目分成若干任务,学生按照工学结合一体化教学模式,通过教、学、做完成每一个任务,实现预期成果。项目一主要学习锅炉用金属材料;项目二主要学习金属材料下料切割;项目三主要学习锅炉制造焊接方法;项目四主要学习锅炉制造焊接工艺;项目五主要学习锅炉设备制造工艺。

本书由黑龙江职业学院刘洋与哈尔滨红光锅炉集团有限公司张福强任主编。绪论、项目一、项目二、项目三、项目四由刘洋编写,项目五由张福强编写,大庆市粮食局安全科长赵卫东参加了项目五的编写,黑龙江职业学院宋海江参加了项目四的编写与整理,岳燕星参加了项目二、项目三的编写与整理。全书由刘洋统稿,黑龙江职业学院白凤臣老师审阅了全书,并提出了一些宝贵的意见和建议。

本书在编写过程中,参阅了高等学校有关教材及国内出版的资料,并得到了许多锅炉厂与锅炉安装公司提供的技术资料和热情帮助,在此一并致谢。

尽管编者在探索《锅炉设备制造技术》特色教材建设方面做了许多努力,但由于高职教育教学改革是一个继续探索和不断深化的过程,教材的完善需要一个较长的时间,加之编者水平所限,书中难免存在疏漏和不足之处,恳请各教学单位和广大读者批评指正。

编　者

2019年3月

成果蓝图

学校核心能力	城市热能应用技术专业能力指标（标注代码）
A 沟通合作 （协作力）	AZf1 具备有效沟通、团结协作的能力 AZf2 具备整合热能工程及相关领域知识的能力
B 学习创新 （学习力）	BZf1 具备学会学习及信息处理的能力 BZf2 具备节能技术创新意识及创业的能力
C 专业技能 （专业力）	CZf1 具备掌握热能工程领域所需技术的能力 CZf2 具备制造工艺编制、制造设备使用、锅炉设备操作、故障诊断和锅炉制造、安装或运行、检修的能力
D 问题解决 （执行力）	DZf1 具备发现、分析热能工程领域实际问题的能力 DZf2 具备解决热能工程领域实际问题及处理突发事件的能力
E 责任关怀 （责任力）	EZf1 具备责任承担、社会关怀的能力 EZf2 具备环保意识和人文涵养
F 职业素养 （发展力）	FZf1 具备吃苦耐劳，恪守职业操守，严守行业标准的能力 FZf2 具备岗位变迁及适应行业中各种复杂多变环境的能力
课程教学目标（标注能力指标）	1. 能根据生产需要，编制锅炉部件、辅机零部件制造加工的工艺方案。 EZf1 2. 熟练掌握锅炉主机及辅机制图与识图，能合理地编制锅炉主机、辅机部件的加工工序与工步。 CZf2 3. 能够利用锅炉制造（主机与辅机）PPT，准确完成锅炉及辅机技术文件的编制（工艺＋定额）。 CZf2 4. 能熟练掌握锅炉主机、辅机制造相关最新行业标准。 EZf1 5. 正确理解锅炉主机、辅机设计与制造的关系，能够为用户提供满意产品。 DZf2 6. 能自主完成方案和工艺技术文件修订。 CZf2

核心能力权重	沟通合作（A）	学习创新（B）	专业技能（C）	问题解决（D）	责任关怀（E）	职业素养（F）	合计
			70%	20%	10%		100%

课程权重	AZf1	AZf2	BZf1	BZf2	CZf1	CZf2	DZf1	DZf2	EZf1	EZf2	FZf1	FZf2	合计
					15%	55%	5%	15%	10%				100%

目录

项目一　锅炉用金属材料

项目二　金属材料下料切割

项目三　锅炉制造焊接方法

项目四　锅炉制造焊接工艺

项目五 锅炉设备制造工艺

项目一　锅炉用金属材料

项目描述

锅炉是一种热能转换设备，锅炉内储存的是具有一定压力的介质，一旦破坏，就会造成严重的后果。因此，选择合适的原材料及加强原材料的检验是保证锅炉安全运行的一个重要前提。

锅炉是一种体积庞大而构造复杂的设备，由许多零部件组成，仅本体部分就包括锅筒、水冷壁、对流受热面（包括过热器、再热器和省煤器）、集箱、汽水管道、空气预热器、燃烧设备和锅炉构架等。上述各种零部件由于工作过程和工作条件的不同，对所用材料及制造方法有不同的要求。特别是各承压部件，其所用的材料及制造质量对锅炉性能与安全运行有着十分重要的影响。

随着锅炉设计、制造、运行和安装技术的提高，锅炉的工作压力、工作温度不断提高，对所用钢材的强度、塑性、韧性、耐磨性、耐蚀性以及其他物理化学性能的要求也愈来愈高，碳钢已不能完全满足这些要求，因此出现了满足各种特殊性能要求的合金钢。

图 1.1.1 为哈尔滨红光锅炉集团有限公司拟生产的一台 75 t/h 循环流化床锅炉图纸。

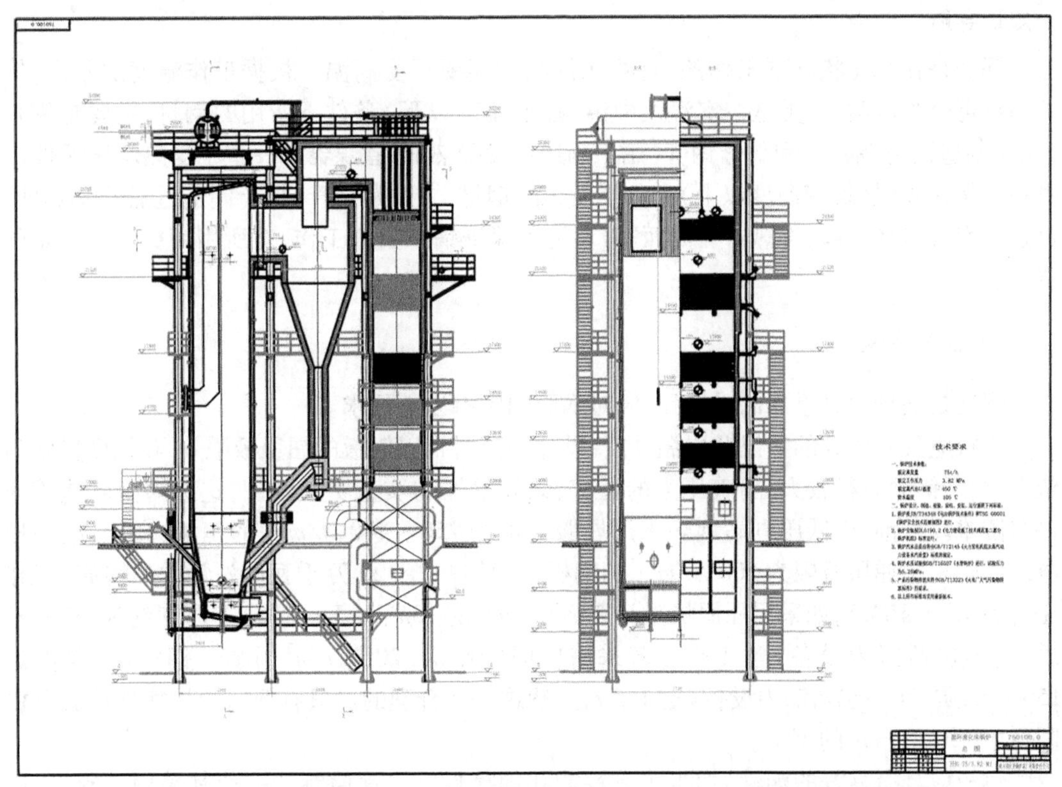

图 1.1.1　哈尔滨红光锅炉集团有限公司拟生产的一台 75 t/h 循环流化床锅炉图纸

本项目的任务是对锅炉图纸中各部件工作环境进行分析,使学生具备确定各部件应该使用的材料的种类和性能的能力,形成依据规程正确选择材料的职业能力。

教学环境

教学场地是锅炉设备检修实训室。学生可利用多媒体教室进行理论知识的学习、小组工作计划的制订、实施方案的讨论等,也可利用检修实训室的设备实现对材料的认知和对设备的熟悉。

任务一　认识锅炉用金属材料

• 学习目标

知识:诠释锅炉用钢材类型;解析锅炉不同部件工作环境和所用钢材的种类。

技能:熟练确认给定任务材料明细;准确进行锅炉构件的材料选择。

素养:积极参与学习过程,完成知识的认知;养成自主学习的习惯。

• 任务描述

根据 75 *t/h* 循环流化床锅炉的设计要求分析锅炉主要受压部件的构成,说明各部件基本技术参数(承受压力、温度),熟悉相关规程,并能够按照规程要求确定锅炉各部件的材料类型。

• 知识导航

锅炉是在承压状态下工作的,有些元件同时还要承受高温。根据工作温度的不同,锅炉用钢可分为两类:一类是在室温及中温(蠕变温度以下)条件下所用的钢材,主要是钢板(用于制造锅壳、锅筒)和部分钢管(用于制造蒸发受热面、省煤器和一些不受热承压元件);另一类是在高温(蠕变温度以上)条件下所用的钢材,主要是钢管(用于制造过热器受热面、过热蒸汽管道和集箱、再热器受热面等)。为了保证锅炉安全工作,对所用钢材具有一定的要求。

一、锅筒用钢

锅筒是锅炉中最重要的受压元件,对锅筒用钢有以下要求。

钢板应具有较高的室温及中温强度:设计锅筒时常以钢板的屈服极限 σ_s 和强度极限为依据,由于锅筒直径较大,随着压力的增大,锅筒壁厚和质量明显增加,这给锅筒制造带来许多困难。目前,中低压电站锅炉采用屈服极限为 250 ~ 440 N/mm^2 的钢板;高压、超高压电站锅炉采用屈服极限为 500 N/mm^2 的钢板。例如,一台 20 万千瓦电站锅炉的锅筒(工作压力为 15.5 *MPa*),如采用屈服极限为 500 N/mm^2 的 10*MnMoVg* 钢板,其厚度约为 80 *mm*,质量(不包括锅内设备)达 100 *t*;若采用屈服极限为220 N/mm^2 的 22*g* 钢板,其厚度达 150 *mm*,质量(不包括锅内设备)达 185 *t*,显然这是不合理的。只有低压锅炉才选用屈服极限低于 250 N/mm^2 的钢板。

钢板应具有良好的塑性、加工工艺性能和焊接性能。锅筒制造一般都采用卷板、压制后焊接的生产工艺。因此,应充分考虑材料在制造过程中的加工工艺性能和焊接工艺对材料性能的影响。焊接热循环往往会降低焊接热影响区材料的韧性和塑性，或使焊缝内产生各种焊接缺陷，导致焊接接头产生裂纹。所以选材时应考虑材料中合金元素的含量，以保证其具有较好的焊接性能。一般采用塑性较好的低碳钢或低碳低合金钢。

钢板应具有良好的韧性。为保证锅炉在正常工作条件下，当承受外加动载荷时不发生脆性破坏，选材时应避免片面追求材料的强度而忽略韧性。材料的韧性一般用冲击韧性 α_k 表示，在室温下，$\alpha_k \geqslant 60\ \mathrm{N \cdot m/cm^2}$；在 −40 ℃下，$\alpha_k \geqslant 35\ \mathrm{N \cdot m/cm^2}$。此外，锅筒用钢应具有较小的时效敏感性，由于钢材经冷加工后，在室温或较高温度下，冲击韧性将随时间推移不断下降，在 200 ~ 300 ℃下，此过程进行得最为强烈，冲击韧性可能有较大的下降，而这个温度区间正是一般锅筒的实际工作温度。一般要求时效后的冲击韧性下降率小于 50% 或下降后的冲击韧性不小于 30 N · m/cm²。为使时效敏感性下降，冶炼时希望采用铝作为脱氧剂。

根据上述内容以及相关要求，制造锅筒用的钢板应满足以下几点。

(1)符合国家或部标准技术规定，为优质专用锅炉钢板。普通质量锅炉钢板只应用于工作压力≤1.6 MPa 或壁温≤450 ℃的锅炉。非锅炉钢板只能用于额定出口热水温度 <120 ℃的热水锅炉。

(2)为镇静钢。

(3)所用的钢板应具有良好的低倍组织，要求钢的非金属类夹杂、气孔、疏松等缺陷尽可能少，不允许有白点、分层、裂纹。

(4)具有较高的室温及中温强度。

(5)具有良好的塑性及焊接性能。

(6)具有较弱的时效敏感性，时效后的冲击韧性不应小于 30 N · m/cm²。

目前，我国生产的用于制造锅筒的部分钢板的应用范围见表 1.1.1。其化学成分和机械性能可参阅有关文献。

表 1.1.1　我国生产的用于制造锅筒的部分钢板的应用范围

序号	钢号	工作压力/MPa	应用范围
1	Q235Ag	≤1.6	低压小型锅炉
2	20g	≤6.0①	低中压锅炉，使用温度≤450 ℃
3	22g	≤6.0	中压锅炉，使用温度≤450 ℃
4	12Mng	≤6.0	中压锅炉，使用温度≤450 ℃
5	16Mng	≤6.0	中压锅炉，使用温度为 −40 ~ 450 ℃
6	15MnVg	≤6.0	中压锅炉，使用温度为 −40 ~ 450 ℃
7	14MnMoVg	≤6.0①	高压、超高压锅炉，使用温度为 −20 ~ 500 ℃
8	18MnMoNbg	≤6.0①	高压、超高压锅炉，使用温度为 0 ~ 520 ℃

注：①制造不受辐射热的锅筒时，工作压力不受限制。

Q235Ag 是用于制造低压小型锅炉的钢板。Q235Ag 虽是甲类普通碳钢钢板，但由于用来制造受压元件，因此它的技术条件已近于优质钢。

20g、22g 是过去制造中高压锅炉常用的钢板，但由于强度不高，屈服极限约为

250 N/mm^2,制造出的锅筒的壁厚较大。

根据我国资源特点,我国研制出以下牌号的钢板。

12Mng 是屈服极限为 300 N/mm^{2}的低合金钢钢板,用它代替 20g 可使壁厚减小 15% 以上。

16Mng 是屈服极限为 350 N/mm^{2}的低合金钢钢板,用它代替 20g 可使壁厚减小 25% ~ 30%,但这种钢对缺口的敏感性较碳钢要高。

15MnVg 是屈服极限为 400 N/mm^{2}的低合金钢钢板,但这种钢的缺口敏感性较高。

14MnMoVg 是屈服极限为 500 N/mm^{2}的低合金钢钢板,其中加入了质量分数约为 0.5% 的 Mo 及少量 V 来提高屈服极限,适合生产厚度 60 mm 以上的厚钢板,用于制造高压、超高压锅炉的锅筒。但这种钢对热处理较敏感,尤其对 α_k 及钢板壁厚 δ 影响较大,生产中要防止钢中夹层及白点。采用调质的热处理方式(970 ℃ 4 h 后水冷,650 ℃ 8 h 后空冷)可明显提高 14MnMoVg 在工作温度(350 ℃)及常温条件下的屈服极限及抗拉强度 σ_b,但塑性略有降低;采用控制水冷的热处理方式(970 ℃ 2 h 后空冷,970 ℃ 2 h 后空冷至 800 ℃水冷,650 ℃ 8 h 后空冷)既能提高抗拉强度又不降低塑性。

18MnMoNbg 是利用了我国富有资源 Nb 的屈服极限达 500 N/mm^{2}的低合金钢钢板,可用来制造高压、超高压锅炉的锅筒。我国第一台 20 万千瓦锅炉的锅筒即是用这种钢板制造的。

目前,我国有些高压、超高压锅炉的锅筒由苏联 16ГHM(16 锰镍钼)钢板制成。这种钢板是苏联于 1958 年前后研制的,国内个别电站的此种钢板制成的锅筒上曾出现多处裂纹,最深达14 mm,今后运行中应加强监督。

我国有的超高压锅炉是用德国 BHW - 38(锰钼钒低合金钢)钢板制造的。这种钢板对热处理规范的敏感性较高,当对热处理工艺或结构考虑不周时,有在水压试验时爆炸的例子。

目前,国内一些 10 万千瓦电站锅炉汽包用德国 19Mn5 钢板制作,它相当于我国 16Mn 钢板。

二、受热面管、管道及集箱用钢

锅炉受热面管在近代锅炉中用得很多(水冷壁、过热器、省煤器等),一处破裂,即须停炉,锅炉容量越大,引起的损失也越大。因此,受热面管,特别是高参数锅炉用受热面管必须由优质钢轧制,同时,除空气预热器外,受热面管均采用无缝钢管。

锅炉管道和集箱一般都布置在炉墙外部,一旦破裂,其危害性大于受热面管破裂,因此对所用钢材要求更严格些。这主要表现在同一牌号钢材制造的管道及集箱的许用温度比受热面管的许用温度低一些。管道及集箱的直径和壁厚均比受热面管的大,所用钢管的锻造比低于受热面管所用钢管的,在钢材牌号相同时,质量相应较受热面管差些,这也是许用温度较低的一个原因。

对在室温及中温(蠕变温度以下)条件下工作的受热面管、管道及集箱主要要求具有足够的中、低温强度,以免压力大时壁厚太大,给受热面管、管道及集箱的制造带来困难或产生不允许的温度应力。

对在高温(蠕变温度以上)条件下工作的受热面管、管道及集箱,要求具有足够的蠕变强度和持久强度。选用持久强度高的钢材不仅可以保证受热面管、管道及集箱在蠕变条件下的安全运行,还可以避免管壁过厚给加工带来困难。所用材料应具有良好的高温抗氧化性(耐热性),一般要求在工作温度下的氧化腐蚀速度小于 0.1 mm/a。所用材料应具有良好的高温组织稳定性,在高温条件下工作时不发生金相组织结构的变化。

受热面管、管道和集箱均由管子经弯曲、焊接等工艺接成,故要求所用的钢材具有良好的塑性和工艺性能,特别是焊接性能。

必须指出,对于高温承压用的材料提出的要求是综合性的,而且这些要求在某种程度上又相互矛盾。例如,要求材料具有良好的高温强度和组织稳定性,就需在材料中加入适量合金元素,但这又会导致材料焊接性能的降低。此时,应优先考虑对材料热强性和组织稳定性的要求,而焊接性能的降低则通过采用适当的焊接工艺措施予以弥补。

目前,我国用于制造受热面管、管道及集箱用的无缝钢管有十一种,锅炉用无缝钢管应用范围见表 1.1.2。表 1.1.2 中各种材料的化学成分,常温、中温、高温机械性能可查阅有关文献。

表 1.1.2 锅炉用无缝钢管应用范围

序号	钢号	技术条件	建议应用范围	注
1	10	GB 3087—2008《低中压锅炉用无缝钢管》	低中压锅炉中壁温≤480 ℃的受热面管,壁温≤430 ℃的管道及集箱	
2	20	GB 3087—2008《低中压锅炉用无缝钢管》		
3	20G	GB 5310—2008《高压锅炉用无缝钢管》	高压、超高压锅炉中壁温≤480 ℃的受热面管,壁温≤430 ℃的管道及集箱	管道及集箱的壁温
4	12GrMo	GB 5310—2008《高压锅炉用无缝钢管》	壁温≤540 ℃的受热面管,壁温≤510 ℃的管道及集箱	
5	15MnV	GB 5310—2008《高压锅炉用无缝钢管》	同上	代替 12CrMo
6	15Cr2MoV	GB 5310—2008《高压锅炉用无缝钢管》	同上	代替 15CrMo
7	12Cr1MoV	GB 5310—2008《高压锅炉用无缝钢管》	壁温≤580 ℃的受热面管,壁温≤565 ℃的管道及集箱	含 Cr,希用其他钢种代替
8	12MoVWBSiRe(无铬 8 号)		壁温≤580 ℃的受热面管	GB 5310—2008《高压锅炉用无缝钢管》中已取消此钢号
9	12Cr2MoWVB(钢 102)	GB 5310—2008《高压锅炉用无缝钢管》	壁温≤600 ℃的一次过热器管,壁温≤610 ℃的二次过热器管	
10	12Cr3MoWSiTiB(π11)	GB 5310—2008《高压锅炉用无缝钢管》	壁温≤600 ℃的一次过热器管,壁温≤620 ℃的二次过热器管	

GB 3087—2008《低中压锅炉用无缝钢管》所给出的两种碳钢 10 及 20 适用于低中压锅

炉受热面、管道及集箱。此两种碳钢的工艺性能及运行可靠性均能很好地满足低中压锅炉的要求。20 的含碳量较 10 的含碳量多约一倍,故强度较高,20 的 σ_s 及 σ_b 比 10 的高约 20% 。由于 20 的含碳量较高,因此其时效敏感性比 10 弱。当这两种钢并用时,一旦 20 中混入 10,由于不易鉴别,会使元件安全裕度下降很多,因此建议只用 20。

GB 5310—2008《高压锅炉用无缝钢管》给出的 20G 就化学成分来讲与 GB 3087—2008《低中压锅炉用无缝钢管》给出的 20 基本相同,仅含碳量上限略低,这是为了让组织稳定些。由于用在高压锅炉上,故对 20G 钢管外表及内部质量要求严格。

珠光体低合金热强钢 12CrMo 及 15CrMo 都含有约 0.5% 的 Mo 及一定量的 Cr(前者含有约 0.5% 的 Cr,后者含有约 1.0% 的 Cr)①,因而具有一定的热强性和热稳性,Cr 还能有效地阻止石墨化倾向。12CrMo 和 15CrMo 由于具有较好的综合性能(常温及高温强度、热稳性、塑性及可焊性等),故曾广泛地应用于参数为 1.01×10^4 kPa、510 ℃或 540 ℃的高压锅炉的制造,长期(大于 10 万小时)运行证明性能良好。但这两个牌号的钢均含有 Cr、Mo,根据我国资源情况应相应地用 15MnV 及 12MnMoV 代替。

12CrMoV 是我国广泛采用的珠光体低合金热强钢,与 15CrMo 相比,12CrMoV 中贵重的合金元素 Mo 有所减少,但加入了 V,耐热性与 15CrMo 相比有所提高,故可用于温度更高的条件下。12CrMoV 具有良好的工艺性能,但对热处理规范的敏感性较高,使某些大口径管道、集箱出现冲击韧性不均现象,一端 α_k 值完全满足要求,另一端 α_k 值可能低于允许值很多;热处理规范破坏会使热强性明显降低。国外用 12Cr1MoV 制成的厚壁(65 mm)三通及管道的环形焊缝处在运行后均有出现裂纹的例子。国内电站有这种钢制的弯头($\phi133\times10$)在运行 5 万 ~8 万小时后,产生大量裂纹甚至爆破的情况;国外也有过类似的情况。

12Cr1MoV 由于含有一定(含量为 0.9% ~1.2%)的 Cr,不符合我国资源情况。

12MoVWBSiRe(无铬 8 号)是立足于国内资源情况的新钢种,用来代替 12Cr1MoV。无铬 8 号各项指标比国外应用的 12Cr1MoV 或 $2\frac{1}{4}$Cr－1Mo 均高一些,仅氧化皮比 12Cr1MoV 的松散、易剥落,成分对性能影响较大。无铬 8 号由于含有多种合金元素,生产流程较为复杂,对热处理要求较严格,尚未成批用于锅炉制造。

12Cr2MoWVB(钢 102)是我国自行研制出的贝氏体低合金热强钢,是一种不含镍少含铬用于代替高合金奥氏体镍铬钢的 600 ℃级的钢。高合金奥氏体镍铬钢不但含有较多的镍、铬,而且工艺性差,温度应力大,此外还价格昂贵。因此,用钢 102 等代替奥氏体钢是我国冶金工业的一大成就。钢 102 具有良好的机械性能、工艺性能及抗氧化能力,组织也较稳定,已有十余年历史,曾用于我国的 5 万、10 万及 20 万千瓦锅炉过热器高温段。目前我国已扩大了钢 102 的生产点,开始用平炉炼制。用钢 102 制成的一次过热器用于壁温≤600 ℃的条件下为宜,因温度再高,持久强度偏低;用钢 102 制成的二次过热器用于壁温≤610 ℃的条件下为宜,因温度再高,抗氧化能力下降较多。

12Cr3MoVSiTiB(π11)是与钢 102 并行研制的类似钢种,同样也已成功地用于我国大型锅炉机组过热器高温段。π11 由于含 Si、Ti 较多,工艺性能稍差,曾出现过裂纹、缺陷较多和成材率偏低等问题。用 π11 制成的一次过热器用于壁温≤600 ℃的条件下为宜,用 π11 制成的二次过热器用于壁温≤620 ℃的条件下为宜。

---

① 本书中含量均指质量分数。

在钢102的基础上,把Cr的含量提高到约6%,再对其他合金成分做适当调整,可进一步提高热稳性,可用于壁温达650 ℃的二次过热器上。

空气预热器受热面管承受压力很小,工作温度较低,管子破裂只降低锅炉运行经济性,而不危及人身安全,故一般都采用普通质量碳钢有缝钢管制造。某些空气预热器的空气入口管段壁温可能低于烟气露点,因而产生酸腐蚀现象。近年来,我国开展了耐腐蚀的空气预热器钢管的研制工作,成果有09Cu和09CuWSn。

再生式空气预热器热交换元件——波形板不承受压力作用,高温部分为防止氧化可采用1Cr13等耐热不起皮钢,1Cr13的焊接性能也较好。

三、受热面固定件用钢

受热面固定件,如过热器吊箍、定位板、省煤器托架及吹灰器等,它们的工作条件与受热面管的重要区别在于没有内部介质的冷却作用,因而工作温度更高,所以这些零件用钢应具有很高的高温组织稳定性和抗氧化性(耐热性);此外,有些零件还承受一定的载荷作用,故对钢材的热强性(持久强度)也有一定要求。虽然这些零件在单台锅炉上的用量相对较少,但是其所用钢材中含有一些较贵重的合金元素,因而价格较贵。

这些零件都是用电炉冶炼的中合金、高合金、优质及高优质钢制造的,都含有较多的铬。

受热面固定件用钢的应用范围见表1.1.3。

表1.1.3　受热面固定件用钢的应用范围

钢号	Cr5Mo	Cr6SiMo	4Cr9Si2	Cr25Ti	Cr18Mn11Si2N(D1)	Cr20Mn9Ni2Si2N(钢101)
金相组织	珠光体	珠光体	马氏体	铁素体	奥氏体	奥氏体
建议应用范围	650 ℃以下	750 ℃以下	800 ℃以下	1 000~1 100 ℃	900 ℃以下	850~1 100 ℃

Cr5Mo属于珠光体耐热不起皮钢。Cr5Mo含有约为5%的铬,目的在于提高热稳性;含有约0.5%的钼,目的在于消除纯铬钢具有的热脆性、回火脆性,同时也提高了热强性。Cr5Mo在650 ℃下仍具有一定热强性,可在650 ℃以下工作,制成省煤器托架等。

Cr6SiMo也属于珠光体耐热不起皮钢。Cr6SiMo中铬的含量较Cr5Mo有所增加,还加入了硅,进一步提高了热稳性,工作温度可达750 ℃左右。

4Cr9Si2属于马氏体耐热钢,900 ℃以下不起皮,可用于制造在800 ℃以下条件下工作的受热面固定件等。

Cr25Ti属于铁素体耐热钢,1 000~1 100 ℃不起皮,加入钛可消除回火脆性、热脆性及高温晶粒长大使韧性降低的缺陷,可用于制造1 000~1 100 ℃条件下工作的受热面固定件等,但此种钢含铬太多。

Cr18Mn11Si2N(D1)是我国自行研制的铬-锰-氮型奥氏体耐热不起皮钢,能成功地代替常用的Cr20Ni14Si2铬镍奥氏体钢,可用于制造在900 ℃以下条件下工作的受热面固定件等。

Cr20Mn9Ni2Si2N(钢101)也是我国自行研制的铬－锰－氮型奥氏体耐热不起皮钢，可用来代替Cr25Ni20Si2铬镍奥氏体钢。在700～800 ℃下铬－锰－氮型奥氏体耐热不起皮钢由于析出碳化物和σ相，冲击韧性明显降低，可用于制造850～1 000 ℃条件下工作的受热面固定件。

目前，国内仍有采用铬镍奥氏体钢制作受热面固定件的，为了防止硫腐蚀，希望钢中铬的含量大于镍的含量。Cr20Ni14Si2、Cr25Ni20Si2的抗硫腐蚀能力就比Cr20Ni25Si要强。

国内过热器定位板发生过损坏，表现为以下几种情况。

(1)焊缝质量不佳，工作后焊缝裂开。产生这种情况的原因主要是焊接不精心，甚至随便采用一般焊条。

(2)半圆孔形的比波形的易坏。半圆孔形过热器定位板因水平放置，积粉后会引起再燃，且刚性较大。

(3)用Cr20Si3制造的过热器定位板使用1 h后，因晶粒长大及析出网状σ相而变脆，检修时易坏。

以上问题值得注意。

四、紧固件用钢

锅炉中螺栓、螺母等紧固件主要用于可拆卸的阀门、人孔及手孔盖、节流孔板等部位。在为螺栓、螺母选用钢材时，应考虑以下问题。

(1)为减小螺栓、螺母以及法兰的尺寸及节省钢材，紧固件用钢应具有较高的强度，可采用含碳量较高的钢材。

(2)紧固件用钢的缺口敏感性应很弱，即在缺口有应力集中的条件下，对裂纹扩展的抵抗能力应较大。持久塑性与缺口敏感性有关，钢材的持久塑性也不应很弱。

(3)工作温度大于400 ℃的螺栓用钢，应具有较好的抗松弛能力。

(4)螺栓用钢应具有较高的冲击韧性。回火脆性及热脆性倾向要小，以防突然脆断。

(5)紧固件高温长期工作后，不应发生“咬合”现象。螺栓、螺母材料不同或热处理规范不同，以及表面氮化、煮兰(烧兰)、加工尽量光洁或采用特殊涂料(一般机油不仅无利反而有害)等均可防止发生咬合现象。但是，螺栓和螺母的材料应具有相近的线膨胀系数，不允许一个用珠光体钢制造，另一个用奥氏体钢制造。螺栓用钢的强度、硬度应比螺母用钢的大一些，因螺栓受力比螺母受力要大一些。

(6)紧固件用钢应具有良好的机械加工性能。

常用的紧固件用钢及其适用范围见表1.1.4。

表1.1.4　常用的紧固件用钢及其适用范围

钢号	用途	适用范围		热处理规范
		压力、表压/MPa	介质温度/℃	
Q235A	螺栓、螺母	17.5	≤220	
Q235B	螺栓、螺母	17.5	≤350	

表 1.1.4(续)

钢号	用途	适用范围		热处理规范
		压力、表压/MPa	介质温度/℃	
25,35	螺栓	不限	≤435	
	螺母	不限	≤480	
30CrMoA	螺栓	不限	≤480	880 ℃水淬,620 ℃回火
	螺母	不限	≤510	
35CrMoA	螺栓	不限	≤480	860 ℃水淬,620 ℃回火
	螺母	不限	≤510	
25Cr2MoVA	螺栓	不限	≤530	930 ℃油淬,640 ℃回火
	螺母	不限	≤550	
25Cr2Mo1VA	螺栓	不限	≤550	930 ℃油淬,680 ℃回火
	螺母	不限	≤585	
20Cr1Mo1V1A	螺栓	不限	≤570	1 000 ℃油淬,700 ℃回火
	螺母	不限	≤600	
30Mo	螺母	不限	-30~200	860 ℃油淬,620 ℃回火

螺栓的高温脆断是国内一些电厂中经常出现的问题,有的曾造成重大事故。高温脆断发生在25Cr2Mo1VA等合金钢螺栓上,在高温下工作2~5年后硬度上升,冲击韧性降低、金相组织呈网状,在螺纹端与螺杆衔接的第一道阴螺纹处出现裂纹或发生断裂,断口呈脆性状。有的金相组织未呈现网状也发生了脆断。

目前采取的措施是加强监督及定期测验。当发现 $\alpha_k < 60\ \mathrm{N \cdot m/cm^2}$ 或硬度 $H_B > 300$ 时,对螺栓进行恢复热处理,一般采用二次正火加一次回火的热处理规范。恢复热处理后的螺栓运行一段时间仍会出现脆性。

五、构架用钢

近代大型动力锅炉消耗在构架上的钢材数量相当可观。HG670/140-2型配20万千瓦机组的锅炉,即使锅炉前部荷重由厂房水泥柱承担、尾部由钢柱和砼柱联合支承,消耗于构架、平台楼梯上的钢材仍达530 t,约占锅炉本体总钢耗的18%;塔式布置的配60万千瓦机组的锅炉如全采用钢结构,则构架、平台楼梯用钢多达4 500 t,约占锅炉本体总钢耗的44%。因此大型锅炉构架的钢柱应尽量用钢管水泥柱或砼柱代替。

锅炉构架不与高温烟气接触,工作温度不高,要求钢材具有一定的常温强度。有时构架须在较低温度下施工或工作,因此,所用钢材的脆性转变温度宜低些。构架一般均采用焊接加工方式,故所用钢材应具有良好的可焊性。

构架一般用型钢及板材焊成。我国过去采用普通质量沸腾钢(如Q235AF)制造构架。目前,我国广泛采用16Mn、15MnV等普通低合金钢制造构架,可减轻构架质量及减小尺寸,符合我国用钢方针。Q235AF在-20 ℃以下有冷脆倾向,16Mn、15MnV焊接时若不预热易出现裂纹。

六、铸钢与铸铁

在近代锅炉制造业中,铸钢与铸铁的应用有限。

铸钢主要用来制造大型阀门及管道中某些成型零件(三通、四通等),而在高压、超高压设备中,有些铸钢件通常用焊接件或锻造件代替。

铸铁主要用来制造低压小型阀门、非沸腾式省煤器和炉条等。老式小型锅炉也有用铸铁制造的,如铸铁片式锅炉。

1. 铸钢

为锅炉承受内压力的铸钢件选取材料时,应考虑以下问题。

(1)铸钢件形状复杂,尺寸也较大,为防止铸钢件产生缺陷,要求铸钢具有良好的浇铸性,即好的流动性及差的收缩性。为保证钢水具有好的流动性以便很好地填满铸模,铸钢中碳、硅、锰的含量应比锻件、轧件用钢中的要大些。

(2)锅炉铸钢件与管道的连接,在高压,特别是超高压条件下,都采用焊接方式,因此铸钢应具备良好的可焊性。铸钢中碳、硅、锰元素的增加,使可焊性变差,对焊工要求更高。

(3)铸钢件在高温及高应力下长期工作,有时还须承受较大的温度应力,因此铸钢应具有较高的持久强度及较好的塑性。

(4)铸钢件可能在运行时受到水击作用以及在运输、安装时承受动载荷,因此其冲击韧性也应较好。

锅炉用铸钢的机械性能和应用范围见表1.1.5。表1.1.5中锅炉用铸钢的化学成分可查阅有关文献。

表1.1.5　锅炉用铸钢的机械性能和应用范围

<table>
<tr><th rowspan="2">序号</th><th rowspan="2" colspan="2">钢号</th><th colspan="5">机械性能</th><th rowspan="2">建议使用范围</th><th rowspan="2">技术条件</th></tr>
<tr><th>σ_s /(N·mm^{-2})</th><th>σ_b /(N·mm^{-2})</th><th>δ_s /%</th><th>α_k /(N·m·cm^{-2})</th><th>热处理</th></tr>
<tr><td>1</td><td>ZG25</td><td>Ⅰ级
Ⅱ级
Ⅲ级</td><td>240</td><td>450</td><td>20</td><td>45</td><td rowspan="2">退火或正火+回火</td><td rowspan="2">锅炉阀门等。
Ⅰ级:450 ℃高应力元件;
Ⅱ级:400 ℃高应力元件;
Ⅲ级:400 ℃低应力元件</td><td rowspan="2">GB 979—1967《炭素钢铸件分类及技术条件》</td></tr>
<tr><td>2</td><td>ZG35</td><td>Ⅰ级
Ⅱ级
Ⅲ级</td><td>280</td><td>500</td><td>16</td><td>35</td></tr>
<tr><td>3</td><td colspan="2">ZG20CrMo</td><td>≥250</td><td>≥470</td><td>≥18</td><td>≥30</td><td>正火+回火</td><td>工作温度在500~520 ℃以下的锅炉阀门等</td><td>工厂标准</td></tr>
<tr><td>4</td><td colspan="2">ZG20CrMoV</td><td>≥320</td><td>≥500</td><td>≥14</td><td>≥30</td><td>均匀化+正火+回火</td><td>工作温度在540 ℃以下的锅炉阀门等</td><td>工厂标准</td></tr>
<tr><td>5</td><td colspan="2">ZG15CrMo1V</td><td>≥350</td><td>≥550</td><td>≥20</td><td>≥35</td><td>均匀化+正火+回火</td><td>工作温度在570 ℃以下的锅炉阀门等</td><td>工厂标准</td></tr>
</table>

铸造碳钢一般不允许在450 ℃以上的条件下工作，因为可能出现石墨化现象。工作温度为450 ℃以上时，可采用含铬的合金铸钢，铬能有效地防止出现石墨化现象。合金铸钢中的铬、钼能提高铸钢的耐热性。

质量好的紧密铸钢件的强度性能较锻件或轧件差，塑性、韧性稍差。

铸钢件是一次成型的，故化学成分及组织不均匀性较锻件、轧件大；形状复杂的铸钢件中，小气泡、显微裂纹等缺陷难以避免；铸钢件中还有一定的残余应力，因此铸钢件必须进行热处理，用以消除内应力和使化学成分及组织均匀化。考虑到铸钢件内部不可避免地存在小气泡等缺陷，进行强度计算时，铸钢件的许用应力的安全系数较非铸钢件的要适当放大，我国规定放大约1.4倍，国际标准规定放大1.25倍，有的国家（如美国）也规定放大1.25倍，但经过严格检查的铸钢件可不放大。

2. 铸铁

含碳量大于2%的铁碳合金为“生铁”，工业用铸铁含碳量一般为2.5% ~4%，此外还含有硅、锰、硫、磷等。

根据碳的存在形态，铸铁分为以下几类。

(1)白口铸铁

碳在其中主要以Fe_3C形态存在，断口呈白色，故称“白口铸铁”。白口铸铁中存在大量硬而脆的Fe_3C，故具有很高的硬度及耐磨性，但不易机械加工，因此很少被采用。锅炉风机叶片为防止灰尘磨损，有时采用白口铸铁制造。

(2)灰口铸铁

碳在其中主要以自由形态的片状石墨形态存在，断口呈灰色，故称“灰口铸铁”。它具有良好的加工性能。

(3)可锻铸铁

其是白口铸铁经石墨化退火后得到的一种铸铁，碳在其中主要以团絮状石墨形态存在，强度及韧性较高。

(4)球墨铸铁

浇铸前往铁水中加入一定量的球化剂（纯镁等）和墨化剂（硅铁等），促使碳成球状石墨，可使强度、塑性等进一步改善，得到球墨铸铁。

(5)耐热铸铁

类似地，往铸铁中加入某些合金可得耐热铸铁。

铸铁的特点是浇铸性比钢好、价格低廉、对腐蚀的抵抗能力比碳钢强，但塑性及韧性差、抗拉强度小。

在长期高温工作过程中，铸铁除可能被氧化外，还会出现“生长”现象，从而使铸铁件提早破坏。

“生长”是一种不可逆的体积膨胀现象，主要是由高温下铸件中Fe_3C分解（石墨化）及空气、烟气中氧沿铸件中的缩孔、裂纹和石墨片四周的空隙向内渗入，并使铁、硅、锰等氧化所造成的。如铸铁通过临界点上下反复加热和冷却，即反复产生$\gamma=\alpha$相变时，由于γ铁比α铁比体积小，使石墨周围反复产生压应力及拉应力，在石墨四周形成细小裂纹，有利于气体进入，使内部氧化加快，生长现象加剧。

从金相组织来看，铸铁中石墨若细小且以球状存在，就不易出现“生长”现象，因此球墨铸铁具有较好的耐热性；若铸铁在加热、冷却过程中没有相变，始终保持α相（铁素体）或γ

相(奥氏体),也使“生长”现象变弱。

硅能促进 Fe_3C 的分解,因此从耐热观点来看,普通灰口铸铁含硅量小些为好,但当含硅量大于约 5% 时,加热冷却已无相变,只保持 α 相,组织紧密,石墨呈小球状,在表面上会形成紧密的 SiO_2 氧化膜,可防止继续氧化,因此高硅铸铁具有较高的耐热性。其他的化学元素,有的能形成紧密保护膜(铬、铝),有的能消除相变(镍、铝),有的能使 Fe_3C 稳定(铬、钼、钒),有的能使铸铁组织紧密(镍),因此,含有这些元素的铸铁,如高铬铸铁、高镍铸铁(奥氏体铸铁)、高铝铸铁等也都具有较好的耐热性。

锅炉用铸铁的性能及使用范围见表 1.1.6。

表 1.1.6　锅炉用铸铁的性能及使用范围

名称		牌号	σ_b /(N·mm^{-2})	σ_w①/(N·mm^{-2})	σ_s /(N·mm^{-2})	δ_s /%	α_k /(N·m·cm^{-2})	建议使用范围	技术条件
			不小于						
灰口铸铁		HT15－33	150	330				省煤器	GB 976—1967《灰铸铁分类及技术条件》
		HT20－40	200	400					
		HT25－47	250	470				低压阀壳	
球墨铸铁		QT50－1.5	500		380	1.5	15	工作温度 370 ℃以下、内压 6.4 MPa 以下的锅炉壳	
		QT45－5	450		330	5.0	20		
		QT40－10	400		300	10.0	30		
耐热铸铁	含铬耐热铸铁	RTCr－0.8	180	360				工作温度 600 ℃以下的高温零件	
	高硅球墨耐热铸铁	RQTSi－5.5	200					工作温度 600 ℃以下的高温零件	

注:①σ_w 为弯曲应力。

表 1.1.6 中锅炉用铸铁的化学成分可参阅有关文献。

灰口铸铁具有良好的铸造工艺性、切削加工性,对缺口不敏感,具有一定强度,但塑性差,在 400 ℃以上出现明显生长现象,一般只用于制造工作温度 300 ℃以下的承受静载荷的元件。铸铁具有较强的抗腐蚀能力。灰口铸铁的抗压强度几乎为抗拉强度的 4 倍,适合用于制造抗压的支座等。

球墨铸铁是 20 世纪 50 年代发展起来的新材料,我国富有的稀土元素的球化剂大大推动了球墨铸铁的发展。球墨铸铁的性能较灰口铸铁大有改善,已接近钢,可用来制造工作温度 375 ℃以下、内压 6.4 MPa 以下的各种阀体。

耐热铸铁在高温下具有抗生长及抗氧化能力,适合用于制造在高温烟气中工作的零件,如燃烧器的喷口等。含铬耐热铸铁 RTCr－0.8 中,w(C)＝2.8%～3.6%、w(Si)＝1.5%～2.5%、w(Mn)<1.0%、w(Cr)＝0.5%～1.1%、w(P)<0.3%、w(S)<0.12%,可工作在 600 ℃以下的条件下;高硅球墨耐热铸铁 RQTSi－5.5 中,w(C)＝2.4%～3.0%、w(Si)＝5%～6%、w(Mn)<0.7%、w(P)<0.2%、w(S)<0.08%,可工作在 900 ℃以下的条件下,但较脆。

铸铁的抗弯强度约为其抗拉强度的 2 倍,适合用于制造炉篦等。

• 任务实施

1. 分析 75 t/h 循环流化床锅炉主要受压元件的构成。
2. 分析各受压元件的工作环境,确定其工作参数。
3. 各受压元件的使用材料选择(表 1.1.7)。

表 1.1.7　锅炉主要元件及使用材料选择

序号	锅炉元件	材料	技术条件	工作环境
1	锅筒			
2	水冷壁			
3	省煤器			
4	预热器			
5	过热器			
6	集箱			

• 任务评量

各位同学:

1. 教师针对下列评量项目并依据评量标准,从 A、B、C、D、E 中选定一个对学生操作进行评分,学生在教师进行评价前先做自评,但自评不计入成绩。
2. 此项评量满分为 100 分,占学期成绩的 20%。

评量项目	学生自评与教师评价(A 到 E)	
	学生自评分	教师评价分
1. 识图与知识掌握(20 分)		
2. 分析与选择结果(50 分)		
3. 创新能力(20 分)		
4. 团队协作(10 分)		

评量项目	A(100%)	B(80%)	C(60%)	D(40%)	E(20%)
1. 识图与知识掌握(20 分)					

2. 分析与选择结果(50 分)					
3. 创新能力(20 分)					
4. 团队协作(10 分)					
评分标准	按每个步骤项目数量,根据完成比例确定分数,如 1 有 5 项,完成 2 项的比例为 40%,为 D。				

- **复习自查**

1. 选择锅筒用钢板有哪些条件?
2. 牌号为 20 的钢一般用于制造哪些锅炉受压部件?
3. 锅炉构架用钢过去一般采用 Q235AF,现在为什么普遍采用 16Mn 和 15MnV 钢呢?

任务二　锅炉用金属材料的特性

- **学习目标**

知识:灵活运用金属材料理论,解析高温高压下钢材的变化特性。

技能:根据锅炉不同构件的工作环境,能够分析钢材的组织变化、氧化和腐蚀。

素养:养成利用构建式样建立模型的理念;建立认真、严谨、科学的学习观。

- **任务描述**

分析 75 t/h 循环流化床锅炉主要受压部件中锅筒、集箱、水冷壁和省煤器材料的氧化与腐蚀原因,说明如何预防。

- **知识导航**

大部分锅炉元件长期在高温、高应力条件下及腐蚀性介质作用下工作,因此钢材会发生一些与在常温下工作时不同的性能变化,主要的变化有以下几种。

(1)蠕变及应力松弛。

(2)高温下长期运行中发生的组织变化。

(3)氧化及腐蚀。

一、蠕变及应力松弛

1. 蠕变

(1)蠕变现象

受应力作用的钢材,在高温条件下不断发生塑性变形的现象称为蠕变。钢材抵抗蠕变的能力称为热强性。

蠕变是金属同时受应力和高温作用而发生的。在应力的作用下,金属发生塑性变形并强化；在高温作用下，已强化的金属发生回复和再结晶而软化，软化后在应力的作用下又重新发生塑性变形，使金属再度强化。在高温作用下，再度强化的金属又发生再结晶而再度软化……这样交替发展下去，即构成了金属在应力和高温作用下不断发生塑性变形的蠕变现象。

由以上内容可知，蠕变的条件如下。

①应力超过金属的弹性极限，能引起塑性变形。

②温度超过金属的再结晶温度。

(2)蠕变曲线

金属的蠕变现象可以用蠕变曲线(变形量与时间的关系曲线)来表示。典型蠕变曲线如图1.2.1所示。

根据蠕变曲线，蠕变的变形过程可分为以下三个阶段。

oa——开始部分。这是加上负荷后引起的瞬时变形，这一变形并不是蠕变现象，而是由外加负荷引起的一般变形过程。

ab——蠕变第一阶段(不稳定阶段)。这一阶段蠕变速度很大，并以逐渐减小的变形速度积累塑性变形。

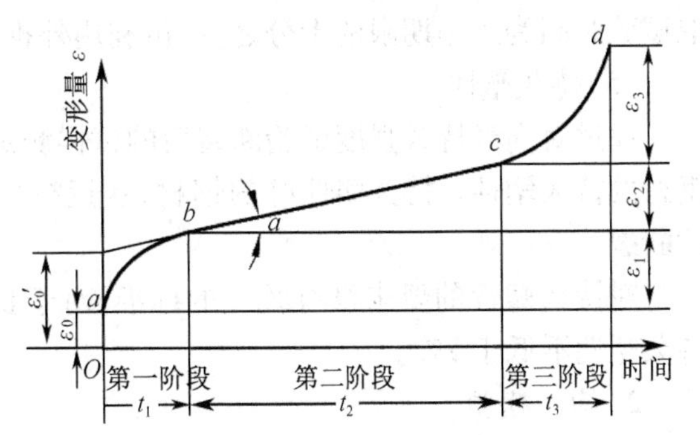

图1.2.1 蠕变曲线

bc——蠕变第二阶段(稳定阶段)。此时金属以恒定的蠕变速度进行变形，蠕变速度很小。

cd——蠕变第三阶段(最后阶段)。此阶段中，蠕变速度增大，直至发生断裂(*d*点)。

蠕变曲线的形状随应力和温度的不同而有所改变。图1.2.2为应力对蠕变曲线的影响，温度不变时，应力越大，蠕变速度就越快。图1.2.3为温度对蠕变曲线的影响，应力不变时，温度越高，蠕变速度也越快。蠕变速度快，金属将较早发生断裂。

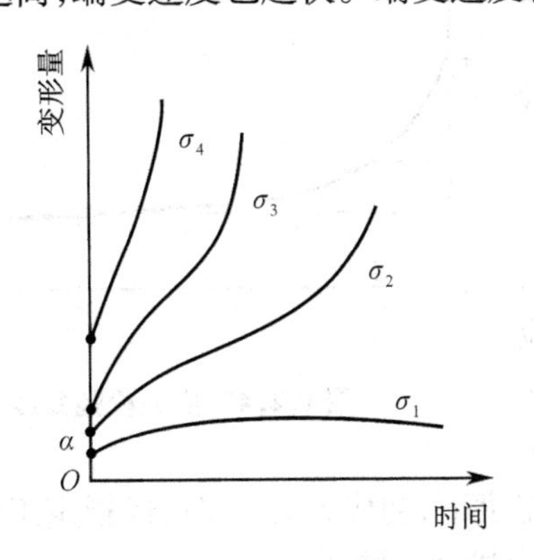

图1.2.2 应力对蠕变曲线的影响

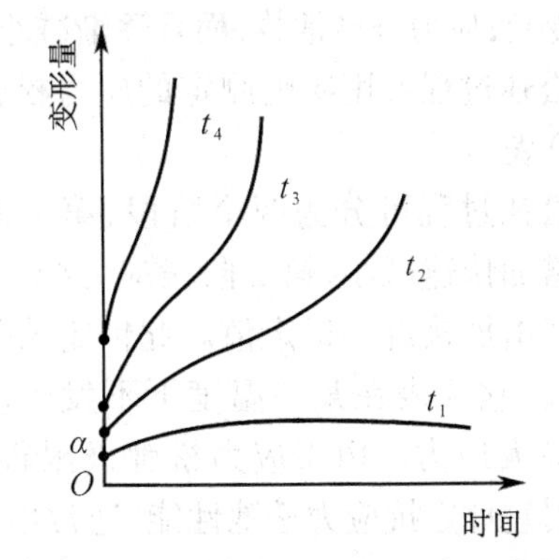

图1.2.3 温度对蠕变曲线的影响

(3)蠕变极限

某温度下，在指定工作期限内引起允许总变形的应力称蠕变极限。蠕变极限是衡量钢材高温强度的指标，高温元件的工作应力应小于蠕变极限。

锅炉高温元件的工作期限一般为10万小时(约为12年),试验时间应该取工作期限的十分之一,即1万小时,此时用外推法得到的10万小时的总变形被认为是可靠的。

锅炉元件的蠕变极限用σ_c^t或$\sigma_{10^{-5}}^t$表示,允许总变形各国皆规定为1%。

(4)持久强度

钢材经指定工作期限后,引起蠕变破坏的应力称为持久强度。持久强度主要反映钢材在高温断裂时的强度和塑性,而蠕变极限反映的是变形问题。锅炉元件失效的形式主要是破坏而不是变形,因此用持久强度进行锅炉高温元件的强度计算更为合理。我国强度计算标准也主要采用持久强度。锅炉设计中一般以元件在高温下运行十万小时断裂时的应力作为持久强度,用σ_D^t或σ_n^t表示。

钢材的持久强度可通过高温持久试验获得,但试验进行10万小时之久比较困难,通常取试验时间为工作期限的十分之一,再利用外推法求得结果。

(5)持久塑性

通过对高温持久强度试验断裂后的试样测定而得到的延伸率δ及断面收缩率Ψ,称为钢材的持久塑性。持久塑性好的钢材,在运行中即使强度稍有不足,也不会出现突然的脆性断裂。

对持久塑性的要求没有统一的标准,对于长期在高温下使用的锅炉钢材,一般希望其持久塑性不低于5%。

2. 应力松弛

零件在高温和应力下工作时,如维持总变形不变,随着时间的增加,零件的应力逐渐降低,这种现象称为应力松弛。在高温下工作的紧固件(如螺栓),由于应力松弛的影响,在工作一定时间后,必须重新上紧。此外,锅炉元件中的残余应力也会因应力松弛而减小。

应力松弛过程中应力和变形的变化过程:总变形$\Delta L_Z = \Delta L_T + \Delta L_S =$常数,应力$\sigma \neq$常数。

在应力松弛过程中,$\Delta L_Z =$常数;$\Delta L_T \neq$常数,逐渐变小;塑性变形$\Delta L_S \neq$常数,逐渐增大;ΔL_T逐渐向ΔL_S转变;应力$\sigma \neq$常数,而且逐渐减小。

应力松弛过程可用实验测定的应力松弛曲线(图1.2.4)表示。

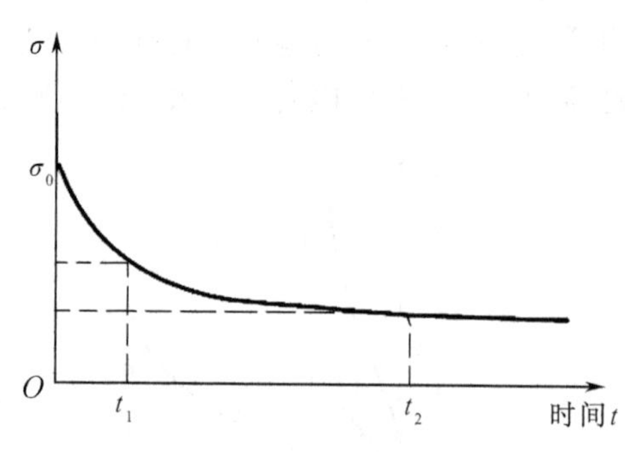

图1.2.4 应力松弛曲线

应力松弛过程可分为两个阶段,第一阶段应力随时间增加快速减小,第二阶段应力减小减慢,应力随时间增加接近一恒定值。此恒定值称为应力松弛极限,它代表在某一温度下不发生应力松弛现象的最大应力。由于应力松弛极限很小,实际上并不用它评定抗应力松弛性能,通常用某一温度下,初应力为σ_0时,经指定工作期限后(常为5 000 h或10 000 h)残留的应力表示抗应力松弛性能。

应力松弛与蠕变都是材料在高温和应力同时作用下的不断塑性变形现象,也可以说,应力松弛是应力不断变小的一种蠕变现象。

二、高温下长期运行中发生的组织变化

在室温条件下,钢材的组织和性能一般都较稳定,不随使用时间而变化,但在高温下长

期运行时，由于原子的活动能力增加，钢材的组织将逐渐发生变化，最终导致性能改变。

锅炉用钢材的组织变化有多种形式。对于不同的钢种、不同的组织状态，以及不同的工作条件，这些组织变化可能单独发生，也可能同时发生。

1. 珠光体球化和碳化物聚集

珠光体球化及碳化物聚集，是珠光体钢在高温下常出现的一种组织变化。锅炉高温元件用的低碳钢及低合金钢都属于珠光体钢，钢材中珠光体最初呈片状，由于片状珠光体表面积大，具有较大的表面能，有自行趋向较小能量的趋势，因此珠光体组织中片状渗碳体自行趋向球状。随着时间的增加和其他条件的变化，小的球体还要聚集成大的球体。在这种变化发生的同时，碳化物在钢材中的分布也发生了变化。

(1)珠光体球化对钢材性能的影响

①对短时力学性能的影响

珠光体球化使钢材的强度降低，对不同钢种影响程度不同，表 1.2.1 为球化后 15 和 15Mo 的力学性能与未球化时相比降低的比例。

表 1.2.1　球化后 15 和 15Mo 的力学性能与未球化时相比降低的比例

牌号	中等程度球化					严重球化				
	试验温度 t/℃									
	20	500	20	500	20	20	500	20	500	20
	σ_b降低/%		σ_s降低/%		H_B 降低/%	σ_b降低/%		σ_s降低/%		H_B 降低/%
15	5.2	0.75	6.5	12	8.5	17.2	13	16.4	27.5	17.5
15Mo	8.3	8.5	15.5	11.4	13.5	24.8	18.9	24.6	30.8	21.4

②对持久强度与蠕变极限的影响

珠光体球化使钢材的持久强度及蠕变极限降低，对不同钢种影响程度不同。表 1.2.2 为严重球化对 12CrMoV 的持久强度的影响。

表 1.2.2　严重球化对 12CrMoV 的持久强度的影响

原始热处理状态	球化程度	试验温度 t/℃	持久强度 $\sigma_{10^5}^{t}$/MPa
1 020 ℃正火 +760 ℃回火 3 h	未球化	580	11.0
	严重球化	580	8.2
970 ℃正火 +760 ℃回火 3 h	未球化	580	9.2
	严重球化	580	3.2
供货状态	原始状态	580	8.3
	严重球化	580	4.0

(2)影响珠光体球化的因素

①温度

温度愈高，珠光体球化过程进行得愈快。

②时间

当温度一定时，运行时间愈长，则珠光体球化愈严重。

③应力

运行时钢材所受的应力越大，珠光体球化过程进行得愈快。

④钢材的化学成分

凡能形成稳定碳化物的合金元素，都能减小碳在铁素体内的扩散速度，因而能减慢珠光体的球化过程。钢材中含碳量愈小，则珠光体球化对钢材的强度影响愈小，即表示组织愈稳定。

⑤塑性变形及晶粒度

塑性变形引起的加工硬化及晶粒的细化，都将促进珠光体球化过程的进行。

珠光体球化的同时，铁素体内将有碳化物析出、聚集和长大，由于晶界上扩散速度较快，所以碳化物常集中在晶粒边界处，极易产生蠕变裂纹，甚至造成晶界断裂。

可通过热处理将球化组织恢复成原来的片状组织。

2. 石墨化

碳钢或钼钢在长期高温作用下，渗碳体分解并析出石墨状自由碳的现象叫石墨化，化学反应式如下。

$$Fe_3C \longrightarrow 3Fe + C(石墨)$$

析出的石墨一般呈球状和团絮状，石墨本身强度极小，可将其看成孔洞和裂缝，因此石墨的存在将使钢材性能恶化，甚至导致元件破坏。由石墨化引起的锅炉爆管事故，在国内外都发生过。

(1)石墨化对钢材性能的影响

当发生石墨化现象时，由于石墨割裂了基体，石墨本身强度又低，所以石墨化对钢材的强度有影响。表1.2.3为石墨化程度对钢材抗拉强度的影响。

表1.2.3　石墨化程度对钢材抗拉强度的影响

石墨化级别	对钢材抗拉强度 σ_b 的影响
1级	影响不明显
2~3级	σ_b 较原始状态降低8%~10%
3~3.5级	σ_b 较原始状态降低17%~18%

石墨化对钢材弯曲角和室温下冲击韧性的影响见表1.2.4。由表1.2.4可看出，当石墨化严重时，钢材的弯曲角很小，并且 α_k 值很小。

表1.2.4　石墨化对钢材弯曲角及室温下冲击韧性的影响

石墨化级别	弯曲角	室温下 $\alpha_k/(N \cdot m \cdot cm^{-2})$
1级	>90°	>7
2级	50°~90°	4~7
3级	20°~50°	2~4
4级	<20°	<2

(2)影响石墨化的因素

①温度

温度愈高,石墨化过程速度愈快,但温度过高,到 700 ℃左右,非但不会出现石墨化现象,反而会使已生成的石墨与铁化合成渗碳体。

②合金元素

铝和硅是促进石墨化的因素,钢中若加入铬、钛、铌、钒等碳化物形成元素,可以有效地阻止钢的石墨化倾向。

③晶粒大小与冷变形

由于石墨常沿晶界析出,因此粗晶粒钢比细晶粒钢石墨化倾向小,而冷变形将促进石墨化过程的进行。

3. 合金元素的再分配

在长期高温作用下,由于原子扩散能力增强,钢中合金元素在固溶体和碳化物相之间重新分配,影响到耐热钢的高温性能。重新分配的特点:固溶体中合金元素含量逐渐减小,而碳化物中合金元素含量逐渐增大。因此,出现固溶体中合金元素贫化的现象。

4. 热脆性

钢材在一定温度区域(如 400 ~ 550 ℃)下长期加热后会产生冲击韧性显著降低的现象,称为钢的热脆性。大多数的钢都有热脆性倾向。对于一般碳钢,出现热脆性的必要条件是塑性变形。

热脆性的本质还不十分清楚,一般认为它和回火脆性是一致的。它们的主要表现如下。

(1)温度作用时间愈长,脆性开始发展的温度愈低。

(2)热脆性除明显降低室温冲击韧性外,其他性能变化不大。

(3)钢的脆性敏感性取决于化学成分,尤其是合金元素及磷、氮等杂质元素的含量。

(4)热脆性和回火脆性都可采取在高于 600 ℃的温度下加热后快速冷却的方法来消除。

(5)钢中加入钨和铂可减少对脆性的敏感性。

5. 应变时效

钢材经冷加工变形后,在室温条件下长时间停留或在 100 ~ 300 ℃条件下经不太长时间,强度将增加,塑性特别是冲击韧性明显下降,这样的现象称为应变时效,简称时效。冷卷、冷弯及胀接等工艺过程都可能引起应变时效。

产生应变时效现象的原因是塑性变形引起材料晶格歪曲,降低了对某些物质(如碳化物、氮化物等)的溶解能力,引起这些物质的扩散和析出,从而改变了钢的性能。提高温度可使应变时效加速出现。温度过高,超过再结晶温度后,由于冷作硬化消失,将不产生应变时效现象。

钢材对应变时效的敏感性用时效前后冲击韧性的差值和原始状态下冲击韧性的百分比来表示。

三、氧化及腐蚀

1. 氧化

锅炉高温元件(主要是过热器管)在运行中与烟气、空气或蒸汽接触,会使钢材表面氧化，在氧化过程中，如果金属表面生成的氧化膜疏松、不牢固，不断生成又不断剥落，则氧化过程将继续下去，使元件厚度变薄，降低了强度，严重时将造成破坏。

金属氧化的发展速度与温度、时间、气体介质成分、压力、流速、钢材化学成分、形成的氧化膜强度等因素都有关系。温度愈高，时间愈长，金属氧化发展速度愈快。

对于锅炉常用的碳钢，在 570 ℃以下，生成的氧化膜由 Fe_2O_3 及 Fe_3O_4 组成。Fe_2O_3 及 Fe_3O_4 都比较致密，因此可以保护钢材免于进一步氧化。温度超过 570 ℃时，碳钢的氧化膜由 Fe_2O_3、Fe_3O_4、FeO（ FeO 在内）三层组成，其厚度比为 1∶10∶100，即主要由 FeO 组成。FeO 是不致密的，因此氧化过程将不断进行下去。

钢的抗氧化性可按实测腐蚀深度评定，或根据氧化过程的稳定速度按抗氧化性能试验测定。

根据试验所得的氧化腐蚀速度，按表 1.2.5 评定钢的抗氧化腐蚀级别。

表 1.2.5　钢的抗氧化腐蚀级别

级别	腐蚀速度/($mm \cdot a^{-1}$)	抗氧化性分类
1	0.1 以下	完全抗氧化性
2	0.1 ~ 1.0	抗氧化性
3	1.0 ~ 3.0	次抗氧化性
4	3.0 ~ 10.0	弱抗氧化性
5	10.0 以上	不抗氧化性

2. 腐蚀

(1)蒸汽腐蚀

锅炉受热面管(特别是过热器管)中，由于蒸汽流速很小或停滞，将发生蒸汽腐蚀，其化学反应如下。

$$3Fe + 4H_2O \longrightarrow Fe_3O_4 + 8[H]$$

蒸汽腐蚀所生成的氢气，如果不能较快地被气流带走，将与钢材发生作用造成氢腐蚀，使钢材表面脱碳并变脆。

影响蒸汽腐蚀的因素有温度、钢材化学成分及冷加工变形等。

(2)硫腐蚀

锅炉受热面及其固定件由于烟气中含硫而发生的腐蚀称为硫腐蚀。

燃烧含硫量高的燃料时，在烟气中有较多的 SO_3，当烟气在锅炉尾部受热面冷却到一定温度(称为露点)时，烟气中的水蒸气开始凝结，并与 SO_3 结合成硫酸溶液，将使受热面管子受到严重的腐蚀损坏。硫腐蚀发生在烟气温度低于露点时，燃料含硫愈多，露点温度愈高。烟气中含有少量 SO_3 就会使露点明显升高，可达 120 ~ 160 ℃。

(3)垢下腐蚀

锅炉受热面管中有时沉淀着含有氧化铁及氧化铜的水垢，它们与高温金属接触时，发生以下化学反应：

$$4Fe_2O_3 + Fe \longrightarrow 3Fe_3O_4$$

$$4CuO + 3Fe \longrightarrow Fe_3O_4 + 4Cu$$

这种反应是以电化学方式进行的，氧化铁及氧化铜构成阴极，受热面管内壁为阳极，因此受热面管不断被腐蚀。

垢下腐蚀一般发生在朝向火焰一侧的水冷壁管内侧，破坏的形状如贝壳，直径可达几十毫米。

(4)应力腐蚀及苛性脆化

在应力和腐蚀同时作用下钢材所发生的破坏称为应力腐蚀。锅炉受热面管、蒸汽管道等都可能发生应力腐蚀。

低碳钢的苛性脆化是应力腐蚀的一种形式，它发生在锅炉铆接的铆缝处或胀接的胀口处，破坏的形式是产生裂缝。苛性脆化只有在同时满足以下两个条件时才会出现。

①锅炉铆缝及胀口不严密，因此间隙中炉水不断浓缩，使 OH^- 浓度变大。

②有接近于屈服极限的应力。

为防止苛性脆化，可在炉水中加入硝酸钠。此外，还应在运行中避免过大的温度应力。

• 任务实施

锅炉运行中出现大面积腐蚀现象，如水冷壁上部大量腐蚀，尾部省煤器大量腐蚀，锅筒局部腐蚀。

1. 分析水冷壁管道蒸汽腐蚀的原因。

2. 分析省煤气管道硫腐蚀的原因。

3. 分析锅筒垢下腐蚀的原因。

• 任务评量

各位同学：

1. 教师针对下列评量项目并依据评量标准，从 A、B、C、D、E 中选定一个对学生操作进行评分，学生在教师进行评价前先做自评，但自评不计入成绩。

2. 此项评量满分为 100 分，占学期成绩的 20%。

评量项目	学生自评与教师评价(A 到 E)	
	学生自评分	教师评价分
1. 原因确定(20 分)		
2. 原因分析结果(50 分)		
3. 创新能力(20 分)		
4. 团队协作(10 分)		

评量项目	A(100%)	B(80%)	C(60%)	D(40%)	E(20%)
1. 原因确定(20 分)					
2. 原因分析结果(50 分)					
3. 创新能力(20 分)					
4. 团队协作(10 分)					
评分标准	按每个步骤项目数量，根据完成比例确定分数，如 1 有 5 项，完成 2 项的比例为 40%，为 D。				

• **复习自查**

1. 锅炉高温元件的工作期限一般为 12 年,为什么?
2. 钢材在高温状态下一般发生哪些组织变化?
3. 钢材的腐蚀有几种类型?

任务三 锅炉用金属材料的元素分析

• **学习目标**

知识:精熟钢材的元素组成;区别不同元素对钢材性能的影响。

技能:准确地进行锅炉用钢材的元素分析。

素养:主动参与小组活动,完成热工仪表的选择和安装;展现职业素养,学会学习。

• **任务描述**

分析 75 t/h 循环流化床锅炉主要受压部件中锅筒、水冷壁、省煤器、预热器、过热器和集箱材料的化学元素成分及工作环境。

• **知识导航**

一、碳钢中的元素及其对性能的影响

碳钢为含碳量小于 2% 的铁碳合金,除碳以外,还含有少量的锰、硅、硫、磷以及氧、氮、氢等元素。碳钢价格便宜,获取方便并具有合适的机械性能及良好的工艺性能,因此在锅炉制造中被广泛采用。

1. 碳

碳是碳钢中的主要合金元素,对碳钢的性能起着决定性作用。含碳量增加,会使钢材的强度及硬度明显提高,含碳量增加 0.1%,抗拉强度约提高 60 N/mm^2,屈服极限约提高 20 N/mm^2。但含碳量增加会使钢材的塑性及韧性明显降低,韧性降低得尤甚,可焊性随着含碳量的增加而明显变差,因此锅炉用钢材的含碳量应限制在 0.3% 以下,合金钢含碳量应更少。另一方面,含碳量减小,除会使钢材的强度降低外,还会使钢材的时效敏感性提高。因此,在锅炉制造业中一般不采用含碳量小于 0.1% 的碳钢。

2. 锰和硅

锰和硅是炼钢时为了脱氧而加入并部分残留在钢材中的,在一定范围内,随含锰量的增加,钢材的强度提高,另外锰能与硫形成硫化锰(MnS)清除有害的硫,改善钢材的热加工性能,因此要求钢材必须保证一定的含锰量。一般我国锅炉用碳钢含锰量 0.35% ~ 0.65%,含硅量 0.15% ~0.37%。

3. 硫和磷

硫和磷是在冶炼时由铁矿石和燃料带入的,而后又不能完全去除,残留在钢材中。硫在钢材中以硫化铁(FeS)形态存在于晶粒之间,熔点较低,加热到 800 ℃以上锻造、轧制时,可能导致晶间裂开(红脆性),硫使钢材的冲击韧性降低,故对钢材的含硫量有严格要求,应控制为 0.04% ~0.045%。

磷在钢材中具有严重的偏析倾向,磷多的地方易成为脆裂的起点,使钢材在室温或更低的温度下冲击韧性明显降低(冷脆性)。因此,钢材含磷量也是越低越好,一般规定要低于0.04%。

4. 氧

炼钢是一个氧化过程,在钢水中含有相当数量的FeO,注锭前用锰铁、硅铁、铝等除氧,其产物MnO、SiO_2、Al_2O_3或FeO · MnO、2FeO · SiO_2等大部分浮入渣中而被去除。

若钢水中含氧太多或冶炼及脱氧操作不当,可能遗留部分氧化物,夹杂于钢中,能剧烈降低钢材的强度、韧性和疲劳强度。

5. 氮

碳钢溶氮能力随温度的降低而减弱,因此当碳钢件快速冷却时,一部分氮就会过饱和地溶解在钢材中。当钢材被加热到200~250 ℃时就会发生氮化物的析出,使钢材的时效敏感性、硬度、强度提高,塑性降低。

6. 氢

钢在液体状态和固体状态下,氢的溶解度相差很大,钢的固体状态下,温度不同,氢的溶解度也不一样。冷却速度较快时,氢原子来不及向金属外部扩散,将聚集于晶粒缺陷、滑移线及晶界处并形成分子状态的氢,产生很大的张力,使钢材内部出现裂纹(白点)。

以上有害气体的允许含量,在锅炉用钢材标准中一般不明确给出来,但对它们所影响的性能及所造成的缺陷有明确要求。

在钢材中有时还可能偶然存在铬、镍、铜等元素,它们会影响钢材的可焊性及其他性能。我国锅炉用钢材标准中对这些元素的残余含量有一定的规定。

二、合金元素对锅炉用钢材性能的影响

“合金元素”是指为获得一定性能而特别加入钢材中的化学元素。加入了合金元素的钢材称为“合金钢”。合金元素对锅炉用钢材性能的影响如下。

1. 锰

钢材含锰量在0.65%以下时不将其视为合金元素,含锰量达1%以上时才将其视为合金元素,并称这种钢材为“锰钢”。

锰能有效地提高钢材的强度且并不稀有,故我国生产的合金钢钢板及部分合金钢管都含有一定量的锰。含锰量增加,会明显降低钢材的可焊性,因此钢材的含锰量一般为1.10%~1.65%。为保证良好的可焊性,含锰量大时,应适当降低含碳量。含锰量不大时,对热强性(抗蠕变能力)影响不大,但含有较多锰的钢,属于奥氏体组织钢,其热强性较大。我国生产的过热器固定件用钢,如Cr18Mn11Si2N(D1)、Cr20Mn9Ni2Si2N(钢101)等,即为含锰量约为10%的奥氏体耐热钢。

2. 硅

钢材含硅量在0.37%以下时不将其视为合金元素。

锅炉用钢材中的硅主要用来提高热稳性(抗氧化能力)。我国研制出的用于过热器管的12MoVWBSiRe(无铬8号)、12Cr2MoWVB(钢102)等低合金耐热钢,含硅量为0.45%~0.90%;而用于过热固定件的高合金奥氏体耐热钢,含硅量为2%左右。

3. 铬

铬是锅炉用钢材中常用的合金元素。目前,我国铬的产量较少,新研制出的锅炉用合金钢应尽量少用或不用铬,无铬8号、15MnMoV等新牌号国产锅炉用钢就是从这点出发研

制的。

铬在锅炉用钢材中的作用主要是提高热稳性,同时也提高了高温与常温强度及抗腐蚀能力。在锅炉用钼钢中加入一定量的铬,可减弱珠光体球化倾向及防止发生石墨化现象。铬的主要缺点是降低了钢材的可焊性,因此,含铬钢的含碳量应适当降低。

4. 钼

钼是锅炉用低合金钢中最基本的一种元素。我国生产的锅炉用低合金钢除个别牌号外,几乎都含有一定量的钼。

钼在锅炉用钢材中的作用主要是提高热强性。钼在提高低合金钢的热强性方面,比其他任何元素都有效。钢中加入0.5%钼约可提高抗蠕变能力75%,加入1%钼约可提高抗蠕变能力125%,加入1.5%钼约可提高抗蠕变能力150%。钼是一种较贵重元素,我国锅炉用低合金钢中,除个别牌号如12Cr3MoVSiTiB(π11)的含钼量略高于1%外,其他的含钼量都在0.5%以下。

5. 镍

镍是一种贵重元素,我国产量较少。因此,在我国生产的锅炉用钢材中,除个别牌号外,都不含镍。国外生产的锅炉用钢材中,含镍量在10%以上的高合金铬镍钢等加入镍是为了获得奥氏体组织从而显著提高钢材的热强性;含镍量约为1%的低合金锰镍钼钢等加入镍是为了提高钢材的常温及中温强度,同时也改善了钢材的时效敏感性。

6. 钒

钒也是锅炉用钢材中常用的合金元素,我国生产的锅炉用低合金钢材中,大多数牌号含有钒。

钒在锅炉用钢材中的作用主要是提高热强性,其效果与钼相近。钒是一种较贵重元素,另外,加入较多钒会降低钢材的热稳性。我国生产的锅炉用钢材中,含钒量多为0.2%~0.4%。钒也具有提高钢材的常温及中温强度的能力。

7. 钛和铌

钛和铌可进一步提高奥氏体钢的热强性,我国产量较高,在锅炉用钢材中可以适量应用,新研制出的无铬8号、钢102等锅炉用低合金钢材中,均含有一定量(0.5%以下)的钨。

8. 硼

锅炉用钢材中加入少量(万分之几)的硼能达到显著提高钢材的热强性的效果,也能改善钢材的持久塑性。因此,近十几年来,锅炉用钢材中加入少量的硼在国外已广为应用。我国生产的无铬8号、钢102、π11等锅炉用低合金钢都含有少量的硼。硼量加得多时,锻造性能明显变差,因此含硼量应控制在0.01%以下。

9. 稀土元素

钢材中加入少量稀土元素,对钢材的热强性、持久塑性均起有利作用,国外对此早有注意。新研制的无铬8号也利用了稀土元素。

10. 铜

利用含铜铁矿炼铁、炼钢,在钢材中必残留铜。我国有的铁矿所产铁矿石含铜较多,炼出的钢中含铜量超过标准允许值(约0.3%)。试验表明,对于低碳钢、低碳低锰钢(如16Mn),如含铜量小于0.5%,非但对钢材的可焊性、塑性无明显影响,而且可提高钢材的强度性能、抗腐蚀性能,并可防止叠轧黏结。16MnCu钢用于锅炉构架。

• 任务实施

75 t/h 循环流化床锅炉的主要受压元件材料化学元素成分及工作环境见表 1.3.1。

表 1.3.1　75 t/h 循环流化床锅炉的主要受压元件材料化学元素成分及工作环境

序号	锅炉元件	材料	材料化学元素成分	工作环境
1	锅筒	20g		
2	水冷壁	20		
3	省煤器	10		
4	预热器	Q235A		
5	过热器	12Cr1MoV		
6	集箱	20		

1. 分析上述材料的化学元素成分。
2. 分析上述锅炉主要元件工作环境。

• 任务评量

各位同学：

1. 教师针对下列评量项目并依据评量标准，从 A、B、C、D、E 中选定一个对学生操作进行评分，学生在教师进行评价前先做自评，但自评不计入成绩。

2. 此项评量满分为 100 分，占学期成绩的 20%。

评量项目	学生自评与教师评价（A 到 E）	
	学生自评分	教师评价分
1. 化学成分分析（20 分）		
2. 工作环境分析（50 分）		
3. 创新能力（20 分）		
4. 团队协作（10 分）		

项目	A（100%）	B（80%）	C（60%）	D（40%）	E（20%）
1. 化学成分分析（20 分）					
2. 工作环境分析（50 分）					
3. 创新能力（20 分）					
4. 团队协作（10 分）					
评分标准	按每个步骤项目数量，根据完成比例确定分数，如 1 有 5 项，完成 2 项的比例为 40%，为 D。				

• **复习自查**

1. 碳钢含碳量增加或减少主要影响钢材的哪些性能?
2. 何谓合金钢?
3. 锅炉过热器的高温段和低温段采用的材料一致吗?

项目二　金属材料下料切割

项目描述

锅炉的各种零部件大都是以板材、管材以及型材作为原材料制成的。在其制造过程中，首先需要对原材料进行下料切割工作。图 2.1.1 为锅筒下料画线图。

在工业生产中应用较广的切割方法有三种：机械切割、火焰切割和等离子弧切割。这三种切割方法在工作原理、操作方法、经济效果等方面有很大差别。在锅炉制造中，这三种切割方法都在一定条件下得到了应用。

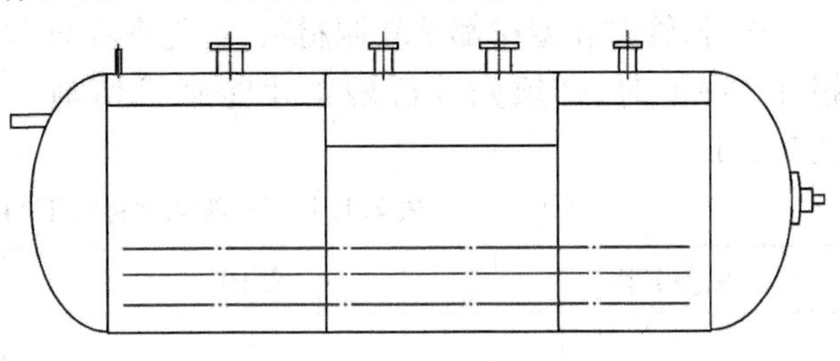

图 2.1.1　锅筒下料画线图

机械切割主要是利用机械装置对金属材料施加剪切力，使之被切割分离。在机器制造工业中，常用的各种剪切机械，如龙门式剪床、圆盘式剪床、各种冲剪机等对金属的切割均属于这一类。此外，各种锯床对金属的切割也属于机械切割。

火焰切割是依靠金属在氧气中燃烧形成氧化物，再利用高速气流将氧化物吹除，以达到切割分离金属的目的。火焰切割由于其成本低、切割速度快、设备简单等优点，在锅炉制造中得到了十分广泛的应用。

等离子弧切割是依靠特制的割炬，产生极高温度的高速等离子焰流，使金属材料局部熔化而形成割缝。等离子弧切割在不锈钢及有色金属的切割中得到了普遍的应用。

在下料切割以前，需要对原材料做矫正和画线工作。

本项目的目标是使学生具备对锅炉零部件进行矫正、画线与下料的能力，熟悉各种画线、下料工具和设备并能熟练操作，同时具备放线、下料需要的精算能力，提高职业操守。

教学环境

教学场地是锅炉设备检修实训室。学生可利用多媒体教室进行理论知识的学习、小组工作计划的制订、实施方案的讨论等，也可利用检修实训室的设备进行材料矫正、画线与切割下料训练。

任务一　金属材料的放样与下料

- **学习目标**

知识：解析钢材矫正方法；精熟画线的基本原则。

技能:纯熟进行钢材冷、热矫正;准确地操作画线、放样工具。

素养:养成积极学习的习惯;建立良好的职业操守。

- **任务描述**

本任务包括三方面:第一,按照给定锅筒图纸,在样板上进行放样工作;第二,对给定材料进行矫正工作;第三,结合样板和给定材料进行画线工作。任务包括理论计算(包括编制下料工艺卡)和实际操作两方面。

- **知识导航**

一、钢材的矫正

板材、管材和型材都是轧制材料,可能存在弯曲、扭曲和波浪变形等缺陷,当缺陷偏差超过允许值时,必须先进行矫正才能画线切割。一般轧制材料下料前的允许偏差见表2.1.1。

表2.1.1　一般轧制材料下料前的允许偏差

偏差名称	简图	允许值
钢板、扁钢的局部挠度	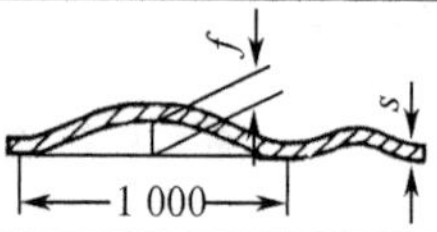 f; s; 1 000	板材厚度 $s \geq 14$ mm 时,挠度 $f \leq 1$ mm $s < 14$ mm 时,$f \leq 1.5$ mm
型钢及管子的不直度	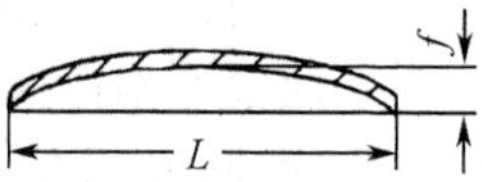 f; L	$f \leq \frac{L}{1\,000}$ $\not> 5$
角钢两肢的不垂直度	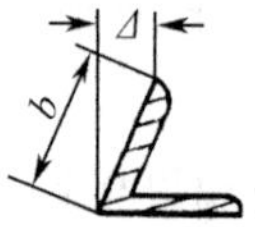 Δ; b	$\Delta \leq \frac{b}{100}$
工字钢、槽钢翼缘的倾斜度	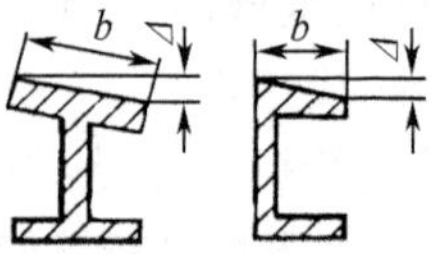 b; Δ; b; Δ	$\Delta \leq \frac{b}{80}$

1. 钢材变形的原因

导致钢材变形的原因很多,从钢材的生产到零件加工的各个环节,都可能因各种原因而导致钢材变形。钢材的变形主要来自以下几个方面。

(1)钢材在轧制过程中产生的变形

钢材在轧制过程中,由于轧辊沿长度方向受热不均匀、轧辊弯曲、轧辊间隙不一致,在宽度方向的压缩不均匀,导致长度方向延伸不相等而产生变形。

(2)钢材因运输和不正确堆放产生的变形

焊接结构使用的钢材,均是较长、较大的钢板和型材,会因自重而弯曲、扭曲和局部变形。

(3)钢材在下料过程中产生的变形

钢材在画线以后,一般要经过气割、剪切、冲裁、等离子弧切割等下料工序。而气割、等离子弧切割过程是对钢材的局部进行加热而使其分离的过程。对钢材的不均匀加热必然会产生残余应力，进而导致钢材产生变形，尤其是在气割窄而长的钢板时，钢扳边上的一条弯曲得最明显。在进行剪切、冲裁等时，由于工件的边缘受到剪切，必然产生很大的塑性变形。

综上所述，钢材变形的原因是多方面的。当钢材的变形大于技术规定或大于表 2.1.1 中的允许偏差时，画线前必须进行矫正。

2. 钢材的矫正原理

钢材在厚度方向上可以假设是由多层纤维组成的。钢材平直时，各层纤维长度都相等，$ab=cd$，如图 2.1.2(a)所示。钢材弯曲后，各层纤维长度不一致，即 $a'b' \neq c'd'$，如图 2.1.2(b)所示。可见，钢材的变形就是其中一部分纤维与另一部分纤维长短不一致造成的。矫正是通过加压或加热进行的，其过程是把已伸长的纤维缩短，把已收缩的纤维拉长，最终使钢板厚度方向的纤维长度趋于一致。

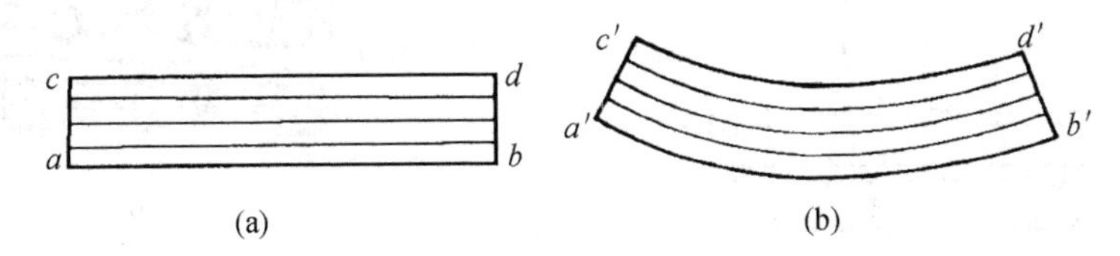

图 2.1.2　钢材平直和弯曲时各层纤维长度示意图

(a)平直；(b)弯曲

3. 钢材的矫正方法

矫正就是使变形的钢材在外力作用下产生塑性变形（永久性变形），使钢材中已伸长的纤维缩短、已收缩的纤维拉长，令金属各部分的纤维长度均匀，以消除表面不平、弯曲、扭曲和波浪变形等缺陷，从而获得正确的形状。

钢材的矫正方法可分为冷态矫正和热态矫正。

(1)冷态矫正

经常采用的冷态矫正有手工矫正和机械矫正。

①手工矫正

常用的手工矫正方法有以下两种。

a. 反向变形法

对于刚性较好的钢材，可采用反向进行矫正的方法。

b. 锤展伸长法

对于变形较小或刚性较小的钢材，可锤击纤维较短处，使其伸长与较长纤维趋于一致，从而达到矫正目的。

手工矫正一般在常温下进行，在矫正过程中应尽可能减少不必要的锤击和变形，防止钢材产生加工硬化。对于强度较高的钢材，可将钢材加热至 750 ~ 1 000 ℃的高温，以降低其强度，提高其塑性，减小变形抗力，提高矫正效率。

②机械矫正

机械矫正是通过弯曲或拉伸完成的。

机械矫正又分为以下三类。

a. 拉伸机矫正(图 2.1.3(a))

其适用于薄板瓢曲的矫正、型材扭转的矫正及管材的矫直。

b. 压力机矫正(图 2.1.3(b))

其适用于板材、管材、型材的局部矫正。对型材校正精度一般为 1.0 mm/m。

c. 辊式机矫正(图 2.1.3(c))

其有正辊、斜辊两类,适用于板材、管材、型材的矫正。辊式机矫正的原理是钢材进行多次正反弯曲,使多种原始曲率逐步变为单一曲率,最终将其矫平。板材常用多辊式板材矫正机矫正,矫正精度一般为 1.0 ~ 2.0 mm/m。管材常用斜辊矫正机矫正,矫正精度一般为 0.5 ~ 0.9 mm/m。斜辊矫正机有不同的结构形式,其结构示意图如图 2.1.4 所示。

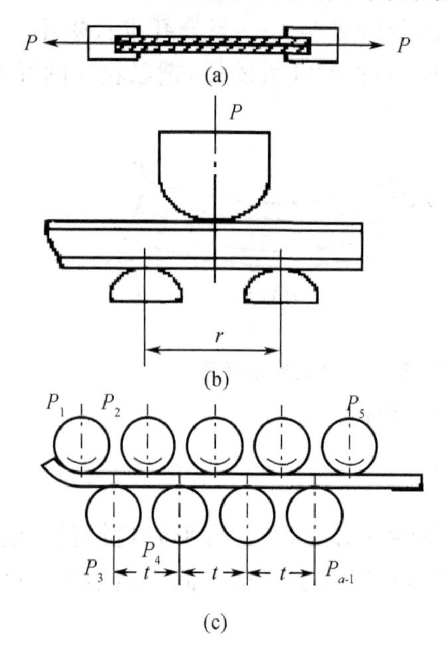

图 2.1.3　机械矫正示意图

(a)拉伸机矫正;(b)压力机矫正;(c)辊式机矫正

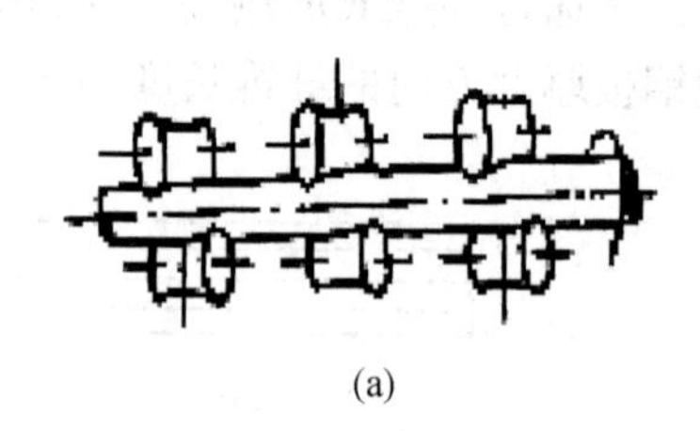

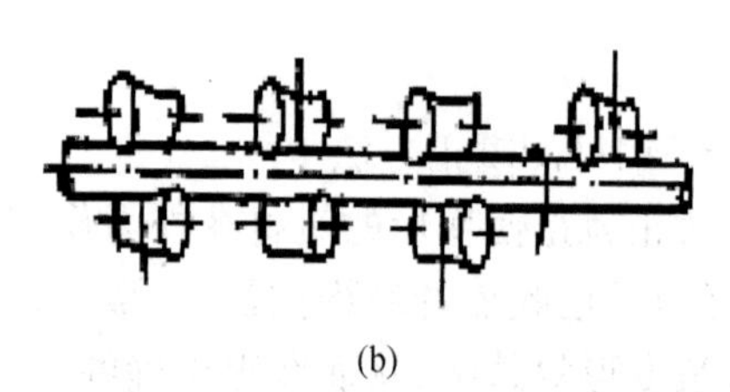

图 2.1.4　斜辊矫正机结构示意图

(a)2-2-2 型;(b)2-2-2-1 型

各种矫正机的矫正力可按下式近似计算。

拉伸矫正机

$$P = \sigma_s F$$

式中　P——矫正力,N;

F——材料截面积,mm^2;

σ_s——材料屈服强度,N/mm^2。

压力机及 2-2-2 型斜辊矫正机

$$P = \frac{4M}{t}$$

式中　t——辊距,mm;

M——塑性弯曲力矩,N · mm,$M = K_1 \sigma_s W$,K_1 为型材截面形状系数,对矩形 $K_1 = 1.5$,W 为材料抗弯断面系数。

正辊机及 2-2-2-1 型斜辊矫正机

$$P_{\max}=\frac{8M}{t},\ \sum P=\frac{4(n-2)}{t}\left(\frac{1}{K}+1\right)M$$

式中 $P_{\max}$——单根矫正辊最大矫正力,N;

$\sum P$——各矫正辊总矫正力,N;

n——辊数。

(2)热态矫正

①火焰矫正

火焰矫正是利用火焰对钢材的已伸长部位进行局部加热,使其在较高温度下发生塑性变形,冷却后收缩而变短,这样使零件变形得到矫正。火焰矫正操作方便灵活,所以应用比较广泛。决定火焰矫正效果的因素主要有以下几点。

a. 火焰加热的方式

火焰加热的方式主要有点状加热、线状加热和三角形加热。

b. 火焰加热的位置

火焰加热的位置应选择金属纤维较长的部位或者凸出的部位,如图 2.1.5 所示。

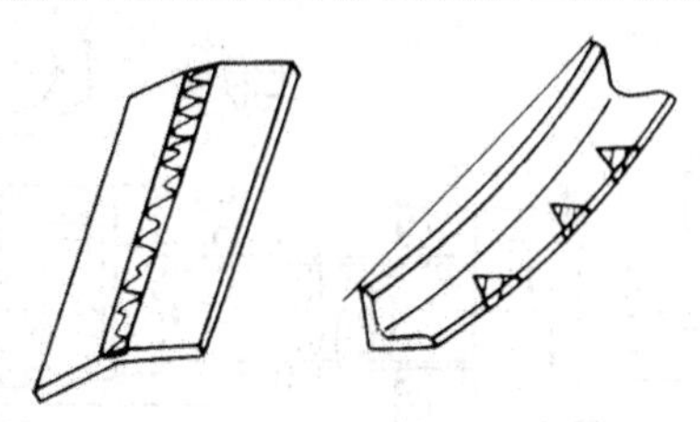

图 2.1.5 火焰加热的位置

c. 火焰加热的温度

生产中常采用氧 - 乙炔火焰加热,应采用中性焰。一般钢材的加热温度应为 600 ~ 800 ℃,低碳钢的加热温度不大于 850 ℃;厚钢板和变形较大的工件,加热温度取 700 ~ 850 ℃,加热速度要缓慢;薄钢板和变形较小的工件,加热温度取 600 ~ 700 ℃,加热速度要快;严禁在 300 ~ 500 ℃条件下进行矫正,以防钢材脆裂。

为了提高矫正质量和矫正效果,还可施加外力或在加热区域用水急冷,以提高矫正效率。但对厚钢板和具有淬硬倾向的钢材(如低合金高强度钢、合金钢等),不能用水急冷,以防产生裂纹和淬硬。

②高频热点矫正

高频热点矫正是在火焰矫正的基础上发展起来的一种新工艺,它可以矫正任何钢材的变形,对尺寸较大、形状复杂的工件效果更显著。其原理是:通入高频交流电的感应圈产生交变磁场,当感应圈靠近钢材时,钢材内部产生感应电流(即涡流),使钢材局部的温度立即升高,从而对其进行加热矫正。加热的位置与火焰矫正时相同,加热区域的大小取决于感应圈的形状和尺寸。感应圈一般不宜过大,否则加热慢;感应圈大,加热区域大,也会影响加热矫正的效果。一般加热时间为 4 ~5 s,温度约为 800 ℃。

感应圈采用纯铜管制成,形状为宽 5 ~20 mm、长 20 ~40 mm 的矩形,铜管内通水冷却。高频热点矫正与火焰矫正相比,不但效果显著、生产率高,而且操作简便。

二、钢材的预处理

去除钢材表面的铁锈、油污、氧化皮等为后序加工做准备的工艺称为预处理。预处理的目的是把钢材表面清理干净，为后序加工做准备。为防止零件在加工过程中再一次被污染，一些预处理工艺还要在表面清理后喷保护底漆。常用的预处理方法分为机械除锈法和化学除锈法。

1. 机械除锈法

机械除锈法主要包括喷砂（或喷丸）、砂布打磨、刮光和抛光等。喷砂（或喷丸）是将干砂（或铁丸）从专门压缩空气装置中急速喷出，轰击到金属表面，将其表面的氧化物、污物打落，这种方法清理较彻底，效率也较高。但喷砂（或喷丸）粉尘大，需要在专用车间或封闭条件下进行，同时经喷砂（或喷丸）处理的材料会产生一定的表面硬化，对零件的弯曲加工有不良影响。另外，喷砂（或喷丸）也常用在结构焊后涂装前的清理上。图 2.1.6 为钢材预处理生产线。

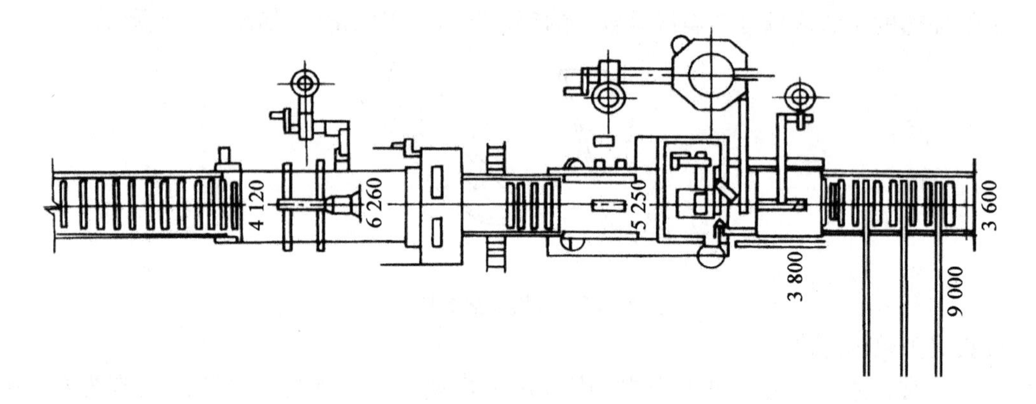

图 2.1.6 钢材预处理生产线

钢材经喷砂（或喷丸）除锈后，随即进行防护处理，其步骤如下。

（1）用经净化过的压缩空气将钢材表面吹净。

（2）给钢材涂刷防护底漆或将钢材浸入钝化处理槽中做钝化处理，钝化剂可用 10% 的磷酸锰铁水溶液处理 10 min，或用 2% 的亚硝酸溶液处理 1 min。

（3）将涂刷防护底漆后的钢材送入烘干炉中，用加热到 70 ℃的空气进行干燥处理。

2. 化学除锈法

化学除锈法即用腐蚀性的化学溶液对钢材表面进行清理。此方法效率高，质量均匀而稳定，但成本高，并会对环境造成一定的污染。化学除锈法一般分为酸洗法和碱洗法。酸洗法可除去金属表面的氧化皮、锈蚀物等污物；碱洗法主要用于去除金属表面的油污。其过程一般是将配制好的酸、碱溶液装入槽内，将工件放入浸泡一定时间，然后将其取出，用水冲洗干净，以防止余酸的腐蚀。

三、画线

画线包括在原材料或经初加工的坯料上画下料线、加工线、位置线等，并打上（或写上）必要的标记、符号。

画下料线时，应留适当的加工余量和切割间隙，注意合理排料，提高材料利用率，并应考虑材料的轧制方向。

画线前应确定坯料尺寸。

1. 坯料尺寸的确定

坯料尺寸由零件展开尺寸、工艺变量（伸长或缩短量）和加工余量三部分组成。

确定坯料尺寸的方法有以下几种。

(1)展开法：按钣金工方法将工件表面展开。

(2)计算法：按展开原理或压（拉）延变形前后面积不变原则推导出计算公式。

(3)试验法：通过试验决定形状较复杂零件的坯料。

(4)综合法：对计算过于复杂的零件，可对不同部位分别采用展开法和计算法，有时还需用试验法配合验证。

2. 画线的基本原则

(1)垂线必须用作图法。

(2)用划针或石笔画线时，应紧抵直尺或样板的边沿。

(3)用圆规在钢板上画圆、圆弧或分量尺寸时，应先打上样冲眼，以防圆规尖滑动。

(4)平面画线应遵循先画基准线，后按由外向内，从上到下，从左到右的顺序画线的原则。先画基准线，是为了保证加工余量的合理分布，画线之前应该在工件上选择一个或几个面或线作为画线的基准，以此来确定工件其他加工表面的相对位置。一般情况下，以底面、侧面、轴线为基准。

画线的准确度取决于作图方法的正确性、工具质量、工作条件、作图技巧、经验、视觉的敏锐程度等因素。除以上因素之外还应考虑到工件因素，即工件加工成形时气割、卷圆、热加工等的影响，装配时板料边缘修正和间隙大小的装配公差影响，焊接和火焰矫正的收缩影响等。

3. 画线方法

画线方法有实样法和比例法两种。

(1)实样法

直接在材料上按样板或1:1放样办法画线。工序间画线主要采用这种方法。

(2)比例法

由人工或数控绘图仪在涤纶薄膜纸上画出比例图（一般比例为1:10)，经光学放大成1:1图像投影在原材料上，再人工或用电印技术加以描绘。其优点是纸面排料方便，效率高，可降低劳动强度，适于成批生产。

4. 画线时应注意的问题

(1)熟悉图样和制造工艺，根据图样检验样板，核对选用的钢号、规格是否符合规定的要求。

(2)检查材料表面是否有麻点、裂纹、夹层及厚度不均匀等缺陷。

(3)画线前应将材料垫平、放稳，画线时要尽可能使线条细且清晰，笔尖与样扳边缘间不要内倾和外倾。

(4)画线时应标注各道工序用线，并加以适当标记，以免混淆。

(5)弯曲材料时，应考虑材料的轧制纤维方向。

(6)钢板两边不垂直时，一定要去边。画尺寸较大的矩形时，一定要检查对角线。

(7)画好线的毛坯,应注明产品的图号、件号和钢号,以免混淆。

(6)注意合理安排用料,提高材料的利用率。

常用的画线工具有画线平台、划针、圆规、角尺、样冲、曲尺、石笔、粉线等。

5. 切割间隙和画线公差

在排料画线时应在坯料间留出切割间隙。不同板厚用不同切割方法时,切割间隙见表2.1.2。

表2.1.2　切割间隙

单位:mm

材料厚度	火焰切割		等离子弧切割	
	手工	自动及半自动	手工	自动及半自动
≤10	3	2	9	6
10~30	4	3	11	8
30~50	5	4	14	10
50~65	6	4	16	12
65~132	8	5	20	14

画线公差一般为制造公差之半。

较大的矩形或方形板料的下料线,其两对角线的差值应小于2 mm,加工余量较大时可适当放宽。

挠度较大的筒体,当密集孔位于凹侧时,环向孔距画线偏差为:筒体中部不小于图纸允许下偏差之半,筒体两端不大于图纸允许上偏差之半,同排管孔应保持在同一纵向直线上。

6. 基本线型的画法

(1)直线的画法

① 直线长不超过1 m可用直尺画线。划针尖或石笔尖紧抵钢直尺,向钢直尺的外侧倾斜15°~20°画线,同时向画线方向倾斜。

② 直线长不超过5 m用弹粉法画线。弹粉线时把线两端对准所画直线的两端点,拉紧线两端使粉线处于平直状态,然后垂直拿起粉线,再轻放。线较长时,应弹两次,以两线重合为准,或是在粉线中间位置垂直按下,左右各弹一次完成。

③ 直线长超过5 m用拉钢丝的方法画线,钢丝直径为0.5~1.5 mm。操作时,将钢丝两端拉紧并用两垫块垫托,其高度尽可能低些,然后用90°角尺靠紧钢丝的一侧在90°下端定出数点,再用粉线以三点弹成直线。

(2)大圆弧的画法

放样或装配有时会需要画一段直径为十几米甚至几十米的大圆弧,因此一般的地规和盘尺不能适用,只能采用近似几何法或计算法作图。

①近似几何法

已知弦长 ab 和弦弧距 cd,先作一矩形 $abef$(图2.1.7(a)),连接 ac,并作 ag 垂直于 ac(图2.1.7(b)),以相同数(图2.1.7(c)中为4)等分线段 ad、af、ag,对应各点连线的交点用光滑曲线连接,即可画出圆弧(图 2.1.7(c))。

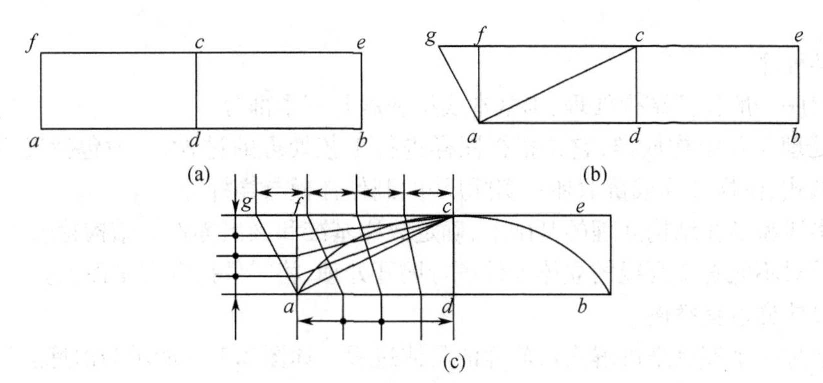

图 2.1.7 大圆弧的准确划法

②计算法

计算法比近似几何法要准确得多,一般采用计算法求出准确尺寸后再画大圆弧。如图 2.1.8 所示,已知大圆弧半径为 R,弦弧距为 ab,弦长为 cg,求弧高。(d 为 ac 上任意一点)

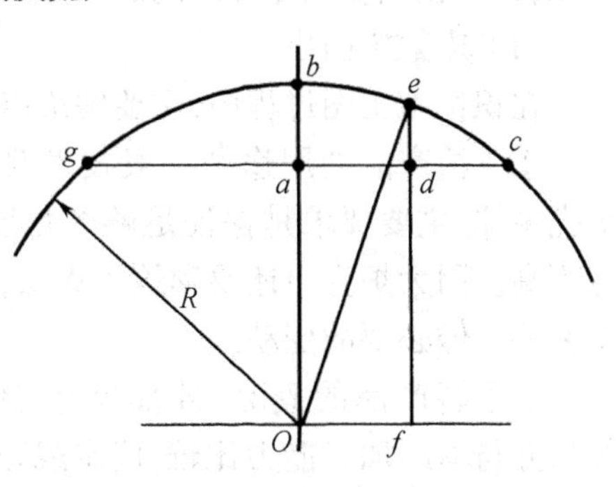

图 2.1.8 用计算法作大圆弧

解 作 ed 的延长线至交点 f。

在 $\triangle Oef$ 中,$Oe = R$,$Of = ad$

所以

$$ef = \sqrt{R^2 - ad^2}$$

因为

$$df = aO = R - ab$$

所以

$$de = \sqrt{R^2 - ad^2} - R + ab \tag{2.1.1}$$

式(2.1.1)中 R、ab 为已知,d 为 ac 上的任意一点,所以只要设一个 ad 长,即可代入式(2.1.1)中求出 de,大圆弧 gec 即可画出。

四、放样

根据零件图样,按零件的实际尺寸或一定比例画出该零件的轮廓,或将曲面摊成平面,以便准确地定出零件的尺寸,以作为制造样板、加工和装配的依据,这一工作过程称为放样。对于不同行业,如锅炉、船舶、飞机制造等,其放样工艺各具特色,但就其基本程序而言,却大体相同。

1. 放样方法

放样方法是指将零件的形状最终画到放样台上的方法,主要有实尺放样、展开放样和光学放样等。

(1)实尺放样:根据图样的形状和尺寸,用基本的作图方法,以产品的实际大小画到放样台上。

(2)展开放样:把立体的零件表面摊平。

(3)光学放样:用光学手段(比如摄影)将缩小的图样投影到放样台上,然后依据投影线画线。

2. 放样程序

放样程序一般包括结构处理、画基本线型和展开三个部分。

结构处理又称结构放样,它是根据图样进行工艺处理的过程,一般包括确定各连接部位的接头形式、图样计算或量取坯料实际尺寸、制作样板与样杆等。

画基本线型是在结构处理的基础上,确定放样基准和画出零件的结构轮廓。

展开是对不能直接画线的立体零件进行展开处理,将零件摊开在平面上。

3. 实尺放样过程举例

下面通过一个实例来讲解实尺放样的具体过程。如图 2.1.9 所示为冶炼炉炉壳主体施工图,某厂在制作该零件时的放样过程如下。

(1)识读施工图

在识读施工图过程中,主要解决以下问题。

①弄清产品的用途及一般技术要求。该产品为冶炼炉炉壳主体,主要要求是保证足够的强度,对尺寸精度的要求并不高。因为炉壳内还要砌筑耐火层,所以连接部位允许按工艺要求做必要的变动。

②了解产品的概况(外部尺寸、质量、材质和加工数量等),并与本厂加工能力比较,确定或熟悉产品制造工艺。该产品外部尺寸和质量都较大,需要较大的工作场地和起重能力大的起重设备。在加工过程中,尤其装配焊接时不宜多翻转。并且该产品加工数量少,故装配和焊接都不宜制作专用胎具。

③弄清各部分投影关系和尺寸要求,并确定可变动和不可变动的部位及尺寸。

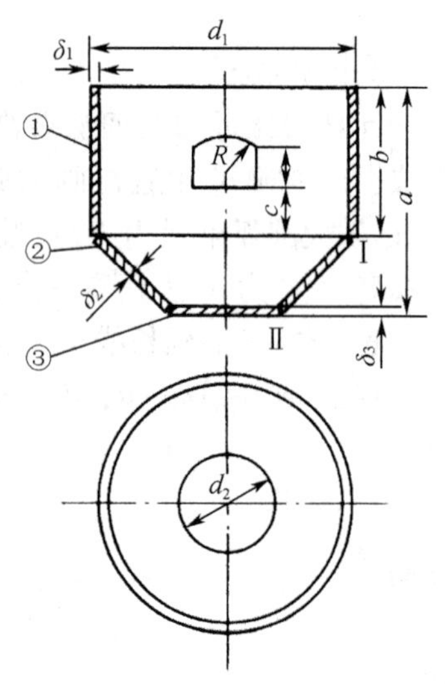

图 2.1.9　冶炼炉炉壳主体施工图

(2)结构放样

其主要内容有以下两点。

① 连接部位Ⅰ、Ⅱ的处理

首先看Ⅰ部位,它可以有三种连接形式,如图 2.1.10 所示。究竟选取哪种连接形式,工艺上主要从装配和焊接两个方面考虑。

从装配方面考虑,因圆筒大而重,形状也易于放稳,故装配时可将圆筒体置于装配台上,再将圆锥台(包括件②、件③)落于其上。这样,三种连接形式除定位外,一般装配环节基本相同。考虑定位,显然图 2.1.10(b)所示的连接形式最差,而图 2.1.10(c)所示的连接形式则较好。从焊接方面考虑,图 2.1.10(b)结构不佳,因为内环缝的焊接均处于不利位置,装配后须依装配时位置焊接外环缝,此时处于横焊位置和仰焊位置之间,而翻过来再焊内环缝,不但须仰焊,而且受零件尺寸限制,操作极不方便。再比较图 2.1.10(a)和图 2.1.10(c)所示的两种连接形式,图 2.1.10(c)所示的连接形式较好。它的外环缝焊接时为平角焊,翻转后内环缝也处于平角焊位置,均有利于操作。综合以上多方面因素,Ⅰ部位宜取图 2.1.10(c)所示的连接形式。至于Ⅱ部位,因件③体积小、质量轻,易于装配、焊接,采用施工图所给连接形式即可,如图 2.1.11 所示。

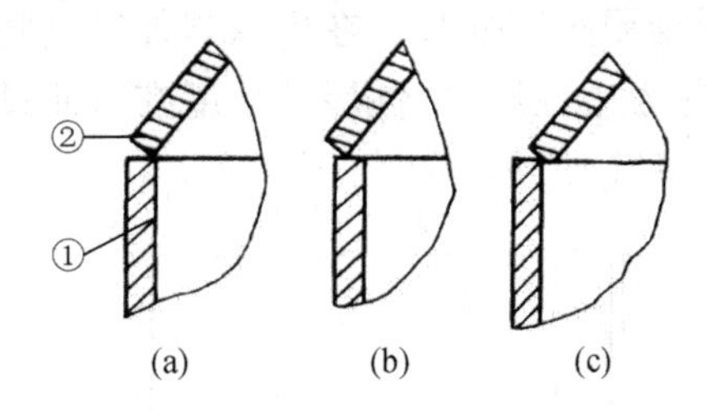

图 2.1.10　I 部位的三种连接形式

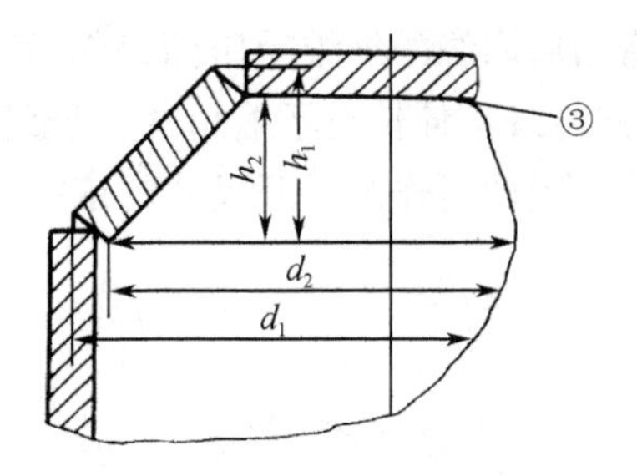

图 2.1.11　Ⅱ部位的连接形式

②大尺寸零件的处理

件①结构尺寸较大，件②锥度较大，均不能直接整弯成形，需分为几块压制，然后组对成形。根据尺寸 a、b、d_1、d_2 制订的拼接方案如图 2.1.12 所示。件①、件②各由四块钢板拼接而成，要注意组对接缝的部位应按不削弱零件强度和尽量减少变形的原则确定，焊缝应交错排列，且不能选在孔眼位置。至此，结构放样完成。

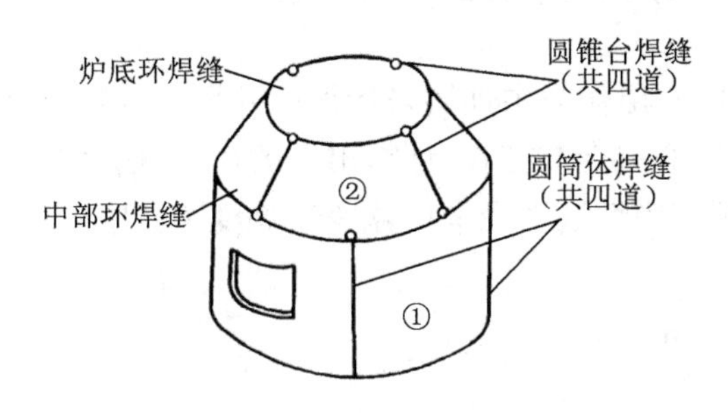

图 2.1.12　大尺寸零件拼接方案

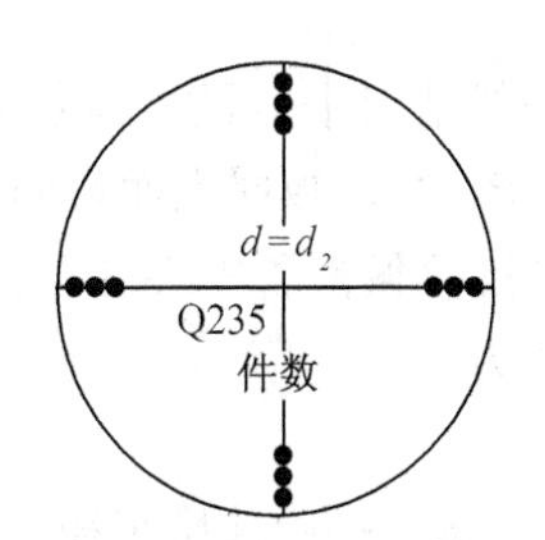

图 2.1.13　件③的号料样板

(3)画基本线型

其具体步骤如下。

①确定放样画线基准

从该零件的施工图可以看出，主视图应以中心线和炉壳上口轮廓为放样画线基准。

②画出构件的基本线型

件③可直接在钢板上画出。这是一个直径为 d_2 的整圆。为了提高画线的效率可以做一个件③的号料样板，样板上应注明直径、材质、件数等参数，如图 2.1.13 所示。件①和件②因是立体的，不能直接画出，需要进行展开。

(4)展开

具体步骤如下。

①弯曲件的展开

件①是圆柱，展开后是一矩形，最简单的得到展开尺寸的办法是计算出矩形的长和宽。当弯曲件的板厚较小时，可直接按标注的直径或半径计算展开长度，但当板厚大于 1.5 mm 时，内外径相差较大，就必须考虑板厚对展开长度、宽度以及相关构件的接口尺寸的影响。板厚越大，对这些尺寸的影响也越大。考虑钢板厚度而改变展开作图的图形处理称为板厚处理。

现将一厚板卷弯成圆筒，如图 2.1.14(a)所示，可以看出纤维沿厚度方向的变形是不同的，弯曲后内缘的纤维受压而缩短，而外缘的纤维受拉而伸长。在内缘与外缘之间必然存在弯曲时既不伸长也不缩短的一层纤维，该层称为中性层，中性层的长度在弯曲过程中保持不变，因此可作为展开尺寸的依据，如图 2.1.14(b)所示。

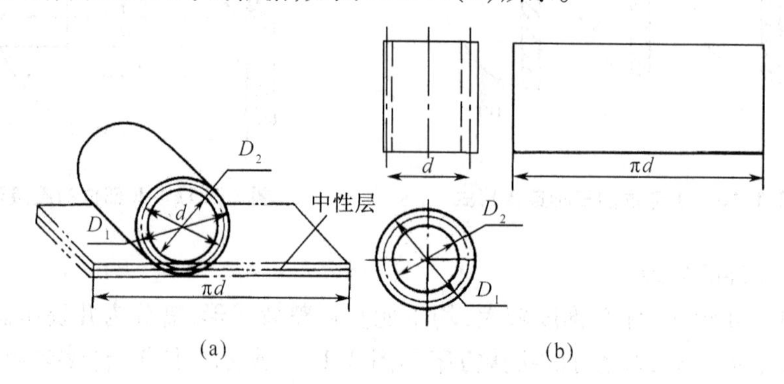

图 2.1.14　圆筒的展开

(a)圆筒中性层；(b)中性层作为展开尺寸的依据

一般情况下，可以将板厚中间的中心层作为中性层来计算展开尺寸，但如果弯曲的相对厚度较大，即板厚大而弯曲半径小，中心层会被拉长，计算出来的尺寸就会偏大。其原因是中性层已偏离了中心层，这时就必须按中性层半径来计算展开长度了。中性层半径的计算公式为

$$R = r + k\delta \tag{2-2}$$

式中　R——中性层半径，mm；

r——弯板内弯半径，mm；

δ——钢板厚度，mm；

k——中性层偏移系数。

中性层偏移系数的值见表 2.1.3。

表 2.1.3　中性层偏移系数的值

r/δ	0.5	0.6	0.7	0.8	1.0	1.2	1.5	2.0	3.0	4.0	5.0	>5.0
k	0.37	0.38	0.39	0.40	0.42	0.44	0.45	0.46	0.46	0.47	0.48	0.50

② 可展表面的展开

如图 2.1.12 所示，件②是圆锥台，是一种可展表面。立体的表面如能全部平整地摊平在一个平面上，而不发生撕裂或产生皱折，这种表面称为可展表面。相邻素线位于同一平面上的立体表面都是可展表面，如柱面、锥面等。如果立体的表面不能全部平整地摊平在一个平面上，而不发生撕裂或产生皱折，这种表面称为不可展表面，如球面和螺旋面等。可展表面的展开方法有平行线法、放射线法和三角形法三种。

a. 平行线法

其原理是将立体的表面看作由无数条相互平行的素线组成，取两相邻素线及其端点所围成的微小面积作为平面，只要将每一小平面的真实大小依次顺序地画在平面上，就可得

到立体表面的展开图，所以只要立体表面素线或棱线是互相平行的，如各种棱柱体、圆柱体等，就可用平行线法展开。

图 2.1.15 为等径 90°弯头的展开。

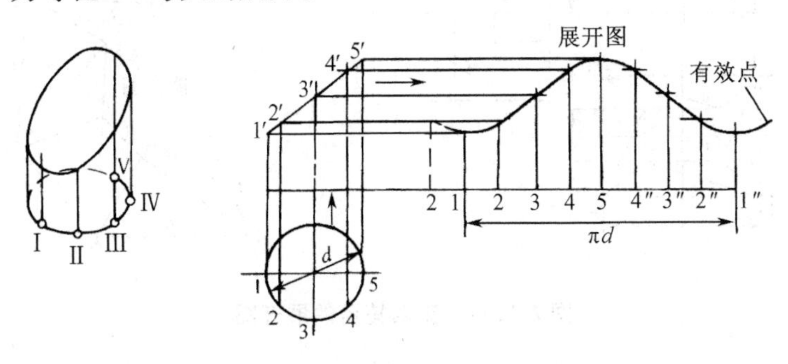

图 2.1.15　等径 90°弯头的展开

如图 2.1.15 所示，按已知尺寸画出主视图和俯视图，8 等分俯视图圆周，等分点为 1，2，3，4，5，由各等分点向主视图引素线，得到与上口线的交点 1′，2′，3′，4′，5′，则相邻两素线及其端点组成一个小梯形，每个小梯形称为一个平面。

延长主视图的下口线作为展开的基准线，将圆周展开，在延长线上得 1，2，3，4，5，4″，3″，2″，1″各点。通过各等分点向上作垂线，与由主视图上 1′，2′，3′，4′，5′各点向右引出的水平线对应相交，将各交点连成光滑曲线，即得展开图。

b. 放射线法

放射线法适用于表面的素线相交于一点的锥体。其原理是将锥体表面用放射线分割成共顶的若干三角形小平面，求出其实际大小后，仍以放射线形式依次将它们画在同一平面上，即得所求锥体表面的展开图。

件②是一个圆锥台，可采用放射线法展开，图 2.1.16 为圆锥台的展开。展开时，首先根据已知尺寸画出主视图和锥底断面图（按中性层的尺寸画），并将锥底断面半圆周分为若干等分，如 6 等分，如图 2.1.16 所示；然后，过各等分点向圆锥底面引垂线，得交点 1 ~ 7，由交点 1 ~ 7 向锥顶 S 引素线，即将圆锥面分成 12 个三角形小平面，以 S 为圆心，$S7$ 为半径画圆弧$\overset{\frown}{11}$，得到锥底断面圆周长；最后连接 1 和 S，以 S 为圆心，以锥顶断面半径为半径，画圆弧，即得展开图。

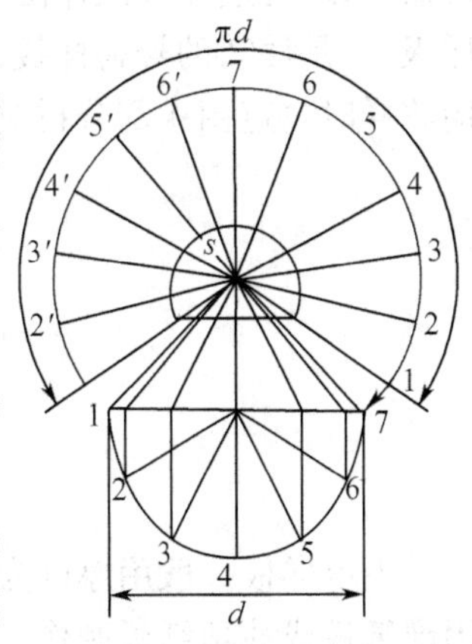

图 2.1.16　圆锥台的展开

c. 三角形法

三角形法是将立体表面分割成一定数量的三角形平面，然后求出各三角形每边的实长，并把它的实形依次画在平面上，从而得到整个立体表面的展开图。

图 2.1.17 为一正四棱台，现作其展开图。

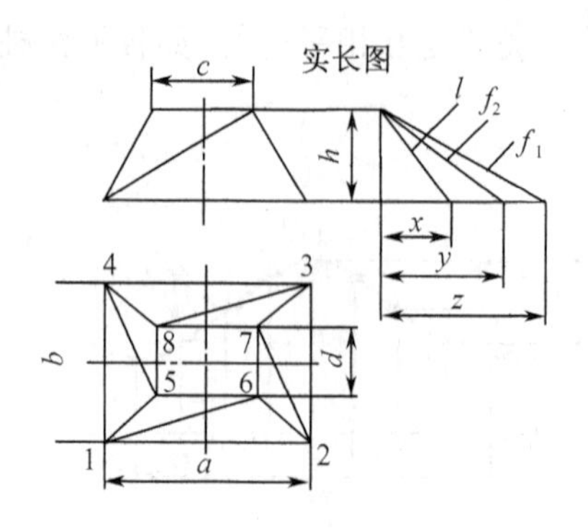

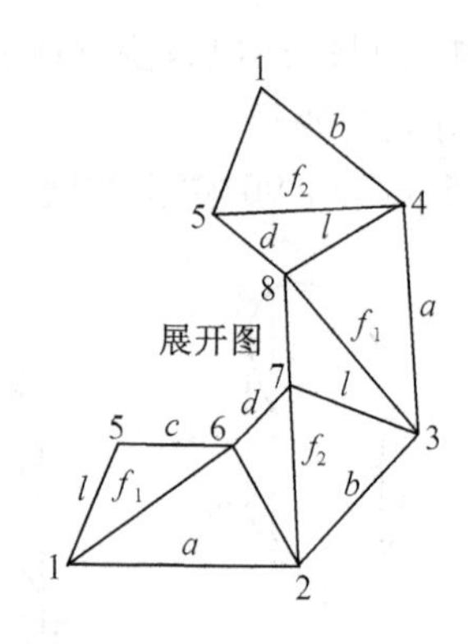

图 2.1.17　正四棱台的展开图

画出正四棱台的主视图和俯视图,用三角形分割台体表面,即连接侧面对角线。求点 1 到点 5 的距离 l、点 1 到点 6 的距离 f_1、点 2 到点 7 的距离 f_2 的实长,其方法是以主视图的高 h 为对边,取俯视图点 1 到点 5 的距离 x、点 1 到点 6 的距离 y、点 2 到点 7 的距离 z 为底边,作直角三角形,则其斜边即为各边实长。求得实长后,画三角形即可画出展开图。

(5)样板制作

展开图完成后,就可以为下料制作样板,下料样板又称号料样板,但不是必须制作的。如果焊接产品批量较大,每一个零件都去作图展开效率太低,而利用样板不仅可以提高画线效率,还可避免多次作图的误差,提高画线精度。就前述炉壳主体看,可以制作两个号料样板,一是件③的号料样板,如图 2.1.13 所示。另一个是件②的号料样板。由于件②在结构放样时决定由 4 部分拼成,因此该样板是实际展开料的 1/4,如图 2.1.18 所示。

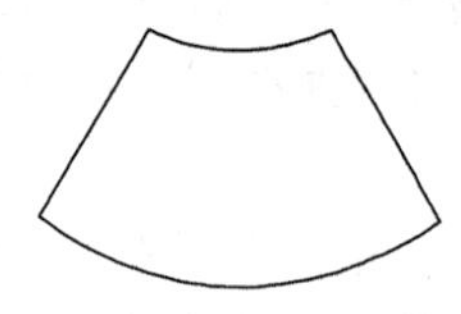

图 2.1.18　件②的号料样板的展开图

下料样板一般用厚度为 0.5 ~ 2 mm 的薄钢板制作,若下料数量少、精度要求不高,也可用硬纸板或油毡纸板制作。

制作下料样板时还应考虑工艺余量和放样误差,不同的画线方法和下料方法其工艺余量是不一样的。

- **工程实例**

一、等径圆管弯头的展开

1. 三节等径圆管 90°弯头的展开

三节等径圆管 90°弯头在展开时,为了使各节的断面形状和直径相同,在分节时必须使两端两节的中心角为中间节的一半,即中间一节相当于端头的两节。作投影图时,首先根据弯头的角度作出各节的分节线,由于三节弯头相当于四个端节,所以端节的中心角 $\alpha=\frac{90°}{4}=22.5°$,中间节的中心角为 45°。然后根据弯头半径 R、直径 d 作出各节的轮廓线,投影图作好后，用平行线法展开，由于端头一节为中间节的一半，所以展开图的大小也是中间节的一半。如果端节的展开形状做出了样板，则中间节的展开图就可根据样板画出。如果将各节的接缝错开180°布置，则各节的展开图拼起来就是一长方形。

若把三节圆管拼接时旋转180°，就可拼成一直管。

所以也可用现成的直管制作弯头，只要在直管上按 $l_3=2l_1$，$l_4=2l_2$ 画出斜切割线，割后再反向拼接，即成弯头。

2. 多节等径圆管90°弯头的展开

为使弯头的过渡更圆滑，以减小管内流动阻力，常采用四、五或更多节的设计，此时各节的大小仍应遵循上面所述的规律，即中间各节相等为一整节，端头一节为中间节的一半。

例如，五节90°弯头，共有两个半节，三个整节，每一个整节相当于两个半节，所以共有8个端节，设端节的中心角为 α，则 $\alpha=\frac{90°}{8}=11.25°$，则中间角为22.5°。对于任意角的多节弯管，其端节的中心角可以用如下公式计算。

$$\alpha=\frac{\text{弯头角度}}{2\times\text{中间节数}+2}$$

可根据所求的角度，作出分角线和投影图，再进行展开。

二、上圆下方接管的展开

图2.1.19所示的上圆下方的接管，用来连接方管和圆管，它由四个三角形平面和四个局部锥面组成。为展开锥面，把圆周分成若干等分（图2.1.19中为12等分），然后把等分点与方底的四角按图2.1.19所示的方法相连，则锥面被分成许多三角形，整个接管由许多三角形组成，只要求出各三角形的各边的实长，即可画出各三角形的实形，得到展开图。具体做法如下。

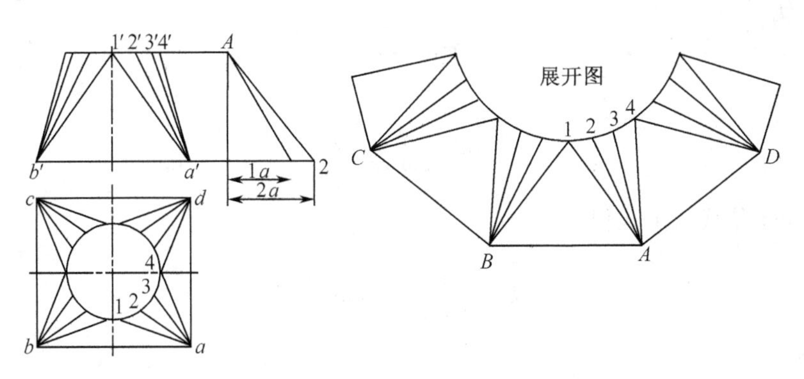

图2.1.19　上圆下方接管的展开

用直角三角形法求 $1a(4a)$、$2a(3a)$ 的实长，在直角边的高度方向量取主视图上投影线的高度差，得 A 点，在水平直角边上量取俯视图中的投影长，得1、2点，则斜边 $1A$、$2A$ 的长度即为实长。

取 $AB=ab$，分别以 A、B 为圆心，$1A$、$1B(1B=1A)$ 长为半径作弧交于1点，即得三角形 $AB1$ 的实形。再分别以1和 A 为圆心，12和 $2A$ 为半径分别作弧交于2点 。依次画出各三角形，然后用线光滑连接1,2,3,4各点。依此类推，得到整个接管的展开图。

三、管子展开长度的计算

管子在锅炉、石油、化工及机械制造中应用很广，使用时需弯成各种形状。管子在弯曲前，必须通过展开计算才能确定其长度。

管子弯曲时，中性层位置一般情况下总是与弯曲中心线重合，所以管子的展开按中心线长度计算。

1. 平面弯管的展开计算

(1)单弯头管的计算

图2.1.20为单弯头管。

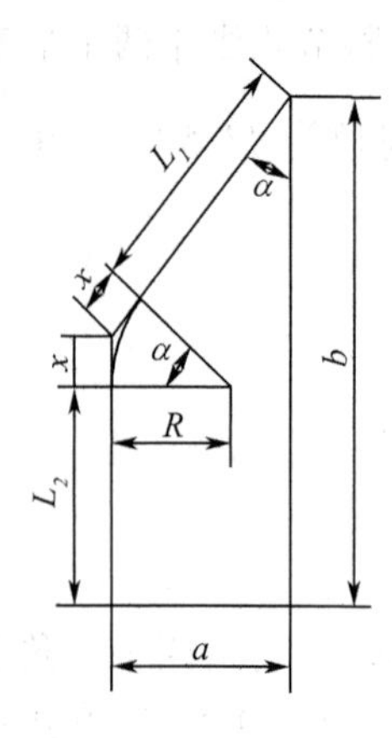

图2.1.20　单弯头管

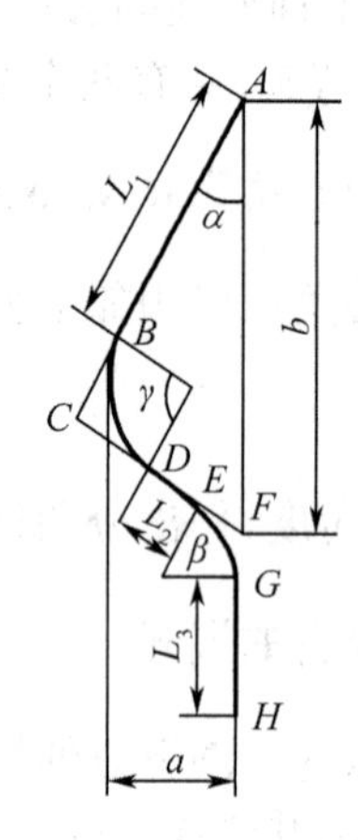

图2.1.21　双弯头管

已知 a、b、α、R，求 L_1、L_2 及展开长度 L。

解　因为

$$(L_1 + x)\sin\alpha = a$$

所以

$$L_1 = \frac{a}{\sin\alpha} - x$$

把 $x = R\tan\dfrac{\alpha}{2}$ 代入上式得

$$L_1 = \frac{a}{\sin\alpha} - R\tan\frac{\alpha}{2}$$

同理，有

$$L_2 + x = b - (L_1 + x)\cos\alpha = b - \frac{a\cos\alpha}{\sin\alpha}$$

所以

$$L_2 = b - \frac{a\cos\alpha}{\sin\alpha} - x = b - \frac{a\cos\alpha}{\sin\alpha} - R\tan\frac{\alpha}{2}$$

展开长度

$$L = L_1 + R\alpha + L_2$$

(2)双弯头管的计算

图2.1.21为双弯头管。

已知 b、R、α、β、L_3，求 L_1、L_2、γ、a 及展开长度 L。

解 ①求 γ

$$\gamma = \alpha + \beta$$

②求 L_1

在 $\triangle ACF$ 中，利用正弦定理有

$$\frac{L_1 + BC}{\sin \beta} = \frac{b}{\sin(180° - \gamma)}$$

$$L_1 + BC = \frac{b\sin \beta}{\sin \gamma}$$

所以

$$L_1 = \frac{b\sin \beta}{\sin \gamma} - BC = \frac{b\sin \beta}{\sin \gamma} - R\tan \frac{\alpha}{2}$$

③求 L_2

$$\frac{L_2 + CD + EF}{\sin \alpha} = \frac{b}{\sin(180° - \gamma)}$$

$$L_2 + CD + EF = \frac{b\sin \alpha}{\sin(180° - \gamma)}$$

所以

$$L_2 = \frac{b\sin \alpha}{\sin(180° - \gamma)} - CD - EF = \frac{b\sin \alpha}{\sin(180° - \gamma)} - R\left(\tan \frac{\gamma}{2} + \tan \frac{\beta}{2}\right)$$

④ 求 a

$$a = L_1 \sin \alpha + R(1 - \cos \alpha)$$

⑤求 L

$$L = L_1 + R\gamma + L_2 + R\beta + L_3$$

2. 立体弯管的展开计算

在锅炉上经常能看到数只弯头不在同一平面内的立体弯管。在投影图上不能表示出立体弯管实际弯曲角度的大小，但在弯管时，必须知道管子实际的弯曲角度。根据管子投影图，通常采用计算法或作图法求得空间夹角的值。

立体弯管可归纳为三种类型，现分述如下。

(1)第一类弯管

这类弯管在投影图的主视图和俯视图上能直接表示出管子各段的真实长度。图 2.1.22 为第一类弯管的投影；其上的弯曲角度都不是管子的实际夹角。

① 作图法

作弯管两投影(图 2.1.23(a))，其中 ab 及 $a'c'$ 为管子实长。

延长 $a'c'$ 线，过 b' 作此延长线的垂线得交点 e'(图 2.1.23(b))。

以 a' 为圆心，ab 之长为半径作圆弧交 $b'e'$ 延长线于 p 点。用直线连接 $a'p$(图 2.1.23(c))，则 $\angle pa'c'$ 就是弯管的空间夹角，用 α 表示；$\angle pa'e'$ 为其外角，用 β 表示。同一类的其他各种弯管都可用相同的方法求得空间夹角 α 与 β 的值。

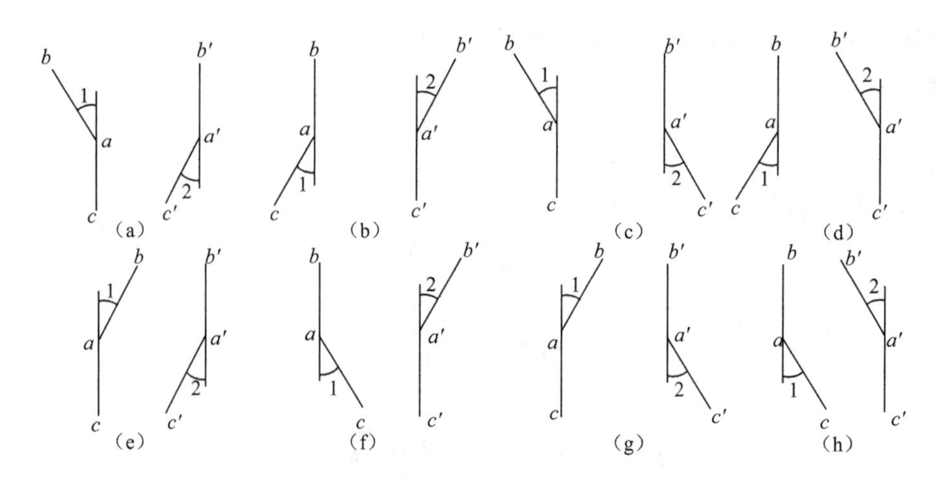

2.1.22　第一类弯管的投影举例

② 计算法

如图 2.1.23(c)所示，$a'f'=ab$，已知$\angle 1$，$\angle 2$，求 α(或β)。

解　因为

$$\cos\angle 1=\frac{ad}{ab}=\frac{a'b'}{a'f'}$$

所以

$$a'b'=a'f'\cos\angle 1$$

在$\triangle a'b'd'$中

$$\cos\angle 2=\frac{a'd'}{a'b'}$$

所以

$$a'd'=a'b'\cos\angle 2=a'f'\cos\angle 1\cdot\cos\angle 2$$

在$\triangle a'pe'$中

$$\cos\beta=\frac{a'e'}{a'p}=\frac{a'f'\cos\angle 1\cdot\cos\angle 2}{a'f'}=\cos\angle 1\cdot\cos\angle 2$$

$\cos\angle 1$ 与 $\cos\angle 2$ 可由三角函数表查得，由计算而得的 $\cos\beta$ 的值，可查表得 β 角大小，而对角 α 可按下式计算。

$$\alpha=180^\circ-\beta$$

用作图法和计算法都能求得空间夹角的值，作图法较简单，但精确度较计算法差。

图 2.1.24 为第一类弯管实例。

(2)第二类弯管

这类弯管在投影图上的特点是：组成管子夹角的两边有一边在投影图中有实长，另一边没有实长，仅仅是投影长度。

图 2.2.25 为第二类弯管的投影举例，其空间夹角可用作图法或计算法求得。

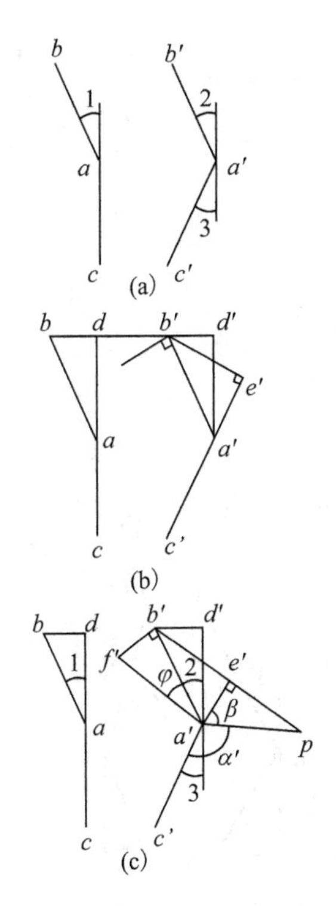

图 2.1.23 计算作图法第一类弯管空间夹角

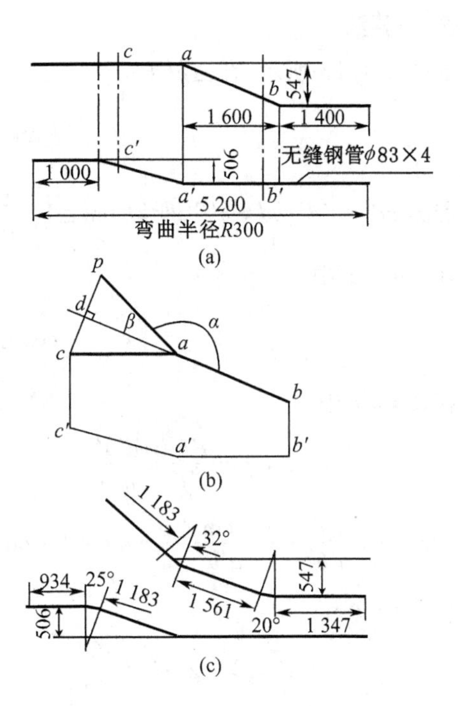

图 2.1.24 第一类弯管实例

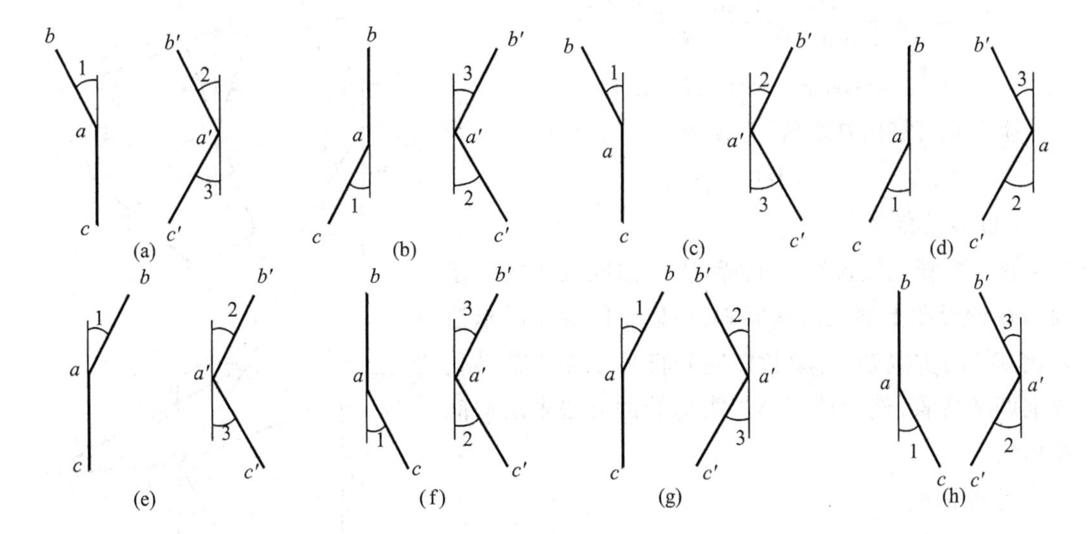

图 2.1.25 第二类弯管的投影举例

① 作图法

a. 作弯管的投影 bac 及 $b'a'c'$（图 2.1.23(a)）。

b. 用直线连接 b、b'两点，并延长 ca 与 bb'交于 d 点。将 d 点投影至左视图得 d'点，过 b'点作 $a'b'$及 $a'c'$的垂线，过 b'的 $a'c'$的垂线与 $a'c'$的延长线交点为 e'（图 2.1.23(b)）。

c. 在 $a'b'$线之垂线上量取 bd 之长得 f'点（图 2.1.23(c)），以 a'为圆心，$a'f'$线长为半径作圆弧，交 $b'e'$延长线于 p 点，则 $\angle pa'c'$即为所求空间夹角 α，$\angle pa'e'$为其外角 β，即

$$\alpha = 180° - \beta$$

② 计算法

如图 2.1.23 所示，在$\triangle abd$ 中

$$\tan\angle 1 = \frac{bd}{ad}$$

因为 $ad = a'd'$，$bd = b'f'$，所以 $\tan\angle 1 = \dfrac{b'f'}{a'd'}$。

在$\triangle a'b'd'$中

$$\cos\angle 2 = \frac{a'd'}{a'b'}$$

在$\triangle a'b'f'$中

$$\cos\varphi = \frac{a'b'}{a'f'} = \frac{a'b'}{a'p}$$

$$\tan\varphi = \frac{b'f'}{a'b'} = \frac{a'b'\tan\angle 1}{a'b'} = \tan\angle 1 \cdot \tan\angle 2$$

在$\triangle a'b'e'$中

$$\cos(\angle 2 + \angle 3) = \frac{a'e'}{a'b'}$$

在$\triangle a'e'p$ 中

$$\cos\beta = \frac{a'e'}{a'p} = \frac{a'b'\cos(\angle 2 + \angle 3)}{a'p}$$

$$= \cos\varphi \cdot \text{cox}(\angle 2 + \angle 3)$$

由上式可算出β之值，而α为

$$\alpha = 180° - \beta$$

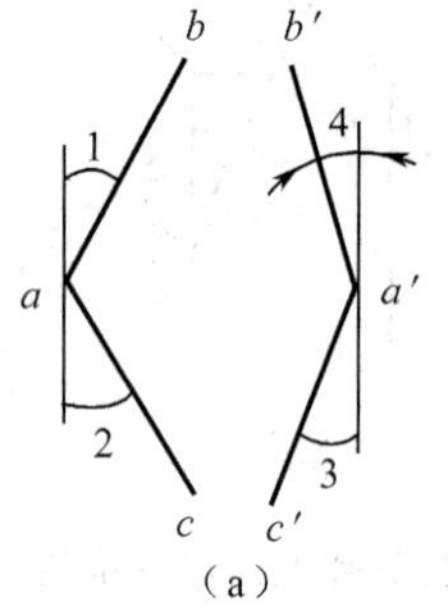

（a）

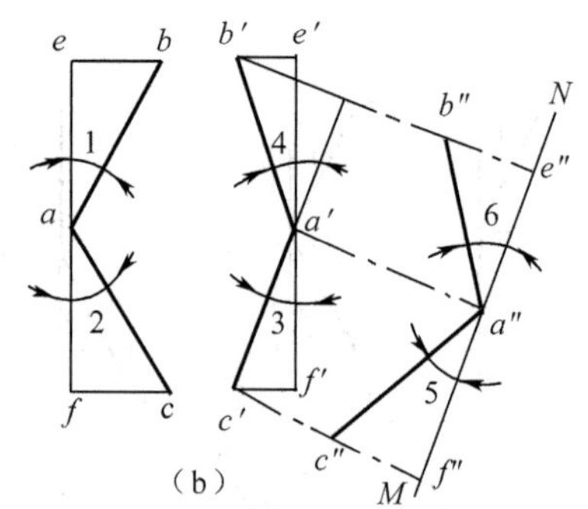

（b）

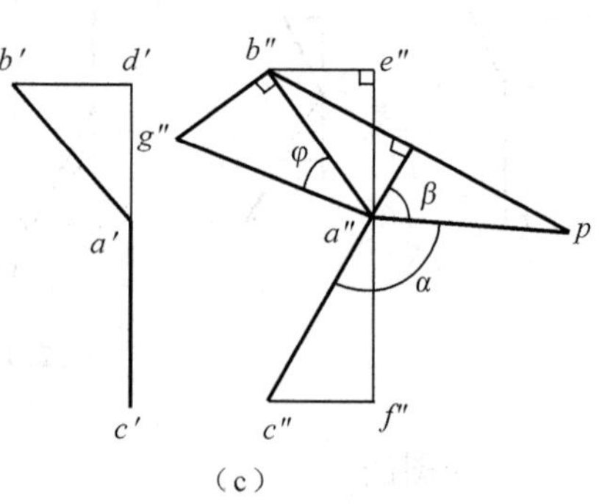

（c）

图 2.1.26　作图法计算第三类弯管空间夹角

(3)第三类弯管

这类弯管在投影图的上特点是：构成夹角的管子两边在投影图上都成两次倾斜，所以空间夹角的求法要比其他两类复杂。作图时，应先将第三类弯管转化成前两类弯管，然后按照第二类弯管的方法求出空间夹角的值。

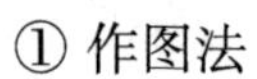

① 作图法

a. 作弯管的投影 bac 及 $b'a'c'$（图 2.1.26(a)）。

b. 作直线 $MN // c'a'$（图 2.1.26(b)），MN 实际上就是所取的新的投影面在竖直投影面上的投影。过 b'、a'及 c'各点分别作 MN 的垂线，得 e''、a''、f''各点。在 $b'e''$上量取 $e''b'' = eb$；在 $c'f''$上量取 $f''c'' = fc$。连接 b''与 a''，c''与 a''两点，则$\angle b''a''c''$为 MN 垂直方向的投影，这样便将第三类弯管转变为第二类弯管了。再按第二类弯管的作图法求得α与β。

② 计算法

用计算法求空间夹角时，设∠1、∠2、∠3 和∠4 为已知，则应先求出∠5、∠6 之值，然后按第二类弯管的计算公式求 α 与 β。∠5 与∠6 可用下式求得。

$$\tan\angle 5=\cos\angle 3\cdot\tan\angle 2$$

$$\tan\angle 6=\frac{\cos\angle 4\cdot\tan\angle 1}{\cos(\angle 4+\angle 4)}$$

五、下料及边缘加工

金属材料画线后需进行下料及边缘加工，常用的下料及边缘加工方法、设备及适用范围见表 2.1.4。

表 2.1.4　常用下料及边缘加工方法、设备及适用范围

<table>
<tr><th colspan="2">类别</th><th>方法、设备</th><th>适用范围</th></tr>
<tr><td colspan="2" rowspan="2">火焰切割</td><td>氧－乙炔焰切割</td><td>碳钢及低合金钢下料</td></tr>
<tr><td>氧熔剂切割</td><td>主要用于不锈钢下料</td></tr>
<tr><td colspan="2" rowspan="2">电弧切割</td><td>等离子弧切割</td><td>主要用于不锈钢、铜、铝及其合金下料</td></tr>
<tr><td>碳弧气刨</td><td>坡口(特别是 U 形坡口)加工</td></tr>
<tr><td rowspan="10">机械切割</td><td rowspan="5">冲剪</td><td>剪板机</td><td>板材下料</td></tr>
<tr><td>剪切冲型机</td><td>薄板的直线和曲线下料</td></tr>
<tr><td>联合剪冲机</td><td>板材直线或曲线下料，小型管材、型材下料</td></tr>
<tr><td>双盘剪切机</td><td>薄板下料</td></tr>
<tr><td>斜剪机</td><td>板材下料及 V 形坡口剪切</td></tr>
<tr><td rowspan="5">切削</td><td>弓锯床、圆盘锯床</td><td>中、小型管材和型材下料</td></tr>
<tr><td>切管机</td><td>中、小型管材切断和坡口加工</td></tr>
<tr><td>龙门刨，刨边机</td><td>大型板材边缘加工</td></tr>
<tr><td>边缘车床、落地车床</td><td>筒节及大直径管道坡口加工</td></tr>
<tr><td>立车</td><td>筒节及封头坡口加工</td></tr>
</table>

• 任务实施

1. 下料前准备工作

(1)技术交底。

(2)危险点分析与安全措施实施。

(3)工具、材料、备件及参考资料准备。

2. 施工工序(工艺卡)

(1)封头施工工序如图 2.1.27 所示。

(2) 筒节施工工序如图 2.1.28 所示。

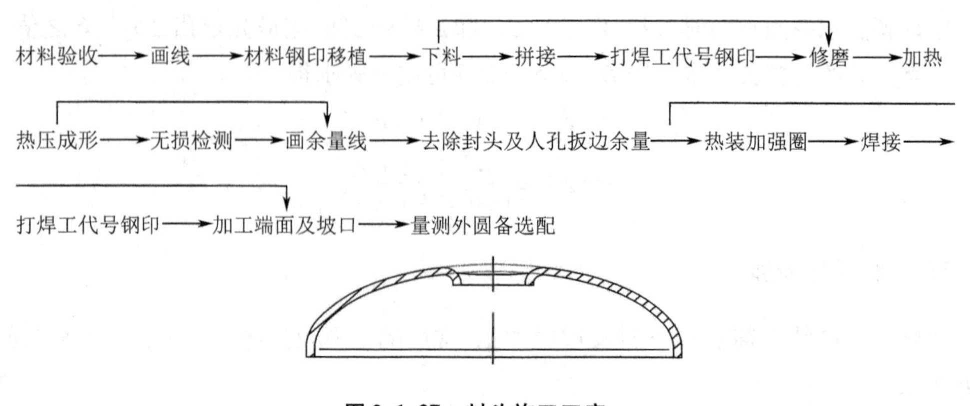

图 2.1.27　封头施工工序

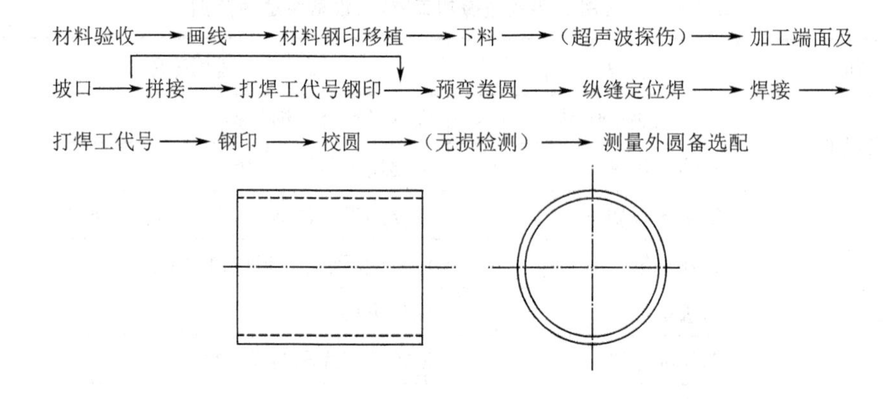

图 2.1.28　筒节施工工序

3. 施工及注意事项

(1)用于制造锅筒的钢板、钢管、焊接材料均应按 JB/T 3375—2017《锅炉用材料入厂验收规则》及 NB/T 47018—2017《承压设备用焊接材料订货技术条件》、NB/T 47019—2011《锅炉、热交换器用管订货技术条件》的规定检验合格,其余材料也均应有质量证明书。

(2)按 GB/T 16507.2—2013《水管锅炉　第 2 部分:材料》要求用于锅筒的钢板应按 NB/T 47013.3—2015《承压设备无损检测　第 3 部分:超声检测》逐张进行超声检测,质量等级不宜低于Ⅱ级。

(3)为改善产品表面质量,板材和管材应尽可能进行表面预处理,如喷丸、喷砂等。

(4)钢板的画线、下料应符合 CIBB 4.2—2007《工业锅炉通用工艺守则　下料》的要求。筒节下料尺寸应参照与之装配的封头实际成形尺寸进行合理修正,以确保环缝对接边缘偏差符合相关标准规定。

(5)封头的制造应符合 CIBB 4.4—2007《工业锅炉通用工艺守则　筒体冷卷》的要求,封头成形后的质量应符合 GB/T 16507.5—2013《水管锅炉　第 5 部分:制造》的规定。

(6)封头人孔加强圈的装配可采用热套法或分段拼接法。加强圈开焊接坡口时,坡口深度应大于机加工余量。

(7)筒节卷圆时,应遵守 CIBB 4.5—2007《工业锅炉通用工艺守则　炉胆筒节波形压制》的有关规定。筒节成形后的纵缝对接边缘偏差应符合 GB/T 16507.5—2013 的要求。

4. 外观检查

(1)自动切割,封头上的人孔密封面应与封头端面(包括坡口)同时加工。封头和筒节加工后各部分尺寸应符合表 2.1.5 的要求。

表 2.1.5　封头和筒节加工后各部分尺寸

<table>
<tr><th>公称内径 d/mm</th><th>内径偏差
Δd/mm</th><th>$(d_{max}-d_{min})/d$</th><th>端面倾斜度
Δf/mm</th><th>人孔扳边处壁厚
/mm</th></tr>
<tr><td>$d \leqslant 1\ 000$</td><td>+3
−2</td><td>$<1\%$</td><td>2(筒节)
1.5(封头)</td><td rowspan="3">$\geqslant 0.7t$</td></tr>
<tr><td>$1\ 000 < d \leqslant 1\ 500$</td><td>+5
−3</td><td>$<1\%$</td><td>2(筒节)
1.5(封头)</td></tr>
<tr><td>$D > 1\ 500$</td><td>+7
−4</td><td>$<1\%$</td><td>3(筒节)
2.0(封头)</td></tr>
</table>

注:d_{max} 和 d_{min} 为同一截面上的最大和最小内径;t 为公称壁厚。

(2)管接头的下料应尽可能采用机械方法。对于马鞍形相贯线的管端应用专用工艺装备气割成形,也可用仿形气割或样板画线、手工气割,割口应进行修磨。

5. 现场清理

(略)

6. 资料汇总

(略)

• 任务评量

（厂名）	零部件加工工艺卡	产品图号		零部件图号		（文件编号）	
		产品名称		零部件名称	锅筒	共 9 页	第 1 页

重要度分级		材料标记移植		毛坯种类		毛坯尺寸		每毛坯可制件数		每台件数		备注	

工序号	控制形式	工序名称	工步	工序（工步）内容	车间	设备名称及型号	工艺装备名称及编号	工时 准终	工时 单件
				一、封头制造					
1	WP	准备		合格材料进车间（进车间材料应符合 JB/T 3375—2017 的规定）。					
2		画线	1	画封头下料线，画线时按 CIBB 4.2—2007（以下工序画线均按此守则）。封头必须拼接时应符合 CIBB 4.3—2007 的要求，展开尺寸按 CIBB 4.3—2007 的规定计算。（表 A.1 仅供参考）。			卷尺		
			2	用样板按坯料中心画人孔椭圆翻边孔切割线（开孔尺寸按 CIBB 4.3—2007 规定计算，表 A.1 仅供参考），画线时长轴必须与钢板轧制方向垂直（需拼接时，由于尺寸限制可以例外）。					
			3	打样冲眼，移植材料钢印标记，标注封头规格、拼接标记等。			标记移植工具		
3	RP	检验		检查画线尺寸和标记。			卷尺		
4		下料	1	用定心切割装置气割封头坯料，需拼接的封头坯料拼接焊缝采用半自动气割下料。割口应光滑平整，符合 CIBB 4.2—2007 的有关要求。		半自动气割机	定心切割装置		

按 JB/T 9165.2—1988《工艺规程格式》格式一

（厂名）	零部件加工工艺卡	产品图号		零部件图号		（文件编号）	
		产品名称		零部件名称	锅筒	共 9 页	第 2 页

重要度分级		材料标记移植		毛坯种类		毛坯尺寸		每毛坯可制件数		每台件数		备注	

工序号	控制形式	工序名称	工步	工序（工步）内容	车间	设备名称及型号	工艺装备名称及编号	工时 准终	工时 单件
4		下料	2	壁厚大于 16 mm 时按图样要求加工拼接坡口。		刨边机			
			3	拼板对接纵缝边缘 20 mm 范围内砂轮磨光。		手提砂轮			
			4	气割椭圆人孔底孔。					
			5	孔边缘割后用砂轮修磨成圆滑过渡。					
5	RP	检验		检查下料尺寸、下料表面质量。（不拼接的封头坯料直接进入工序 10）					
6		装配	1	定位焊拼接板。边缘偏差应小于等于 8% 板厚，且小于等于 2 mm。		电焊机			
		焊接	2	定位焊引、熄弧板。					
	CP WP		3	（埋弧）自动焊焊接（按焊接工艺卡），清焊渣。		埋弧自动焊机			
			4	坯料焊缝两端 200 ~ 250 mm 长度内磨平。					
			5	打焊工代号钢印。					
7		气割	1	割去引、熄弧板。					
			2	气割处砂轮磨光。		手提砂轮			

按 JB/T 9165.2—1988《工艺规程格式》格式一

（厂名）		零部件加工工艺卡		产品图号		零部件图号		（文件编号）	
				产品名称		零部件名称	锅筒	共9页	第3页
重要度分级		材料标记移植		毛坯种类		毛坯尺寸		每毛坯可制件数	
每台件数		备注							
工序号	控制形式	工序名称	工步	工序（工步）内容	车间	设备名称及型号	工艺装备名称及编号	工时 准终	工时 单件
8		校正		焊后变形大的坯料校平。		平板机或油压机	钢直尺		
9	RP	检验		检查封头拼接焊缝外观质量，焊缝及其热影响区表面不允许出现咬边，不得有夹渣、气孔、裂纹和弧坑。			焊缝尺		
10	CP WP	压制		封头压制，按 CIBB 4. 3—2007 的规定进行。		加热炉、油压机	测温仪		
11	RP	检验	1	检查封头表面质量和尺寸，按 CIBB 4. 3—2007 的规定进行。					
	HP		2	拼接焊缝按 GB/T 16507. 6—2013《水管锅炉　第 6 部分：检验、试验和验收》进行无损检测。		X 光机			
				注：如果封头外协压制可以跳过工序 10、11。					
12		齐边	1	成形封头用样板在封头气割专用机上找正后画直边齐边线及人孔扳边齐边线。		封头气割专用机			
			2	按画线标记气割封头和人孔扳边直段余量。		封头气割专用机			
			3	清熔渣、飞溅。					
			4	端面（及坡口）边缘 20 mm 范围内磨光。		手提砂轮			
				注：成形进厂跳过该工序。					

按 JB/T 9165. 2—1988《工艺规程格式》格式一

工序号	控制形式	工序名称	工步	工序（工步）内容	车间	设备名称及型号	工艺装备名称及编号	工时 准终	工时 单件
13		装配	1	用热套法装配人孔加强圈。					
	CP WP		2	手工焊焊接人孔加强圈，清焊渣、飞溅。		电焊机			
14		机加工	1	封头在立车上找正后加工人孔密封面及封头端面达图样要求，$\delta>16$ mm 时，同时加工端面坡口。		立车			
			2	去毛刺。					
15	WP	检验	1	检查封头各部分尺寸、密封面和端面加工质量，按 CIBB 5.2—2007《工业锅炉典型工艺规程　水管锅炉锅筒制造》规定合格后方可进入组装工序。					
			2	测量每个封头外圆周长、直径等，记下尺寸，做好标记，待与筒节选配。			卷尺		

表头：（厂名）；零部件加工工艺卡；产品图号：；产品名称：；零部件图号：；零部件名称：锅筒；（文件编号）；共 9 页；第 4 页；重要度分级：；材料标记移植：；毛坯种类：；毛坯尺寸：；每毛坯可制件数：；每台件数：；备注：

按 JB/T 9165.2—1988《工艺规程格式》格式一

（厂名）	零部件加工工艺卡	产品图号		零部件图号		（文件编号）	
		产品名称		零部件名称	锅筒	共 9 页	第 5 页

重要度分级		材料标记移植		毛坯种类		毛坯尺寸		每毛坯可制件数		每台件数		备注	

工序号	控制形式	工序名称	工步	工序（工步）内容	车间	设备名称及型号	工艺装备名称及编号	工时 准终	工时 单件
				表 A.1					

表 A.1

板厚/mm	封头展开尺寸/mm	
	公称内径 1 200 mm	公称内径 1 400 mm
14	1 500	1 750
16	1 500	1 750
18	1 500	1 750
22	1 500	1 770
24	1 510	1 780
28	1 510	1 790
30	1 520	1 820
人孔开孔尺寸	150×260	

注：①表中数据含加工余量；

②按椭圆作图法作图。

按 JB/T 9165.2—1988《工艺规程格式》格式一

（厂名）		零部件加工工艺卡		产品图号		零部件图号		（文件编号）	
				产品名称		零部件名称	锅筒	共9页	第6页
重要度分级		材料标记移植		毛坯种类		毛坯尺寸		每毛坯可制件数	
每台件数		备注							
工序号	控制形式	工序名称	工步	工序（工步）内容	车间	设备名称及型号	工艺装备名称及编号	工时 准终	工时 单件
				二、筒节制造					
1	WP	准备		合格材料进车间，进车间材料应符合 JB/T 3375—2017 的规定。					
2		画线	1	按图样画筒节下料线（有试件时，一并画出），筒节展开尺寸按 CIBB 4.4—2007 计算确定。表 A.2 可供参考。					
			2	筒节的拼接应符合以下规定：①最短筒节的长度大于300 mm；②每个筒节的纵缝不得多于两条，并且两条纵缝中心间的外圆弧长大于300 mm；③相邻两筒节的纵缝以及封头拼接焊缝与相邻筒节的纵缝均不应彼此相连，焊缝中心间的外圆弧长应为钢板厚度的三倍并且大于100 mm。					
			3	打样冲眼，移植材料钢印，标注下料线、正反面、尺寸、工程号、拼接对接标记等。					
3	RP	检验		检查画线尺寸和各项标记。					
4		下料	1	自动或半自动气割下料。		气割机			
			2	$\delta > 16$ mm 的板材下料后按图样和焊接工艺刨纵环缝坡口。		刨边机			

按 JB/T 9165.2—1988《工艺规程格式》格式一

（厂名）	零部件加工工艺卡	产品图号		零部件图号		（文件编号）	
		产品名称		零部件名称	锅筒	共9页	第7页

重要度分级		材料标记移植		毛坯种类		毛坯尺寸		每毛坯可制件数		每台件数		备注	

工序号	控制形式	工序名称	工步	工序（工步）内容	车间	设备名称及型号	工艺装备名称及编号	工时	
								准终	单件
			3	清熔渣、飞溅。					
			4	板边缘(及坡口)20 mm 范围内磨光。		手提砂轮			
5	RP	检查		检查下料尺寸和表面质量(筒节不需拼接时直接进入工序 8)。					
6	CPWP	拼接	1	定位焊筒节拼接板纵缝,边缘偏差应符合 GB/T 16507.5—2013 的规定。					
			2	定位焊引、熄弧板。					
	CPWP		3	自动焊焊接纵缝(按焊接工艺卡),清焊渣。		埋弧自动焊机			
			4	打焊工代号钢印。					
			5	割除引、熄弧板,清熔渣。					
7	RP	检验		检查拼接板焊缝表面质量(要求同封头制造工序 9)。			焊缝尺		
8		卷圆	1	钢板端部预弯,长度为 300 ~ 500 mm,用样板测量曲率,样板与钢板圆弧贴紧间隙,$h \leq 1.0$ mm。		压力机或卷板机	预弯模样板		

按 JB/T 9165.2—1988《工艺规程格式》格式一

<table>
<tr><td colspan="3" rowspan="2">（厂名）</td><td colspan="2" rowspan="2">零部件加工工艺卡</td><td>产品图号</td><td></td><td>零部件图号</td><td></td><td colspan="2">（文件编号）</td></tr>
<tr><td>产品名称</td><td></td><td>零部件名称</td><td>锅筒</td><td>共 9 页</td><td>第 8 页</td></tr>
<tr><td colspan="10">重要度分级 | | 材料标记移植 | | 毛坯种类 | | 毛坯尺寸 | | 每毛坯可制件数 | | 每台件数 | | 备注 |</td></tr>
<tr><td rowspan="2">工序号</td><td rowspan="2">控制形式</td><td rowspan="2">工序名称</td><td rowspan="2">工步</td><td rowspan="2">工序（工步）内容</td><td rowspan="2">车间</td><td rowspan="2">设备名称及型号</td><td rowspan="2">工艺装备名称及编号</td><td colspan="2">工 时</td></tr>
<tr><td>准终</td><td>单件</td></tr>
<tr><td></td><td></td><td></td><td>2</td><td>卷圆，按 CIBB 4.4—2007 规定进行。</td><td></td><td></td><td></td><td></td><td></td></tr>
<tr><td rowspan="6">9</td><td></td><td rowspan="6">焊接</td><td>1</td><td>筒节纵缝定位焊。</td><td></td><td></td><td></td><td></td><td></td></tr>
<tr><td></td><td>2</td><td>将引、熄弧板和试板定位焊于筒节纵缝延长位置。</td><td></td><td></td><td></td><td></td><td></td></tr>
<tr><td>CPWP</td><td>3</td><td>自动焊焊接（按焊接工艺卡），清焊渣。</td><td></td><td>埋弧自动焊机</td><td></td><td></td><td></td></tr>
<tr><td></td><td>4</td><td>打焊工代号钢印。</td><td></td><td></td><td></td><td></td><td></td></tr>
<tr><td></td><td>5</td><td>割除引、熄弧板，试板，清熔渣。</td><td></td><td></td><td></td><td></td><td></td></tr>
<tr><td></td><td>6</td><td>气割处打磨。</td><td></td><td>手提砂轮</td><td></td><td></td><td></td></tr>
<tr><td rowspan="2">10</td><td>RP</td><td rowspan="2">检查</td><td>1</td><td>检查焊缝表面质量（同工序 7）。</td><td></td><td></td><td>焊缝尺</td><td></td><td></td></tr>
<tr><td>HP</td><td>2</td><td>焊接试板检验，并按 GB/T 16507.6—2013 规定进行无损检测。</td><td></td><td></td><td></td><td></td><td></td></tr>
<tr><td rowspan="2">11</td><td rowspan="2"></td><td rowspan="2">校圆</td><td>1</td><td>筒节校圆，应满足 GB/T 16507.5—2013 规定。</td><td></td><td></td><td></td><td></td><td></td></tr>
<tr><td>2</td><td>筒节端面及坡口边缘 20 mm 范围内磨光。</td><td></td><td></td><td></td><td></td><td></td></tr>
<tr><td colspan="10">按 JB/T 9165.2—1988《工艺规程格式》格式一</td></tr>
</table>

<table>
<tr><td rowspan="2">（厂名）</td><td rowspan="2">零部件加工工艺卡</td><td>产品图号</td><td></td><td>零部件图号</td><td></td><td colspan="2">（文件编号）</td></tr>
<tr><td>产品名称</td><td></td><td>零部件名称</td><td>锅筒</td><td>共 9 页</td><td>第 9 页</td></tr>
</table>

<table>
<tr><td>重要度分级</td><td></td><td>材料标记移植</td><td></td><td>毛坯种类</td><td></td><td>毛坯尺寸</td><td></td><td>每毛坯
可制件数</td><td></td><td>每台件数</td><td></td><td>备注</td><td></td></tr>
</table>

<table>
<tr><td rowspan="2">工序号</td><td rowspan="2">控制形式</td><td rowspan="2">工序名称</td><td rowspan="2">工步</td><td rowspan="2">工序（工步）内容</td><td rowspan="2">车间</td><td rowspan="2">设备名称
及型号</td><td rowspan="2">工艺装备
名称及编号</td><td colspan="2">工 时</td></tr>
<tr><td>准终</td><td>单件</td></tr>
<tr><td></td><td>WP</td><td></td><td>3</td><td>测量各筒节直径、周长，记下尺寸，做好标记，待与封头选配。</td><td></td><td></td><td>卷尺</td><td></td><td></td></tr>
<tr><td>12</td><td>RP</td><td>检查</td><td></td><td>按 GB/T 16507.5—2013 检查单节筒节各部分尺寸，同时核对标记，不合格筒节不应进入下道工序。</td><td></td><td></td><td></td><td></td><td></td></tr>
</table>

表 A.2

<table>
<tr><td rowspan="2">板厚
/mm</td><td colspan="2">筒节展开尺寸/mm</td></tr>
<tr><td>公称内径 1 200 mm</td><td>公称内径 1 400 mm</td></tr>
<tr><td>14</td><td>3 811</td><td>4 439</td></tr>
<tr><td>16</td><td>3 817</td><td>4 446</td></tr>
<tr><td>18</td><td>3 823</td><td>4 452</td></tr>
<tr><td>20</td><td>3 830</td><td>4 458</td></tr>
<tr><td>22</td><td>3 835</td><td>4 463</td></tr>
<tr><td>24</td><td>3 841</td><td>4 470</td></tr>
<tr><td>26</td><td>3 848</td><td>4 476</td></tr>
<tr><td>28</td><td>3 853</td><td>4 481</td></tr>
<tr><td>30</td><td>3 859</td><td>4 487</td></tr>
<tr><td colspan="3">注：展开按筒节中径计算，已考虑冷卷伸长量。</td></tr>
</table>

按 JB/T 9165.2—1988《工艺规程格式》格式一

• 复习自查

1. 钢材的矫正方法有哪些？常见到板材被扔在公路上，让来往车辆碾压，这属于哪种矫正方法？

2. 火焰加热矫正有点状加热、线状加热和三角形加热，试着用图样画出来。

3. 机械除锈最好的方法是哪种，它有哪些缺点？

4. 钢材画线、放样是采用何种原理完成的？

5. 下料就是切割，有哪些方法？试举例说明。

任务二　火 焰 切 割

• 学习目标

知识：了解火焰切割的原理；精熟火焰切割工艺。

技能：熟练操作火焰切割设备；探究火焰切割的其他方法。

素养：养成安全意识；主动参与实践活动。

• 任务描述

根据上一个任务的结果，在金属板材上画线后进行下料工作；下料工作包括编制下料工艺卡、操作火焰切割设备进行下料两方面；按小组给定不同任务分别完成。

• 知识导航

一、火焰切割过程及应用范围

火焰切割简称气割，是利用可燃气体与氧气混合燃烧的火焰，将被切割的金属预热到其燃点（对低、中碳钢为 1 300 ~ 1 350 ℃），然后通入切割氧，使切割处的金属剧烈燃烧，并吹除燃烧后的氧化物而使金属分割开的切割方法。可燃气体与氧气的混合及切割氧的喷射是利用割炬来完成的。

气割时采用的可燃气体主要是乙炔，也可以是天然气、石油气等其他可燃气体。

气割的设备简单、操作方便，切割厚度范围广，能在各种位置进行切割，并能切割各种外形复杂的零件（这是机械切割不能完成的），因此它被广泛用于钢板下料和铸钢件浇冒口的切割。在锅炉制造业中，气割也得到十分广泛的应用。

目前，气割主要用于切割各种碳钢和普通低合金钢，对淬火倾向大的高碳钢和强度等级高的普通低合金钢气割时，为了避免切口淬硬或产生裂纹，应采取适当加大预热火焰功率、放慢切割速度、割前对钢板进行预热等工艺措施。采用特殊方法还可以切割厚度较大的不锈钢板和铸铁件浇冒口。

随着各种先进自动、半自动气割设备和新型割嘴的采用，气割的精度和效率已大为提高，应用范围也在日益扩大。目前采用一般割炬可切割厚度在 600 mm 以下的钢板，厚度在 600 mm 以上的大厚度钢件可采用专用割嘴进行机动切割。

二、火焰切割原理

气割是利用一些金属在氧气中燃烧会产生大量热量的特点进行切割工作的，例如铁在氧中燃烧可产生以下放热反应。

$$Fe + \frac{1}{2}O_2 \longrightarrow FeO + 269\ kJ/mol$$

$$2Fe + 1\frac{1}{2}O_2 \longrightarrow Fe_2O_3 + 831\ kJ/mol$$

$$3Fe + 2O_2 \longrightarrow Fe_3O_4 + 1\ 117\ kJ/mol$$

气割过程如图 2.2.1 所示,它包括以下三个阶段。

(1)气割开始时,用预热火焰将起割处的金属预热到燃点。

(2)向已加热到燃点的金属喷射切割氧,使金属剧烈地燃烧(氧化)。

(3)金属燃烧后放出大量热量并生成氧化物熔渣。熔渣被切割氧流吹除,燃烧产生的热量对下层金属起预热作用,使金属预热到燃点。这样继续下去,使气割过程由割件表面深入到整个厚度,将金属逐渐割穿,随着割炬按下料线移动,即割出所需尺寸及形状的零件。

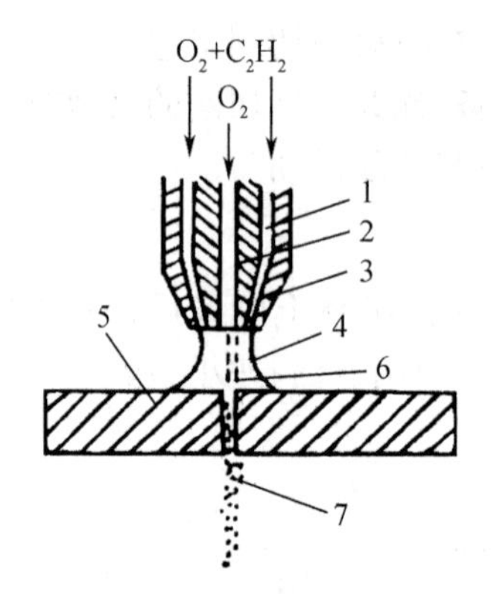

图 2.2.1　气割过程

1—混合气体通道;2—切割氧通道;3—割嘴;4—预热火焰;5—工件;
6—切割氧流;7—氧化熔渣

从以上切割过程以看出,金属气割的实质是预热—燃烧—吹渣,但不是所有的金属都能满足这个过程的要求,只有符合下列条件的金属才能进行气割。

(1)金属的燃点应低于熔点

因为气割的实质是金属在氧中的燃烧过程,而不是熔化过程。因此,只有金属燃点低于熔点才能保证气割过程正常进行。例如,低碳钢的燃点约为 1 350 ℃,而熔点约为 1 500 ℃,所以低碳钢具有气割条件。

钢材随着含碳量的增加,其熔点降低,而燃点较高,使气割的困难程度增加。含碳量为 0.7% 的碳钢,其燃点和熔点差不多都是 1 300 ℃;而含碳量大于 0.7% 的高碳钢和铸铁,则由于燃点高于熔点,所以不易气割。

铜、铝及铸铁都因燃点高于熔点,不能用普通的气割方法进行切割。

(2)金属燃烧时产生的氧化物熔点应低于金属熔点

气割过程中产生的金属氧化物必须是低熔点的,同时流动性要好,这样的氧化物才能以液体状态从割缝处吹除。

如果金属氧化物的熔点比金属熔点高,则被加热金属表面上的高熔点金属氧化物会阻碍下层金属与切割氧流的接触,使气割发生困难。如高铬或镍铬钢加热时,会形成高熔点(约1 990 ℃)的Cr_2O_3;铝及铝合金加热会形成高熔点(2 050 ℃)的Al_2O_3,这些材料都不能采用普通方法进行气割。

常用金属及其氧化物的熔点见表2.2.1。

表2.2.1　常用金属及其氧化物的熔点

金属名称	金属熔点/ ℃	氧化物熔点/ ℃
纯铁	1 534	1 370 ~ 1 565
低碳钢	1 500	1 370 ~ 1 565
高碳钢	1 300 ~ 1 400	1 370 ~ 1 565
灰口铸铁	1 200	1 370 ~ 1 565
铜	1 083	1 230 ~ 1 236
铝	658	2 050
铬	1 550	1 990
镍	1 450	1 990

(3)金属在切割氧流中燃烧应是放热反应

切割过程中金属燃烧所产生的热量将对下层金属起预热作用。例如,气割低碳钢时,由金属燃烧供给的热量约占70%,而由预热火焰供给的热量仅占30%,可见金属燃烧时所产生的热量在切割过程中起很大作用。如金属燃烧为吸热反应,则气割过程不能进行。各种金属氧化物形成时放出的热量见表2.2.2。

表2.2.2　各种金属氧化物形成时放出的热量

氧化物名称	FeO	Fe_2O_3	Fe_3O_4	CuO	Al_2O_3	NiO	Cr_2O_3	ZnO	MnO
放出热量/($kJ \cdot mol^{-1}$)	269	831	1 117	157	1 646	244	1 142	349	390

(4)金属的导热性不应太高

如果被切割金属的导热性过高,则预热火焰及金属燃烧时所放出的热量将被传导散失,切割处温度会急剧下降而低于金属燃点,使切割过程不能进行。铜和铝等金属具有较高导热性,因此不能采用气割方法。

(5)金属氧化物熔渣的黏度要小

黏度小的金属氧化物流动性好,易于被切割氧流吹掉。

金属能否气割主要取决于上述五个条件。纯铁和低碳钢最符合要求,故其气割性能最好。钢中含碳量增加时,气割过程则比较困难,当含碳量超过0.7%时,必须将被割工件预热到400 ~ 700 ℃才能进行气割,当含碳量大于1%时,不能用普通方法气割。

三、火焰切割对切口金属性能的影响

1. 对切口边缘化学成分的影响

气割时在切口表面与切割边缘附近，金属的化学成分有所变化。各种金属在切口边缘含量的增减，取决于它与氧的结合力。凡与氧的结合力比铁与氧的结合力小的合金元素，在切口边缘其含量增大。反之，凡与氧的结合力比铁与氧的结合力大的合金元素，在切口边缘其含量减小。

碳与氧的结合力比铁与氧的结合力大，但实践表明，碳在切口边缘含量总是有所增高。一般认为，这是由于切割过程中预热火焰的外焰（含有 CO 和 CO_2）与接近熔点的金属接触后，发生渗碳作用，因此使切口表面碳浓度增高。

2. 对切口附近金属组织的影响

气割过程中，由于热传导作用，金属切口附近经受了加热、冷却的热循环，使切口附近金属的组织性能发生变化，这部分组织变化的区域称为气割热影响区。

气割热影响区一般分为三个区，其组织和成分的变化与钢材成分、厚度及切割工艺参数有关。一般切口表层有一很薄的增碳层（约 0.05 mm，很少超过 0.1 mm），为第一区；当钢材含碳量为 0.15% 时，增碳层平均含碳量约为 2%，其组织主要为高碳马氏体。第二区紧邻增碳层，厚 0.3 ~ 0.5 mm，其组织为完全转变的低碳马氏体基体，并含有一些回火马氏体、残余奥氏体和贝氏体。第三区厚 1 ~ 2 mm，为部分珠光体转变的岛状马氏体区。

由于增碳层很薄，切割热影响区宽度也小于焊接热影响区，因此，如果切口表面随后要经受焊接，一般可不必打磨切口表层。在某些情况下，由于钢材含碳量或合金元素含量高，对焊接裂缝敏感，则宜磨去增碳层。

四、火焰切割用可燃气体

火焰切割时，采用氧气及可燃气体两种气体。可燃气体的种类很多，例如乙炔（C_2H_2）、天然气（主要成分为甲烷）、液化石油气（主要成分为丙烷）、氢气等。用于气割的可燃气体一般应满足以下要求。

1. 发热量大

可燃气体的发热量是指单位体积的可燃气体燃烧时放出的热量，其单位为 J/m^3。

2. 火焰温度高

气体火焰由焰心、内焰、外焰三部分组成，其中内焰温度最高。这里所指的火焰温度即内焰温度。发热量大与火焰温度高，表示可燃气体的热效率高。

3. 氧气需要量少

氧气是可燃气体燃烧时的助燃气体，是不可缺少的。它的需要量少，则可燃气体的经济性好。

4. 安全性好

可燃气体易引起爆炸，安全使用十分重要。生产实践表明，只有可燃气体和氧（或空气）的混合气体成分比例在一定范围内时才能引起爆炸。各种可燃气体有其一定的爆炸范围，从安全观点看，可燃气体与空气混合时的燃点愈高，爆炸范围愈小。

5. 运输方便

一般来说，固体最便于运输，液体次之，气体运输较不方便。

表 2.2.3 是常用的可燃气体的燃烧特性。从表 2.2.3 中可以看出，乙炔的低位发热值较大，火焰温度高。而且乙炔由电石（CaC_2）直接制成，电石为固体，运输方便，因此乙炔在气割中得到最广泛的应用。乙炔的缺点是爆炸危险性较大和成本较高（电石是重要的化工原料）。在有着丰富天然气资源的我国西南地区，可因地制宜采用天然气进行气割。我国石油资源的大量开采和石油工业的发展，提供了大量石油气，在有条件的地区，也应尽量利用石油气进行气割工作。

表 2.2.3　常用的可燃气体的燃烧特性

名称	乙炔（C_2H_2）	丙烷（C_3H_8）	甲烷（CH_4）
低位发热值（气态）/（$kJ \cdot m^{-3}$）	52 718	85 709	31 380 ~ 35 564
在空气中的燃点/℃	305	510 ~ 580	290 ~ 530
与氧混合燃烧的火焰温度/℃	3 100	2 100 ~ 2 700	1 850
燃烧需氧量（体积比）	2.5	5	2

五、火焰切割设备

气割设备包括氧气瓶、乙炔发生器（或溶解乙炔瓶）、减压器、回火保险器和割炬（对机械气割为自动或半自动气割机），它们之间用管道连通。

1. 氧气瓶

其是用以储存高压氧的钢瓶，容积一般为 40 L，能盛装标准状态下的氧气 6 m^3，储气最大压力约为 15 MPa。为便于识别，氧气瓶涂天蓝色。氧气瓶必须每三年检验一次，超期未检验的不得使用。

2. 溶解乙炔瓶

溶解乙炔瓶已于 1982 年开始在国内推广使用，它与移动式乙炔发生器相比，具有节省能源、公害少、安全可靠、使用方便等优点。溶解乙炔瓶是一种储存和运输乙炔的容器，其构造如图 2.2.2 所示。

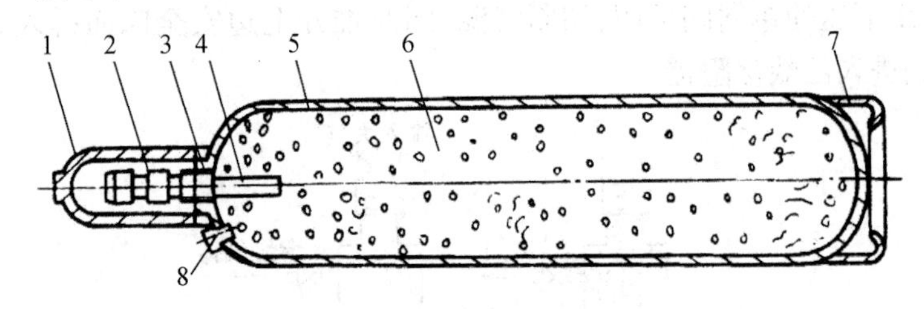

图 2.2.2　溶解乙炔瓶的构造

1—瓶帽；2—瓶阀；3—瓶口；4—过滤物质；

5—瓶体；6—多孔填料；7—瓶座；8—易熔安全塞

在瓶内装有浸着丙酮的多孔性填料（如活性炭、木屑、浮石和硅藻土等），使乙炔稳定安全地贮存在瓶内。同时在瓶阀下面的填料中心放置石棉，使乙炔易从多孔性填料中分解出来。使用时，分解出来的乙炔通过瓶阀流出，而丙酮仍留在瓶内，以便再次灌入乙炔。

3. 减压器

氧气瓶储存最大压力为 15 MPa,而输往割炬的压力一般为 1 MPa 以下,因此高压氧输出时都必须先经过减压阀减压。图 2.2.3 为反作用式减压阀结构原理图。高压氧由高压室进入低压室,由于体积膨胀而压力降低,这就是减压阀减压原理。调节减压阀调节螺丝,可通过调压弹簧控制减压活门开启程度以达到调压的目的。工作中,当输出氧气量变化时,低压室中气体压力改变,对弹簧薄膜产生的压力也改变,这个力通过活门顶杆传到减压活门,改变活门开启大小,起到稳压作用。

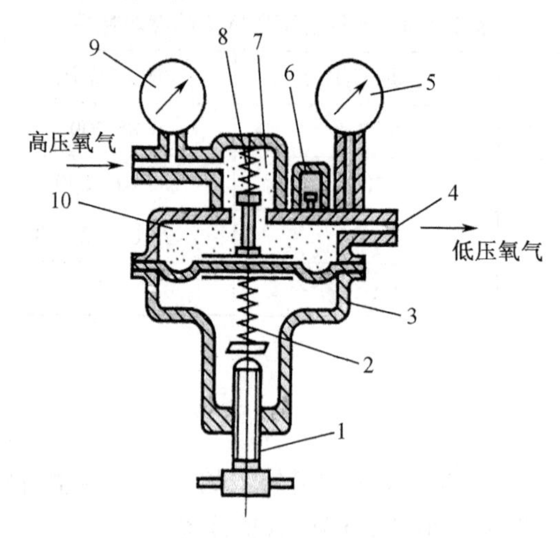

图 2.2.3　反作用式减压阀结构原理图

1—调节螺丝;2—调压弹簧;3—减压器壳体;4—低压气出口;
5—低压表;6—安全阀;7—高压室;8—调压副弹簧;9—高压表;10—低压室

4. 回火保险器

在气割过程中,由于气体压力不正常或喷嘴堵塞等原因会发生火焰倒流的情况,称为回火。回火时,如火焰倒流回溶解乙炔瓶,会发生爆炸事故。回火保险器是装在乙炔输出管路上的安全装置。图 2.2.4 为回火保险器工作示意图。回火时,燃烧气体经出气管倒流入回火保险器,水下压使单向阀关闭,切断气源,同时推开上边安全阀而排入大气。因此可以避免燃烧火焰进入乙炔保险器。

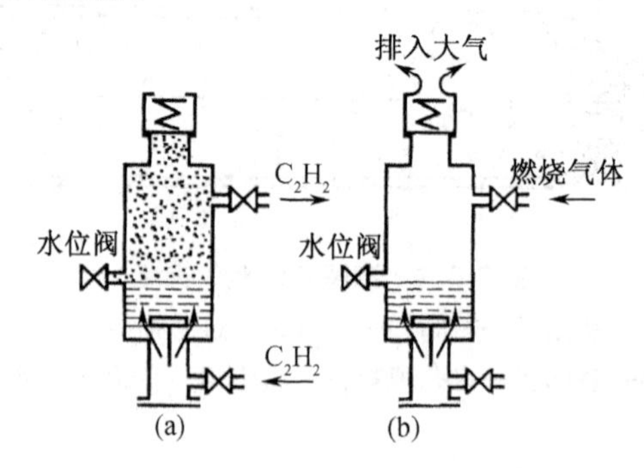

图 2.2.4　回火保险器工作示意图

(a)正常工作;(b)回火时

5. 割炬

它是手工气割的主要工具,作用是将可燃气体与氧气以一定的方式和比例混合后,形成具有一定能量的预热火焰,并在预热火焰中心喷射切割氧。割炬按可燃气体与氧气混合方式不同可分为射吸式和等压式两种。

射吸式割炬(图 2.2.5)预热火焰的氧气由氧通道进入喷射管,再由直径很细的喷射孔喷出,当氧从喷射孔喷出时,同时吸出聚集在喷射孔周围的低压乙炔。割嘴中心是切割氧通道,预热火焰均匀分布在它的周围。割嘴按结构不同又分为环形和梅花形两种,如图 2.2.6 所示。

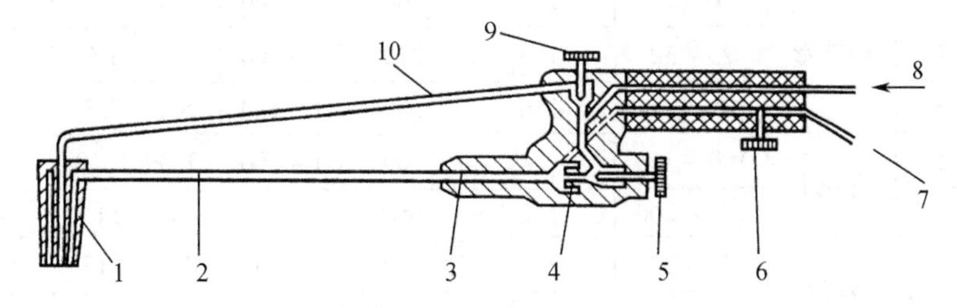

图 2.2.5　射吸式割炬

1—割嘴;2—混合气管;3—喷射管;4—喷嘴;5—预热氧阀门;6—乙炔阀门;7—乙炔;8—氧气; 9—切割氧阀门;10—切割氧气管

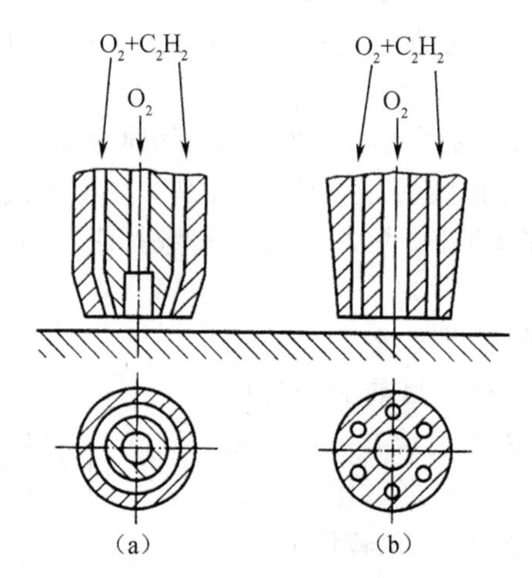

图 2.2.6　割嘴结构形式

(a)环形;(b)梅花形

等压式割炬的乙炔气、预热氧、切割氧分别由单独通道进入割嘴,割炬无射吸作用,所以使用的乙炔压力较高。

目前我国使用最普遍的是射吸式割炬,表 2.2.4 为射吸式割炬型号及技术数据。采用不同尺寸、大小的割炬和割嘴,可以切割不同厚度工件。

表 2.2.4　射吸式割炬型号及技术数据

型号	割嘴号码	割嘴形式	切割范围/mm	切割氧孔/mm	气体压力/kPa		气体耗量	
					氧气	乙炔	氧气/($m^3 \cdot h^{-1}$)	乙炔/($L \cdot h^{-1}$)
G01-30	1	环形	2~10	0.6	200	1~100	0.8	210
	2		10~20	0.8	250	1~100	1.4	240
	3		20~30	1.0	300	1~100	2.2	310
G01-100	1	梅花形	10~25	1.0	300	1~100	2.2~2.7	350~400
	2		25~50	1.3	350	1~100	3.5~4.3	460~500
	3		50~100	1.6	500	1~100	5.5~7.3	500~600
G01-300	1	梅花形	100~150	1.8	500	1~100	9.0~10.8	680~780
	2		150~200	2.2	650	1~100	11~14	800~1100
	3	环形	200~250	2.6	800	1~100	14.5~18	1 150~1 200
	4		250~300	3.0	1 000	1~100	10~26	1 250~1 600

6.气割机

它是机械气割的主要设备。机械气割由于生产率高，劳动强度低，气割质量高等优点，在大量生产中已逐步取代手工气割。常用气割机有小车式半自动气割机、仿形气割机、光电跟踪气割机等。

小车式半自动气割机由切割小车、导轨、割炬、气体分配器、自动点火装置及割圆附件等组成，主要用于对钢板进行直线、弧形或圆形气割。在小车式半自动气割机上装两到三个割嘴、便能切出V、X形焊接坡口(图2.2.7)。气割表面光洁度高，一般情况下，切割后可不再进行表面加工。

仿形气割机在气割时不用画线，割炬能按照样板形状移动以实现切割过程。目前应用较广的摇臂式仿形气割机，是在机头上装有一个强磁性磁轮，样板用铁磁性物质制作，当磁轮与样扳边缘相接触即吸在样扳边缘上，磁轮转动时，它就沿样扳边缘移动，从而带动割炬运动。这种气割生产效率高，能精确地切割任意形态的零件，切割表面光洁度高，特别适用于大批生产同种零件的气割工作。

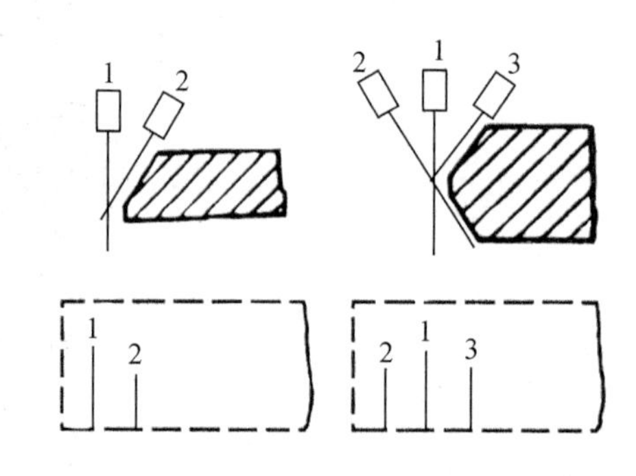

图 2.2.7　V、X形坡口半自动气割示意图

1—垂直割炬；2,3—倾斜割炬

光电跟踪气割机是一种高效率自动化气割设备，由光学部分、电气部分和机械部分组成一个协同工作的自动控制系统，利用光电系统产生光点投射到跟踪台按比例缩小的图纸上，形成脉冲讯号，经电压放大后，控制气割机按仿形图线条跟踪工作。

目前，电子计算机技术已高速发展，数控切割已为下料自动化创造了更有利条件。数控切割时，通过穿孔纸带程序控制，可进行各种形状割件的切割。

表2.2.5为常用气割机的主要技术数据。

表2.2.5　常用气割机的主要技术数据

气割机型号	CG1－30	CG2－150
气割机名称	小车式气割机	仿形气割机
气割钢板厚度/mm	5～60	5～60
气割速度/(mm·min^{-1})	50～750	50～750
割件最大尺寸/mm		500×500,400×900,450×750
割圆直径/mm	200～2 000	600
割炬数目	1～3	1～3

六、火焰切割工艺

1. 气割切口表面质量要求

气割切口表面质量好的标志如下。

(1)切口表面应光滑干净,而且粗细纹要一致。

(2)氧化铁渣容易脱落。

(3)切口缝较窄,而且宽窄一致。

(4)切口的钢扳边缘棱角没有熔化。

为了达到上述质量要求,在气割过程中要严格控制各种影响质量的因素。

2. 影响气割过程的因素

(1)预热火焰

预热火焰在切割过程的作用是:将切割处钢板加热到燃点;在切割过程中保持切割区温度;剥离钢板表面的铁锈、氧化皮等使切割易于进行。

预热火焰因混合气体中氧与乙炔的比例不同而分为三种(图2.2.28)。

①中性焰

中性焰中氧与乙炔的混合比为1～1.2,中性焰的燃烧反应分为三个阶段,构成火焰的三个区。在割炬混合气体出口处为焰心区,乙炔在此区分解为C和H_2,碳粒在高温下呈白亮色。接着碳粒与氧发生不完全燃烧,放出大量的热。这区段温度最高,称内焰区。内焰区生成的CO与H_2在火焰外层与氧进一步燃烧,生成二氧化碳和水汽,构成外焰区(图2.2.28(b))。

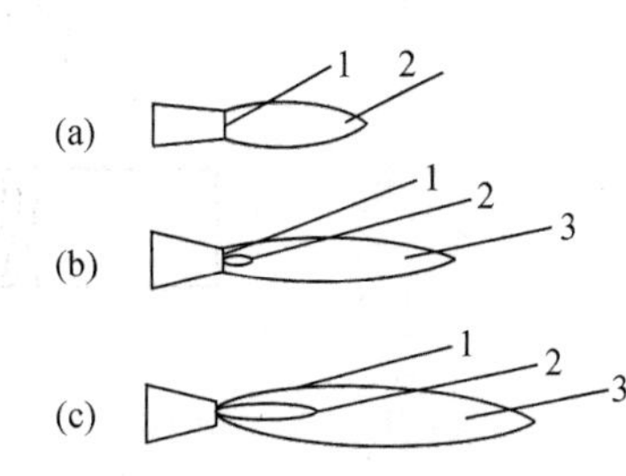

图2.2.28　三种预热火焰

(a)氧化焰;(b)中性焰;(c)碳化焰

1—焰心;2—内焰;3—外焰

②氧化焰

氧化焰中氧与乙炔混合比小于1.3,燃烧时有任意余氧,火焰较短,对割件有氧化作用(图2.2.28(a))。

③碳化焰

碳化焰中氧与乙炔混合比小于1,燃烧气体中有剩余乙炔,因供氧不足,燃烧过程较慢,火焰较长,对工件有增碳作用(图2.2.28(c))。

气割时，应采用中性焰或轻微氧化焰。碳化焰不能使用，否则将引起切口边缘增碳。

预热火焰能率以每小时可燃气体的消耗量（L/h）表示。预热火焰能率与割件厚度有关。割件愈厚，预热火焰能率应愈大。当预热火焰能率过大时，会使割缝上缘产生连续的珠状熔化钢粒，甚至被熔化成圆角，同时造成割件背面黏附的熔渣增多而影响气割质量。如预热火焰能率过小，则割件得不到足够的热量，迫使气割速度减慢，甚至使气割过程无法进行。

（2）切割氧

气割时，氧气压力与割件厚度、割嘴号码及氧气纯度等因素有关。割件愈厚，要求氧气压力愈大。针对具体割件，氧气压力有一定适用范围。如氧气压力偏低，会使气割过程氧化反应减慢，同时在割缝背面形成熔渣黏结物，甚至不能割穿；如氧气压力过大，不仅造成浪费，而且对割件产生强烈的冷却作用，使割缝表面粗糙，缝隙加大，而且气割速度反而减慢。

氧气纯度对气割速度、气体消耗量及割缝质量有很大影响。氧气纯度降低时，金属氧化缓慢，使气割时间增加，而且氧气消耗量也增加。

氧气压力还与割炬型号与割嘴大小有关。割炬有很多型号，不同型号割炬适合切割一定厚度工件。例如 G01－30 型能切割厚度为 2～30 mm 的低碳钢板，G01－100 型、G01－300 型可以分别切割厚度为 10～100 mm 和 100～300 mm 的割件，而 G－Z101 型高压重型割炬可以切割厚度为 200～1 000 mm 的钢板。每种类型割炬备用几种号码的割嘴，可根据不同板厚进行选用。随割件厚度增加，选择号码应增大，使用的氧气压力也相应增大。

（3）气割速度

气割速度与割件厚度和使用的割嘴形状有关。割件愈厚，气割速度愈慢。气割速度太慢时，会使割缝边缘熔化。气割速度过快，则会产生很大后拖量或割不穿。所谓后拖量就是在氧气切割过程中，割件的下层金属比上层金属燃烧迟缓的距离，气割速度对后拖量的影响如图 2.2.9 所示。在气割过程中，后拖现象一般可避免，在气割厚板时更显著，因此要严格掌握气割速度，使后拖量尽量减小。

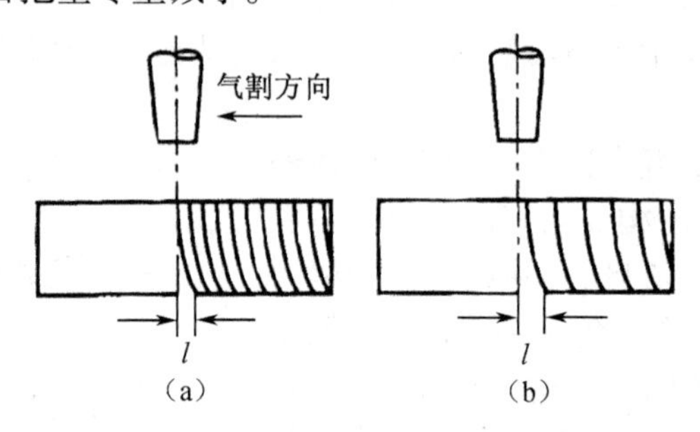

图 2.2.9　气割速度对后拖量的影响

（a）速度正常；（b）速度过大

l—后拖量

（4）割嘴与割件间的相对位置

割嘴与割件间的倾斜角，直接影响气割速度和后拖量。当割嘴沿气割方向倾斜一定角度时，能使氧化燃烧而产生的熔渣吹向切割线的前缘。这样可充分利用燃烧反应产生的热量来减少后拖量，从而促使气割速度的提高。割嘴倾斜角的大小，主要根据割件厚度而定。如果倾斜角选择不当，不但不能提高气割速度，反而使气割困难，同时增加氧气消耗量。

厚度 30 mm 以下的钢板直线切割时，采用 20°～30°的割嘴后倾角（图 2.2.10），可提高切割速度,并获得较好切割质量。

曲线切割时,割嘴必须严格垂直割件表面。

气割厚度大于 30 mm 的厚钢板时,开始时将割嘴向前倾 5°~10°,待割穿后割嘴应垂直于割件,将要割完时,割嘴逐渐向后倾 5°~10°。

除割嘴与割件间倾斜角外,割嘴距割件表面距离也影响切割质量。

割嘴距割件表面的距离根据预热火焰长度及割件的厚度而定,一般为 3~5 mm。这样的加热条件最好,同时割件渗碳可能性最小。

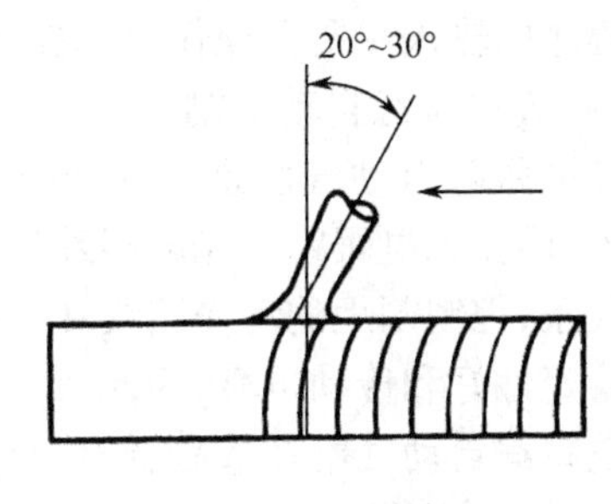

图 2.2.10 割嘴后倾角

七、其他气割方法

1. 机械气割

与手工气割相比,机械气割具有劳动强度低、气割质量好、生产效率高及成本低等优点,因此其应用越来越广泛。

(1)半自动气割

常用的 CG1-30 型半自动气割机是一种小车式半自动气割机,如图 2.2.11 所示。它具有构造简单、质量轻、可移动、操作维修方便等优点,因此应用较广。它能切割直线或圆弧,目前用得最多的是气割直线。

(2)仿形气割

仿形气割是指气割割炬跟着磁头沿一定形状的钢质靠模移动进行的机械化气割。仿形气割机是一种高效率的半自动氧气气割机,可以方便而又精确地气割出各种形状的零件。仿形气割机的结构形式有门架式和摇臂式两种。其工作原理主要是由靠轮沿样板仿形带动割嘴运动,而靠轮又有磁性靠轮和非磁性靠轮两种。

CG2-150 型仿形气割机是一种高效率半自动气割机,如图 2.2.12 所示。

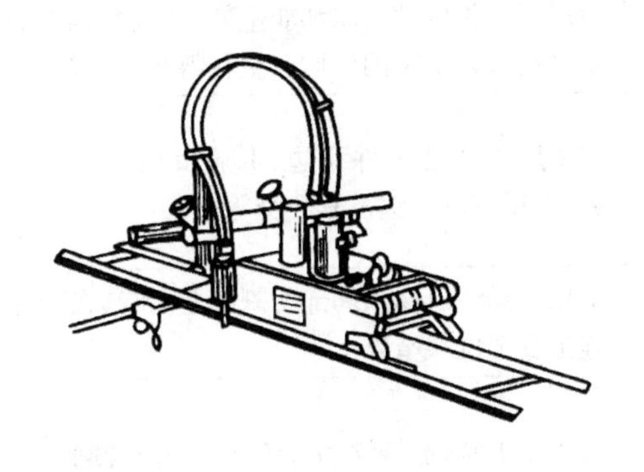

图 2.2.11 CG-130 型半自动气割机

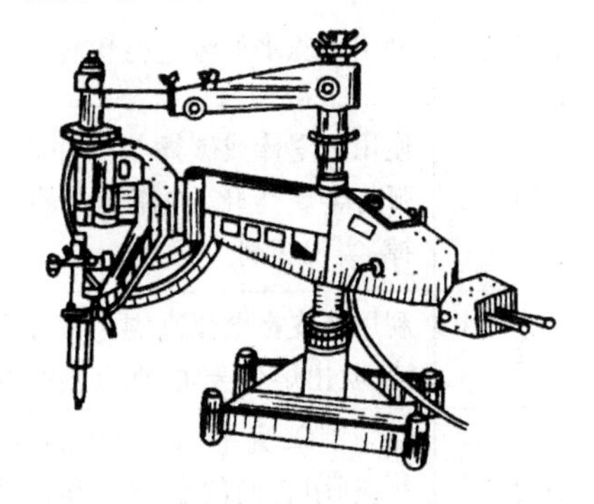

图 2.2.12 CG2-150 型仿形气割机

(3)数控气割

数控气割是指按照数字指令规定的程序进行的热切割。数控气割不仅可省去放样、画线等工序,使工人的劳动强度大大降低,而且切口质量好,生产效率高,因此在造船、锅炉及化工机械等部门越来越广泛地得到应用。

数控气割机在气割前需要完成一定的准备工作。首先按照图样上零件的几何形状和数据编成计算机所能接受的加工指令即编制程序,然后将编好的程序输入气割机,数控气割机程序的输入主要在操作盘上控制编程键直接输入或由电子计算机终端直接控制。

(4)光电跟踪自动气割

光电跟踪自动气割是一项新技术,它是将被切割零件的图样,以一定比例画成缩小的仿形图,用作光电跟踪。光电跟踪气割机是通过光电跟踪头的光电系统自动跟踪模板上的图样线条,控制割炬的动作路线和光电跟踪头的路线一致来完成自动气割的。由于光电跟踪的稳定性好和传动可靠,因此大大地提高了气割质量和生产率,降低了工人的劳动强度,故光电跟踪自动气割在造船、锅炉及化工机械等领域均得到了应用。

2. 高速气割

高速气割的特点是切割速度较快、钢板变形较小、可切割较厚的钢材、单位长度的切割费用较低。

为了达到高速气割的目的,必须大幅度地提高氧气切割的速度,即提高切割气流的动量和纯度,强化预热过程。同时,必须改进普通割嘴的结构或采用新的结构。

其他切割方法及应用见表 2.2.6。

表 2.2.6 其他切割方法及应用

切割方法	特点	应用范围
等离子弧切割	利用等离子弧的热量实现切割	可切割不锈钢、铸铁、钛、钼、钨、铜及铜合金、铝及铝合金等难以切割的材料,也可切割花岗岩、碳化硅等非金属
氢氧源切割	利用水电解产生的氢气和氧气恰好完全燃烧,来用于气割	可用于电焊、气焊、切割、喷涂、刷镀等
激光切割	利用激光束的热能实现切割	可切割多种材料如低碳钢、不锈钢、钛、钽、铌、锆及非金属等。目前激光切割仅适用于切割中、小厚度钢板
水射流切割	利用高压水射流进行切割	适用于切割各种金属和非金属,尤其是其他加工方法难以加工的硬质合金材料和陶瓷材料
碳弧气刨	使用石墨棒或碳棒与工件间产生的电弧将金属熔化,并用压缩空气将其吹掉,实现切割	主要用于清理铸件飞边、毛刺及切割高合金钢、不锈钢、铝、铜及其合金等。
电弧刨割	利用药皮在电弧高温下产生的喷射气流,吹出熔化金属,达到刨割的目的	常用于焊缝返修和局部切割问题,尤其在野外施工及工位狭窄处
氧熔剂切割	在切割氧流中加入纯铁粉或其他熔剂,利用它们的燃烧热和造渣作用实现气割	可用于不锈钢、铸铁和有色金属的氧切割
氧矛切割	利用在钢管中通入氧气流对金属进行切割	对直径 1 200 mm 的合金铸钢件冒口,可采用氧矛切割的办法去除
火焰气刨	利用气割原理在金属表面上加工沟槽	可以铲除钢锭表面的缺陷、焊缝表面的缺陷及清焊根,完成火焰表面清理的任务
水下切割	在水下进行的热切割	可以切割碳素钢、不锈钢、铸铁和非铁合金

八、气割缺陷及防止措施

常见的气割缺陷的产生原因及防止措施见表 2.2.7。

表 2.2.7　常见的气割缺陷的产生原因及防止措施

缺陷形式	产生原因	防止措施
切口断面纹路粗糙	氧气纯度低；氧气压力不够；预热火焰能率小；割嘴距离不稳定；切割速度不稳定或过快	一般气割，氧气纯度不低于 98.5%，要求较高时，不低于 99.2%，或者高达 99.5%；适当降低氧气压力；增大预热火焰能率；稳定割嘴距离；调整切割速度，检查设备精度及网络电压，适当降低切割速度
切口断面刻槽	回火或灭火后重新切割；割嘴或工件有振动	防止回火和灭火，检查割嘴是否离工件太近，工件表面是否清洁，下部平台是否阻碍熔渣排出；避免周围环境的干扰
下部出现深沟	切割速度太慢	加快切割速度，避免氧气流的扰动产生熔渣漩涡
气割厚度出现喇叭口	切割速度太慢；风线不好	提高切割速度；适当增大氧气流速，采用收缩—扩散型喷嘴
后拖量过大	切割速度太快；预热火焰能率不足；割嘴倾角不当	降低切割速度；增大预热火焰能率；调整割嘴倾角
厚板凹心大	切割速度快或切割速度不均	降低切割速度，并保持切割速度平稳
切口不直	钢板放置不平；钢板变形；风线不正；割炬不稳定；切割机轨道不直	检查气割平台，将钢板放平；切割前校平钢板；调整割嘴垂直度；尽量采用直线导板；修理或更换轨道
切口过宽	割嘴号码太大；氧气压力过大；切割速度太快	换小号割嘴；按工艺规程调整压力；加快切割速度
棱角熔化塌边	割嘴距离太近；预热火焰能率大；切割速度过慢	将割嘴提高到正确高度；将预热火焰调小，或更换割嘴；提高切割速度
中断、割不透	材料缺陷；预热火焰能率小；切割速度太快；切割氧压力小	检查夹层、气孔缺陷，以相反方向重新气割；检查氧气、乙炔压力，检查管道和割炬通道有无堵塞、漏气，调整预热火焰；放慢切割速度；提高切割氧压力及流量
切口被熔渣黏结	氧气压力小，风线太短；割钢板时切割速度低	增大氧气压力，检查割嘴；提高切割速度
熔渣吹不掉	氧气压力太小	提高氧气压力，检查减压阀通畅情况
下缘挂渣不易脱落	氧气纯度低；预热火焰能率大；氧气压力低；切割速度慢	换用纯度高的氧气；更换割嘴，调整预热火焰；提高切割氧压力；调整切割速度
割后变形	预热火焰能率大；切割速度慢；气割顺序不合理；未采取工艺措施	调整火焰；提高切割速度；按工艺采用正确的切割顺序；采用工夹具，选用合理起割点等工艺措施
产生裂纹	工件含碳量高；工件厚度大	可采用预热及割后退火处理办法；预热温度 250 ℃
碳化严重	氧气纯度低；火焰种类不对；割嘴距工件近	换用纯度高的氧气，保证燃烧充分；避免加热时产生碳化焰；适当提高割嘴高度

• 任务实施

一、气割前的准备

1. 工作场地安全检查,设备安全检查。
2. 工件摆放平整,下部留有空隙及挡板等。
3. 氧气压力调整。
4. 检查风线。
5. 火焰长度随板厚调整合适。

二、气割的操作

1. 姿势:手、脚、臂与气割设备之间的关系。
2. 切割:预热—氧气流大小—氧化铁渣流动—移动割枪。

三、质量标准

1. 气割切口表面质量。
2. 措施是否得当,如氧气压力大小、切割速度、割炬清洁等。

四、碳钢气割工艺

1. 风线长度超过板厚三分之一。
2. 割嘴与工件距离等于火焰中心长度加上 2 ~4 mm。
3. 割嘴向后倾斜 20° ~30°。

五、操作要点及有关事项

1. 调整切割氧压力。
2. 预热火焰能率调整。
3. 气割速度控制。
4. 割嘴与工件之间的距离。
5. 割嘴倾角。
6. 氧气瓶与乙炔瓶的距离。
7. 氧气瓶摆放应避免碰撞。
8. 冬季防冻。
9. 氧气瓶需留有残余压力。
10. 回火操作程序。
11. 现场不准堆放易燃易爆物品。

● **任务评量**

各位同学：
1. 教师针对下列评量项目并依据评量标准，从 A、B、C、D、E 中选定一个对学生操作进行评分，学生在教师进行评价前先做自评，但自评不计入成绩。
2. 此项评量满分为 100 分，占学期成绩的 20%。

评量项目	学生自评与教师评价（A 到 E）	
	学生自评分	教师评价分
1. 前期准备（10 分）		
2. 操作规范（20 分）		
3. 质量标准（30 分）		
4. 工艺标准（30 分）		
5. 注意事项（10 分）		

项目	A（100%）	B（80%）	C（60%）	D（40%）	E（20%）
1. 前期准备（10 分）					
2. 操作规范（20 分）					
3. 质量标准（30 分）					
4. 工艺标准（30 分）					
5. 注意事项（10 分）					
评分标准	按每个步骤项目数量，根据完成比例确定分数，如 1 有 5 项，完成 2 项的比例为 40%，为 D。				

● **复习自查**

1. 火焰切割俗称气割，它的基本原理是什么？
2. 火焰切割设备主要包括哪些？
3. 影响火焰切割质量的因素主要包括哪几个？

任务三　等离子弧切割

● **学习目标**

知识：诠释等离子弧切割原理；解析等离子弧切割设备的构成。
技能：纯熟应用等离子弧切割设备；善于根据板厚调整等离子弧切割设备。
素养：培养创新意识；塑造精益求精的企业思维。

● **任务描述**

对于合金材料，下料工作一般采用等离子弧切割技术。本任务主要完成不锈钢板材下料切割工作。包括工艺卡编制和设备实际操作流程两方面。

● **知识导航**

“等离子体”是充分电离了的气体，它是物质的一种特殊状态。现代物理学把它列在物质三态(固态、液态、气态)之后,称为物质第四态。等离子弧是经过压缩的高能量密度的电弧,温度可达16 000 ~33 000 K。现有的任何高熔点金属和非金属材料都可以被等离子弧熔化,选取适当规范,还可使等离子弧的焰流具有很高的流速,生成很大的冲刷力,将熔化的金属冲掉,形成割缝。因此可用等离子弧切割那些用火焰和一般电弧很难切割的不锈钢、高合金钢、铝、铜及其合金、铸铁及其他难熔金属和非金属材料。而且切口较窄,切口边缘质量较好。切割厚度可达150 ~200 mm。

必须指出,等离子弧切割是熔化切割,与火焰切割在实质上是完全不同的。

一、等离子弧产生原理

一般焊接电弧未受到外界的压缩,弧柱截面随着功率的增加而增加,因而弧柱中的电流密度近乎常数,其温度也被限制在6 000 K左右,这种电弧称为自由电弧。电弧中的气体电离是不充分的。如在提高电弧功率的同时,限制弧柱截面的扩大或减少弧柱直径(即压缩它),弧柱温度会急剧提高,弧柱中气体电离程度也迅速提高,几乎达到全部等离子体状态,这就叫等离子弧。这种强迫压缩作用称为“压缩效应”。

切割用的等离子弧是经过三种形式的压缩效应得到的。三种形式的压缩效应都通过割炬来实现。

在割炬中使自由电弧强迫通过喷嘴的细小孔道,这种利用小孔使弧柱直径强迫缩小的作用称为“机械压缩效应”。另一方面,在割炬中产生电弧的同时,通入高速冷却气流,这种气流均匀地包围着弧柱,不断地把弧柱的热量带走,使弧柱边缘层的温度下降,边缘层的气体电离程度也急剧降低,迫使带电粒子流(离子和电子)向高温和高电离程度的弧柱中心区域集中,使弧柱直径变细。这种收缩作用称为“热压缩效应”。带电粒子流在弧柱中可以被看成无数根平行通电的导体。两根平行而且通有同方向电流的导体之间,会在自身磁场作用下,产生相互吸力,使导体互相靠近。两根导体之间距离愈近,相互吸力愈大。同样,带电粒子流的相互吸力会使弧柱进一步被压缩。这种压缩作用称为“电磁压缩效应”。由于以上三种压缩效应,弧柱产生的能量高度集中在很细的一束之内,直到与电弧的热扩散等作用相平衡,形成了稳定的等离子流,也称“压缩电弧”。

图2.3.1是等离子弧发生装置原理图。在钨极1与工件7之间加一较高电压,经高频振荡器8的激发,首先使气体电离形成自由电弧,此电弧在割炬内在上述三种压缩效应下形成等离子弧。

二、等离子弧的特点

1. 能量高度集中

由于等离子弧有很强的导电性,可能通过极大的电流,具有很高的温度,弧柱截面很小,所以其能量是高度集中的。

2. 电弧的温度梯度很大

由于其弧柱截面小(一般约为3 mm),从温度最高的弧柱中心到温度最低的弧柱边缘,温度差别非常大。

3. 具有很强的机械冲刷力

等离子弧发生装置内通入常温压缩气体,受电弧高温加热而膨胀,在喷嘴的阻碍下使气体的压缩力增加,而高压气流由喷嘴的细小通道中喷出时,可达到很高速度(可超过声速),所以等离子弧具有很强的机械冲刷力,特别适于切割。

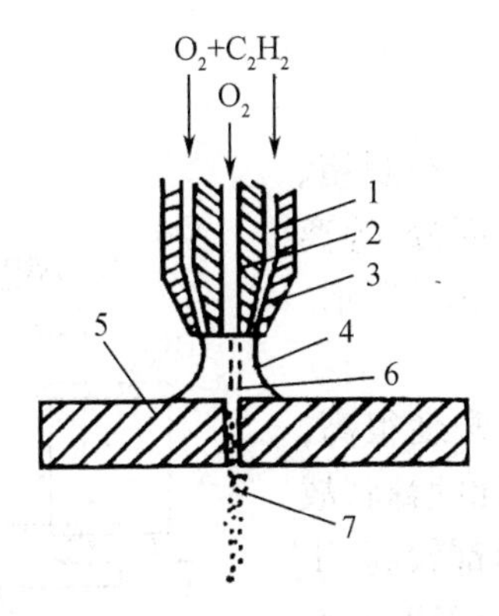

图 2.3.1　等离子弧发生装置原理图

1—钨极;2—进气管;3—进水管;4—出水管;5—喷嘴;
6—等离子弧;7—工件;8—高频振荡器;9—气体

4. 具有很大的调节范围

对等离子弧的喷射速度、冲击力、能量密度等都可进行调节,以得到“刚性弧”和“柔性弧”以适应不同工作的要求。一般来说,电流大、气体流量大、喷孔直径小、电弧的压缩作用大时,电弧温度高、能量密度大、挺直度大,这种弧称为“刚性弧”。反之,电流小、气体流量小、喷孔直径大、电弧的压缩作用小时,则电弧温度低、挺直度小,这种电弧称为“柔性弧”。切割时主要用刚性弧。

三、等离子弧的类型

按照电极的不同接法,等离子弧可分为转移型电弧(直接弧)和非转移型电弧(间接弧)两种,如图 2.3.2 所示。

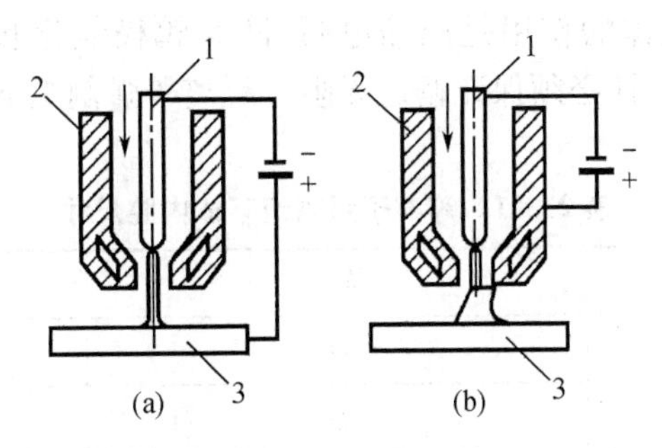

图 2.3.2　等离子弧的类型

(a)转移型电弧;(b)非转移型电弧

1—电极;2—喷嘴;3—工件

转移型电弧电极接负极,工件接正极,电弧在电极与工件之间形成,工件可得到较高的温度,因此多用于切割较厚的金属材料。

非转移型电弧电极接负极,喷嘴接正极,电弧产生在电极和喷嘴内表面之间,然后由喷嘴喷出,割件靠从喷嘴内喷出的等离子焰流来加热,其加热温度较转移型电弧低,多用于薄件和非金属材料的切割。

四、等离子弧切割设备

等离子弧切割设备包括电源、控制箱、冷却系统、气路系统及割炬等几部分，等离子弧切割设备组成示意图如图 2.3.3 所示。

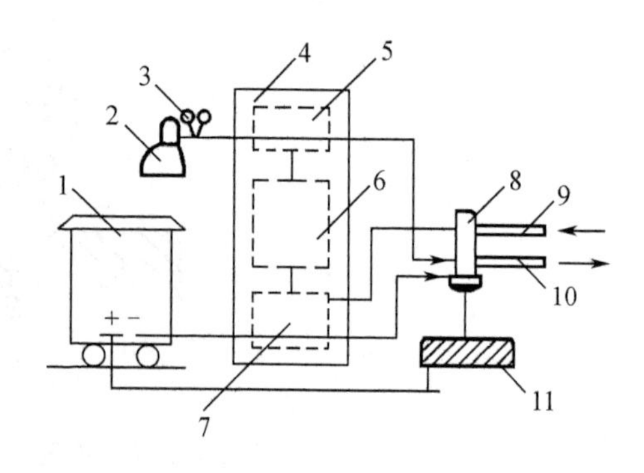

图 2.3.3　等离子切割设备组成示意图

1—电源；2—气源；3—调压表；4—控制箱；5—气路控制；6—程序控制；7—调频发生器；8—割炬；9—进水管；10—出水管；11—工件

1. 电源

由于等离子弧柱很细，电流密度很高，因此，弧柱单位长度上的电压降也增高，故要求电源的工作电压和空载电压都较高，工作电压 80 V 以上，空载电压 150 ~ 220 V，专用电源常采用300 V、400 V或更高。电源应具有陡降的外特性曲线，以保证弧长变化时，引起的电流变化很小，使等离子弧传递给工件的热功率也能保持不变。目前等离子弧的电源还只限于用直流电源。

2. 控制箱

控制箱包括程序控制接触器、高频振荡器、电磁气阀等。

高频振荡器是用来引弧的。在电极和喷嘴之间产生高频电火花，引燃小电弧，使气体电离，进而加上大电压产生等离子弧。等离子弧产生后，高频电流断开。

3. 冷却系统

等离子弧切割用的割炬在 10 000 ℃以上的温度下工作，必须通水冷却以免烧坏。冷却水的流量应大于 2 ~ 3 L/min，水压为 0.15 ~ 0.2 MPa，一般工厂自来水即可以满足要求。

4. 气路系统

等离子弧切割所用气体的作用是压缩电弧、防止钨极氧化和保护喷嘴不被烧坏。所以，气路系统和冷却系统一样必须保证畅通无阻。等离子弧割炬下体内腔尺寸见表 2.3.1。

表 2.3.1　等离子弧割炬下体内腔尺寸

名称	符号	数值
气室总高度/mm	H	33
气室直径/mm	D	12
进气孔高度/mm	L	12 ~ 14
进气孔直径/mm	d_0	5
压缩角/(°)	α	30
喷嘴孔长度/mm	l	4.8 ~ 6
喷嘴孔道直径/mm	d	2.4 ~ 4.0
电极直径/mm	d_1	4.8 ~ 5.5

5. 割炬

等离子弧割炬主要由上体(电极夹持、调节及导电部分)、绝缘柱及下体(喷嘴和气室)等组成。喷嘴是等离子弧割炬的核心部分,它的结构形式和几何尺寸对等离子弧的压缩和稳定有重要影响,直接关系到切割能力、切口质量和喷嘴的寿命。等离子弧割炬下体内腔几何形状如图 2.3.4 所示。

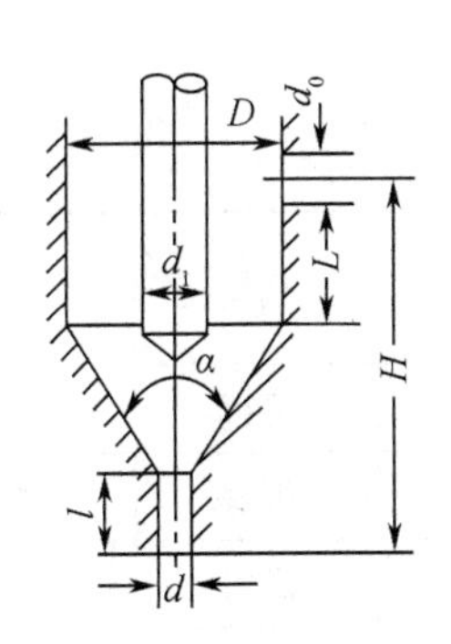

图 2.3.4 等离子弧割炬下体内腔几何形状

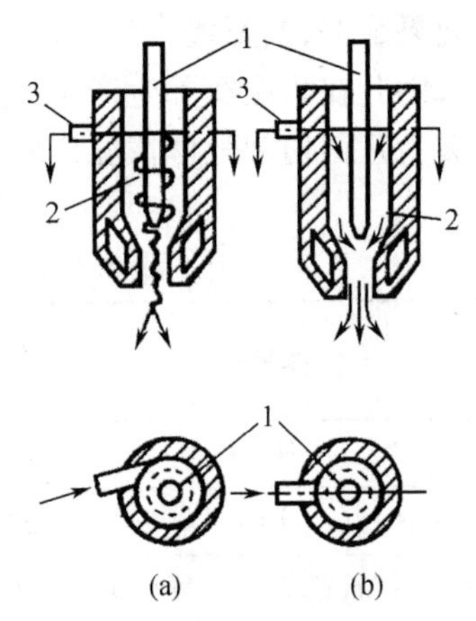

图 2.3.5 等离子弧割炬的进气方式

(a)切向进气;(b)径向进气

1—钨极;2—气室;3—进气口

喷嘴孔道直径 d 和喷嘴孔长度 l 是对电弧进行机械压缩的主要关口。喷嘴孔道直径越小,喷嘴孔长度越大,对等离子弧的压缩作用越强烈,能量越集中,切割能力越强,切割质量越高。但喷嘴孔道直径过小,喷嘴孔长度太大时,等离子弧就不稳定,并易在电极和喷嘴、喷嘴和工件间同时产生两个电弧,使喷嘴烧毁。

压缩角 α 的大小主要影响电弧的压缩程度。压缩角小时会因对电弧压缩过甚而造成电弧不稳。

进气孔高度 L 和进气孔直径 d_0 对切割能力和切割质量都有影响。压缩气体通往气室有两种方式:径向进气和切向进气。由于切向进气对等离子弧的压缩效果更好,所以现代等离子弧切割都采用这种进气方式。等离子弧割炬的进气方式如图 2.3.5 所示。

五、等离子弧切割工艺

1. 工作气体的选择

送入等离子弧的气体主要作用如下。

(1)在弧柱及喷嘴孔内壁之间起一定的绝热、绝缘作用;对电弧进行压缩,保证电弧稳定燃烧。

(2)作为电离介质和电弧的热导体,使被割金属迅速熔化。

(3)吹除割缝处被熔化的金属,形成狭窄、光滑的割缝。

(4)对电极起冷却保护作用。

因此,选择气体时,应考虑以下要求。

(1)便于引弧,电弧稳定,即要求气体的电离电位尽量低。

(2)电弧的压缩性要好。要求气体导热性好,对电弧冷却作用大。

(3)携热性好。即传递给工件热量的能力强。

(4)气体应能产生较大的动能。这要求气体具有较大的质量和密度。

(5)价廉易得、无毒。

全面满足这些要求是不容易的,只能根据具体情况,满足主要要求。

目前等离子弧切割中常用的气体有氮、氮氢混合气、氮氩混合气、氩氢混合气等。氩氢混合气切割效果最好,氮氩混合气次之。但由于氮气的热压缩效应比较强,携热性好,动能大,价廉易得,因此在我国实际生产中,主要是用氮气作为切割气体。

表 2.3.2 为几种切割气体情况比较。

表 2.3.2　几种切割气体情况比较

工作厚度 /mm	气体种类	空载电压 /V	切割电压 /V	切割情况	备注
≤120	N_2	250 ~ 350	250 ~ 200	可以	常用
≤150	N_2 + Ar(N_2 10% ~ 80%)	200 ~ 350	120 ~ 200	很好	切口较好
≤200	N_2 + Ar(N_2 50% ~ 80%)	300 ~ 500	180 ~ 300	尚好	大厚度切割用
≤200	Ar + H_2(H_2 10% ~ 35%)	250 ~ 500	150 ~ 300	很好	各种厚度可用

2. 电极材料

等离子弧切割所用电极应不易烧损,以保证切割过程稳定。常用的是含微量(1% ~ 2%)钍的钍钨电极(牌号 WT7、WT15 等)或铈钨电极(牌号 Wce20 等)。钍钨极的电子发射能力很强,烧损也较少,是应用较广的材料。但钍是放射性元素,对工人健康有害。现用微放射性物质铈代替钍,即为铈钨极,铈钨极几乎没有放射性,切割质量也很好。

等离子弧切割一般都用直流正接,即电极接负极,工件接正极。这样有利于电子热放射,并可减少电极的烧损。

3. 等离子弧切割规范

(1)电弧电压和工作电流

增大工作电流和电弧电压,能提高等离子弧的功率,从而使切割速度和可切厚度增大。若单纯增加电流,则弧柱变粗,切口变宽,喷嘴烧损也要加剧。应在增加电流的同时,相应地调整压缩等离子弧各因素(如气体流量等),效果才会好些,最好是通过提高电弧电压来增加功率。

(2)气体流量

切割时,当其他条件不变时,适当增大气体流量,加强热压缩效应,可使等离子弧的能量更加集中,同时电弧电压也可随气体流量的增大而提高,从而提高等离子弧的功率,有利于提高切割速度和切割质量。但气体流量过大时,由于冷却气流将电弧的热量带走过多,切割能力反而要下降,并使切割质量变坏。

(3)切割速度

在功率不变的情况下,提高切割速度,切口区受热变少,切口变窄,热影响区缩小。但速度太快时,不能切透工件。若切割速度太慢,则生产率低,切口表面粗糙,同时在切口底部由于金属过热,易形成金属熔瘤,给清理工作造成困难。

(4)喷嘴孔道直径和喷嘴孔长度

喷嘴孔道直径和喷嘴孔长度决定了等离子弧的机械压缩程度,喷嘴孔道直径过小、喷嘴孔长度过长时,电弧不稳。一般情况下,喷嘴孔长度与喷嘴孔道直径的比例为 1.6～1.8 较好。

(5)其他参数

喷嘴与工件的距离增加时,等离子弧向空间散失的能量也增加,使切割生产率降低,切割质量变坏。因此在保证切割顺利进行的前提下,应使喷嘴到工件距离稍近一些,一般不大于 10 mm。

钨极端部与喷嘴的距离太大时,对工件的加热效率就要降低,甚至破坏电弧的稳定性;距离太小时,等离子弧切割能力减弱,操作过程中易造成钨极和喷嘴短路而烧坏喷嘴。这个距离一般取为喷嘴孔长度 l 加 2～4 mm 为宜。

• 任务实施

1. 等离子弧切割前的准备

(1)工作场地安全检查;设备安全检查。

(2)工件摆放平整,下部留有空隙及挡板等。

(3)切割气体的选择。

(4)电极的选择。

2. 等离子弧切割的操作

(1)姿势:手、脚、臂与气割设备之间的关系。

(2)切割:预热—等离子弧大小—铁渣流动—移动割枪。

3. 等离子弧切割规范

(1)电弧电压和工作电流。

(2)气体流量。

(3)切割速度。

(4)喷嘴孔道直径和喷嘴孔长度。

(5)其他参数。

5. 等离子弧切割工艺

(1)工作气体。

(2)电极材料。

• 任务评量

各位同学：

1. 教师针对下列评量项目并依据评量标准，从A、B、C、D、E中选定一个对学生操作进行评分，学生在教师进行评价前先做自评，但自评不计入成绩。

2. 此项评量满分为100分，占学期成绩的20%。

评量项目	学生自评与教师评价(A到E)	
	学生自评分	教师评价分
1. 前期准备(20分)		
2. 操作规范(20分)		
3. 切割规范(30分)		
4. 工艺标准(30分)		

项目	A(100%)	B(80%)	C(60%)	D(40%)	E(20%)
1. 前期准备(20分)					
2. 操作规范(20分)					
3. 切割规范(30分)					
4. 工艺标准(30分)					
评分标准	按每个步骤项目数量，根据完成比例确定分数，如1有5项，完成2项的比例为40%，为D。				

• 复习自查

1. 等离子弧的特点是什么？
2. 说明等离子弧切割设备构成。
3. 等离子弧切割适用于哪些金属材料？

任务四　碳弧气刨

• 学习目标

知识：了解碳弧气刨的应用范围；解析碳弧气刨的工作原理。

技能：熟练调整碳弧气刨电极；流畅操作碳弧气刨设备。

素养：养成吃苦耐劳的习性；积极参与实践应用。

● **任务描述**

编制工艺卡,观察师傅对设备的操作后检查自己编制的工艺卡的正确性、准确性和工艺缺失情况,以书面报告形式形成事故分析报告。

● **知识导航**

一、碳弧气刨的特点及应用

碳弧气刨是利用碳极电弧的高温,把金属的局部加热到熔化状态,同时用压缩空气的气流把这些熔化金属吹掉,从而对金属进行"刨削"的一种工艺方法(图 2.4.1)。实际上,碳弧气刨是一种空气切割。在锅炉制造中,已广泛用碳弧气刨代替风铲进行挑焊根和开坡口的工作。

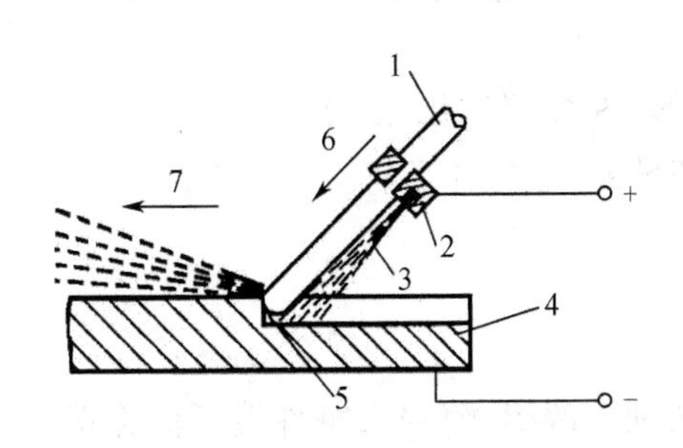

图 2.4.1 碳弧气刨示意图

1—碳棒电极;2—刨钳;3—压缩空气流;4—工件;5—电弧;6—电极进给方向;7—刨削方向

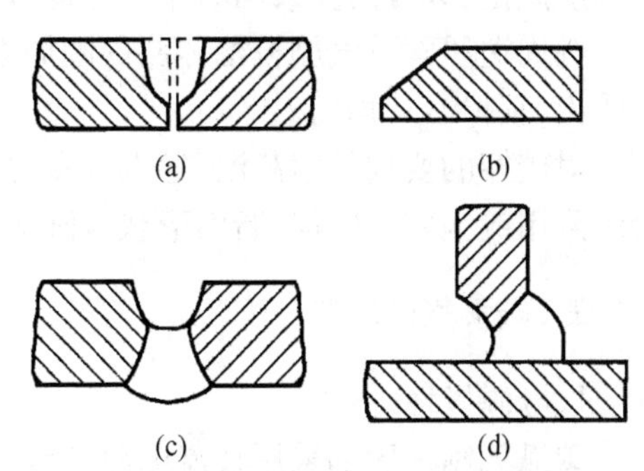

图 2.4.2 碳弧气刨的部分应用

(a)U 形坡口准备;(b)斜坡口准备(X 形及 V 形);(c)对接接头挑焊根;(d)角接接头挑焊根

碳弧气刨具有以下特点。

(1)与风铲相比可提高生产率 4 倍以上,对于仰脸位置及垂直位置其优越性更大。

(2)与风铲相比,没有震耳的噪音,并降低了劳动强度。

(3)在狭窄的位置使用风铲有困难,而碳弧气刨仍可使用。用碳弧气刨对封底焊缝进行刨槽时,容易发现各种细小的缺陷。

碳弧气刨的缺点是:在刨削过程中会产生一些烟雾,在通风不良处工作,对操作者健康有影响;另外,目前多采用直流电源,设备费用较高。

碳弧气刨可以进行以下工作。

(1)各种接头的坡口准备工作,特别是 U 形坡口(图 2.4.2(a)和图 2.4.2(b))。

(2)各种接头封底焊挑焊根(图 2.4.2(c)和图 2.4.2(d))。

(3)清除焊接缺陷。

(4)清理铸件飞边、毛刺及铸造缺陷。

碳弧气刨不但可以切割低碳钢,还可以切割低合金高强度钢、不锈钢、铜、铝及其合金等。

二、碳弧气刨的设备及电极材料

碳弧气刨设备包括碳弧气刨电源及碳弧气刨枪。

碳弧气刨电源应采用陡降外特性直流电源,选用设备时应注意碳弧气刨电流较大且连续工作时间较长的特点,因此应选用功率较大的直流焊机。

碳弧气刨枪应符合导电性良好,压缩空气吹出集中而准确,电极夹持牢固且更换方便,外壳绝缘良好、质量轻,及使用方便等要求。

碳弧气刨枪有侧面送风及圆周送风两种,常用的是前者。

侧面送风碳弧气刨枪的刨钳端部有小孔(图 2.4.1),工作时压缩空气从小孔喷出,并集中吹在电弧的后侧。这种碳弧气刨枪的优点是:压缩空气紧贴着碳棒电极吹出,当碳棒伸出长度在较大范围内变化时,能始终吹到熔化的金属上,并能及时地把熔化的金属吹出刨槽。同时碳棒前面的金属不受压缩空气的冷却,所以温度较高便于熔化,而且电弧也很稳定。此外,这种碳弧气刨枪的碳棒伸出长度调节方便,各种直径碳棒都能使用。这种碳弧枪的缺点是:只能向左或向右单一方向进行气刨,因此在有些情况下使用不方便。

圆周送风碳弧气刨枪枪体头部圆周方向有若干个出风槽,压缩空气由出风槽沿碳棒四周吹出,碳棒冷却均匀。

对碳棒的要求是耐高温、导电性良好、不易断裂、断面组织细致、成本低、灰分少等。一般多采用镀铜实心碳棒,断面形状有圆形和扁形两种。

三、碳弧气刨工艺

1. 电源极性

碳弧气刨一般都采用直流电源,所以有极性区别。碳棒接负极,割件接正极称正接,反之称反接。试验表明:刨削普通低碳钢采用反接时,熔化金属含碳量为 1.44%,而正接时为 0.38%。熔化金属含碳量高时熔点降低,故流动性好,因此反接时刨削过程稳定,刨槽光滑。碳弧气刨极性的选择见表 2.4.1。

表 2.4.1　碳弧气刨极性的选择

材　料	极　性	备　注
碳钢	反接	正接表面不光滑
低合金钢	反接	正接表面不光滑
不锈钢	反接	正接表面不光滑
铸铁	正接	
铜及其合金	正接	
铝及其合金	正或反接	

2. 电流与碳棒直径

碳棒直径是根据被刨削金属的厚度来选择的(表 2.4.2)。工件愈厚,碳棒直径应愈大,而工件厚度愈大则散热越快,为了加快金属的熔化和提高刨削速度,电流也应增大;电流增大后,切槽宽度和深度都增加。对不同直径碳棒选用电流时,可参考下面的经验公式。

$$I = (30 \sim 50)d$$

式中　I——刨削电流,A;

d——碳棒直径,mm。

碳棒直径还与刨槽宽度有关,刨槽越宽,碳棒直径应比刨槽的宽度小 2 ~4 mm。在刨削较大表面时,可采用矩形断面碳棒。

表 2.4.2　碳棒直径选择

单位:mm

钢板厚度	4 ~6	6 ~8	8 ~12	>10	>15
碳棒直径	4	5 ~6	6 ~7	7 ~10	10

3. 刨削速度

刨削速度对刨槽尺寸、表面质量都有一定影响。刨削速度过快或过慢都不能最有效地利用电弧能量。此外,刨削速度太快时,会造成碳棒与金属相碰,使碳粘在刨槽的顶端,形成所谓“夹碳”的缺陷。刨削速度加快时,刨槽深度也将减小。一般刨削速度为 0.5 ~1.2 m/min较合适。电流增大时,速度也相应增大。

4. 压缩空气压力

压缩空气压力高,刨削有力,因此压缩空气压力高是有利的。压缩空气压力不足时,刨槽表面残留一层富碳层,将严重影响气刨质量。一般常用压缩空气压力为 0.4 ~0.6 MPa。对压缩空气中的水和油也应加以限制,否则将影响刨槽质量。

5. 电弧长度

碳弧气刨时电弧长度应为 1 ~3 mm。电弧过长时操作不稳定,甚至熄弧,过短时易产生“夹碳”等缺陷。

6. 碳棒倾角

碳棒倾角大小主要影响刨槽深度。倾角增大,槽深增加,一般为 25°~45°。

7. 碳棒伸出长度

碳棒从钳口导电嘴到电弧端的长度为伸出长度。伸出长度大,钳口离电弧就远,压缩空气吹到熔池的风力就不足,不能顺利地将熔渣吹走。同时,伸出长度大,碳棒的烧损也大。但缩短会引起操作不便。一般伸出长度为 80 ~100 mm,当烧损到 20 ~30 mm 时,需进行调整。

四、各种钢材的碳弧气刨

低碳钢已广泛地采用碳弧气刨进行挑焊根、开坡口和焊缝返修工作。低碳钢碳弧气刨后,在刨槽表面有一硬化层。对硬化层的研究表明,该硬化层含碳量与母材差不多。由此可见,硬化层的形成不是由于表面增碳,主要是由于在刨削过程中,处于高温的表层金属被急骤冷却引起组织变化。这也说明,对于低碳钢,在规范和操作正常的情况下,并不发生“渗碳”现象。因此,采用碳弧气刨开槽或开坡口后焊接,不会影响焊缝质量。

当工艺参数不合适,特别是压缩空气压力低时,可能有厚达 4 mm 的熔化金属层残留在刨槽表面,其含碳量很高,这是由接正极的碳棒强烈向熔化金属过渡所引起的。此金属层属于白口铸铁,打磨后出现光泽,易误认为是打磨干净,随后焊接时易引起裂缝等质量问题。由于操作不当,碳棒也可能成块混入刨槽,形成局部碳块,应彻底清除。

不锈钢也可采用碳弧气刨挑焊根和返修焊缝。根据一些单位的分析结果表明:碳弧气刨对不锈钢表层基本上不发生渗碳现象。但如果操作不当,将含碳量相当高的粘渣渗入焊缝时,将显著提高焊缝金属的含碳量。实践证明,只要严格遵守规范和操作工艺,就能得到光洁的刨槽。对接头的耐腐蚀性能要求较高的工件,必须用砂轮打磨刨槽后再进行焊接。

不锈钢碳弧气刨工艺和低碳钢基本相同,但应注意防止风压不足或其他原因造成刨槽边缘粘渣。一旦产生粘渣,必须用砂轮打磨干净后再焊。

对锅炉上常用的一些低合金钢,采用碳弧气刨时应根据具体钢种性能分别对待。

对于16Mn,由于其焊接性能与低碳钢十分相似,因此可方便地采用碳弧气刨,一般不会产生什么问题。

对15MnV,碳弧气刨后,在其热影响区稍有淬硬倾向,热影响区的金相组织为贝氏体加珠光体和铁素体。用碳弧气刨挑焊根的焊接接头机械性能也能达到要求,其强度极限不低于母材,冷弯和冲击韧性也很好。因此,15锰钒钢完全可以采用碳弧气刨挑焊根和清除焊接缺陷。当钢板厚度较大或气温较低(5 ℃以下)时,则需考虑预热,预热温度一般为100~150 ℃。

19Mn5是用来制造锅炉锅筒的一种低合金钢。这种钢的厚板在碳弧气刨后热影响区有淬硬倾向。如在预热情况下进行气刨,则淬硬倾向有所改善。因此,这种钢在碳弧气刨时应预热到100~150 ℃,气刨槽应用砂轮修磨。

12CrMo、15CrMo、15CrMoV等预热到200 ℃左右,再用碳弧气刨挑焊根未发现问题,因此,它们可以在预热到200 ℃的条件下采用碳弧气刨。

18MnMoNb等在预热情况下均能进行正常的碳弧气刨,预热温度应等于或稍高于焊接时的预热温度。

对于某些温度等级高且对冷裂纹十分敏感的低合金钢厚板,不宜采用碳弧气刨。

- **任务实施**

按照给定任务,编制锅筒直筒坡口切割工艺卡。

- **任务评量**

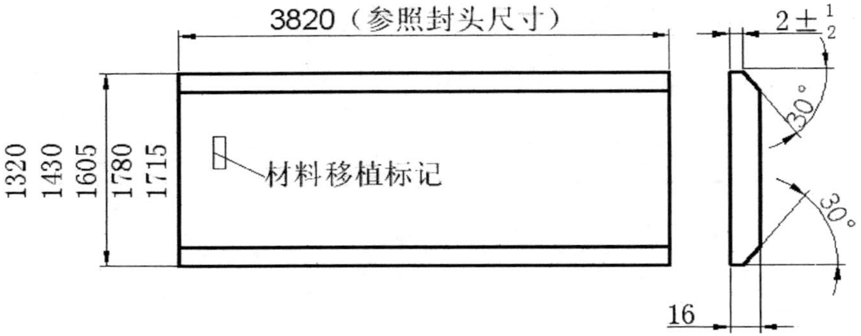

3820（参照封头尺寸）

1320 1430 1605 1780 1715

材料移植标记

$2\pm^{1}_{2}$ 30° 30° 16

零、部件工艺、工序传递卡			
共　页	第　页	编号	
产品名称			
型　号			
零部件名称	上锅筒		
图　号			
材料及标准			
规　格			
单台件数			
重量/kg			
容器类别			

工序	工别	工步	技术要求	使用设备	工装卡具	量、刃具
一	下	1	按生产指令单材料认定，在端面写材料移植标记。			
		2	自动割 δ16，1320、1430、1605、1780、1715 各 1 件。板长按封头展开尺寸，坡口30°，去毛刺。	自动切割机		板尺、卷尺等
二	检	1	检查下料尺寸合格。			
三	卷	1	①板端 20 mm 处打磨呈金属光泽。②卷制，棱角度≤4；端面倾斜度≤2。点焊。	卷板机、手提砂轮机、电焊机		板尺
四	自动焊	1	按自动焊工艺要求焊内纵缝，焊两块引弧板。	埋弧焊机		
		2	气刨外纵缝，打磨焊道两边飞溅物。	气泵、电焊机		
		3	焊外纵缝，打磨高点，去焊渣、焊豆，打焊工代号钢印，切割引弧板。			
五	卷	1	二次复圆，棱角度≤4；椭圆度≤6。	卷板机		板尺
六	检	1	按序检查合格。纵缝 25% X 光探伤合格。	X 光探伤机		
七	焊	1	①按手工焊接工艺要求，对接筒体与第一个封头。直线度 $\pm^{10}_{5}$，错边量 ±1.5。②焊内环缝，去除焊渣、焊豆，打焊工钢印。	电焊机		板尺、卷尺

编制	孙瑞堃	日期		校核		审批	戚长哲	日期		下放日期

• **复习自查**

一、碳弧气刨的基本原理是什么？

二、说明碳弧气刨设备的构成。

三、影响碳弧气刨切割质量的因素有哪些？

项目三　锅炉制造焊接方法

项目描述

焊接技术是通过加热、加压或两者并用，使同性或异性两工件产生原子间结合的加工工艺和连接方式。焊接技术应用广泛，既可用于金属，又可用于非金属。焊接过程中，工件和焊材熔化形成熔融区域，熔池冷却凝固后便形成材料之间的连接。

焊接技术发明至今已有百多年历史，它几乎可以满足工业中一切产品生产制造的需要。现代焊接技术主要用于重型工业，例如船舶、汽车、建筑施工等。常用的焊接方法有手工电弧焊、氩弧焊、电渣焊、闪光对焊、氧－乙炔焰气焊及二氧化碳气体保护焊等有色金属焊接。

新兴工业的发展迫使焊接技术不断前进。微电子工业的微型连接工艺、陶瓷材料和复合材料的真空钎焊、真空扩散焊、宇航技术的空间焊接技术及塑料焊接等。

锅炉及压力容器的焊接，焊接工艺要求更高，技术要求更严，多使用手工电弧焊、氩弧焊、二氧化碳气体保护焊、电渣焊等特殊工艺，也有使用超声波焊、爆炸焊等的。

焊接工艺几乎运用了世界上一切可以利用的热源，包括火焰、电弧、电阻、超声波、摩擦、等离子、电子束、激光束、微波等，历史上每一种热源的出现，都伴有新的焊接工艺的出现；但是，至今焊接热源的开发与研究并未终止。

本项目以锅炉制造为主线，重点学习焊条电弧焊、埋弧自动焊和气体保护焊，同时了解相关焊接工艺。

教学环境

教学场地是焊接实训室。学生可利用多媒体教室进行理论知识的学习、小组工作计划的制订、实施方案的讨论等，也可利用焊接实训室的设备进行焊接方法训练。

任务一　焊条电弧焊

● 学习目标

知识：了解焊条电弧焊原理和特点；精熟对焊条电弧焊电源的要求。

技能：纯熟焊条电弧焊工艺；准确地选择焊接工艺措施和调整焊接工艺参数。

素养：养成善于学习的习惯；建立良好的职业操守。

● 任务描述

针对 75 t/h 循环流化床锅炉的下降管按照 $\phi108\times4.5$ 规格（材质为 20 号钢），采用氩弧焊打底、手工电弧焊盖面方式进行焊接，编制焊接工艺指导书。

- **知识导航**

焊条电弧焊是利用焊条与工件间产生的电弧将工件和焊条加热熔化而进行焊接的，是锅炉制造业中广泛应用的焊接方法。

焊条电弧焊可在室内、室外、高空和各种位置进行焊接，设备简单，易于维护；焊钳小，使用灵便，适合焊接各种碳钢、低合金钢、不锈钢、耐热钢等；焊接接头可达到与工件（母材）等强度。

一、焊条电弧焊的原理及特点

焊条电弧焊主回路示意图如图3.1.1所示，其由弧焊电源、电缆、焊钳、焊条、电弧、焊件等组成。焊条电弧焊的主要设备是弧焊电源，它的作用是为焊接电弧稳定燃烧提供合适的电流和电压。焊接电弧是负载，焊接电缆连接弧焊电源与焊钳和焊件。

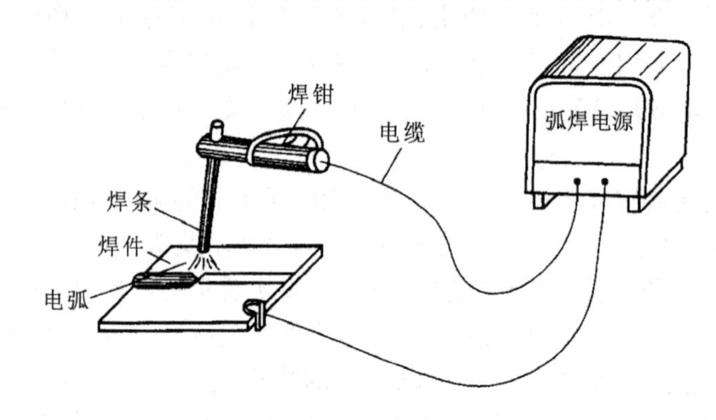

图3.1.1　焊条电弧焊主回路示意图

1. 焊条电弧焊的原理

焊接时，将焊条与焊件之间接触短路引燃电弧，电弧的高温将焊条（通常由药皮和焊芯构成）与焊件局部熔化，熔化了的焊芯以熔滴的形式过渡到局部熔化的焊件表面，融合到一起形成熔池。药皮熔化过程中产生的气体和液态熔渣，不但起着保护液体金属的作用，而且与熔化了的焊芯、焊件发生一系列冶金反应，保证了所形成的焊缝的性能。随着电弧沿焊接方向不断移动，熔池液态金属逐步冷却结晶，形成焊缝。

2. 焊条电弧焊的特点

（1）工艺灵活、适应性强

对于不同的焊接位置、接头形式、焊件厚度及焊缝，在焊条所能达到的任何位置，采用焊条电弧焊均能进行方便的焊接。对一些单件、小件、短焊缝、不规则的空间任意位置焊缝以及不易实现机械化焊接的焊缝，焊条电弧焊更显得机动灵活，操作方便。

（2）应用范围广、质量易于控制

焊条电弧焊的焊条能够与大多数焊件金属性能相匹配，因此接头的性能可以达到被焊金属的性能水平。焊条电弧焊不但能焊接碳钢和低合金钢、不锈钢及耐热钢，也能焊接铸铁、高合金钢及有色金属等。焊条电弧焊还可以进行异种钢焊接，各种金属材料的堆焊等。

(3)设备简单、成本较低

焊条电弧焊使用的交流焊机和直流焊机,其结构都比较简单,维护保养也较方便,设备轻便而且易于移动,且焊接中不需要辅助气体保护,并具有较强的抗风能力,故投资少,成本相对较低。

焊条电弧焊的不足之处是:焊接过程不能连续地进行,生产率低;采用手工操作,劳动强度大,并且焊缝质量与操作技术水平密切相关;不适合活泼金属、难熔金属及薄板的焊接。

二、焊条电弧焊电源

电源是在电路中向负载提供电能的装置,焊条电弧焊电源则是为电弧负载提供电能并实现焊接过程稳定的电气设备,即通常所说的焊条电弧焊焊机。为了区别于其他电源,焊条电弧焊电源也称弧焊电源。

1. 对弧焊电源的要求

焊条电弧焊电弧与一般的电阻负载不同,它在焊接过程中是时刻变化的,是一个动态的负载。因此,弧焊电源除了具有一般电力电源的特点外,还必须满足下列要求。

(1)对弧焊电源外特性的要求

在其他参数不变的情况下弧焊电源输出电压与输出电流之间的关系,称为弧焊电源的外特性。弧焊电源的外特性可用曲线来表示,称为弧焊电源的外特性曲线,如图 3.1.2 所示。弧焊电源的外特性基本上有下降外特性、平外特性、上升外特性三种类型。

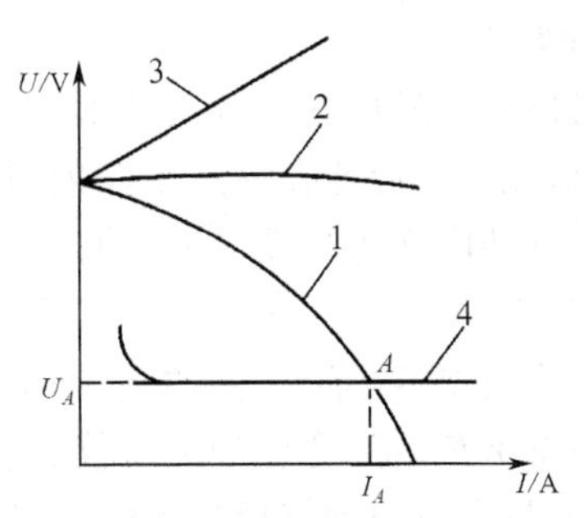

图 3.1.2　弧焊电源外特性曲线与电弧静特性曲线的关系

1—弧焊电源下降外特性曲线;2—弧焊电源平外特性曲线;

3—弧焊电源上升外特性曲线;4—电弧静特性曲线

在焊接回路中,弧焊电源与电弧构成供电用电系统。为了保证焊接电弧稳定燃烧和焊接参数稳定,弧焊电源外特性曲线与电弧静特性曲线必须相交,因为在交点弧焊电源供给的电压和电流与电弧燃烧所需要的电压和电流相等,电弧才能燃烧。因为焊条电弧焊电弧静特性曲线的工作段在平特性区,所以只有弧焊电源下降外特性曲线才与其有交点,如图 3.1.2 中的 A 点。因此,下降外特性弧焊电源能满足焊条电弧焊的要求。

如图 3.1.3 所示为两种下降度不同的下降外特性曲线对焊接电流的影响。从图 3.1.3 中可以看出,当弧长变化相同时,陡降外特性曲线 1 引起的电流偏差 ΔI_1 明显小于缓降外特性曲线 2 引起的电流偏差 ΔI_2,有利于焊接参数稳定。因此,焊条电弧焊应采用陡降外特性弧焊电源。

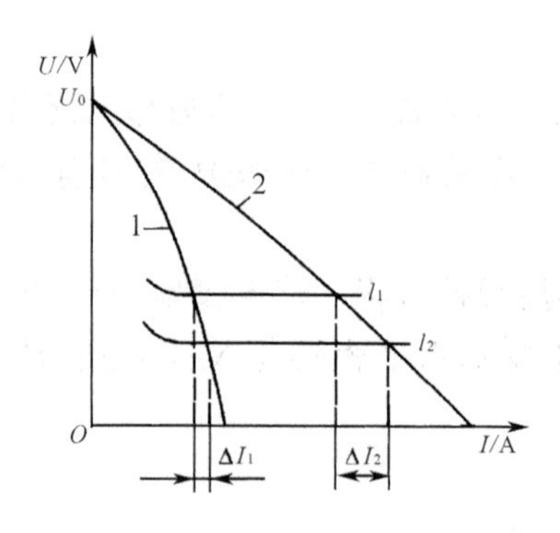

图 3.1.3 两种下降度不同的下降外特性曲线对焊接电流的影响

(2)对弧焊电源空载电压的要求

弧焊电源接通电网而焊接回路为开路时,弧焊电源输出端电压称为空载电压。为便于引弧,需要较高的空载电压,但空载电压过高对焊接人员人身安全不利,制造成本也较高。一般交流弧焊电源空载电压为 55 ~ 70 V,直流弧焊电源空载电压为 45 ~ 85 V。

(3)对弧焊电源稳态短路电流的要求

弧焊电源稳态短路电流是弧焊电源所能稳定提供的最大电流,即输出端短路时的电流。稳态短路电流太大,焊条过热,易引起药皮脱落,并增大熔滴过渡时的飞溅;稳态短路电流太小,则会使引弧和焊条熔滴过渡困难。因此,对于下降外特性的弧焊电源,一般要求稳态短路电流为焊接电流的 1.25 ~ 2.0 倍。

(4)对弧焊电源调节特性的要求

在焊接中,根据焊接材料的性质、厚度,焊接接头的形式、位置及焊条直径等不同,需要选择不同的焊接电流。这就要求弧焊电源能在一定范围内对焊接电流进行均匀、灵活的调节,以便保证焊接接头的质量。焊条电弧焊焊接电流的调节,实质上是调节电源外特性。

(5)对弧焊电源动特性的要求

弧焊电源的动特性,是指弧焊电源对焊接电弧的动态负载所输出的电流、电压与时间的关系,它反映了弧焊电源对动态负载瞬间变化的反应能力。动特性合适时,引弧容易、电弧稳定、飞溅小,焊缝成形良好。弧焊电源动特性是衡量弧焊电源质量的一个重要指标。

2. 弧焊电源的分类和选择

(1)弧焊电源的分类

弧焊电源按结构原理不同可分为弧焊变压器、直流弧焊电源和弧焊逆变器三种类型,按电流性质不同可分为直流电源和交流电源两种类型。

①弧焊变压器

弧焊变压器一般也称为交流弧焊电源,是一种最简单和常用的弧焊电源。弧焊变压器的作用是把网路电压的交流电变成适合电弧焊的低压交流电。它具有结构简单、易造易修、成本低、效率高、节省电能、磁偏吹小、噪声小、效率高等优点,但电弧稳定性较差,功率因数较低。交流弧焊电源是一个特制的降压变压器,可将初级电压 380 V 或220 V降到焊接空载电压 60 ~ 80 V,其内部加有一较大感抗,以保证得到下降外特性,并能在一定范围内调节选择焊接电流。

②直流弧焊电源

直流弧焊电源有直流弧焊发电机和弧焊整流器两种。

直流弧焊发电机由直流发电机和原动机(电动机、柴油机或汽油机)组成。虽然坚固耐用,电弧稳定,但损耗较大、效率低、噪声大、成本高、质量大、维修难。电动机驱动的直流弧焊发电机属于国家规定的淘汰产品,但由柴油机驱动的直流弧焊发电机可用于没有电源的野外施工。

弧焊整流器是把交流电降压整流后获得直流电的电气设备。这种设备多采用硅整流元件,因此又被称为硅整流电焊机。它具有制造方便、价格低、空载损耗小、电弧稳定和噪声小等优点,且大多数(如晶闸管式、晶体管式)可以远距离调节焊接工艺参数,能自动补偿电网电压波动对输出电压、电流的影响。

③弧焊逆变器

弧焊逆变器把单相或三相交流电整流后由逆变器转变为几百至几万赫兹的中频交流电,经降压后输出交流或直流电。它具有高效、节能、质量小、体积小、功率因数高和焊接性能好等独特的优点。

(2)弧焊电源的选择

用直流或交流电进行焊接,质量与生产率并无很大差别,当选用好的焊条时,二者基本一样。

交流电焊机使用单相电源,一般外线路即可供给,因此比使用三相电动机拖动的旋转式直流电焊机方便。而且交流电焊机构造简单,无旋转部分,容易维护保养与修理。

但直流电焊机也有其特点,直流电弧燃烧稳定,所以用小电流焊接时常常选用直流电焊机。又因直流电可选用不同接法(正接或反接),所以在焊接合金钢、不锈钢、有色金属时,常选用直流设备。在焊接锅炉、压力容器等重要构件时,常选用低氢型焊条以保证质量,而这种焊条一般都要求用直流反接。

自逆变直流电焊机不断完善并推广应用以来,直流电焊机在锅炉制造业中的应用已日趋增多。

具体牌号的选择则主要考虑焊接电流的大小是否符合使用要求与焊机的售价是否合适。

三、焊接工艺

1. 焊接前准备

(1)焊接接头形式及坡口

焊条电弧焊时,由于工件结构形状、厚度及对质量要求的不同,其对接头形式及坡口的要求也不同。常用的接头形式有对接、角接、丁字接与搭接等,其具体设计选用原则与技术要求见项目四。

坡口边缘的加工方法,可根据焊件的尺寸、钢板厚度、坡口形状及施工单位的加工条件来选用,一般有以下几种方法。

①剪切

不开坡口的较薄钢板,可用剪床剪切。此方法生产率高、加工方便,切口整齐平直,但不能剪切厚钢板和曲线形状。

②刨边

用刨床或刨边机刨削,能加工出复杂形状的坡口,加工后的坡口比较平直规整,常用于自动焊焊件和厚件的边缘加工。在进行不开坡口边缘加工时,可一次刨削成叠钢板以提高边缘加工速度。

③车削

此方法常用于管子坡口加工。当遇到较长、较重或无法搬动的管子时,可采用移动式管子坡口机。

④铲削

使用风铲用人力进行开坡口或挑焊根,虽然比较灵活方便,但劳动强度大,噪音大,铲边不齐,应尽量改用其他方法。

⑤氧气切割

氧气切割是一种应用较广的切断和加工坡口边缘的方法,可切割直线和曲线边缘的各种坡口。有手工切割、半自动切割和自动切割三种切割机炬。一般生产中,手工切割、半自动切割应用较广。

⑥碳弧气刨

利用碳弧气刨对焊件边缘进行加工或挑焊根,与风铲相比,能改善劳动条件且效率较高。特别是在开U形坡口时,二者效率差距比较显著。

(2)焊前清理

已加工好的坡口边缘应进行清理,除去油、锈、水垢等脏物,以利于焊接过程的进行并获得优质焊接接头。清理方法可根据条件采用钢丝刷、钢丝刷轮(由电机带动)、铲刀、除油剂等。

2. 焊接工艺参数的选择

焊接工艺参数,是指焊接时为保证焊接质量而选定的诸物理量(如焊接电流、电弧电压、焊接速度等)的总称。焊条电弧焊的焊接工艺参数主要包括焊条直径、焊接电流、电弧电压、焊接速度、焊接层数等。

(1)焊条直径

生产中,为了提高生产率,应尽可能选用较大直径的焊条,但是用直径过大的焊条焊接会造成未焊透或焊缝成形不良。焊条直径的选择与下列因素有关。

①焊件的厚度

厚度较大的焊件应选用直径较大的焊条;反之,薄焊件的焊接则应选用小直径的焊条。不同焊件厚度对应的焊条直径见表3.1.1。

表3.1.1　不同焊件厚度对应的焊条直径

焊件厚度/mm	≤2	3	4~5	6~12	>12
焊条直径/mm	1.6~2	3~3.2	3.2~4	4~6	4~6

②焊缝位置

在板厚相同的条件下,焊接平焊缝用的焊条的直径应比焊接其他位置焊缝用的焊条的直径大一些,立焊所用焊条的最大直径不超过5 mm,而仰焊、横焊所用焊条的最大直径不超过4 mm,这样可得到较小的熔池,减少熔化金属的下淌。

③焊接层数

在进行多层焊时,如果第一层焊缝所采用的焊条直径过大,会因电弧过长而不能焊透,为了防止根部焊不透,对多层焊的第一层焊道,应采用直径较小的焊条进行焊接,之后各层可以根据焊件厚度选用较大直径的焊条。

④接头形式

搭接接头、T 形接头因不存在全焊透问题,应选用较大直径的焊条以提高生产率。

(2)焊接电流

焊接时,流经焊接回路的电流称为焊接电流,焊接电流是焊条电弧焊最重要的焊接工艺参数。增大焊接电流能提高生产率,但焊接电流过大易造成咬边、烧穿等缺陷,同时增大了金属飞溅,也会使接头的组织过热而发生变化;而焊接电流过小也易造成夹渣、未焊透等缺陷,降低焊接接头的力学性能。

焊接时决定焊接电流强度的因素很多,如焊条类型、焊条直径、焊件厚度、接头形式、焊缝位置和焊接层数等,但主要影响因素是焊条直径、焊缝位置、焊条类型和焊接层数。

①焊条直径

焊条直径越大,熔化焊条所需要的电弧热量越多,焊接电流也越大。碳钢酸性焊条焊接电流大小与焊条直径的关系,一般可根据下面的经验公式来选择,即

$$I_h = (35 \sim 55)d$$

式中 I_h——焊接电流,A;

d——焊条直径,mm 。

②焊缝位置

按焊缝空间位置的不同,焊接可分为平焊、立焊、横焊和仰焊四种(图 3.1.4)。

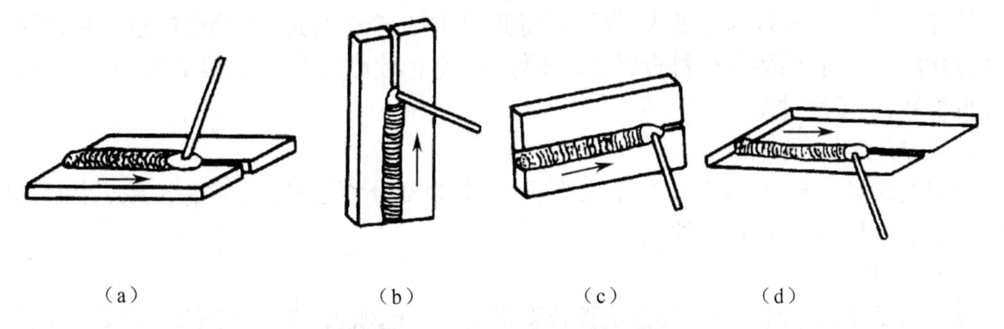

图 3.1.4 各种空间位置的焊缝

(a)平焊;(b)立焊;(c)横焊;(d)仰焊

焊缝在水平位置或倾斜角在 60°以下的斜面上时,称为"平焊"。平焊时焊条熔化受重力作用滴入熔池,熔化的液体金属也不易流出熔池,所以易于操作,焊接质量容易保证。此外,平焊时可用较粗的焊条和较大的电流施焊,生产率高。生产过程中应尽可能把大多数焊缝放到平焊位置焊接。

立焊与横焊是指对位于与水平面成 60° ~100°倾角的平面上的焊缝进行焊接,焊缝在竖直方向的称为立焊,焊缝在横直方向的称为横焊。在进行立焊与横焊时,焊条和焊件的熔化金属熔滴因自重容易向下坠流,常造成焊瘤、未熔合和夹渣,所以应使用直径小于4 mm的焊条,用比平焊小 10% ~15% 的焊接电流短弧施焊。立焊时,应由下向上,适当摆动焊条进行焊接,以保证质量。横焊时,应尽可能将上边工件切成斜边(坡口),以便由下边工件造

成一个横台托住熔化金属。但因液态金属容易向下坠流，熔渣不易浮出，易造成咬边、焊瘤、夹渣和未焊透，焊接质量较差。

仰焊因焊缝位于工人头部之上，操作最难，劳动条件最差，熔化金属受重力作用最易下坠滴落，熔渣又难以浮出，质量不易保证。施焊时要用小直径焊条，用比平焊小 15% ~20% 的焊接电流短弧焊接。因此，仰焊生产率最低，焊接质量较难保证，在设计与制造焊接结构时，应尽力避免采用仰焊。

③焊条类型

当其他条件相同时，碱性焊条使用的焊接电流比酸性焊条使用的焊接电流小 10% ~15%，否则焊缝中易形成气孔。不锈钢焊条使用的焊接电流比碳钢焊条使用的焊接电流小 15% ~20%。

④焊接层数

焊接打底层时，特别是单面焊双面成形时，为保证背面焊缝质量，常使用较小的焊接电流；焊接填充层时为提高效率，保证熔合良好，常使用较大的焊接电流；焊接盖面层时，为防止咬边和保证焊缝成形，使用的焊接电流应比填充层使用的焊接电流稍小些。

在实际生产中，焊接人员一般可根据焊接电流的经验公式先算出一个大概的焊接电流值，然后在钢板上进行试焊调整，直至确定合适的焊接电流。在试焊过程中，可根据以下几点来判断选择的焊接电流是否合适。

a. 看飞溅

焊接电流过大时，电弧吹力大，可看到较大颗粒的铁水向熔池外飞溅，焊接时爆裂声大；焊接电流过小时，电弧吹力小，熔渣和铁水不易分清。

b. 看焊缝成形

焊接电流过大时，焊缝厚度大、焊缝余高低、两侧易产生咬边；焊接电流过小时，焊缝窄而高、焊缝厚度小且两侧与母材金属熔合不好；焊接电流大小适中时，焊缝两侧与母材金属熔合得很好，呈圆滑过渡。

c. 看焊条熔化状况

焊接电流过大时，当焊条熔化了大半根时，其余部分均已发红；焊接电流过小时，电弧燃烧不稳定，焊条容易粘在焊件上。

(3)电弧电压

焊条电弧焊的电弧电压主要由电弧长度来决定。电弧长，电弧电压高；电弧短，电弧电压低。焊接时电弧电压由焊接人员根据具体情况灵活掌握。

在焊接过程中，电弧不宜过长，电弧过长会出现以下几种不良后果。

①电弧燃烧不稳定，易摆动，电弧热能分散，飞溅增大，造成金属和电能的浪费。

②焊缝厚度小，容易产生咬边、未焊透、焊缝表面高低不平、焊波不均匀等缺陷。

③对熔化金属的保护差，空气中氧、氮等有害气体容易侵入，使焊缝产生气孔的可能性增加，使焊缝金属的力学性能降低。

在焊接时应力求使用短弧焊接，相应的电弧电压为 16 ~25 V。在立、仰焊时电弧长度应比平焊时更短一些，以利于熔滴过渡，防止熔化金属下淌。使用碱性焊条焊接时电弧长度应比使用酸性焊条焊接时长短些，以利于电弧的稳定和防止产生气孔。所谓“短弧”一般认为是电弧长度为焊条直径的 0.5 ~1.0 倍。

(4)焊接速度

单位时间内完成的焊缝长度称为焊接速度。焊接速度应该均匀适当，既要保证焊透又要保证不烧穿，同时还要使焊缝宽度和高度符合图样设计要求。焊接速度由焊接人员根据具体情况灵活掌握。

(5)焊接层数

在焊接中厚板时，一般要开坡口并采用多层多道焊。对于低碳钢和强度等级低的普通低合金钢的多层多道焊，每层焊道厚度不宜过大，过大对焊缝金属的塑性不利，因此对质量要求较高的焊缝，每层焊道厚度最好不大于4 ~ 5 mm。每层焊道厚度不宜过小，过小时焊接层数增多，不利于提高生产率。根据实际经验，每层焊道厚度约等于焊条直径的0.8 ~ 1.2倍时，生产率较高，并且比较容易保证质量和便于操作。

四、常用焊接工艺措施

各种金属材料的焊接性不同，且影响因素较多。为了保证焊接质量，常对焊接性差或较差的金属材料采取预热、后热、焊后热处理等焊接工艺措施。

1. 预热

焊接开始前对焊件的全部(或局部)进行加热的焊接工艺措施称为预热，预热需要达到的温度称为预热温度。

(1)预热的作用

预热可降低焊后冷却速度，对于给定的钢种，焊接区及热影响区的组织性能取决于冷却速度的大小。对于易淬火钢，通过预热可以减小淬硬程度，防止产生焊接冷裂纹。此外，预热可以减小热影响区的温度差别，在较宽范围内得到比较均匀的温度分布，有助于减小因温度差别而产生的焊接应力。

焊接有淬硬倾向的焊接性不好的钢材或刚性大的结构时，需焊前预热。由于铬镍奥氏体钢，预热可使热影响区在危险温度区的停留时间增加，增大腐蚀倾向，因此在焊接铬镍奥氏体不锈钢时不可进行预热。

(2)预热温度的选择

焊条电弧焊时焊件是否需要预热以及预热温度的选择，应按项目四介绍的因素综合考虑，一般钢材的碳当量越大(碳含量越多、合金元素越多)、母材越厚、结构刚性越大、环境温度越低，则预热温度越高。

在多层多道焊时，还要注意道间温度(也称层间温度)。所谓道间温度就是在施焊后续焊道之前，其相邻焊道应保持的温度。道间温度不应低于预热温度。

(3)预热方法

预热时的加热范围，对于对接接头每侧加热宽度不得小于板厚的5倍，一般在坡口两侧各75 ~ 100 mm范围内应保持一个均热区域，测温点应取在均热区域的边缘。如果采用火焰加热，测温最好在加热面的反面进行。预热的方法有火焰加热、工频感应加热、红外线加热等。在刚性很大的结构上进行局部预热时，应注意加热部位，避免造成很大的热应力。

2. 后热

焊后将焊件保温缓冷，可以减缓焊缝和热影响区的冷却速度，起到与预热相似的作用。后热可以避免形成淬硬组织、促使氢逸出焊缝表面，防止裂纹产生。对于冷裂纹倾向性大的低合金高强度钢等材料，可采取消氢处理，使焊缝金属中的扩散氢加速逸出，大大降低焊缝和热影响区中的氢含量，来防止产生冷裂纹。后热的加热方法、加热区宽度、测温部位等要求与预热相同。

3. 焊后热处理

焊后为改善焊接接头的组织和性能或消除残余应力而进行的热处理,称为焊后热处理。

焊后热处理的主要作用是消除焊接残余应力,软化淬硬部位,改善焊缝和热影响区的组织和性能,提高接头的塑性和韧性,稳定结构的尺寸。

焊后热处理有整体热处理和局部热处理两种,最常用的焊后热处理是在600 ~650 ℃温度范围内的消除应力退火和低于A_{c_3}点温度的高温回火。此外还有为改善铬镍奥氏体不锈钢抗腐蚀性能的均匀化处理等。

• 任务实施

编制焊接工艺指导书。

1. 焊接接头形式及坡口。
2. 焊前清理。
3. 焊条(焊丝)直径。
4. 焊缝位置。
5. 焊接层次。
6. 接头形式。
7. 焊接电流。
8. 焊条(焊丝)类型。
9. 电弧电压。
10. 焊接速度。
11. 焊接层数。
12. 焊接工艺措施。

• 任务评量

<table>
<tr><td rowspan="2">75t 循环流化床锅炉下降管接头焊接</td><td rowspan="2">下降管焊接作业指导书</td><td>编号</td><td>HLZD - 01</td></tr>
<tr><td>版次</td><td>0</td></tr>
</table>

1. 适用范围

本指导书适用于我厂制造的各种型号锅炉的下降管接头的焊接。

2. 焊接设备、工具

2.1 设备

(1)氩弧焊机 WS - 250A。

a. 焊接系统由焊接电源、控制箱、供水供气系统组成。

b. 钨极氩弧焊电源采用直流电源。

c. 供气系统主要包括氩气瓶、减压器、流量计及电磁气阀。

(2) 直流电焊机 ZX7 - 400。

2.2 工具

钢丝刷、扁铲。

3. 焊接材料

3.1 氩气:纯度 99.95% 。

3.2 钨极:钍钨极,铈钨极,直径 1.6 ~3 mm。

3.3 焊丝牌号:TIG-J50 或 H08Mn2SiA,直径 1.2-2.4 mm。

3.4 焊条型号:E5015,直径 2.5 mm、3.2 mm(烘干 350 ℃,1 h)。

4. 焊前准备

4.1 熟悉图纸及工艺规程,了解焊接技术要求。

4.2 准备好工具,检查焊机运行情况。

5. 焊接工艺

5.1 清除焊缝两侧各 10 mm 范围内的氧化皮、铁锈、油污、毛刺等,见到金属光泽。

5.2 插入式的,将管子插入锅管与集箱,并找正,进行定位焊;骑座式的,将管子找正后进行点焊,点焊焊缝不得少于 3 处,采用与正式焊接时相同的焊丝,点焊焊缝不准有气孔、裂纹、夹渣等缺陷。

5.3 打底焊采用手工钨极氩弧焊,焊接电流 90~140 A,电弧电压 9~12 V,氩气流量 6~8 L/min;填充焊、盖面焊采用焊条电弧焊,采用直径 2.5 mm 或 3.2 mm 的焊条,焊接电流 80~120 A 或 100~150 A,电弧电压 18~22 V 或 21~25 V。

5.4 仰焊时,焊接电流应减小 10%~15%。

5.5 钨极在焊前应修磨成锥形平端,焊接过程中若烧损过大,应重新修磨方可使用。

5.6 钨极氩弧焊时,焊机的接法应采用直流正接即工件接正极。

5.7 每层焊道之间的焊接接头应错开;焊后清渣及飞溅物。

6. 检查

6.1 焊后首先进行自检,焊角高度应符合图纸要求,做到上下匀称,焊肉饱满,自检合格后打焊工钢印。

6.2 焊缝成形美观,不允许有气孔、夹渣、焊瘤等缺陷。

7. 安全要求

7.1 清理焊渣时,应注意防止焊渣烫伤。

7.2 仰焊时,应注意头部防护,防止铁水滴落烧伤面部。

8. 焊接环境

当工作环境低于 0 ℃时,应采取工件局部预热措施,预热至 100~120 ℃。

• 复习自查

1. 什么是焊条电弧焊? 其原理和特点是什么?
2. 为什么焊条电弧焊要采用具有陡降特性的电源?
3. 焊条电弧焊电源分为哪几类? 各有什么特点?
4. 什么是焊接工艺参数? 焊条电弧焊的焊接工艺参数主要包括哪些?

任务二 埋弧自动焊

• 学习目标

知识:了解埋弧自动焊原理;精熟埋弧自动焊设备和焊材选择。

技能:清晰埋弧自动焊工艺要求;流畅地操作埋弧自动焊设备。

素养:建立良好的职业操守;自觉参与学习活动。

• 任务描述

75 t/h 循环流化床锅炉的锅筒,规格为 ϕ1 500×40,对接焊缝采用埋弧自动焊焊接,材质为20g,编制焊接工艺指导书。

• **知识导航**

在焊条电弧焊过程中,主要的焊接动作是引燃电弧、送进焊条以维持一定弧长、向前移动电弧和熄弧。如果这几个动作都由机械自动来完成,则称为自动焊。

自动焊分为明弧与埋弧两种,各种明弧自动焊能提高生产率两倍左右;而埋弧自动焊可提高生产率5~10倍。因此锅炉制造业普遍应用的是埋弧自动焊。

一、埋弧自动焊原理

埋弧自动焊也称"熔剂层下自动焊",电弧是在焊剂(熔剂)层下面燃烧的,埋弧自动焊示意图如图3.2.1所示。自动焊机头将焊丝自动送入电弧区保证选定的弧长,电弧靠焊机控制均匀地向前移动。在焊丝前面,焊剂从焊剂漏斗中不断流出撒在工件表面上。焊后,部分焊剂成为渣壳覆盖于焊缝表面,大部分未熔化的焊剂可收回重新使用。图3.2.2是埋弧焊进行时的纵截面图。电弧燃烧后,焊件金属被熔化成较大体积(可达20 cm^3)的熔池。由于电弧向前移动,熔池金属被电弧气体排挤向后堆积。焊剂层厚度40~60 mm,焊剂熔化后形成熔渣,能和液体金属起有利的物理化学作用。电弧则被熔渣泡和由电弧所造成的蒸汽和气体所包围,因此电弧区被保护得很好。熔渣泡呈封闭形状,有一定黏度,能承受一定压力,因此使用超过1 000 A的大电流,也不致引起金属滴向熔渣泡外面飞溅。熔渣泡还能减少电弧热能的损失,使电弧热量比较充分地被利用。焊接电流增大后,焊丝电流密度增大,所以埋弧自动焊的熔深比手工电弧焊大得多。

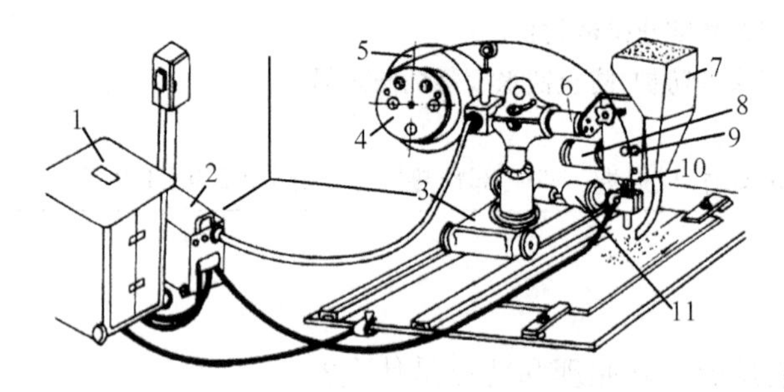

图3.2.1　埋弧自动焊示意图

1—焊接电源;2—控制箱;3—车架;4—操作盘;5—焊丝盘;6—横梁;7—焊剂漏斗;8—送丝电动机;9—校直轮;10—自动焊机头;11—小车电动机

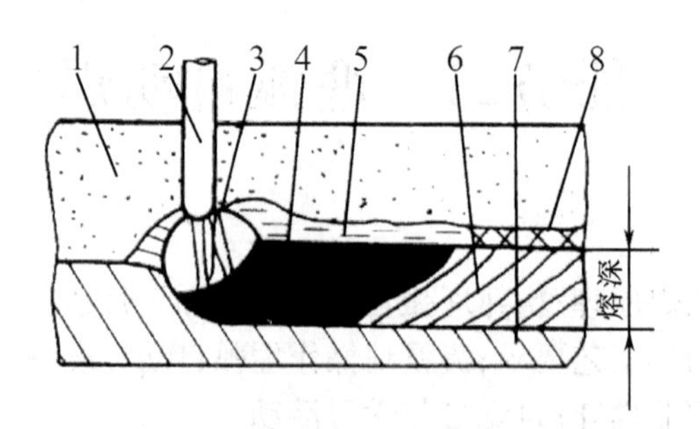

图3.2.2　埋弧焊进行时的纵截面图

1—焊剂;2—焊丝;3—电弧;4—熔池金属;5—熔渣;6—焊缝;7—焊件;8—渣壳

埋弧自动焊优点如下。

1. 焊接生产率高

埋弧自动焊可采用较大的焊接电流，同时因电弧加热集中，熔深增加，单丝埋弧自动焊可一次焊透 20 mm 以下不开坡口的钢板。埋弧自动焊的焊接速度也较焊条电弧焊的快，单丝埋弧自动焊焊接速度可达 30～50 m/h，而焊条电弧焊焊接速度则不超过 6～8 m/h。

2. 焊接质量好

埋弧自动焊因熔池有熔渣和焊剂的保护，使空气中的氮、氧难以侵入，提高了焊缝金属的强度和韧性，焊接质量好。此外，埋弧自动焊焊缝表面光洁、平整，成形美观。

3. 劳动条件好

由于实现了焊接过程机械化，埋弧自动焊操作较简便，而且电弧在焊剂层下燃烧没有弧光的有害影响，放出烟尘也少，焊工的劳动条件得到了改善。

4. 焊接成本较低

由于熔深较大，埋弧自动焊时可不开或少开坡口，减少了焊缝中焊丝的填充量，也节省了因加工坡口而消耗掉的母材。埋弧自动焊由于焊接时飞溅极少，又没有焊条头的损失，因此节约焊接材料。此外，埋弧自动焊的热量集中，而且利用率高，故在单位长度焊缝上所消耗的电能也较低。

5. 焊接范围广

埋弧焊不但能焊接碳钢、低合金钢、不锈钢，还可以焊接耐热钢及铜合金、镍基合金等有色金属，以及可以进行抗磨损、耐腐蚀材料的堆焊，但不适合焊接铝、钛等氧化性强的金属和合金。

因此，埋弧自动焊在锅炉制造业得到普遍的应用，常用来焊接长的直线焊缝和锅筒等较大直径筒体的纵、环焊缝。当板厚较大和批量生产时，其优点尤为显著。

埋弧自动焊主要缺点是：一般只适用于平焊或倾斜度不大的位置及角焊位置焊接，焊接时不能直接观察电弧与坡口的相对位置，容易焊偏及未焊透，不能及时调整焊接工艺参数；焊接设备比较复杂，维修保养工作量比较大；仅适用于直的长焊缝和环形焊缝的焊接，对狭窄位置的焊缝以及薄板的焊接有一定困难。

二、埋弧自动焊设备

自动焊焊接设备主要有四个部分：供给焊丝和进行自动焊接的自动焊机头；焊机行走机构，或机头固定时移动工件的机械装置；供电电焊机；控制自动焊过程的控制箱。

自动焊机头按外形与使用方式的不同可分为焊接小车式机头和悬挂式机头两种。

MZ－1000 型埋弧焊机是目前国内常用的焊机，该焊机有交流与直流两种，焊接小车式机头，采用感应电动机驱动，具有变换齿轮调速的等速送丝与行走结构。其体积小巧，结构简单，维修方便，易搬运，能用于空间较小的焊接结构，同时齿轮调速的参数不易变化，因而适用于批量大、参数一致的焊接工作场合。

悬挂式机头（如 MZ_2－1500）常悬于高处，并与专用焊接装置如行走机、翻转机等配合使用，适于专业化生产，如大型钢结构与锅筒的焊接等，生产效率较高。

自动焊供电电焊机一般具有下降外特性，可以用交流的如 BX_2－1000、BX_2－2000 电焊机供电，也可用直流的如 AP－1000、ZPG－1000 直流电焊机供电。当使用稳弧性较差的焊剂（中氟和高氟焊剂）或对焊接工艺参数稳定性有较高要求时，应选用直流电焊机。

埋弧自动焊机的送焊丝方式(即保持选定电弧电压的工作原理),有均匀调节式与等速送进式两种。

均匀调节式(也称变速送进式)机头的工作原理是:当电弧长度即电弧电压变化时,能根据电弧电压的反馈调节焊丝送进速度,以恢复选定的电弧长度(即电弧电压)。其反应灵敏、焊接工艺参数稳定,因此生产中常被选用,但控制线路比较复杂。

等速送进式机头的焊丝以选定的速度被送入电弧区,送丝速度保持不变。当弧长变化时,其靠焊机自身的电流变化来改变焊丝熔化速度的快慢,借以恢复选定的弧长,主要用于细丝焊接或大电流厚件焊接。

控制箱除用来保证焊接过程稳定进行外,还可用来在焊前调整选择焊接电流、焊接电压与焊接速度,可在不引弧情况下试验运行,看焊丝是否对正焊缝,并可检查其他辅助装置是否能很好地互相配合使用。

三、埋弧自动焊焊接材料

埋弧自动焊时,焊接材料的正确选择对焊接质量关系很大,必须针对不同钢材选择适当的焊丝与焊剂配合使用。

各种焊剂应与一定的焊丝配合使用才能获得优质焊缝。如焊接 20g 类,可以用高锰高硅焊剂配合低碳钢优质焊丝,例如焊剂 430 配合 H08A 焊丝,也可用无锰高硅焊剂配合含锰焊丝,例如焊剂 130 配合 H10Mn2 焊丝。焊接 16Mng 类等钢材则多选用高锰高硅焊剂并配合 H08MnA、H10Mn2 或 H10MnSi 等含锰焊丝。用 H10Mn2 焊丝焊成的焊缝,-60 ℃时焊缝冲击韧性仍可达到 4.9 N/cm^2。焊接 18MnMoNbg 钢材可选用焊剂 250 或 350 配合 H08Mn2MoA 或 H08MnMVA 两种焊丝,由于焊剂 250 碱度较 350 高些,故焊缝金属的塑性与韧性高。但焊剂 350 工艺性能较好,又可用交流电源,可根据产品要求及具体条件(如供应与售价)选择使用。

四、埋弧自动焊焊接工艺

1. 焊接接头形式及坡口

埋弧自动焊一般是在平焊位置进行焊接,主要是焊接对接接头和丁字接头。

由于自动焊电流大、熔深大,所以在焊接厚度在 14 mm 以下的对接焊缝时,可不开坡口,实现单面焊双面成形。

当工件厚度在 10 ~ 26 mm 时,可不开坡口,留一定间隙,进行双面焊接。焊接规范参数应选择合适,使两面焊成的焊缝有 2 ~ 3 mm 重叠,以保证焊透。

为减少焊缝加强高,在焊接厚度较大的工件时,常采用开坡口的焊接方法。有关接头设计及坡口形式见后文。

2. 埋弧自动焊焊接工艺参数

埋弧自动焊焊接工艺参数的选择比较复杂,为了理解焊接工艺参数对焊接质量的影响,现对焊缝形状系数、焊缝的熔合比和焊接线能量作一简单叙述。

(1)焊缝形状系数

焊缝形状,一般是指焊接熔池的横截面的形状,如图 3.2.3 所示。焊缝熔化宽度 b 与焊缝熔化深度 t 的比值,称为“焊缝形状系数”,即

$$\varphi = \frac{b}{t}$$

式中 φ——焊缝形状系数；

b——焊缝熔化宽度，mm；

t——焊缝熔化深度，mm。

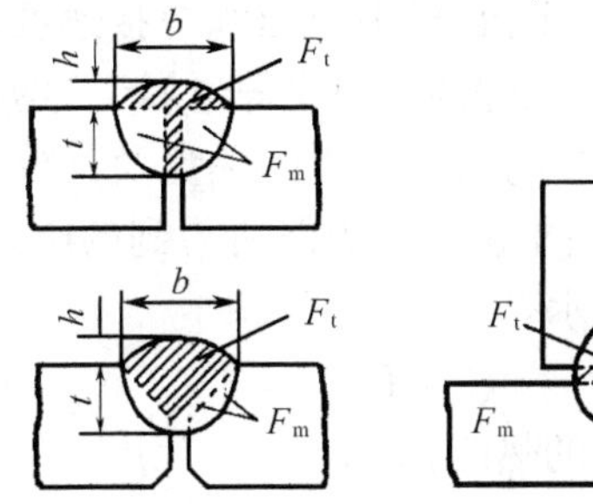

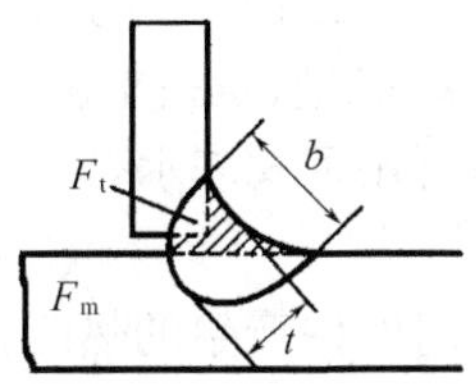

图 3.2.3 焊缝形状图

b—焊缝熔化宽度；t—焊缝熔化深度；h—焊缝加强高；

F_m—焊缝中基本金属熔化的横截面积；

F_t—焊缝中填充金属的横截面积

焊缝形状系数 φ 大，表示焊缝宽而浅；焊缝形状系数 φ 小，表示焊缝窄而深。一般情况下，应将 φ 控制为 1.3 ~ 2。这时，焊缝比较宽且浅，有利于熔池中的气体和杂质浮出，对防止产生气孔、夹渣与热裂缝等缺陷都比较有利。如果选择的 φ 过小，则容易产生气孔、夹渣与热裂缝等缺陷。

(2)焊缝的熔合比

焊缝中基本金属熔化的横截面积 F_m 与焊缝横截面积($F_m + F_t$)的比值(图 3.2.4)，称为焊缝的熔合比，即

$$\gamma = \frac{F_m}{F_m + F_t}$$

式中 γ——焊缝的熔合比；

F_m——焊缝中基本金属熔化的横截面积，mm^2；

F_t——焊缝中填充金属的横截面积，mm^2。

焊缝的熔合比 γ 主要影响焊缝的化学成分、金相组织与机械性能。焊缝的熔合比的大小，表示在整个焊缝中基本金属所占的比例，当填充金属与基本金属的化学成分基本相近且熔池保护良好时，焊缝的熔合比对焊缝和熔合区的性能影响不大。当填充金属与基本金属的化学成分不同(如碳、合金元素或硫、磷等差别较大)时，焊缝紧邻熔合区的部位，化学成分的变化则比较大。变化的幅度与两种金属化学成分之差及熔合比的大小有关。

例如，用自动焊焊接 Q235 钢材时，基本金属就较填充金属含有更多的杂质(如硫、磷等)，熔合比越大，基本金属中杂质元素混入到焊缝中的量也就愈多，结果使焊缝金属的塑性及韧性下降，增大裂缝的倾向性。

当基本金属含合金元素较多，而填充金属含合金元素较少时，例如用 H08A 焊丝、431 焊剂焊接 16Mng 钢材时，由于基本金属比填充金属的含锰量高，故增加焊缝的熔合比可使焊缝中含锰量有所增加，从而可提高焊缝的强度与韧性。

因此，焊缝的熔合比 γ 的数值变化范围比较大，可在10%～85%范围内变化，应根据具体情况与要求，对熔合比进行适当选择控制。对一般的自动焊来说，焊缝的熔合比 γ 为60%～70%。

(3)焊接线能量

焊缝形状系数 φ 和焊缝的熔合比 γ 数值的大小，主要取决于焊接工艺参数。埋弧自动焊焊接工艺参数主要有焊丝直径、焊接电流、电弧电压和焊接速度。此外，焊接电源种类和接法、坡口形式与装配间隙、焊接层数、工件预热温度等也属于焊接工艺参数。

焊接工艺参数的大小，决定了焊接电弧所产生的热量及其分配情况，一般都用焊接线能量 E 来表示。所谓焊接线能量，是指单位长度焊缝所得到的电弧的热能量。单位时间焊接电弧所产生的热能一般可用下式表示。

$$Q_0 = UI$$

式中　Q_0——电弧在单位时间内产生的热能，J/s；

U——电弧电压，V；

I——焊接电流，A。

由于热辐射、对流、熔化焊剂或药皮以及飞溅等热能损失，真正用于熔化焊缝金属的有效热能 Q 应为

$$Q = \eta Q_0$$

式中　η——加热有效系数，也称为热效率。

对不同的焊接方法、焊接工艺参数和焊接材料，η 的数值不同。对于一般手工电弧焊，η 可取为0.75～0.8，对于埋弧自动焊，Γ 可取为0.85～0.95。

有效热能 Q 是单位时间内焊缝上获得的有效电弧热的多少，所以单位长度焊缝所得到的电弧的热能量——焊接线能量 E 应为

$$E = \frac{Q}{V} = \frac{\eta UI}{V}$$

式中　V——焊接速度，cm/s。

考虑到埋弧自动焊焊接速度的单位常用m/h、热能量单位为J，经单位换算，焊接线能量又可表示为

$$E = \frac{36\eta UI}{V}$$

式中　V——焊接速度，m/h。

例如，用直径为4 mm的焊丝进行自动焊，焊接电流700 A，电弧电压36 V，焊接速度为32 m/h，则焊接线能量 E 为

$$E = \frac{36 \times 0.85 \times 36 \times 700}{32} = 24\ 098\ \text{J/cm}$$

式中，0.85为埋弧自动焊的热效率。

显然，如果焊接电流或电弧电压增大，则焊接线能量增大；焊接速度增大，则焊接线能量减小。

不同焊接方法的常用焊接线能量范围有很大差别，表3.2.1列举了几种焊接方法在典型焊接工艺参数下的焊接线能量。可以看出：埋弧自动焊的焊接线能量大，手工电弧焊次之，手工钨极氩弧焊的最小。

表 3.2.1　几种焊接方法在典型焊接工艺参数下的焊接线能量

焊接方法	焊接电流 /A	焊接电压 /V	焊接速度 /$(m \cdot h^{-1})$	热效率 η	焊接线能量 /$(J \cdot cm^{-1})$
埋弧自动焊	700	36	32	0.85	24 098
手工电弧焊	180	24	9	0.75	12 960
手工钨极氩弧焊	160	11	9	0.75	5 280

从焊接线能量的概念中可以看出，它决定焊接接头的加热速度，对焊缝横截面的大小与形状起决定性的作用，同时还影响焊接接头在高温停留的时间和焊后的冷却速度。

因此，在实际生产中，要根据钢材的化学成分、刚性等因素，在保证焊缝成形良好的前提下，适当调节焊接工艺参数，用合适的焊接线能量进行焊接，才能保证焊接接头具有良好的性能。焊接线能量过大或过小，都可能使焊缝产生缺陷。

3. 焊接工艺参数对焊缝形状和质量的影响

以下仅对焊接工艺参数当中对焊缝形状与质量影响显著的几个主要焊接工艺参数进行初步讨论。

(1)焊丝直径与焊接电流

在电流一定的情况下，随焊丝直径的增加，电弧的摆动作用加强，熔宽 b 加大，熔深则稍有减小。焊丝直径减小，则电流密度增大，可使熔深增大，焊缝形状系数减小。因此对一定直径的焊丝，焊接电流应选择适中。如对直径 3 mm 的焊丝，焊接电流应为 350 ~ 600 A。对直径 4 mm 的焊丝，焊接电流应为 500 ~ 800 A，对直径 5 mm 的焊丝，焊接电流应为 700 ~ 1 000 A。

增大电流，能提高生产率，同时使熔宽 b、熔深 t 及加强高 h 都相应增加；其中熔深 t 增大的比较显著，如图 3.2.4 所示。

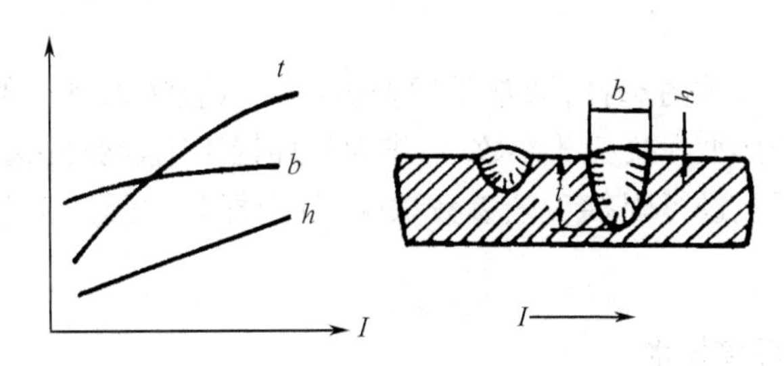

图 3.2.4　焊接电流 I 对焊缝形状的影响

当焊接电流过大时，焊缝形状系数随之减小，将不利于熔池中气体和夹杂物的上浮逸出，对焊缝的结晶也不利，易促成气孔、夹渣和裂缝的产生。因此随焊接电流的增加相应地增加电弧电压。

(2)电弧电压

当其他条件保持不变时，电弧电压对焊缝形状的影响如图 3.2.5 所示。即随着电弧电压的增加，熔宽有明显的增加，而熔深和加强高则有所下降。因此适当增加电弧电压，提高焊缝形状系数，对提高焊缝质量是有利的。

但过分增加电弧电压会使熔深变小，造成焊件未焊透，而且焊剂的熔化量大，耗费多，还将造成焊缝表面焊波粗糙,脱渣困难。

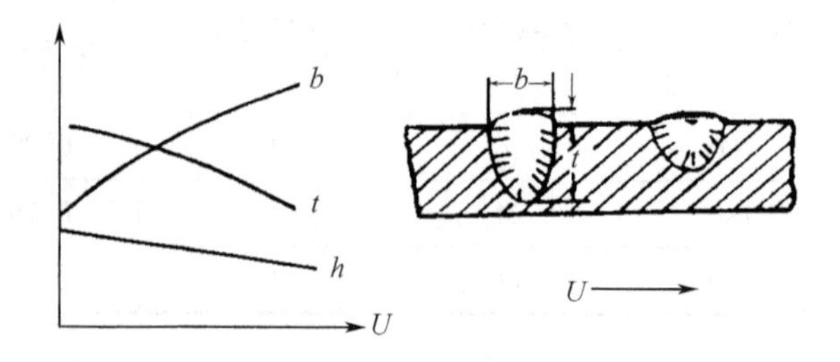

图 3.2.5　电弧电压 *U* 对焊缝形状的影响

(3)焊接速度

焊接速度的变化,将直接影响电弧热的分配情况,因此对焊缝形状的影响非常显著。当其他参数不变时,随着焊接速度的增加,焊接线能量减小,熔宽 b 明显变窄。熔深 t 则不然,当焊接速度在一定范围内增加时,因电弧向后的倾角增加,电弧对熔池的液态金属排挤作用加强,所以熔深反而有所增加。当焊接速度增加到超过某一数值时,由于焊接线能量的减少熔深显著减小。焊接速度对焊缝形状的影响如图 3.2.6 所示。

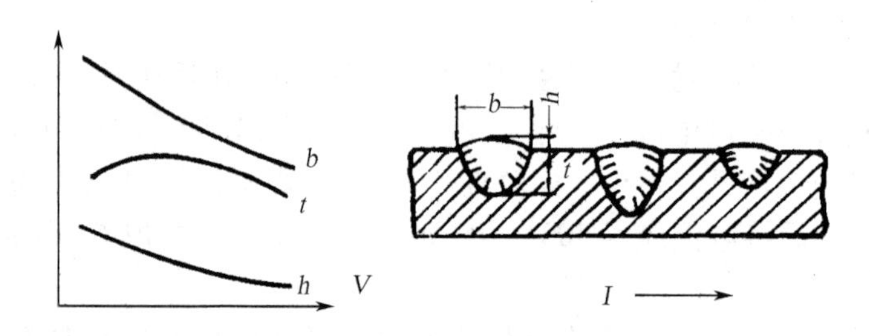

图 3.2.6　焊接速度 *V* 对焊缝形状的影响

自动焊焊接工艺参数的选择,通常是用查表法或试验法来进行的。查表法,是指查阅类似焊接情况所用的典型焊接工艺参数表,作为新焊接工艺参数的选择参考;试验法,是指在与工件相同的试板上进行焊接工艺参数试验,看选择什么焊接工艺参数时焊接质量好,即可选用。

五、埋弧自动焊焊接技术

1. 焊前准备工作

自动焊焊前应对焊丝和工件待焊表面进行严格清理,焊剂要烘干,工件尺寸和装配工作应准确,装配定位焊应仔细,焊肉不要太大。焊接重要构件时,为保证焊接质量,最好使用胎夹具装配定位。为避免引弧处的缺陷,一般常在纵缝的两端焊上引弧板和收弧板(图 3.2.7)。即在引弧板上开始引弧焊接,然后焊工件;焊接到焊缝尽头以后,将电弧引到收弧板上再熄弧停止焊接。焊后将引弧板和收弧板切下。

2. 对接接头焊接技术

(1)单面焊

单面焊常用于厚度 14 mm 以下的中薄板对接得。工件不开坡口,留一定间隙,背面用焊剂垫、钢垫板或焊剂－铜垫垫上(图3.2.8)。使用较大的焊接线能量(主要是较大的焊接电流),将工件一次焊透。焊接熔池在焊剂或钢垫板上冷却凝固,以达到一次焊接成形。如使用钢垫板,焊后垫板即附在工件之上。

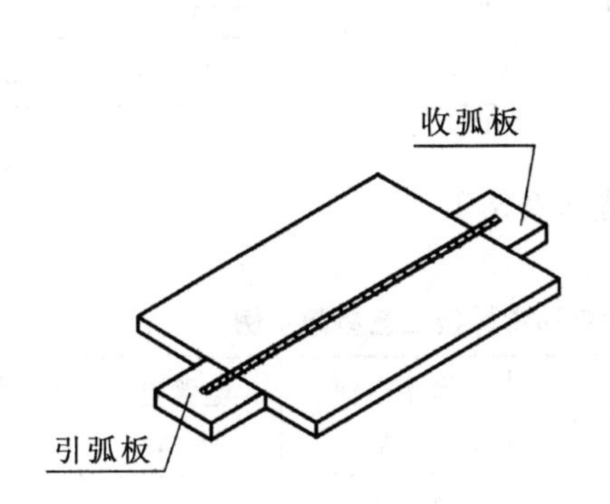

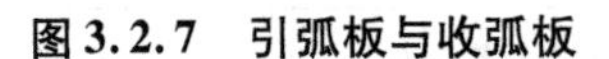
图3.2.7　引弧板与收弧板

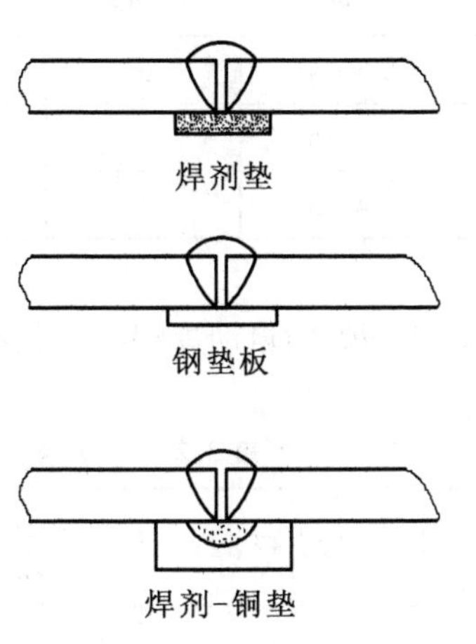

图3.2.8　自动焊单面对接焊

单面焊双面成形的自动焊焊接工艺参数示例见表3.2.2。

表3.2.2　单面焊双面成形的自动焊焊接工艺参数示例

焊件厚度/mm	装配间隙/mm	焊丝直径/mm	焊接电流/A	电弧电压/V	焊接速度/($m\cdot h^{-1}$)
6	3	4	550～600	33～35	37.5
8	3～4	4	680～720	35～37	32
10	4	4	780～820	38～40	27.5
14	5	4	880～920	39～40	21.5

(2)双面焊

当工件厚度超过12～14 mm时,采用单面焊有一定的困难,为保证焊透,一般都采用双面焊。第一面焊接可在焊剂垫上进行,工件间要留一定的间隙,焊后将工件翻转,再从背面焊接一次。焊接工艺参数的选择应保证两面焊缝有2～3 mm的重叠(图3.2.9(a))。为减小焊缝加强高,焊第二面焊缝之前,可用碳弧气刨刨出一条有一定深度的沟槽,再进行焊接(图3.2.9(b))。留间隙双面焊的自动焊焊接工艺参数示例见表3.2.3。

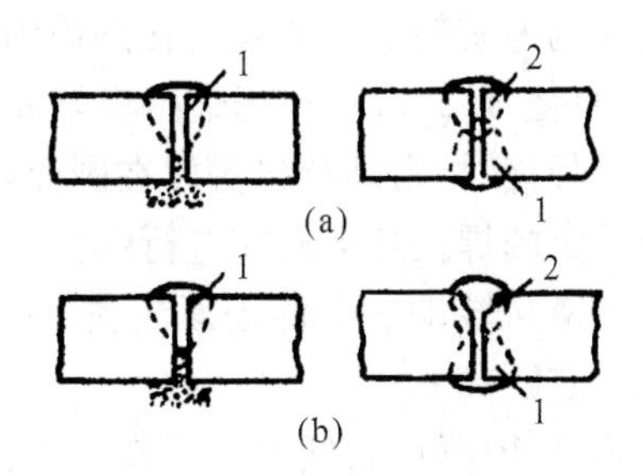

图3.2.9　自动焊留间隙双面焊
(a)用焊剂垫;(b)用碳弧气刨

对于厚度较大的工件,为保证焊透和避免过大的加强高,常采用开坡口的焊接方法,坡口形式由工件厚度决定。工件厚度小于或等于22 mm时,可选用V形坡口,大于22 mm时,常选用X形坡口。第一面焊缝在焊剂垫上焊接,再用较小的焊接工艺参数焊背面焊缝。

表 3.2.3　留间隙双面焊的自动焊焊接工艺参数示例

焊件厚度/mm	装配间隙/mm	焊丝直径/mm	焊接电流/A	电弧电压/V		焊接速度/(m·h^{-1})
				交流	直流(反接)	
14~18	3~4	5	775~825	34~36	32~34	30
18~20	4~5	5	800~850	36~40	34~36	25
22~24	4~5	5	850~900	38~42	36~38	23

开坡口双面焊的自动焊焊接工艺参数示例见表 3.2.4。

表 3.2.4　开坡口双面焊的自动焊焊接工艺参数示例

焊件厚度/mm	坡口形式	焊丝直径/mm	顺序	焊接电流/A	电弧电压/V	焊接速度/(m·h^{-1})
18	65°±5°; 3; 3	5	1	830~860	36~38	20
			2	600~620	36~38	45
22		6	1	1 050~1 150	38~40	18
		5	2	600~620	36~38	45
24	65°±5°; 3; 3; 65°±5°	6	1	1 050~1 150	38~40	24
		5	2	880~840	36~38	26
30		6	1	1 000~1 100	38~40	18
			2	900~1 000	38~40	20

(3)环缝焊接

对锅炉锅筒或其他受压筒体环缝进行对接焊时,应使用相应的胎具等辅助装置,以保证圆筒形工件能按选定的速度做匀速旋转。一般是先在圆筒内部用外焊剂垫焊接内环缝(如图 3.2.10),焊剂垫由辊轮和承托焊剂的辊轮皮带组成。焊接时,自动焊机头放在圆筒内部并托架起来,使工件以选定的焊接速度旋转进行焊接。为防止熔池中液态金属和熔渣从转动的焊件表面流失,焊丝位置要偏离焊件中心线一定距离 a。

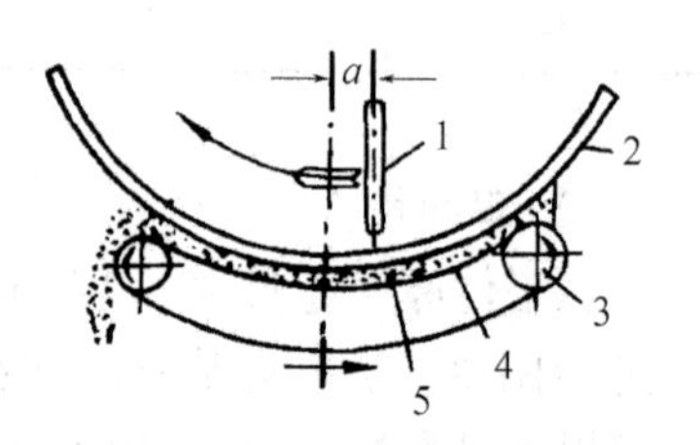

图 3.2.10　内环缝焊接示意图

1—焊丝;2—筒形工件;3—辊轮;4—焊剂;5—辊轮皮带

内环缝焊好后,便可在工件上方进行外环缝(焊缝的另一面)的焊接(图 3.2.11)。为了使焊剂埋住电弧和减少焊剂的流失,在工件上应放置特制的与工件弧度相似的焊药盒。焊机放在支架上不动,靠工件以选定的焊速旋转进行焊接,焊丝则放在环缝的最高点前边距离 a 处。a 的大小应随焊接直径的增大而适当增大,可根据焊缝成形来调整选择,一般情况下 a 为 25~40 mm。

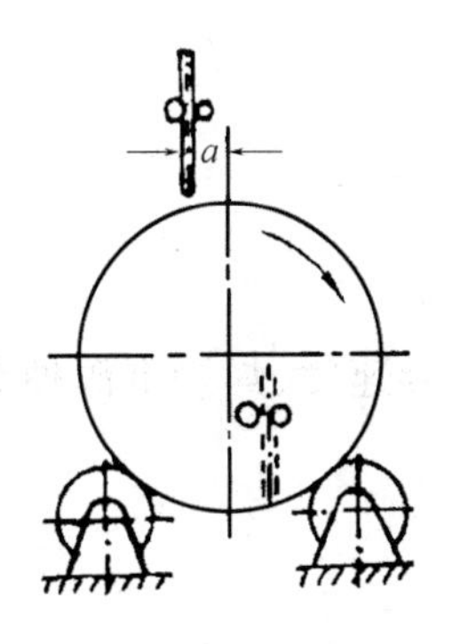

图 3.2.11 外环缝焊接示意图

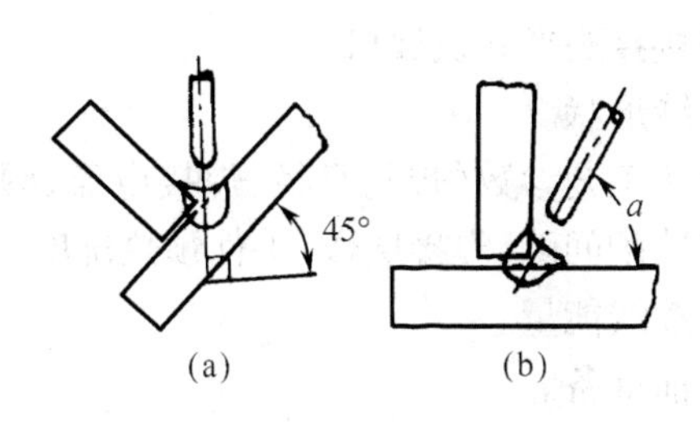

图 3.2.12 角焊缝施焊方式

(a)船形焊;(b)斜角焊

3. 角焊缝焊接技术

用埋弧自动焊焊接丁字接头或角接接头时,可采用船形焊和斜角焊两种形式。当焊件较小易于翻转时,应尽量采用船形焊,如图 3.2.12(a)所示。船形焊的焊丝为垂直送进,熔池处于水平位置,熔深对称,焊缝成形好,容易保证质量。但船形焊对装配间隙要求严格,一般应小于 1.5 mm,否则容易烧穿或溢流熔池金属。丁字接头间隙过大时,应在焊缝对面加焊剂垫。

当焊件不能倾斜时,应采用焊丝倾斜的斜角焊,如图 3.2.12(b)所示。斜角焊对间隙的敏感性小,但要求适当的焊丝倾角 a(一般为 60° ~ 70°),要求一定的焊丝相对位置,每次焊脚不能超过 8 mm。如果焊脚大于 8 mm,应该采用多道焊(即焊几道叠成大的焊脚)。

埋弧自动焊的船形焊与斜角焊的焊接工艺参数见表 3.2.5 和表 3.2.6。

表 3.2.5 船形焊焊接工艺参数示例

焊件高度 K/mm	焊丝直径 /mm	焊接电流/A	电弧电压/V		焊接速度 /($m \cdot h^{-1}$)
			交流	直流(反接)	
6	3	500 ~ 525	34 ~ 36	30 ~ 32	45 ~ 47
8	4	575 ~ 625	34 ~ 36	32 ~ 34	30 ~ 32
10	4	650 ~ 700	34 ~ 36	32 ~ 34	23 ~ 25
12	5	775 ~ 825	36 ~ 38	32 ~ 34	18 ~ 20

表 3.2.6 斜角焊焊接工艺参数示例

焊脚高度 K/mm	焊丝直径 /mm	焊接电流/A	焊接电压/V	焊接速度 /($m \cdot h^{-1}$)	电源类型
3	2	200 ~ 220	25 ~ 28	60	直流
4	3	350 ~ 370	28 ~ 30	55	交流
5	3	450 ~ 470	28 ~ 30	55	交流
7	3	500 ~ 520	30 ~ 32	48	交流

- **任务实施**

按照如下工艺参数编制焊接工艺指导书。

1. 焊接接头形式及坡口。

2. 焊缝形状。

3. 焊接工艺参数(焊丝直径、焊接电流、焊接电压、焊接速度、焊接电源种类和接法、坡口形式与装配间隙、焊接层数、工件预热温度)。

4. 焊接线能量。

5. 焊前准备。

6. 焊接工艺措施。

- **任务评量**

75t 循环流化床锅炉锅筒纵缝焊接	锅炉筒体纵缝 焊接作业指导书	编号	HLZD－03
		版次	0

1. 总则

1.1 本指导书适用于介质出口压力≤2.5 MPa 的各种类型工业锅炉筒体的纵缝焊接。焊工必须持有相应的焊工合格证书。

1.2 产品图样及焊接工艺文件如无特殊要求,可执行本规定,有特殊要求时,应按图样及焊接工艺文件进行施焊。

2. 适用范围

2.1 材质: 20g。

2.2 筒体直径:1 500 mm。

2.3 筒体板厚:40 mm。

3. 焊接设备、工装

3.1 设备:MZ－1000 型埋弧自动焊机, BX－500 型电焊机,AX7－500 型直流弧焊发电机,W－0.9/7 型空气压缩机。

3.2 工装:自动焊操作机,焊剂回收装置,自动行走小车,焊剂槽。

4. 焊接材料

4.1 焊丝:H08MnA。

4.2 焊剂 :HJ431－ H08MnA。

4.3 焊剂烘干:烘焙温度 300～350 ℃,保温时间 1～2 h。

5. 焊前准备

5.1 打磨内纵缝两侧各 20 mm 范围内的氧化皮、铁锈、油污等,至见到金属光泽。

5.2 将卷制成形的锅筒纵缝对接后,均匀点焊,点焊焊缝间距 200 mm 左右,点焊焊缝长 50 mm 左右,点焊应在外纵缝进行,以便去除。

5.3 焊接引弧板、产品试板、收弧板,焊接在较短的筒节上,如图 1 所示。

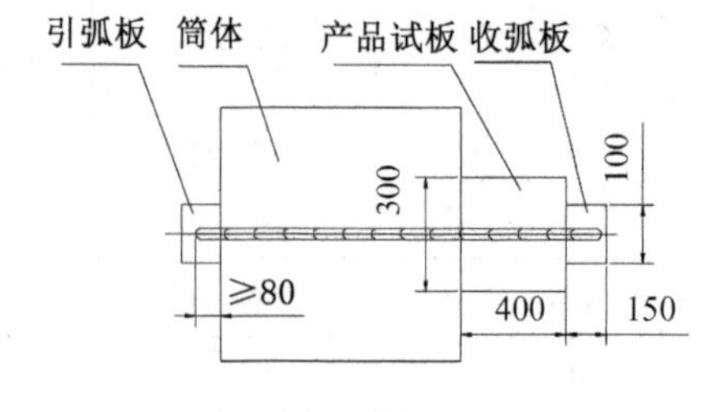

图 1

5.4 产品试板必须在锅筒纵缝的延长线上与筒体同时施焊,产品试板不允许单独施焊。
5.5 产品试板、引弧板、收弧板与筒节连接时,要焊接牢固,以免翻转时脱落。
5.6 焊剂槽内的焊剂要铺满填平,将筒节吊至焊剂槽上,纵缝朝下,使焊缝处于焊剂槽中心线上,保证待焊的纵缝均匀压在焊剂上。
5.7 对有锈蚀污物的焊丝进行清理。
5.8 检查电源部分、控制部分、机械部分是否正常。
5.9 检查焊丝盘中焊丝、焊剂漏斗中焊剂是否够用,检查导向嘴磨损情况,把地线与筒体接牢。
5.10 认真找正,使指针与焊丝都处在纵缝中心线上。
6. 焊接工艺参数
焊接工艺参数见表1。

表1

焊件厚度/mm	焊丝直径/mm	焊接电流(±20 A)	电弧电压(±2 V)	焊接速度/($m \cdot h^{-1}$)	对接间隙/mm
10	4	580,660	34,36	30~32	0~2
12	4	600,680	34,36	28~30	0~2
14	4	620,700	35,37	26~28	0~2
16	4	640,730	35,37	25~27	0~2
18	4	660,750	36,38	24~27	0~2
25	4或5	700,900	38,40	22~26	0~2
30	4或5	720,920	38,40	22~26	0~2

6.1 当焊件厚度大于16 mm时,内侧要求加工坡口。
6.2 首件焊接之前要试焊,调整好焊接工艺参数,检查焊缝成形,然后再焊工件,焊接过程中要保持焊接工艺参数稳定,焊丝伸出长度波动范围一般不超过5~10 mm。
6.3 焊接时,网路电压必须在375~400 A范围内,超此范围不得进行焊接。
7. 内纵缝焊接
7.1 焊接时随时观察电压表、电流表,按规定的焊接规范进行操作,保证电弧正常燃烧。
7.2 焊接一段后,应敲去焊渣,检查焊缝成形状态。
7.3 注意焊剂漏斗内的焊剂量,要随时增添。
7.4 检查指针对中性,不对时随时调节手轮。
8. 外纵缝清根
8.1 按表2中的参数,用碳弧气刨将外纵缝刨成U形坡口。

表2

碳棒直径/mm	电流(直流)/A	压缩空气压力/MPa	刨削速度/($m \cdot min^{-1}$)
6	180~200	0.4~0.5	0.5~1.2
8	250~400	0.5~0.55	0.5~1.2
10	350~450	0.5~0.55	0.5~1.2

8.2 气刨后应使沟槽宽度<板厚,沟槽深度$\leq \frac{1}{3}$板厚,并将刨槽两侧20 mm范围打磨到露出金属光泽。
8.3 保证刨槽深度、宽度均匀一致,直线度偏差≤2 mm。

9. 焊接外纵缝
9.1 将刨完的筒节置于自动焊操作机之下，找正焊缝进行焊接。
9.2 焊接时注意观察电流表、电压表、指针，保证按规范进行焊接。
10. 焊后处置和检查
10.1 用气割将筒体两端的引弧板、产品试板、收弧板割掉，严禁用大锤击落。
10.2 进行外观检查，对外观缺陷用手工焊修补，同一处的修补返修不宜超过2次。
10.3 筒体纵缝焊接接头外观尺寸检查。
10.4 在每米长度焊缝内，焊道偏离焊缝中心线不得多于2处，偏差值应≤2 mm。
10.5 筒节纵缝外观检查后，进行二次校圆，然后组对筒节。
10.6 在规定位置上打焊工代号钢印。
11. 安全要点
11.1 筒节放在自动焊操作机上时应放稳，在施焊内纵缝及外纵缝时，应在筒节外面用垫铁垫好，以免筒节滚动。
11.2 砂轮片磨损到一定程度时要及时更换。
12. 焊接环境和焊后工作
12.1 焊接环境温度低于0 ℃时，没有预热措施不得焊接。
12.2 焊后要及时关闭电源，收拾设备工具，将工作场地清扫干净。

• 复习自查

1. 什么是埋弧自动焊？
2. 埋弧自动焊的适用范围是？
3. 何谓焊接线能量？

任务三　气体保护焊

• 学习目标

知识：诠释气体保护焊的原理和优缺点；善用气体保护焊设备。

技能：熟练选择焊接工艺参数；精熟气体保护焊焊接工艺。

素养：融合焊接工艺能力；展现追求新技术思想。

• 任务描述

针对75 t/h循环流化床锅炉的水冷壁管道（ϕ57×3.5规格），材质为20号钢，采用氩弧焊进行焊接，编制焊接工艺指导书。

• 知识导航

气体保护焊适用于绝大多数金属材料的焊接，尤其是焊接合金钢或易氧化的铝、镁等金属材料时，更有利于焊接质量的保证。在锅炉制造业中应用最多的气体保护焊是氩弧焊，二氧化碳气体保护焊也有一定范围的应用。

一、气体保护焊概述

1. 气体保护焊原理

气体保护焊是用外加气体作为电弧介质并保护电弧和焊接区的电弧焊方法，全称气体保电弧护焊。气体保护焊直接依靠从喷嘴中连续送出的气流，在电弧周围造成局部的气体保护层，电极端部、熔滴和熔池金属与周围空气机械地隔绝开来，以保证焊接过程的稳定性，并获质量优良的焊缝，如图3.3.1所示。

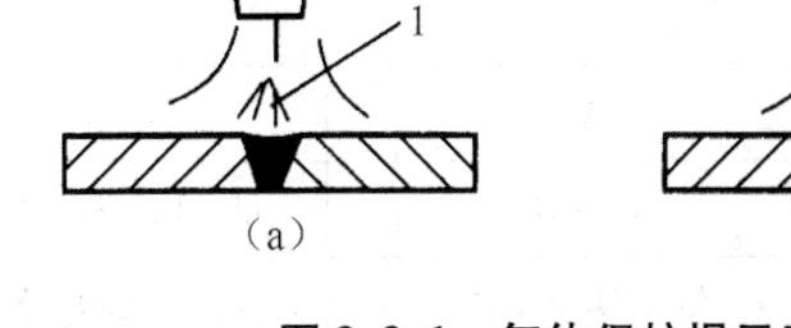
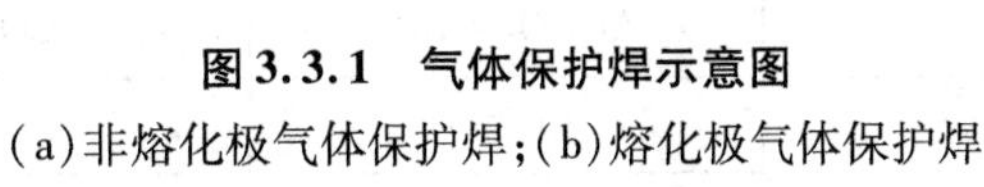

图3.3.1 气体保护焊示意图

(a)非熔化极气体保护焊；(b)熔化极气体保护焊

随着各种有色金属、高合金钢、稀有金属的应用日益增多，对这些金属材料的焊接，以渣保护为主的电弧熔化焊很难适应，然而，使用气体保护形式的气体保护焊，能够可靠地保证焊接质量，以弥补焊条电弧焊和埋弧焊的局限性。同时，气体保护焊在焊薄板、高效焊接方面，还具有独特的优越性，因此在焊接生产中的应用日益广泛。

2. 气体保护焊的特点

气体保护焊与其他电弧焊方法相比具有以下特点。

(1)采用明弧焊，一般不必用焊剂，没有熔渣，熔池可见度好，便于操作。保护气体是喷射的，适宜进行全位置焊接，不受空间位置的限制，有利于实现焊接过程的机械化和自动化。

(2)由于电弧在保护气流的压缩下热量集中，焊接熔池和热影响区很小，因此焊接变形小、焊接裂纹倾向不大，尤其适合用于薄板焊接。

(3)采用氩气、氦气等惰性气体保护，焊接化学性质较活泼的金属或合金时，可获得高质量的焊接接头。

(4)气体保护焊不宜在有风的地方施焊，在室外作业时需有专门的防风措施，此外，其电弧光的辐射较强，焊接设备较复杂。

3. 气体保护焊的分类

气体保护焊按所用的电极材料不同，可分为非熔化极气体保护焊和熔化极气体保护焊，其中熔化极气体保护焊应用最广。非熔化极气保护焊主要是钨极惰性气体保护焊，如钨极氩弧焊。熔化极气体保护焊又可分为熔化极惰性气体保护焊、熔化极活性气体保护焊、CO_2 气体保护焊三种。

气体保护焊按焊接保护气体的种类可分为氩弧焊、氦弧焊、氮弧焊、氢原子焊、CO_2 气体保护焊等。采用按一定比例混合的气体保护，可以提高电弧稳定性和改善焊接效果，因此这种方法应用也很普遍。气体保护焊按操作方式的不同，可分为手工、半自动和自动三种。

常用保护气体的选择见表3.3.1，这些保护气体根据各自的化学性质和物理特征，适用范围有所区别。

表 3.3.1 常用保护气体的选择

母材	保护气体	混合比(体积分数)	化学性质	焊接方法
铝及铝合金	Ar		惰性	熔化极和钨极
	Ar + He	He:10%		
铜及铜合金	Ar		惰性	熔化极和钨极
	Ar + N_2	N_2:20%		熔化极
	N_2		还原性	
不锈钢	Ar		惰性	钨极
	Ar + O_2	O_2:1% ~2%	氧化性	熔化极
	Ar + O_2 + CO_2	O_2:2%;CO_2:5%		
碳钢及低合金钢	CO_2		氧化性	熔化极
	Ar + CO_2	CO_2:10% ~15%		
	O_2 + CO_2	O_2:10% ~15%		
钛及钛合金	Ar		惰性	熔化极和钨极
	Ar + He	He:25%		
镍基合金	Ar		惰性	熔化极和钨极
	Ar + He	He:6%		
	Ar + N_2	N_2:6%	还原性	钨极

二、CO_2气体保护焊

1. CO_2气体保护焊的原理及特点

(1)CO_2气体保护焊的原理

CO_2气体保护焊是利用CO_2作为保护气体的一种熔化极气体保护电弧焊方法。其焊接过程示意图如图 3.3.2 所示,电源的两输出端分别接在焊枪和焊件上。盘状焊丝由送丝机构带动,经软管和导电嘴不断地向电弧区域送给;同时,CO_2气体以一定的压力和流量被送入焊枪,通过喷嘴后,形成一股保护气流,使熔池和电弧不受空气的侵入。随着焊枪的移动熔池金属冷却凝固形成焊缝,从而将被焊的焊件连成一体。

CO_2气体保护焊按所用的焊丝直径不同,可为细丝CO_2气体保护焊(焊丝直径 1.2 mm)及粗丝CO_2气体保护焊(焊丝直径 1.6 mm)。CO_2气体保护焊按操作方式又可分为CO_2气体保护半自动焊和CO_2气体保护自动焊,其主要区别在于:CO_2气体保护半自动焊用手工操作焊枪完成电弧热源移动,而送丝、送气等同CO_2气体保护自动焊一样,由相应的机械装置来完成。目前细丝CO_2气体保护焊半自动工艺比较成熟,因此应用最广。

(2)CO_2气体保护焊的特点

①焊接成本低

CO_2气体来源广、价格低,而且耗电少,所以CO_2气体保护焊的成本低,仅为埋弧自动焊的 40% ,焊条电弧焊的 37% ~42% 。

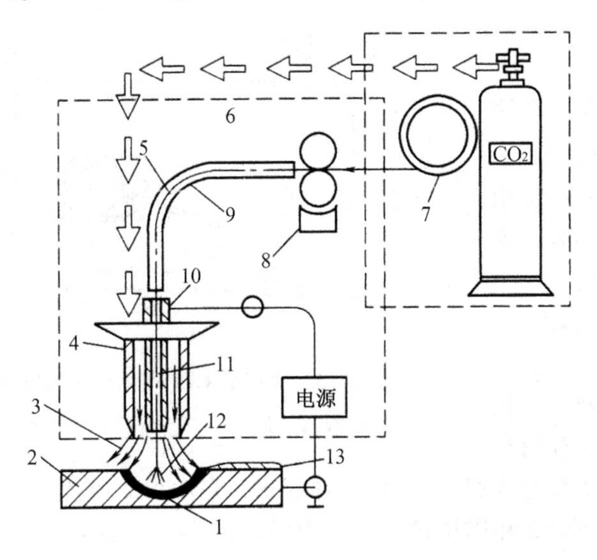

图 3.3.2　CO_2 气体保护焊焊接过程示意图

1—熔池;2—焊件;3—CO_2 气体;4—喷嘴;5—焊丝;6—焊接设备;7—焊丝盘;
8—送丝机构;9—焊枪;11—导电嘴;12—电弧;13—焊缝

②生产率高

CO_2气体保护焊的焊接电流密度大,使焊缝厚度增大,焊丝的熔化率提高,熔敷速度加快;此外,CO_2 气体保护焊的焊丝是连续送进的,且焊后没有焊渣,特别是多层焊接时,节省了清渣时间。所以,其生产率比焊条电弧焊高 1 ~4 倍。

③焊接质量高

CO_2气体保护焊对铁锈的敏感性不大,因此焊缝中不易产生气孔,而且焊缝含氢量低,抗裂性能好。

④焊接变形和焊接应力小

由于电弧热量集中,焊件加热面积小,同时 CO_2气流具有较强的冷却作用,因此 CO_2 气体保护焊焊接应力和焊接变形小,特别适合薄板焊接。

⑤操作性能好

CO_2 气体保护焊是明弧焊,可以看清电弧和熔池情况,便于掌握与调整,也有利于实现焊接过程的机械化和自动化。

⑥适用范围广

CO_2气体保护焊可进行各种位置的焊接,不仅适用于焊接薄板,还常用于中厚板的焊接,也用于磨损零件的修补堆焊。

CO_2气体保护焊的不足之处是:使用大电流焊接时,焊缝表面成形较差,飞溅较多;不能焊接容易氧化的有色金属材料;很难用交流电源焊接及在有风的地方施焊;弧光较强,特别是大电流焊接时,电弧的光、热辐射强。

2. CO_2气体保护焊设备

CO_2气体保护焊设备分为半自动焊设备和自动焊设备。CO_2气体保护半自动焊在生产中应用较广,常用的 CO_2气体保护半自动焊设备示意图如图 3.3.3 所示,主要由焊接电源、送丝系统及焊枪、供气系统、控制系统等部分组成。

(1)焊接电源

由于使用交流电源焊接时,电弧不稳定,飞溅较大,因此 CO_2 气体保护焊必须使用直流电源,通常选用具有平硬外特性的弧焊整流器。

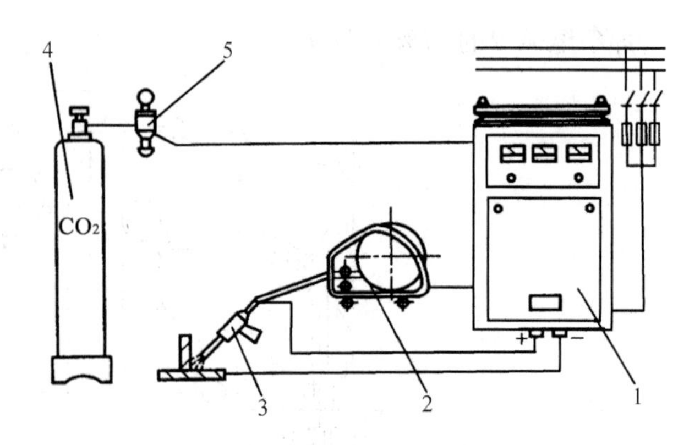

图 3.3.3 常用的 CO_2 气体保护半自动焊设备示意图

1—焊接电源;2—送丝机;3—焊枪;4—气瓶;5—减压流量调节器

(2)送丝系统及焊枪

①送丝系统

送丝系统由送丝机(包括电动机、减速器、校直轮和送丝轮)、送丝软管、焊丝盘等组成。CO_2气体保护半自动焊的焊丝送给为等速送丝,其送丝方式主要有推丝式、拉丝式和推拉式三种,如图 3.3.4 所示。拉丝式的焊丝盘、送丝机构与焊枪连接在一起,只适用于细焊丝(直径为 0.5 ~ 0.8 mm),操作的活动范围较大;推丝式的焊丝盘、送丝机构与焊枪分离,所用的焊丝直径宜在 0.8 mm 以上,其焊枪的操作范围 2 ~ 4 m,目前 CO_2气体保护半自动焊多采用推丝式;推拉式兼有前两种送丝方式的优点,焊丝送给以推丝为主,但焊枪及送丝机构较为复杂。

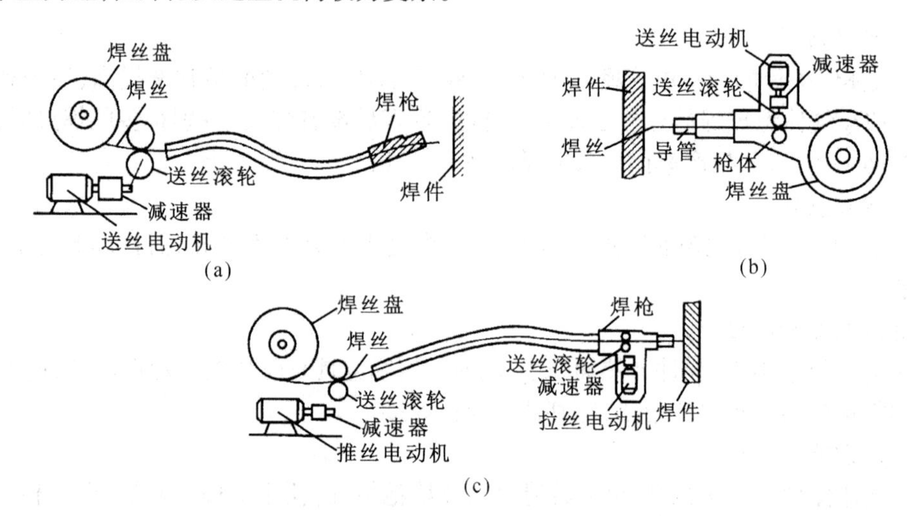

图 3.3.4 CO_2 气体保护半自动焊送丝方式

(a)推丝式;(b)拉丝式;(c)推拉式

②焊枪

焊枪的作用是导电、导丝、导气。焊枪按送丝方式可分为推丝式焊枪和拉丝式焊枪,按结构可分为鹅颈式焊枪和手枪式焊枪,按冷却方式可分为空气冷却焊枪和用内循环水冷却焊枪。鹅颈式空气冷却焊枪应用最广。

(3)供气系统

CO_2气体保护焊的供气系统由气瓶、预热器、干燥器、减压器、流量计等组成。

瓶装的液态 CO_2汽化时要吸热,所以在进入减压器之前需经预热器加热,并在输送到焊枪之前应经过干燥器除水分。流量计的作用是控制和测量 CO_2 气体的流量。现在生产的减压流量调节器将预热器、减压器和流量计合为一体,使用起来很方便。

(4)控制系统

CO_2气体保护焊的控制系统的作用是对供气、送丝和供电系统实现控制。CO_2气体保护半自动焊的控制程序方框图如图 3.3.5 所示。

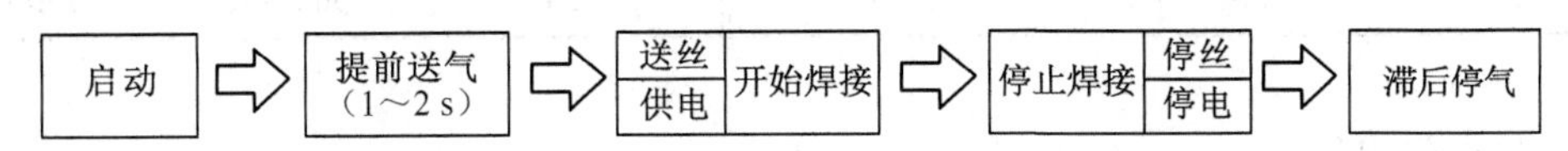

图 3.3.5 CO_2 气体保护半自动焊的控制程序方框图

目前,中国定型生产使用较广的 NBC 系列 CO_2气体保护半自动焊机有 NBC－160、NBC－250、NBC1－300、NBC1－500 等型号。此外,OTC 公司 XC 系列 CO_2气体保护半自动焊机、唐山松下公司 KR 系列 CO_2气体保护半自动焊机应用也较广泛。

3. CO_2气体保护焊的焊接工艺参数

CO_2气体保护焊的主要焊接工艺参数有焊丝直径、焊接电流、电弧电压、焊接速度、焊丝伸出长度、CO_2 气体流量、电源极性与回路电感等。

(1)焊丝直径

焊丝直径应根据焊件厚度、焊缝位置及生产率的要求来选择。薄板或中厚板的立、横、仰焊,多采用直径 1.6 mm 以下的焊丝;在平焊位置焊接中厚板时,可以采用直径 1.2 mm 以上的焊丝。焊丝直径的选择见表 3.3.2。

表 3.3.2 焊丝直径的选择

焊丝直径/mm	熔滴过渡形式	焊件厚度/mm	焊缝位置
0.5～0.8	短路过渡	1.0～2.5	全位置
	颗粒过渡	2.5～4.0	平焊
1.0～1.4	短路过渡	2.0～8.0	全位置
	颗粒过渡	2.0～12.0	平焊
1.6	短路过渡	3.0～12.0	全位置
≥1.6	颗粒过渡	>0.6	平焊

(2)焊接电流

焊接电流的大小应根据焊件厚度、焊丝直径、焊接位置及熔滴过渡形式来确定。焊接电流增大,焊缝厚度、焊缝宽度及余高都相应增加。通常直径 0.8～1.6 mm 的焊丝,短路过渡时,焊接电流在 50～230 A 内选择;颗粒过渡时,焊接电流在 250～500 A 内选择。焊丝直径与焊接电流的关系见表 3.3.3。

表 3.3.3　焊丝直径与焊接电流的关系

焊丝直径/mm	焊接电流/A		焊丝直径/mm	焊接电流/A	
	颗粒过渡	短路过渡		颗粒过渡	短路过渡
0.8	150～250	60～160	1.6	350～500	100～180
1.2	200～300	100～175	2.4	500～750	150～200

(3)电弧电压

电弧电压随焊接电流的增加而增大。短路过渡时,电弧电压在 16～24 V 范围内选择;颗粒过渡时,对于直径为 1.2～3.0 mm 的焊丝,电弧电压可在 25～36 V 范围内选择。

(4)焊接速度

在一定的焊丝直径、焊接电流和电弧电压条件下,随着焊接速度增加,焊缝宽度与焊缝厚度减小。焊接速度过快,不但气体保护效果变差,可能出现气孔,而且还易产生咬边及未熔合等缺陷,但焊接速度过慢,则焊接生产率降低,焊接变形增大。一般 CO_2气体保护半自动焊时的焊接速度为 15～40 m/h。

(5)焊丝伸出长度

焊丝伸出长度取决于焊丝直径,一般约等于焊丝直径的 10 倍,且不超过 15 mm。焊丝伸出长度过大,焊丝会成段熔断,飞溅严重,气体保护效果差;焊丝伸出长度过小,不但易导致飞溅物堵塞喷嘴,影响保护效果,也影响焊工视线。

(6)CO_2气体流量

CO_2气体流量应根据焊接电流、焊接速度、焊丝伸出长度及喷嘴直径等选择,过大或过小的气体流量都会影响气体保护效果。通常在细丝 CO_2气体保护焊时,CO_2气体流量为 8～15 L/min;粗丝 CO_2气体保护焊时,CO_2气体流量为 15～25 L/min。

(7)电源极性与回路电感

为了减小飞溅,保证焊接电弧的稳定性,CO_2气体保护焊应选用直流反接。焊接回路的电感值应根据焊丝直径和电弧电压来选择,不同直径焊丝的合适电感值见表 3.3.4。

表 3.3.4　不同直径焊丝的合适电感值

焊丝直径/mm	0.8	1.2	1.6
电感值/mH	0.01～0.08	0.10～0.16	0.30～0.70

三、氩弧焊

1. 氩弧焊的焊接过程

氩弧焊是以氩气作为保护气体的一种电弧焊。电弧发生在电极和焊件之间,在电弧周围通以氩气,以形成保护电弧和熔池的连续封闭的气流(图 3.3.6)。氩气是惰性气体,它可以保护电极和熔化金属不受空气的有害作用。在高温下,氩气和金属不起任何化学反应,也不溶于金属,因此氩弧焊的焊接质量比较高。

氩弧焊按电极的不同,分为熔化极和非熔化极(钨极)两种。

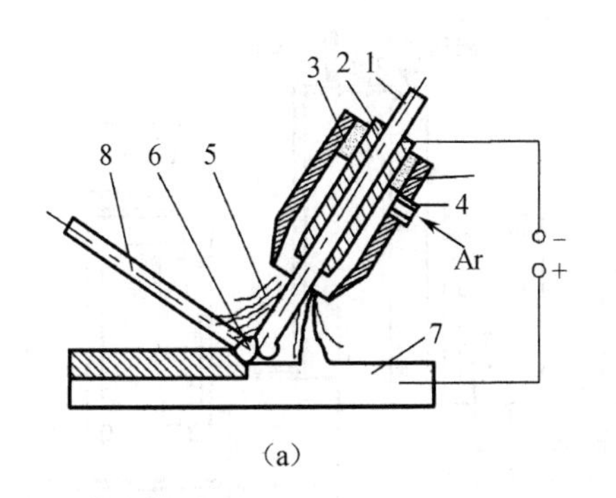

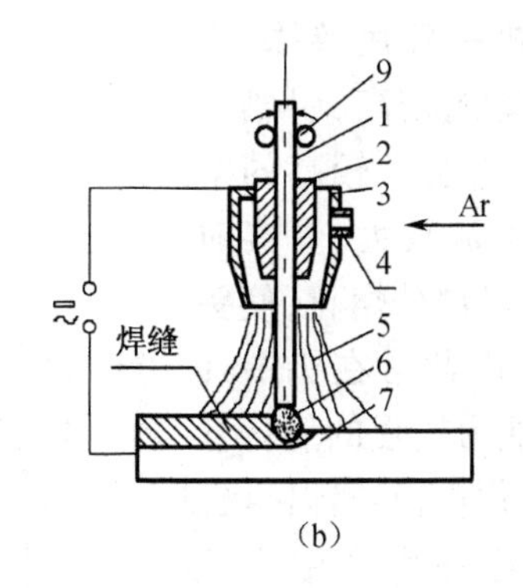

图 3.3.6　氩弧焊示意图

(a)非熔化极氩弧焊;(b)熔化极氩弧焊

1—焊丝或电极;2—导电嘴;3—进气管;5—氩气流;

6—电弧;7—工件;8—填充焊丝;9—送丝辊轮

熔化极氩弧焊(图 3.3.6(b))采用连续送进的焊丝作为电极,在氩气流的保护下,依靠焊丝与工件之间产生的电弧熔化基本金属和焊丝而进行焊接。

非熔化极氩弧焊(图 3.3.6(a))采用高熔点的钨棒作为电极,在氩气流保护下,靠钨极和工件间产生的电弧熔化基本金属而进行焊接,简称钨极氩弧焊,必要时可另加填充焊丝。钨极消耗很慢,所以钨极氩弧焊易于实现自动化。

氩弧焊与用渣保护的焊接方法比较,有如下一些特点。

(1)由于用惰性气体氩气进行保护,所以可用来焊接各类合金钢、易氧化的有色金属铝、镁以及锆、钽、钼等稀有金属,焊接质量好。

(2)电弧和熔池区是气流保护,明弧可见,易于操作, 容易实现全位置自动化焊。

(3)电弧在气流压缩下燃烧,热量集中,熔池较小,所以焊接速度较快,热影响区较窄,工件焊后变形小。

(4)电弧稳定,飞溅小,焊缝致密,表面无熔渣,成形美观。

(5)电弧气氛中的含氢量较易控制,可减少裂缝倾向。

锅炉膜式水冷壁管和 12Cr1MoV 过热器蛇形管的全位置焊接,用手工电弧焊和气焊时,常产生未焊透、气孔、塌腰等缺陷,改用氩弧焊后,就解决了长期存在的质量问题。

但是,氩弧焊成本较高,设备与控制系统比较复杂,所以对较厚的管子,也常采用氩弧焊打底、焊条电弧焊盖面的工艺方法。

2. 氩弧焊焊接设备及材料

手工钨极氩弧焊设备等部分,如图 3.3.7 所示。自动钨极氩弧焊设备包括供电系统、焊枪、供气系统、冷却系统、控制系统,以及等速送丝装置和焊接小车行走机构。

焊接电源通常使用直流电焊机。若用交流电焊机,为使电弧燃烧稳定,应采用高频振荡器稳弧,或使用带有脉冲稳弧器的交流电焊设备。

焊枪(或称焊炬)的作用是夹持钨极(或输送焊丝)、传导焊接电流和输送氩气,因此焊炬枪体及喷嘴应保证导电良好并以最小的气体损耗获得充分的保护。当焊接电流较大时(手弧焊 >20 A、自动焊 >150 A),应采用循环水冷却焊炬。焊炬结构应力求简单轻便,易于接近焊缝。

非熔化极一般用钨棒，由于氩气的电离能较高，引燃电弧困难，因此它要求较高的空载电压。当电流较大、焊接时间较长时，钨极部分熔化，使头部变圆变粗，因此常在钨中加入电子发射能力较强的氧化钍或铈，制成钍化钨极或铈钨极。铈钨极目前已在生产中广泛应用。

熔化极及填充金属通常使用与母材成分相近的材料。

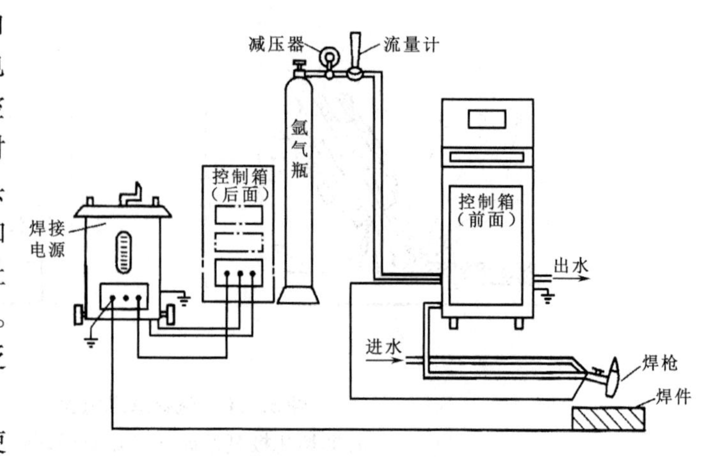

图 3.3.7　手工钨极氩弧焊设备组成

3. 氩弧焊焊接工艺

(1)焊接接头形式与气体保护效果

手工电弧焊的几种接头形式皆可用于氩弧焊。但对不同的接头形式，气体保护效果不同。对图 3.3.8(a)和图 3.3.8(b)所示的对接、丁字接头，氩气流具有良好的保护效果，因此焊接时不必采取其他工艺措施。在进行角焊缝焊接时(图 3.3.8(c))，空气容易侵入焊缝区，所以应采取预先挡板的方法以提高保护效果，如图 3.3.8(d)所示。

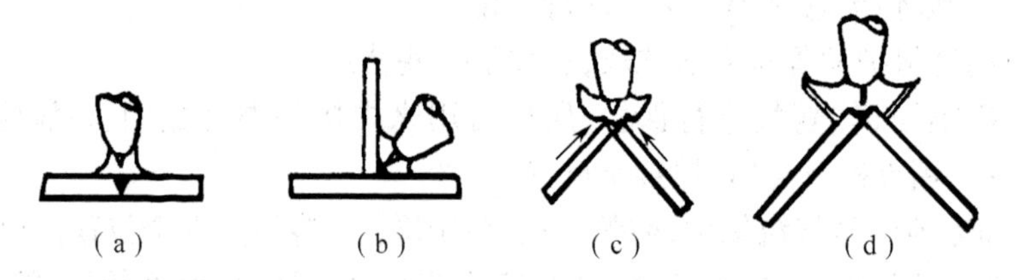

图 3.3.8　几种接头形式的保护效果

(a)保护效果较好的接头形式 1；(b)保护效果较好的接头形式 2；
(c)保护效果较差的接头形式；(d)加挡板后的保护情况

(2)氩弧焊焊接工艺参数

手工钨极氩弧焊的焊接工艺参数主要有电源种类和极性、焊接电流、电弧电压、钨极直径和形状、氩气流量和喷嘴直径等。

①电源种类和极性

钨极氩弧焊可以使用直流电，也可以使用交流电。电流种类和极性的选择主要从减少钨极烧损和产生“阴极破碎”作用来考虑。

“阴极破碎”作用是指直流反接或焊件为负极的交流半周波中，电弧空间的正离子飞向焊件撞击金属熔池表面，将致密难熔的氧化膜击碎而去除的作用，也称“阴极雾化”作用，如图 3.3.9 所示。

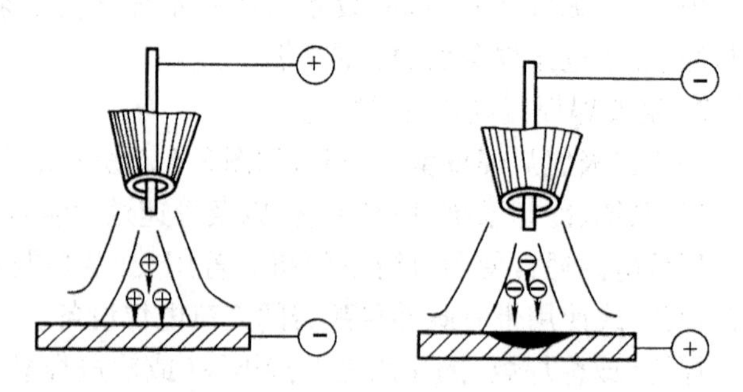

图 3.3.9　“阴极破碎”作用示意图

采用直流正接时，由于电弧阳极温度高于阴极温度，钨极不易过“烧”。但焊件表面受到比正离子质量小得多的电子撞击，不能去除氧化膜，没有“阴极破碎”作用，采用直流反接时，虽有“阴极破碎”作用，但钨极易烧损，所以钨极氩弧焊很少采用直流反接。

交流钨极氩弧焊时，在钨极为负极的半周波中，钨极可以得到冷却，以减小烧损，而在焊件为负极的半周波中有“阴极破碎”作用。因此，交流钨极氩弧焊兼有直流钨极氩弧焊正、反接的优点，是焊接铝镁合金的最佳方法。各种材料的电源种类与极性的选择见表3.3.5。

表3.3.5　各种材料的电源种类与极性的选择

电源种类和极性	被焊金属材料
直流正接	低碳钢、低合金钢、不锈钢、耐热钢、铜、钛及其合金钢
直流反接	适用于各种金属的熔化极氩弧焊，钨极氩弧焊很少采用
交流	铝、镁及其合金

②焊接电流

焊接电流主要根据焊件厚度、钨极直径和焊缝位置来选择。当焊接电流增加或焊接速度减小时，焊缝熔宽及熔深都增加；焊接速度过大，则气体保护受到破坏，焊缝容易产生未焊透与气孔缺陷。过大或过小的焊接电流都会使焊缝成形不良或产生缺陷。

③电弧电压

随着电弧长度的加大电弧电压也随之增大，焊缝熔宽增加，熔深稍有减小。电弧长度过大时，将不利于气体的保护，易产生未焊透和氧化现象，所以在保证不短路情况下，应尽量采用短弧焊接。电弧电压一般为10～24 V。

④钨极直径和形状

钨极直径的大小要根据工件厚度和焊接电流大小来选择。钨极直径选定后，也就限定了焊接电流，如超过此电流值，钨极将强烈地发热、熔化和挥发，将引起电弧不稳定和向焊缝金属中渗钨。

采用直流钨极氩弧焊时，应将钨极磨成平底锥形（图3.3.10），钨极直径与锥形尺寸的关系为

$$l=(2-4)D$$

$$d=(1/3-1/4)\ D$$

式中　l——锥形长度，mm；

D——钨极直径，mm；

d——锥体端头直径，mm。

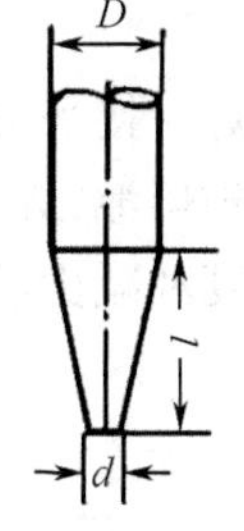

图3.3.10　氩弧焊用钨极形状

⑤氩气流量

氩气流量是影响焊接质量的重要因素，随焊接速度和电弧长度的增加，氩气流量应相应增加，当喷嘴直径和钨极外伸长度增大时，氩气流量也要相应增加。但氩气流量过大会产生不规则紊流，反而会使空气卷入，降低保护效果。

⑥喷嘴直径

嘴喷直径与氩气流量同时增加，保护区可以扩大，使保护效果更好。但喷嘴直径过大时，可能不易达到某些焊接位置，或妨碍焊工视线，会影响焊接质量，故一般手工氩弧焊的

喷嘴直径以 5 ~ 14 mm 为佳。

钨极氩弧焊焊接工艺参数示例见表 3.3.6。

表 3.3.6　钨极氩弧焊焊接工艺参数示例

工件材料与尺寸①	工艺	钨极直径/mm	焊接材料	焊接材料直径/mm	焊接电流/A	氩气流量/(L·min^{-1})	电源种类
蛇形管 12Cr1MoV ϕ40 × 5	氩弧焊封底	2.5	08CrMoV	2.5	120 ~ 130	6 ~ 8	直流正接
	氩弧焊盖面	2.5	08CrMoV	2.5	100 ~ 110	6 ~ 8	直流正接
膜式水冷壁管 20 号钢 ϕ60 × 5	氩弧焊封底	2.5	08CrSi	2.5	100 ~ 110	6 ~ 8	直流正接
	手弧焊盖面	—	结 422	3.2	110 ~ 120	—	—

注:①V 形坡口,坡口角度 60°。

(3)氩弧焊焊接技术

①焊前清理

由于氩气是惰性气体,只起保护作用而没有任何脱氧、还原与渗合金等作用,因此必须在焊前对被焊工件的接头附近及填充焊丝进行仔细清理,除去表面的氧化膜、油脂及污垢等以保证焊接质量。清理之后应尽快进行焊接,焊丝应保持清洁干燥。

②操作技术

a. 定位焊

氩弧焊的定位焊点应尽量小而薄。定位焊可以不加填充金属,靠基本金属熔化而互相连接。也可另加焊丝,但必须在基本金属熔化形成熔池后再加焊丝。定位焊后,焊炬应在原处稍稍停留,以免焊点被空气氧化。

b. 焊接

进行氩弧焊对接平焊时,焊炬、填充焊丝和工件的相对位置如图 3.3.11 所示。为使氩气能很好地保护熔池,焊炬倾角为 70° ~ 85°,焊丝夹角应为 15° ~ 25°,当遇到定位焊点时,应放慢焊接速度和减少填充焊丝的送入,以保证焊透和焊缝表面均匀平滑。

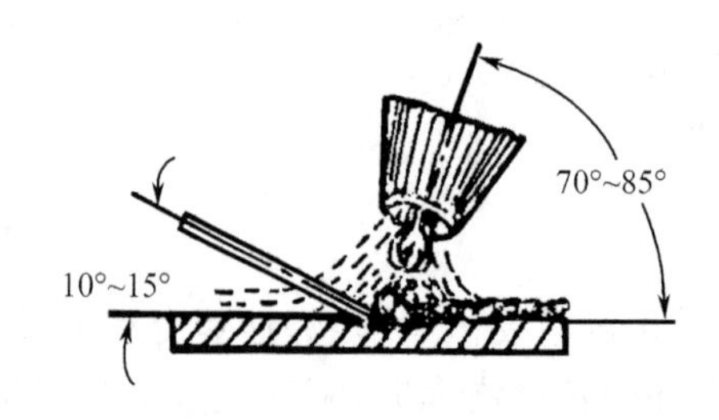

图 3.3.11　氩弧焊对接平焊

进行管子或圆筒形工件的氩弧焊对接焊时,焊炬和工件的相对位置如图 3.3.12 所示,一般是焊件均匀地转动,焊炬不做大的摆动和移动。

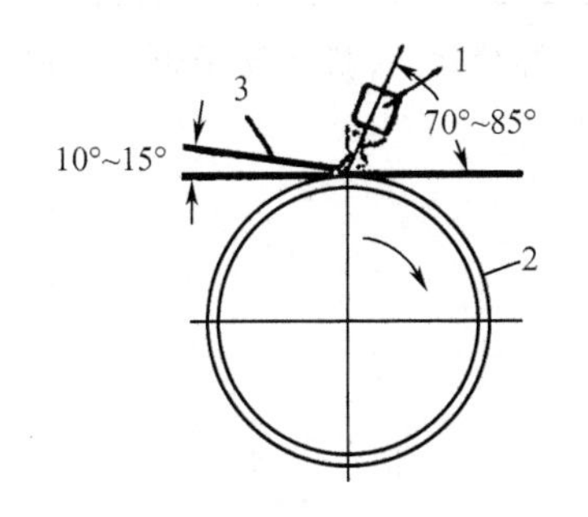

图 3.3.12　管子或圆筒形工件的氩弧焊对接焊

1—焊炬;2—工件;3—填充焊丝

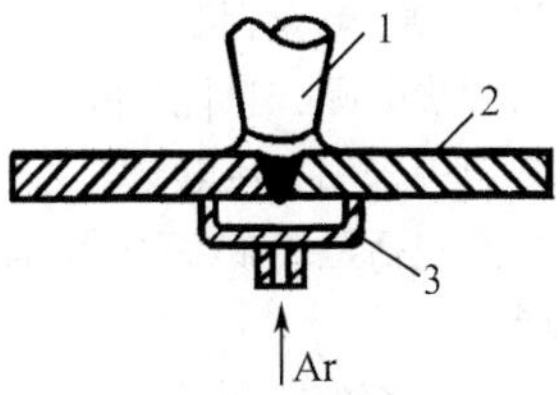

图 3.3.13　工件反面充气罩通氩保护示意图

1—焊炬;2—工件;3—充气罩

对有特殊质量要求的焊件,为防止反面焊缝被氧化,确保均匀焊透,可采用工件反面充气罩通氩(图 3.3.13)或管内通氩等方法。

c. 熄弧

焊接结束时,应在熔池中多加些焊丝,再慢慢拉断电弧,同时要继续送氩 3 ~ 5 min,直到钨极及熔池区逐渐冷却。

• 任务实施

按照如下焊接工艺参数编制焊接工艺指导书。

1. 焊接接头形式与气体保护效果。
2. 电源种类和极性。
3. 焊接电流。
4. 电弧电压。
5. 钨极直径和形状。
6. 氩气流量。
7. 喷嘴直径。
8. 焊前清理。

• 任务评量

<table>
<tr><td rowspan="2">75t 循环流化床锅炉水冷壁焊接</td><td rowspan="2">水冷壁焊接作业指导书</td><td>编号</td><td>HLZD－02</td></tr>
<tr><td>版次</td><td>0</td></tr>
</table>

1. 适用范围

1.1 本指导书适用于本厂生产的各种型号锅炉的水冷壁管接管的焊接。

1.2 焊工须持有相应的焊工合格证书。

1.3 材料:20 钢。

1.4 管子直径:57 mm。

1.5 拼接焊缝数量,不应超过下表的规定,拼接管的最短长度不应小于 500 mm。

管子长度 L /mm	$L \leqslant 2\ 000$	$2\ 000 < L \leqslant 5\ 000$	$5\ 000 < L \leqslant 10\ 000$	$L > 10\ 000$
接头数量	不得拼接	1	2	3

1.6 每根(排)蛇形管全长平均每 4 000 mm 允许有一个焊缝接头,拼接管子长度一般不宜小于 2 500 mm,最短长度不应小于 500 mm。2. 设备、工装、工具

2.1 设备:NSA - 400 氩弧焊机。

a. 焊接系统由焊接电源、控制箱、供水供气系统组成。

b. 钨极氩弧焊电源采用直流电源。

c. 供气系统主要包括氩气瓶、减压器、流量计及电磁气阀。

2.2 工装:焊台。

2.3 工具:手砂轮、钢丝刷、钳子、扳手。

3. 焊接材料

3.1 氩气:纯度 99.95%。

3.2 钨极:钍钨极,铈钨极,直径:1.5 ~ 2.0 mm。

3.3 焊丝牌号:TIG - J50 或 H08Mn2SiA,直径 1.2 ~ 2.5 mm。

4. 焊前准备

4.1 熟悉图纸、工艺规程,了解焊接技术要求。

4.2 准备好工具,检查焊机运行情况。检查氩气阀有无漏气及失灵,减压器、导气管、导线等连接是否牢固,导气导水管是否畅通,电流表、电压表、流量计等仪器仪表是否正常。

5. 焊接

5.1 清除焊缝两侧各 10 mm 范围内的氧化皮、铁锈、油污、毛刺等,至见到金属光泽。

5.2 将两管子放到焊台上,采用钨极氩弧焊进行定位焊,焊点式不宜过长和过厚,管径 < 76 mm 时均匀点焊两处,管径 ≥76 mm 时均匀点焊三处,点焊时所用焊丝和正式焊接时所用焊丝相同。

5.3 采用手工钨极氩弧焊,每层之间的焊接接头应错开。

5.4 焊接工艺参数:手工钨极氩弧焊电流 85 ~ 105 A,电压 10 ~ 20 V,氩气流量 8 ~ 10 L/min。

5.5 钨极在焊前应修磨成锥形平端,焊接过程若烧损过大,应重新修磨方可使用。

5.6 焊机的接法应采用直流正接即工件接正极。

5.7 焊后清渣及飞溅物,自检合格后打焊工钢印。

6. 检查

6.1 外观检查:焊缝与母材应圆滑过渡,焊缝及热影响区表面无裂纹、未熔合、夹渣、弧坑和气孔,水冷壁管焊缝余高为 0 ~ 2 mm,超高部分用手砂轮去除,管子外径小于 60 mm 时,应进行通球检查。

6.2 无损探伤检查:汽炉按接头数的 10% 进行抽探,额定出口热水温度 ≥120 ℃ 的锅炉按接头数的 2% 进行抽探,额定出口热水温度 < 120 ℃时可免查。对接焊缝的射线探伤应按 GB 3323 - 1987《钢熔化焊焊接接头射线照相和质量分级》的规定执行,射线照相的质量要求不应低于 AB 级,Ⅱ级为合格。

6.3 水压试验:按每种炉型工作压力的 2 倍对焊接接管进行逐根试验,并在此试验压力下保持 10 ~ 20 s。

7 其他

环境温度在 0 ℃以下时,应采用预热措施,无预热措施不得进行焊接。

• 复习自查

1. 气体保护焊的原理及主要特点是什么?其分类如何?

2. 什么是 CO_2 气体保护焊?它有哪些特点?

3. 钨极氩弧焊时,为什么通常采用直流正接?在焊接铝、镁及其合金时应采用什么电源?

任务四　其他焊接方法简介

• **学习目标**

知识：了解其他焊接工艺的过程；精熟其他焊接工艺设备。

技能：掌握气焊的工艺流程；善于选择焊接工艺。

素养：养成创新学习的习惯；培养追求新工艺的胆识。

• **任务描述**

针对给定材质和相应条件，选择焊接方法。

• **知识导航**

一、电渣焊

1. 电渣焊的过程

电渣焊利用电流通过液态熔渣所产生的电阻热作为热源来进行焊接，一般在垂直立焊位置进行焊接，其焊接过程示意图如图 3.4.1 所示：电渣焊开始时，先在焊丝和引弧板之间产生电弧，电弧热使电弧周围的焊剂熔化成液态熔渣，待液态熔渣在焊件 1 和冷却滑块 5 的空间内达到一定深度形成渣池 3 后，电弧熄灭，此时，由电弧焊过程转为电渣焊过程。高温渣池具有一定的导电性，当焊接电流由焊丝 2 经过渣池 3 传到工件时，产生大量电阻热，因此渣池温度能保持在 1 700 ℃以上。焊丝 2 和焊件 1 被渣池 3 加热熔化而形成金属熔池 4。焊接时，焊丝不断送进并熔化，金属熔池 4 及渣池 3 逐渐上升，冷却滑块也同时上升，下面的金属则逐渐冷却凝固形成焊缝 6，从而使立焊缝一次焊成。

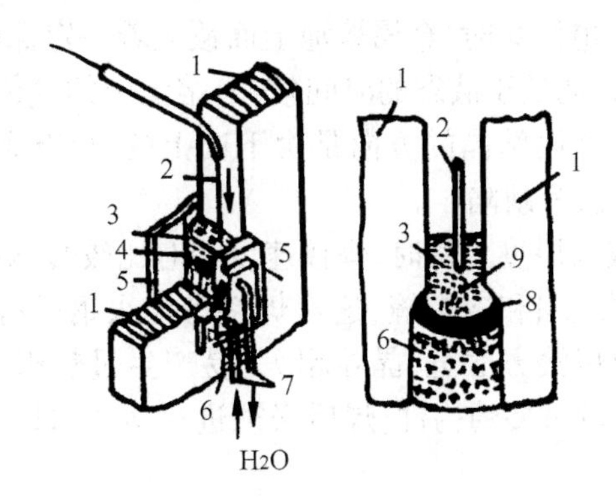

图 3.4.1　电渣焊焊接过程示意图

1—焊件；2—焊丝；3—渣池；4—金属熔池；5—冷却滑块；

6—焊缝；7—冷却水管；8—焊件熔化金属；9—熔滴

电渣焊时，为了获得一定浓度的渣池，焊接接头总是处在近于垂直的位置上。工件两侧各装有冷却滑块 5，有冷却水通过滑块，使金属熔池冷却并强制焊缝凝固成形。

目前生产中应用最广的电渣焊是丝极电渣焊，可以用单丝、三丝或多丝。其主要用于中等厚度工件的直焊缝以及环形焊缝的焊接，丝极电渣焊直缝焊示意图如图 3.4.2 所示。

焊接过程中，焊丝靠焊机带动匀速上升，如果工件厚度较大，焊丝可以左右摆动。

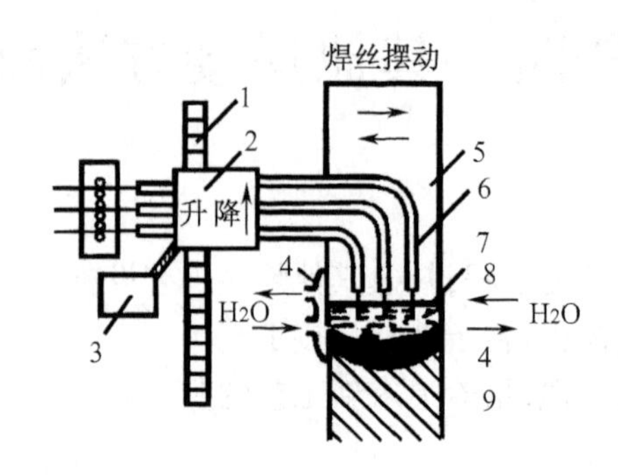

图 3.4.2　丝极电渣焊直缝焊示意图

1—导轨；2—焊机机头；3—控制台；4—冷却滑块；
5—焊件；6—导电嘴；7—焊丝；8—渣池；9—金属熔池

电渣焊与其他焊接方法比较有以下特点。

(1)大厚度工件可以一次焊成。厚度在 40 mm 以上的工件，即使采用埋弧自动焊，也必须开坡口多层焊接。若使用电渣焊，由于渣池加热范围比热量集中的电弧来得广，所以很厚的工件(例如 200 mm 厚)也可用电渣焊一次焊成。这就从根本上改变了重型机械的制造工艺，可用铸－焊和锻－焊复合结构拼小成大，代替巨大的铸锻整体结构，可节省大量的金属材料和设备投资。

(2)生产率高，焊接材料消耗少。采用电渣焊时，大厚件也不需开坡口，只要使焊接面之间保持 25～40 mm 的间隙，就可以一次焊成。因此，对厚件焊接，电渣焊生产率最高。此外，电渣焊可以节省较多的填充金属，焊剂的消耗也只占埋弧自动焊的 1/15 左右。因此对厚件焊接来说，电渣焊生产率最高而成本最低。

(3)焊缝质量比较好。电渣焊时，金属熔池上面覆盖着一定深度的渣池，可避免空气与金属熔池接触。另外金属熔池处于液态的时间较长，熔池中的气体和杂质有较充分的时间浮出。由于冷却条件，焊缝金属结晶的方向是由下向上的，也有利于排出低熔点杂质。所以电渣焊很少产生气孔、夹渣等缺陷。

(4)用电渣焊一次焊成大厚度工件时，焊接速度相对比较慢，焊缝区在高温停留的时间较长，近缝区不易出现淬硬组织和冷裂缝，这对焊接易淬火钢是有利的。但高温停留时间过长，使得热影响区比其他焊接方法宽，晶粒粗大，易产生过热组织，因此近缝区的机械性能有一定下降。所以，对于较重要的构件，焊后必须进行 900 ℃以上的正火热处理，以改善其性能。

目前，壁厚大于 30 mm 的锅炉压力容器纵缝焊接，已广泛采用了电渣焊，铸－焊、锻－焊复合结构和厚板拼焊结构也都应用了电渣焊。

2. 电渣焊焊接设备和材料

通用的焊丝电渣焊机(如 HS－1000 型焊机)由焊接电源、焊接机头、焊车、控制系统及包括成型滑块在内的水冷却系统等部分组成。

电渣焊时，只需在开始时引弧熔化焊剂，因此电渣焊用的焊接电源不需要很高的空载电压，也无须严格要求它保持电弧稳定燃烧。所以国内通用 BP1－3×1000 型交流变压器，焊接电压为 38～53.4 V，可用抽头调节，最大电流可达 1 000 A，由三相供电，供三根焊丝焊接使用。

丝极电渣焊焊接机头由直流电机驱动送进焊丝。焊接过程中,机头做匀速垂直上升运动,还可沿着焊件厚度的方向水平摆动。空行程时,可以快速升降以调整焊接位置(图3.4.2)。

冷却滑块一般附装在焊接机头上,随焊接的不断进行而均匀上升。它是根据焊接的间隙大小和熔池深度等工艺要求用纯铜制造的,内部有冷却水不断流过,因此可使电渣焊焊缝金属强迫冷却成型。

在整个电渣焊过程中,消耗的焊剂量比较少,事实上不可能靠焊剂向焊缝中过渡合金元素,所以焊缝金属的合金成分与机械性能主要靠焊丝来保证,在焊接碳素结构钢及低合金结构钢时,为了防止产生气孔和裂缝等缺陷,提高焊缝的机械性能,一般都采用低合金钢焊丝做电渣焊焊丝。焊接时由焊丝向焊缝中过渡一定量的锰和硅等元素,以保证必要的机械性能。一般常用的焊丝牌号是 H08Mn2Si 和 H10Mn2。

在焊接开始时,电渣焊焊剂应保证迅速地建立起渣池;焊接过程中,熔渣应产生大量电阻热作为熔化金属的热源,还应具有适当的黏度,以免熔渣从滑块中与焊件间的间隙中流失。为此生产了电渣焊专用焊剂,如焊剂 360,属中锰高硅中氟型,多用于焊接大型低碳钢和低合金钢结构。一般埋弧自动焊焊剂,如焊剂 430、431、350 等也常应用于电渣焊。

3. 电渣焊焊接工艺

(1)电渣焊的接头形式与准备工作

电渣焊可以焊接对接、角接和丁字接头。锅炉制造业主要是焊对接接头,工件厚度一般是相等的,焊后截面如图 3.4.3(a)所示。工件厚度也可以是不等的,用相应的特制铜滑块即可进行焊接,焊后截面如图 3.4.3(b)所示。

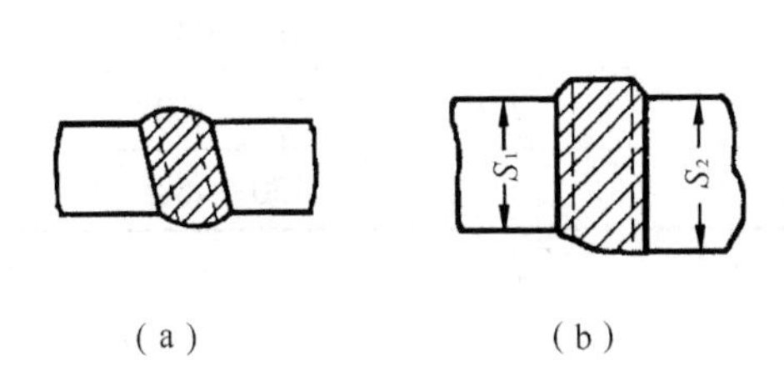

图 3.4.3 电渣焊对接接头焊后截面
(a)工件厚度相等;(b)工件厚度不相等

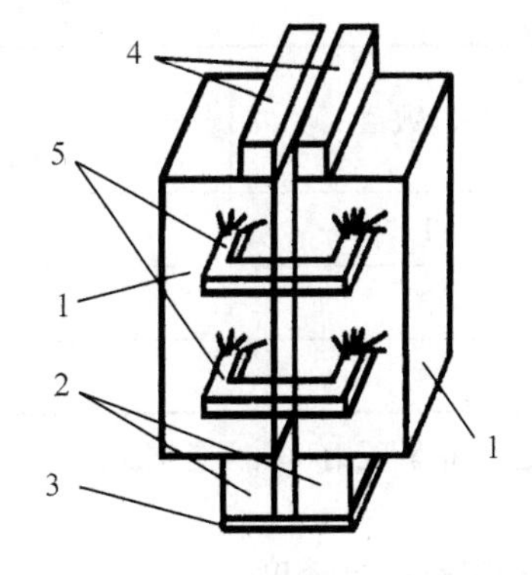

图 3.4.4 电渣焊工件装配图
1—工件;2—引入板;3—引弧板;
4—引出板;5—π 形“马”

在纵向焊接时,为保证焊接工件开头处和收尾处的焊接质量, 在焊前装配时,应在工件下边加焊引入板和引弧板(图 3.4.4),以便在其中引燃电弧并将焊剂熔成渣池。工件上端应加焊引出板,以便引出渣池,保证工件上端完全焊好并避免产生缩孔和未焊透等缺陷。为了固定工件的相对位置并减少变形,也常在工件侧面上焊 π 形“马”。

(2)电渣焊焊接工艺参数及其选择

影响丝极电渣焊质量的主要焊接工艺规范参数是:焊接电流、焊接电压、渣池深度、工件装配间隙、焊丝直径与数目、焊丝送给速度与往复摆动速度等。

在电渣焊中,焊缝金属熔池的形状和尺寸,主要以焊缝熔化宽度和金属熔池深度来表示,它们对焊接质量影响极大。由于各规范参数都互有影响,因此应适当选择,以获得优质的焊接接头。

①焊接电流

随每根焊丝焊接电流的增加(焊接电流应为250~700 A),焊缝熔宽增加。焊接电流如增加到800 A以上,因焊丝熔化加快,焊件边缘的加热相应减少,致使焊缝熔宽减小。焊接电流如小于200 A,将因热量不足而未焊透。

②焊接电压

随着焊接电压的增高,焊缝熔宽增加。当焊接电压超过32 V时,熔宽增加比较显著,同时使焊缝的熔合比增加。

③渣池深度

为保持电渣焊过程稳定,渣池应有一定的深度。渣池深度太大,对焊丝预热作用加大,会使焊丝熔化加快,焊接速度增加,因而焊接边缘受热减小,熔宽减小。渣池深度也不可过浅,过浅可能燃起电弧,破坏电渣焊过程的稳定,造成焊不透。因此一般取为40~70 mm。

④装配间隙

装配间隙小些可提高生产率,但装配间隙过小时,易造成焊丝和工件接触短路,从而破坏电渣焊过程。故一般要求装配间隙应大于25 mm,工件愈厚,装配间隙应愈大。

⑤焊丝直径与数目

电渣焊一般都使用3 mm焊丝,焊丝数目应主要根据工件厚度来选择,可参考表3.4.1。

表3.4.1 电渣焊焊丝数目的选择

焊丝数目	焊件厚度①/mm	
	焊丝不摆动焊接	焊丝摆动焊接
1	40~60	60~150
2	60~100	100~300
3	100~150	150~450

注:①指低碳钢和低合金钢。

⑥焊丝送进速度

焊丝送进速度与焊接电流存在着线性关系。单根焊丝一般选用焊接电流300~600 A,随每根焊丝所担负的焊件厚度的增加,焊接电流应相对增加,相应的焊丝送进速度为150~350 m/h。

当焊件厚度超过一定值时(表3.4.1),焊丝在焊接时应做横向摆动,为保证边缘焊透,焊丝摆动到两端时应做3~6 s的停留。

(3)电渣焊焊接技术

在装配焊接前,应把工件的焊接端面及其附近的锈污、油垢认真清除。

电渣焊开始,可在焊丝下边的引弧板上放一些铁屑,然后将焊丝与铁屑接触通电引弧。弧燃后,立即向电弧区加入焊剂,焊剂熔化后形成渣池,渣池达到一定深度后,电弧熄灭,即从电弧焊过程转为电渣焊过程。在开始建立渣池时，温度较低，可采用较高的焊接电压，焊丝送进速度也应适当降低。在建立渣池过程中，焊机不应上升。待渣池深度与温度符合工艺要求后，再转为正常规范，进行电渣焊接。

焊接过程中，要注意焊接工艺参数的稳定，应随时注意焊丝在工作间隙中的位置并进行调整，同时要特别注意防止漏渣现象的产生。如发生漏渣，应立即用事先准备好的白泥或纤维石棉泥堵塞，降低送丝速度，加入适当的焊剂，以便恢复正常的渣池深度。

在正常焊接过程中，也应经常测量渣池深度，如发现渣池偏浅，应随时补充焊剂。

焊接收尾时，应将易产生缩孔和杂质较多的收尾焊缝引到引出板中，一般应高出 70 ~ 80 mm。这时焊接电压和送丝速度应适当降低，使收尾处熔宽减小。在停止焊接时，应继续送丝几次，以填满弧坑。收尾后熔渣不要立即放掉，以保证收尾处缓慢冷却。

二、气焊

利用可燃气体和氧混合燃烧形成的火焰，将工件局部熔化而进行的焊接称为气焊。气焊用的可燃气体为乙炔、丙烷、液化石油气等。目前生产中常用乙炔，因为乙炔在纯氧中燃烧放出的有效热量最多，火焰温度最高可达 3 150 ℃，通常称为氧 - 乙炔焰。

气焊的应用历史已经很久，随着各种电弧焊与接触焊的发展，其应用范围已日益缩小。

1. 氧 - 乙炔焰与气焊焊接过程

氧 - 乙炔焰的外形、温度及其对焊接质量的影响，决定于供给氧和乙炔的容积比例。调节二者的比例，可得三种性质的火焰：中性焰、氧化焰和碳化焰。

一般焊接都使用中性焰，供给的氧气和乙炔的比例为 1 ~ 1.2。中性焰的构成与温度如图 3.4.5 所示，火焰可以明显地分为三层，由内向外依次称为焰心、内焰和外焰。

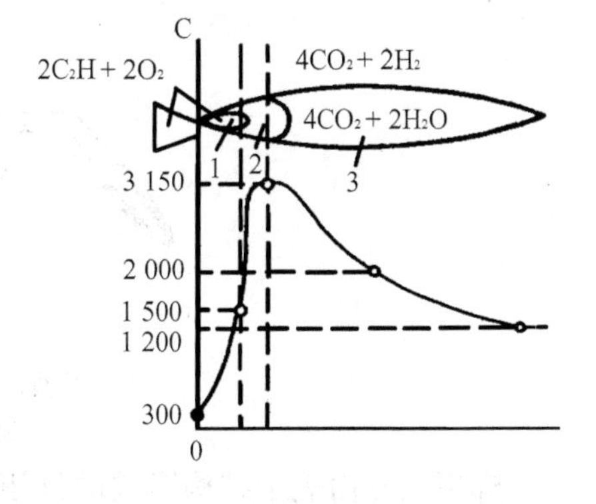

图 3.4.5 中性焰的构成与温度

1—焰心；2—内焰；3—外焰

焰心是刚由焊炬的焊嘴喷出的未燃烧混合气体，温度升高后，焰心的表面开始燃烧并放出热量。由于空气中的氧供应不进来，所以仅靠氧气瓶供给的 1∶1氧气进行不完全的燃烧反应。

$$2C_2H_2 + 2O_2 \longrightarrow 4CO + 2H_2 + Q_1$$

因此，在内焰里充满了还原性的 CO 与 H_2 气体，它对焊缝金属有还原脱氧的作用。

在内焰的表面，CO 及 H_2 和空气中的氧气再进行完全燃烧反应。

$$4CO + 2H_2 + 3O_2 \longrightarrow 4CO_2 + 2H_2O + Q_2$$

充满着 CO_2 与水蒸气的外焰包围着内焰，焊接时可防止熔化金属被空气中的氧所氧化。

内焰温度高达 3 150 ℃，所以焊接钢材都在内焰中进行，使工件与焰心端部的距离保持为 2 ~ 3 mm。

假如供给氧气量比乙炔少，内焰中乙炔的未燃烧部分将分解为碳与氢，可能被熔融的金属吸收使焊缝金属增碳并吸收氢气形成气孔，这种火焰称为碳化焰。因燃烧较慢，所以火焰具有明亮的颜色，火焰较长。

当供给氧气增加时，内焰缩小，尚未参加燃烧的氧很容易使金属氧化并降低焊缝质量，这种火焰称为氧化焰。因供给氧气较多,火焰燃烧速度加快,火焰长度减小,具有淡蓝色并有嘶嘶的声音。

气焊的焊接过程是利用氧－乙炔火焰,将两焊件的接缝处加热到熔化状态形成熔池,同时不断向熔池中填充焊丝,使接缝处熔合成为一体,冷却后即形成焊缝。

气焊和电弧焊比较,有以下特点。

(1)气焊火焰的温度(3 150 ℃)比电弧温度(6 000 ℃以上)低,发热量较小,火焰温度不集中。

(2)气焊的保护较差,氧、氮容易侵入焊缝,因此焊接质量较差。由于火焰温度低,工件加热时间长,受热范围大,焊后容易产生较大的内应力与焊接变形。

(3)气焊火焰可按需要靠近或离开工件,填充焊丝可按需要加入或不加入,因此用来焊接需要预热和缓冷的工件比较方便。

(4)气焊设备轻便,不需要电源。因此,气焊主要应用于焊接 0.5～3 mm 的薄钢板、管道和低熔点有色金属。没有电源的地方和修补工作也经常应用气焊。

2. 气焊设备与材料

气焊设备包括乙炔发生器、回火防止器、氧气瓶、减压阀和焊炬(又称焊枪),与气割设备类似,焊接重要构件时,还应配有清除 H_2S、H_2P 等杂质的过滤器。

焊炬(图 3.4.6)的作用是使氧与乙炔均匀地混合,并能调节其混合比,以形成适合焊接需要的稳定燃烧的火焰。焊炬有五种大小不同的焊嘴,可根据工件导热性质和厚度选择换用。

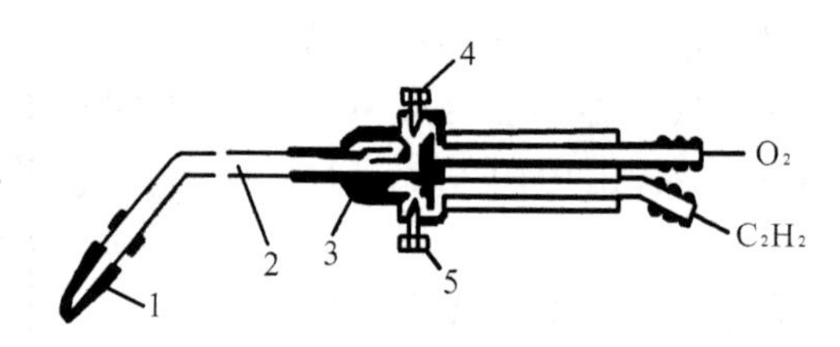

图 3.4.6 焊炬

1—焊嘴; 2—混合气体管;3—喷射孔;
4—氧气阀门; 5—乙炔阀门

焊炬型号由表示结构形式的汉语拼音字母 H 和表示操作方式的序号及规格组成,如 H01－6 表示手工操作的可焊接最大厚度为 6 mm 的射吸式焊炬。

气焊的焊接材料主要是焊丝与焊粉。焊丝的化学成分直接影响着焊缝金属的机械性能,应根据工件成分选择焊丝,焊丝最好含一定量的脱氧元素,如锰、硅等。因此,焊接 Q235、10 时常选用 H08Mn:焊接 20g、22g 时常选用 H08MnA;焊接 16Mn 时应选用 H10MnSi。

焊粉的作用是除去焊接过程的氧化物,保护熔池,增加熔池的流动性等。焊接低碳钢构件时,因中性焰内部有 CO 和 H_2的还原作用,当质量要求不高时,可不加焊粉。如要求一定的质量,常采用硼砂配制的焊粉。

3. 气焊焊接工艺

(1)气焊的接头与操作

气焊适合焊接薄板和薄壁管道,主要采用对接接头。对焊接厚度小于 2 mm 的工件也可采用卷边接头(图 3.4.7)。搭接和丁字接头用气焊焊接时,效率低,变形大,故很少应用。

气焊前，应对焊丝和接头两侧 20～30 mm 内很好地进行清理，也可以用气焊火焰烘灼，而后用钢丝刷清理表面。

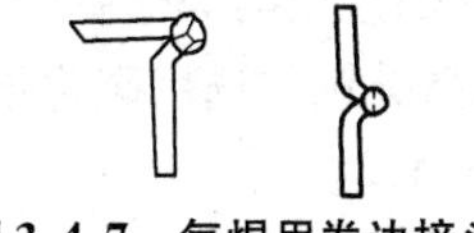
图 3.4.7 气焊用卷边接头

①焊炬的倾斜角度

焊炬的倾斜角度的大小，主要取决于焊件的厚度和母材的熔点及导热性。焊件越厚、母材的熔点及导热性越高，采用的焊炬倾斜角越大，这样可使火焰的热量集中；相反，则采用较小的倾斜角。焊接碳素钢，焊炬倾斜角与焊件厚度的关系如图 3.4.8 所示。

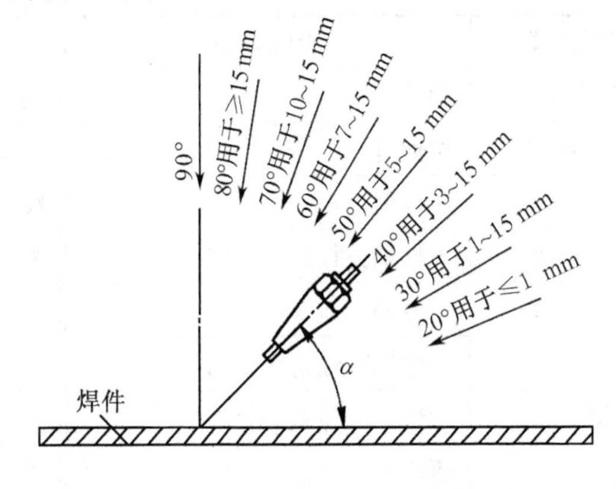

图 3.4.8 焊炬倾斜角与焊件厚度的关系

②焊接方向

气焊时，按照焊炬和焊丝的移动方向，可分为左向焊法和右向焊法两种。

a. 右向焊法

右向焊法如图 3.4.9(a)所示，焊炬指向焊缝，焊接过程自左向右，焊炬在焊丝前面移动。右向焊法适合焊接厚度较大，熔点及导热性较高的焊件，但不易掌握，一般较少采用。

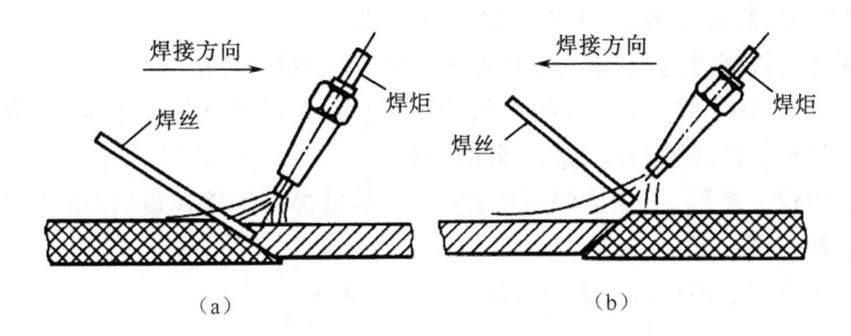

图 3.4.9 左向焊法和右向焊

(a)右向焊法；(b)左向焊法

b. 左向焊法

左向焊法如图 3.4.9(b)所示，焊炬指向焊件未焊部分，焊接过程自右向左，而且焊炬是跟着焊丝走的。左向焊操作简便，容易掌握，适用于薄板的焊接，是普遍应用的方法。左向焊法缺点是易氧化，冷却较快，热量利用率低。

③气焊管子

为保证焊透，常用"击穿焊法"。所谓击穿焊法就是在焊接过程中，使熔池前沿始终保持一个熔孔，直径略大于装配间隙。由于熔池前有小孔，就易于控制焊透程度和防止形成焊瘤。管子壁厚小于3 mm 时，可不开坡口焊接，管子壁厚大于3 mm 时需开 V 形坡口焊接。不论是水平固定管或垂直固定管的焊接，第一层都用击穿焊法焊接，以便得到一层薄而焊透的焊缝，然后再焊第二层直至将焊缝焊满。

(2)气焊焊接工艺参数

气焊焊接工艺参数主要有：火焰性质和能率、焊丝与焊粉牌号、焊炬号码、焊嘴倾斜角度、焊接方向与焊接速度等。应根据工件材质、厚度进行合理选择以保证焊接质量。

火焰性质与焊丝牌号主要根据焊件材质选择，一般低碳钢、低合金钢常选用中性焰；高速钢、高碳钢常选用碳化焰；铬镍钢则常选用轻微氧化焰。各种金属材料气焊火焰的选用见表3.4.2。

表3.4.2　各种金属材料气焊火焰的选用

材料种类	火焰种类	材料种类	火焰种类
低、中碳钢	中性焰	铬镍钢	中性焰或乙炔稍多的中性焰
低合金钢	中性焰	锰钢	氧化焰
紫铜	中性焰	镀锌铁板	氧化焰
铝及铝合金	中性焰或轻微碳化焰	高速钢	碳化焰
铅、锡	中性焰	硬质合金	碳化焰
青铜	中性焰或轻微碳化焰	高碳钢	碳化焰
不锈钢	中性焰或轻微碳化焰	铸铁	碳化焰
黄铜	氧化焰	镍	碳化焰或中性焰

火焰能率常以可燃气体乙炔的消耗量(L/h)来计算，主要根据工件的厚度和它的热物理性质(熔点和导热性)来选用。实际生产中，往往是按焊炬产品说明书的规定，根据工件厚度选择焊炬型号、焊嘴号码、气体压力和火焰能率。

焊丝直径在薄件焊接时，基本与工件厚度一样，不超过3.2 mm。

焊嘴倾斜角度是指焊嘴与工件的夹角，倾斜角大，工件受火焰正面加热，受热多；反之则受热少。应根据工件厚度和熔池温度随时变换。

焊接速度由焊工掌握，在保证焊透前提下，应尽量提高焊接速度，以提高焊接生产率，减少工件的受热范围。

气焊管子击穿焊法的焊接工艺参数示例见表3.4.3。

表3.4.3　气焊管子击穿焊法焊接工艺参数示例

管壁厚度/mm	焊丝直径/mm	焊炬型号、焊嘴号码	焊炬倾斜角度	火焰能率(乙炔)/($L \cdot h^{-1}$)
≤3	2~3	H01-6，2号	50°~70°	≤200~250
4~6	2.5~3.2	H01-6，4~5号	60°~70°	≤330~430

三、等离子弧焊

等离子体是完全电离了的气体，或称等离子态，是一种特殊的物质形态，现代物理学把它列为固体、液体、气体之后的物质第四态。等离子体全部由离子和电子所组成(就其整体来说是中性的)。等离子体具有极高的温度和极好的导热性，能量高度集中，所以可用于熔化一些难熔金属和非金属。

1. 等离子弧焊过程

等离子弧焊是利用特殊构造的等离子弧焊炬进行的，其示意图如图3.4.10所示。

焊接时，用等离子弧熔化工件造成熔池，必要时另加填充焊丝。为了对焊接部位进行保护，焊炬的最外圈有通保护气体的环形通道，一般使用氩气作为离子气和保护气体。所以等离子弧焊实质上是一种压缩的钨极气体保护焊。

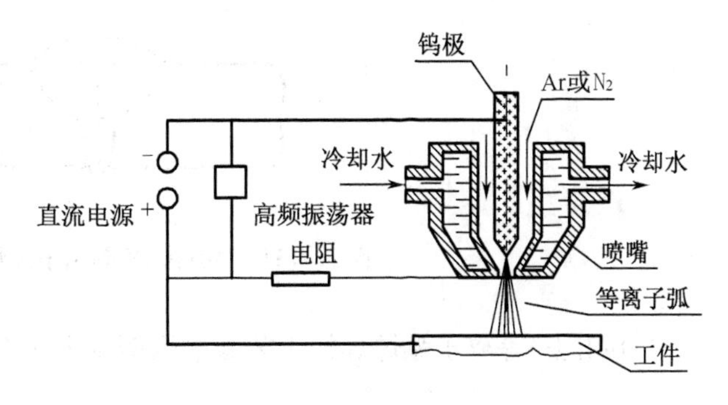

图 3.4.10　等离子弧焊示意图

等离子弧焊与氩弧焊比较，具有能量高度集中，弧柱温度高，穿透力强，稳定性好，焊接速度快等特点。如焊接厚度为 8 ~ 10 mm 的不锈钢，可提高效率 3 ~ 5 倍，而且焊接质量好，热影响区小，变形小，机械性能好。

目前，等离子弧焊广泛用于低合金高强钢、不锈钢、耐热钢等的焊接，如很难焊的 12Cr1MoV 蛇形管，用等离子弧焊，可以确保质量。

但等离子弧焊设备比较复杂，灵活性不如手工氩弧焊，要特别注意通风和加强劳动保护。

另外，等离子弧焊焊接速度快，为保证焊接质量，常加后拖保护气以保护尚未完全冷却的焊缝金属；有的另加底层保护气或管内保护气以保证焊缝背面成形良好，因此氩气消耗量大，管路比较复杂。

2. 等离子弧焊工艺

等离子弧焊主要用于板材和管子的对接接头。焊前要严格清理工件，工件愈小、愈薄，清洗愈要仔细。要使装配间隙小于 0.5 mm，以保证焊接质量并避免烧穿。

等离子弧焊的主要焊接工艺参数是焊接电流、焊接电压、焊接速度、离子气流量和保护气流量与成分等。

等离子弧焊按其使用焊接电流的大小，分为微束等离子弧焊和大电流等离子弧焊。微束等离子弧焊的焊接电流较小，一般为 0.1 ~ 30A，用于焊接 0.025 ~ 2.5 mm 的箔材和薄板，既适于自动焊接，也适于手工焊接。但微束等离子弧焊需要两个独立的焊接电源，分别对燃烧于钨极和焊件间的主弧及燃烧于钨极和喷嘴间的维弧供电。维弧需要用高频引弧，故设备与控制系统相当复杂。

当焊接厚度大于 3 mm 的工件时，常使用大电流等离子弧焊。被压缩成圆柱形的高温等离子弧能将焊缝迅速加热并熔化，如焊接工艺参数选择合适，等离子弧刚柔适中，则足以穿透整个工件，保证焊透，并不形成切割，只是在焊件底部穿透一个面积小于 7 ~ 8 mm^2 的小孔（称为“小孔效应”）而已。熔化金属在表面张力作用下，不会从孔中滴落下去。如要求焊缝有加强高，应向熔池的底部加入填充金属丝。随着等离子弧的向前移动，熔池的底部继续保持小孔，熔化金属在新形成的小孔之后流动，并随之冷却结晶形成焊缝。在焊接过程稳定和保护良好情况下，焊后的焊缝宽度和高度均匀一致，双面成形良好，焊缝表面光滑，甚至看不出鱼鳞状波纹。根据小孔效应，这种焊接方法通称为“小孔法”等离子弧焊。其焊缝断面呈典型的酒杯状，如图 3.4.11 所示。

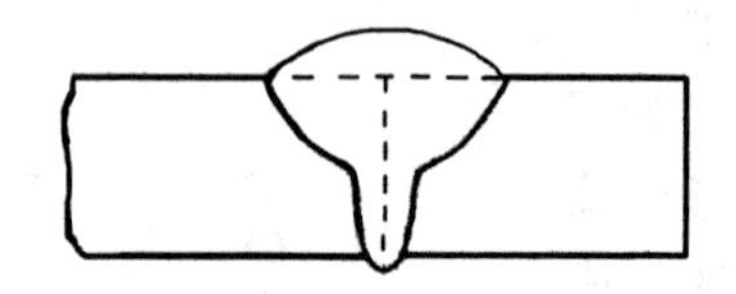

图 3.4.11 “小孔法”等离子弧焊的焊缝断面

“小孔法”等离子弧焊焊接工艺参数示例见表 3.4.4。

表 3.4.4 “小孔法”等离子弧焊焊接工艺参数示例

材料	焊件厚度 /mm	焊接电流 /A	焊接电压 /V	焊接速度 /$(mm \cdot min^{-1})$	离子气流量 /$(L \cdot min^{-1})$	保护气流量 /$(L \cdot min^{-1})$	备注
低碳钢	5	200	28	190	4	14	保护气为 $Ar + CO_2$
不锈钢	6	245	28	340	4	27	Ar
不锈钢	10	300	29	200	1.7	20	Ar

①注:钨极直径为 4 ~4.5 mm。

焊接电流、焊接速度对焊缝成形的影响比较大,特别是焊接速度对焊缝外形的影响很显著。而离子气流量则是影响等离子弧穿透能力的主要因素。

锅炉钢管等离子弧焊焊接工艺参数示例见表 3.4.5。

表 3.4.5 锅炉钢管等离子弧焊接工艺参数示例

材料	规格 /mm	喷嘴直径 /mm	喷嘴孔长 /mm	钨极与喷嘴距离 /mm	焊接电流 /A	焊接速度 /$(mm \cdot s^{-1})$	离子气流量 /$(m^3 \cdot h^{-1})$	保护气流量 /$(m^3 \cdot h^{-1})$
12CrMoV	42 ×5	2.5	2.8	2 ~2.2	110 ~120	3.3	0.15	1.5

不同的材料适于“小孔法”等离子弧焊的厚度是不同的,如碳钢与合金钢为≤8 mm,不锈钢为≤10 mm。工件厚度大于此值时,应采取合适的坡口。用“小孔法”等离子弧焊焊接封底,再用其他焊法(如埋弧自动焊或气电焊)焊满坡口。

四、接触焊

接触焊是利用电流通过工件本身和接触表面所产生的电阻热将工件加热,同时加压力使之焊接起来的一种焊接方法。

接触焊有三种基本形式:对焊、点焊及缝焊。在锅炉制造业中,常用对焊焊接各种管子。

1. 对焊的焊接过程

对焊示意图如图 3.4.12 所示。对焊焊接过程中产生的热量可用焦耳 – 楞次定律计算。

$$Q = I^2Rt$$

式中 Q——产生的热量,J;

I——焊接电流,A;

R——工件的电阻,Ω;

t——通电时间,s。

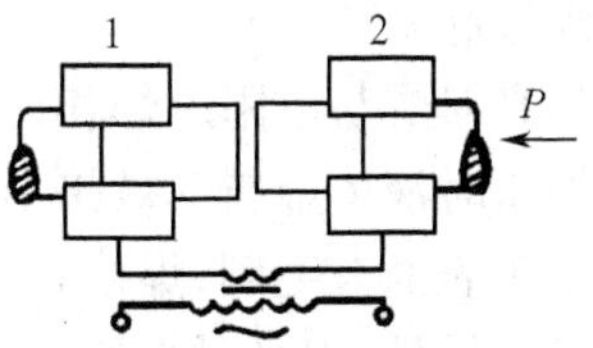

工件的电阻包括两部分,即

$$R = R_1 + R_2$$

式中 R_1——工件导电部分的内部电阻,Ω;

R_2——两工件表面间的接触电阻,Ω;

图 3.4.12 对焊示意图

1—固定电极;2—移动电极

事实上,焊接电流与电阻并不是常数,所以焦耳一楞次定律应写成积分形式,即

$$Q = \int_0^t I^2 R \mathrm{d}t$$

对焊按焊接操作方法不同,又分为电阻对焊和闪光对焊两种,如图 3.4.13 所示。

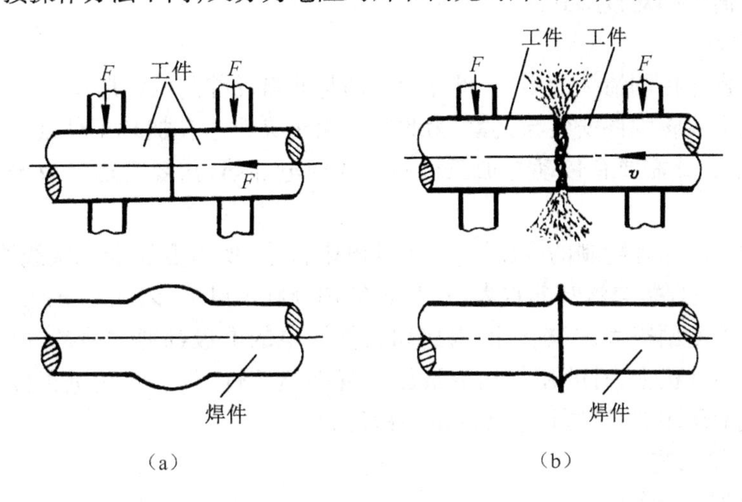

图 3.4.13 对焊分类

(a)电阻对焊;(b)闪光对焊

电阻对焊的焊接过程是:清整工件接头端面、使其平滑无垢露出金属光泽。将工件装在焊机的电极钳口中夹紧,以一定的初压使两工件端面压紧,然后通电加热到塑性状态,对碳钢来说为 1 000 ~ 1 250 ℃,再向工件施加较大的顶锻压力并同时断电,高温的工件端面产生一定的塑性变形即焊接起来。

电阻对焊焊接过程比较简单,易于机械化。它的焊接接头表面光滑。焊接管道时,能保证内壁光洁。但电阻对焊在通电加热时,高温的工件端面容易产生氧化现象,氧化物不易排除,常在接头内部形成部分夹渣,接头强度略低于母材金属。另外,焊前清整要求严格,截面形状宜紧凑,否则易产生加热不匀与焊不透现象。因此电阻对焊主要用于直径(或边长)小于 20 mm 和受力不大的工件的对焊。

闪光对焊的过程是将工件端面稍加清整后,夹在电极钳口内,通电并使两工件轻微接触。此时电流在个别点上通过,电流密度很大,该点金属即被迅速加热熔化造成液体金属"过梁",在加热激烈时,"过梁"液体金属被撕裂,在电磁斥力作用下,液态高温金属微粒从两工件间飞出造成火花,形成闪光。此时继续送进工件,保持一定闪光时间,当两工件端面全部加热熔化,闪光达到很强程度时,迅速加压,随之切断电流,使两工件端面产生塑性变形而焊接起来。

闪光对焊与电阻对焊相比，因焊接加热时连续闪光，工件端面有些杂质也会飞射出去，最后加压时液体金属又被挤出，所以接头内部夹渣很少，强度高，抗冲击韧性好。但闪光对焊的接头表面有毛刺，焊接管子时内部也将挤出毛刺，需用弹头吹切或高压气流冲刷等办法去掉。另外，闪光对焊的操作过程比较复杂。所以闪光对焊多用于焊接质量要求较高和直径大于 20 mm 的工件。截面不够紧凑或截面不同的工件用闪光对焊也比较容易保证质量。

对焊属于压力焊，和一般熔化焊相比较，对焊特点是生产率比较高，不用焊丝焊剂即可进行焊接，焊接时没有弧光耀眼和有害光线的辐射，不产生有害气体，而且焊接过程比较简单，容易实现机械化与自动化。大型锅炉厂的锅炉蛇形管对接已广泛采用了闪光对焊。

但对焊要求供给大的电功率和大的压力，需要专用焊接设备，控制装配也比较复杂，而且接头只限于简单的对接形式。

2. 对焊设备

对焊机按操作控制情况的不同，可分为自动与非自动控制两种形式。

在对焊机上要将焊件安装与夹紧，为此要有两个夹钳。在加热工件及最后顶锻时应移动工件并加压，为此需要有传动与加压机构。为通电加热，需要有送电及调节电流的装置与供电变压器。

对焊机的变压器是特制的变压器，因工件电阻很小，所以变压器二次线路电压很低，一般不超过 8 V。但焊接电流却非常大，一般都在 10 000 A 以上，因此变压器二次线圈常制成一次线圈。导线断面很大，二次线圈内部和工件导电的电极都通水冷却，以防过热氧化或烧毁。在大型对焊机上，有的用气压或液压装置夹紧工件，焊接时送进工件及向工件加压也常用电动或液压装置，以便得到要求的顶锻压力。

3. 对焊焊接工艺

（1）对焊的接头形式

对焊的常用接头是对接接头，它要求对接的直径或断面轮廓基本上相同。

对焊圆棒或管子时，焊件尺寸允许有一定范围的公差，如图 3.4.14 所示。在 $D_2 \leqslant 1.15D_1$，管子内径或外径一致，壁厚 $\delta_2 \leqslant 1.5\delta_1$ 时，都能很好地进行焊接。

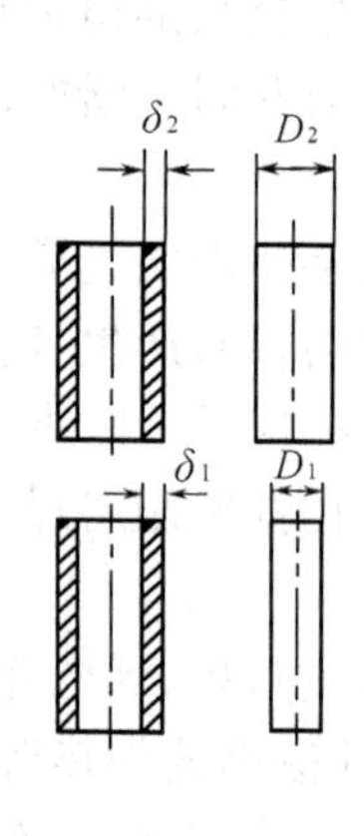

图 3.4.14　圆棒或管子的对焊

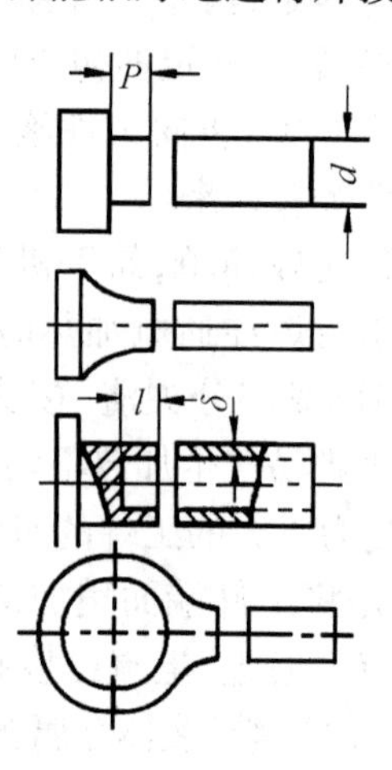

图 3.4.15　断面不同工件的对焊

断面不同的工件对焊时,为保证通电加热均匀,应按图 3.4.15 下料,即要有段等断面过渡段,l 应大于 $d/2+6$ mm,其中 d 为断面较小工件的直径或边长。实心圆棒与管子对接时,过渡段应大于 $(5\sim7)\delta$,其中 δ 为管壁厚度。

(2)对焊焊接工艺参数与选择

电阻对焊的主要焊接工艺参数有焊接电流、通电时间、顶锻压力和工件外伸长度等。

焊接低碳钢的焊接电流密度为 20~60 A/mm^2。对管子来说,因断面不紧凑,电流应取得大些。

通电时间应和焊接电流配合选择应用。可以选用大的焊接电流和小的通电时间,称之为"强规范";也可用较小的焊接电流和大的通电时间,称之为"弱规范"。一般来说,强规范质量较好,生产率较高。

顶锻压力通常为 150~300 kPa,适当加大顶锻压力,可以提高焊接质量。

工件从电极伸出的长度通常称为"外伸长度",它是工件本身导电的长度,即决定工件本身的电阻。外伸长度加大,顶锻加压时易发生弯曲。因此外伸长度一般取为工件直径或方形工件边长的 0.5~0.7 倍。

闪光对焊主要焊接工艺参数有焊接电流、闪光余量与速度、顶锻压力(或顶锻余量与顶锻速度)、工件外伸长度等。

闪光余量是指闪光过程烧化的工件长度,应和焊接电流(或焊接电压)的大小配合选择,应保证工件端面全部加热并熔成一定厚度的液体金属层,以保证焊接质量。闪光速度则标志着金属烧化的剧烈程度,闪光速度愈快,接头端面氧化的凶险性就愈小,接头的塑性与强度就愈高。因此在焊机功率允许下,应选择较大的焊接电流,较小的闪光时间与大的闪光速度。

顶锻余量与顶锻速度的大小,代表着压焊连接时金属塑性变形的多少与剧烈程度,必须有一定的顶锻压力才能保证焊接质量。一般情况下,顶锻压力为 40~70 MPa 才能保证迅速加压并使金属产生一定量的塑性变形。自动控制焊接工艺参数,主要是选择一定量的顶锻余量与顶锻速度。

考虑到闪光对焊时工件有一定的闪光烧损,所以闪光对焊工件的外伸长度应大于电阻对焊工件的外伸长度。

(3)预热闪光焊

对断面较大的工件进行对焊,或焊接易淬火钢材时,常常使用预热闪光焊。所谓预热闪光焊,是先断续通电使工件受到预热,再拉开工件按闪光对焊法施焊。

预热闪光焊可以节省工件金属材料和焊接工时。因预热使工件加热区增大,有利于顶锻时金属的塑性变形,有利于减缓工件焊后冷却速度。用预热闪光焊焊接管道时,还可以减少管子内壁的毛刺。所以 12Cr1MoV 的 $\phi42\times5$ 以及 20 的 $\phi38\times4.5$ 锅炉钢管,目前都采用预热闪光焊,其焊接工艺参数示例见表 3.4.6。

表 3.4.6 锅炉钢管预热闪光焊焊接工艺参数示例

材料	规格/mm	工件外伸长/mm	焊接二次电压/V	预热余量/mm	闪光余量/mm	闪光速度/$(mm\cdot s^{-1})$	顶锻余量/mm	顶锻速度/$(mm\cdot s^{-1})$
20	$\phi38\times4.5$	70~75	4.7~5.2	1.5	10	3.3	7	50
12CrMoV	$\phi42\times5$	80	7.6	1.5	15	2.8	8.5	85

五、摩擦焊

1. 摩擦焊的焊接过程

摩擦焊是以摩擦热作为热源加热工件，待加热到一定温度时，再加大压力使之焊接起来的一种焊接方法。图3.4.16是摩擦焊示意图。工件1做旋转运动，焊件2做轴向运动，并以一定压力P使两个工件端面接触，做相对运动摩擦。在相对摩擦过程中，两工件接触面上的氧化膜或其他杂质遭到破坏和清除，形成纯净金属间的接触和摩擦运动。由于生热，两工件的接头部分被加热到焊接温度（钢材应在锻造温度上限），这时急速停止工件1的旋转运动，并在工件2的端面加以大的顶锻压力，在压力和热量作用下，工件接头产生一定量的塑性变形，两工件即牢固地焊接起来。

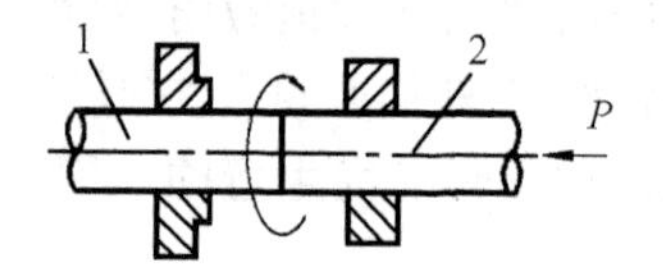

图3.4.16　摩擦焊示意图

1—焊件；2—焊件

与其他焊接方法相比，摩擦焊操作简单，容易实现自动控制，生产率高（焊一个接头只要2～15 s），而且焊接质量好，设备简单，电能消耗少（只用闪光对焊的1/10左右）。摩擦焊现已成功地用于管子焊接自动线，用来焊接生产过热器、省煤器蛇形管。还用于锅炉阀门、工具、石油钻杆等的焊接。

但摩擦焊适用的接头形式有限，需要有灵敏的控制装置，如高速旋转工件应立即完全停止转动并加压顶锻，因此还需要有能施加很大压力的加压装置。

2. 摩擦焊设备

摩擦焊机主要由机架、夹钳、机械传动装置和加压装置等组成。许多厂矿都是根据焊接工件的尺寸大小、工艺要求和自动化程度自行设计制造的，其中有的就是用车床改装而成的。

机架的作用是支承焊机的质量及由摩擦力和顶锻压力所造成的力矩，因此机架要有足够的刚度。机械传动部分是摩擦焊机的主要部件，它使工件以一定速度旋转，从而使机械能转变为焊接所需的热能。这部分由电动机、传动变速装置与主轴等组成。

刹车装置是很重要的部件，它不仅保证很快地使高速旋转的工件完全停止转动，而且还应保证顶锻加压和停车同时实现。顶锻时如未完全停车，即便稍有一点扭动，焊接面上已焊接结晶的晶粒也将受到剪切力的作用，从而严重地影响焊接质量。

加压机械的形式比较多，有手动式，气压式、气－液压式和电动式等类型。

通用的EHG－MI型摩擦焊机的传动与加压结构如图3.4.17所示。焊接操作时，先开动电机，使夹钳4夹持工件旋转，再转动加压手轮6使固定在夹钳5中的工件以一定压力同旋转的工件端面加压接触，待摩擦热温度达一定温度时（对低碳钢来说为1 000～1 200 ℃），即关闭电机（或打开离合器），利用刹车装置3使旋转部分立即停止转动，同时使加压手轮6旋转速度加大，让夹钳5中的工件以较大压力停压已停止旋转的工件，两工件即产生一定量的塑性变形焊接在一起。

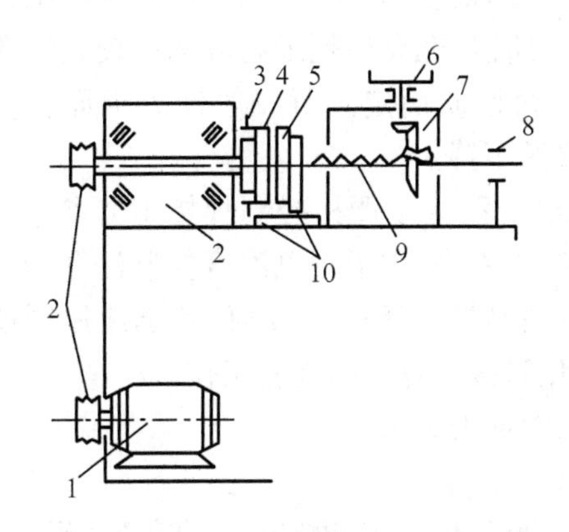

图 3.4.17　EGH－M1 型摩擦焊机的传动与加压结构

1—电动机;2—传动部分;3—刹车装置;4—夹钳;5—夹钳;6—加压手轮;7—加压伞齿轮

3. 摩擦焊焊接工艺

摩擦焊的通用接头形式是对接,如图 3.4.18、图 3.4.19 所示,多用于杆－杆、管－管的对接,也可焊接外轮廓相等的管－杆、板－管或不同直径管子的对接。

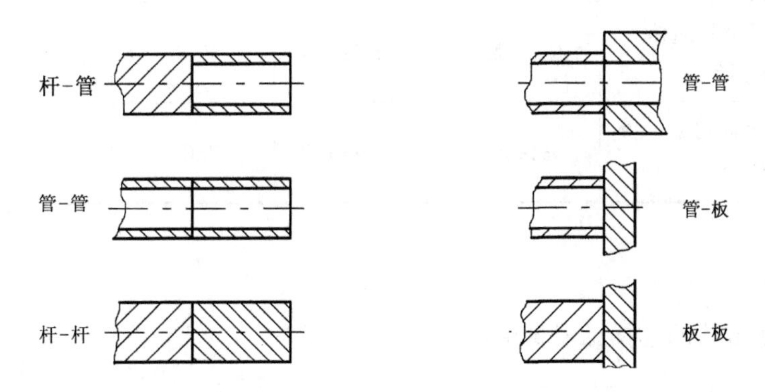

图 3.4.18　摩擦焊的等断面对接　　**图 3.4.19　摩擦焊的不等断面对接**

摩擦焊的焊接工艺参数主要有摩擦速度、摩擦压力、摩擦时间、焊接温度与顶锻压力等。对钢与钢焊接来说,摩擦压力一般取为 50 ~ 120 MPa,顶锻压力取为 100 ~ 200 MPa,摩擦压力加大,加热速度可以加快;顶锻压力增大,可提高接头强度。

摩擦速度一般是指焊件外缘的线速度,即

$$V = \pi D n$$

式中　D——焊件直径,m;

　　　n——焊件每分钟转数,r/min。

即摩擦速度 V 与焊件直径及焊件每分钟转数成正比。同样直径的焊件,不同材料所要求的摩擦速度是不同的。例如直径为 20 mm 的低碳钢,焊件每分钟转数大于 100 r/min 即可进行焊接,同样直径的铜棒,因铜导热性好,热损失大,焊件每分钟转数则要达 2400 r/min,同种材料直径不同时,直径大的可用较小的焊件每分钟转数,管状件焊接应采用比实心件焊接高的焊件每分钟转数。

摩擦时间应与摩擦压力、摩擦速度配合选择。加大摩擦压力,提高摩擦速度都可以降低摩擦时间,提高生产效率。所以,在允许范围内应选择较大的摩擦速度与摩擦压力。

焊接温度应根据焊件材料性质而定。对一般低碳钢而言,焊接温度不得低于 950 ~ 1 000 ℃,否则接头强度将显著下降。

由于摩擦焊的应用日益广泛,为了严格控制焊接工艺参数,保证摩擦焊接头的焊接质量,已在蛇形管摩擦焊生产线当中,应用了光电温度控制法和焊接功率极值控制法,即根据接头温度光电效应和高温金属摩擦力矩变化峰值,来迅速控制适当的顶锻回压时间,从而确保管接头的焊接质量,简化管接头焊接的检验工作。

摩擦焊焊接工艺参数示例见表 3.4.7。

表 3.4.7　摩擦焊焊接工艺参数示例

产品名称及材料	接头尺寸 /mm	旋转转数 /($r \cdot min^{-1}$)	摩擦压力 /MPa	摩擦时间 /s	顶锻压力 /MPa
省煤器管 20#	ϕ32 ×4	1 430	62	0.8 ~1	108
过热器管 12C11MoV	ϕ42 ×5	1 430	110	1 ~1.5	186
锅炉阀门 25 号钢阀体 +1Cr13 密封面	ϕ22 ×2.5	1 920	118	0.4	176
锅炉阀门 25 号钢阀体 +25 号钢法兰	ϕ48 ×7	1 430	60	2 ~3	118

- **任务实施**

其他焊接方法的选择见表 3.4.8

表 3.4.8　其他焊接方法的选择

焊接方法	接头尺寸 /mm	接头位置	母材材质	接头形式	备注
	ϕ1500 ×40	锅筒	20g	板 - 板	
	ϕ25 ×3	镀锌水管	Q235A	管 - 管	
	ϕ42 ×2.5	过热器	12CrMoV	管 - 板	
	ϕ42 ×5	蛇形管	20	管 - 管	
	φ32 ×4	蛇形管	20	管 - 管	

• 任务评量

其他焊接方法的选择结果见表3.4.9

表3.4.9 其他焊接方法的选择结果

焊接方法	接头尺寸/mm	接头位置	母材材质	接头形式	备注
电渣焊	ϕ1500×40	锅筒	20g	板－板	
气焊	ϕ25×3	镀锌水管	Q235A	管－管	
等离子弧焊接	ϕ42×2.5	过热器	12CrMoV	管－板	
接触焊对焊	ϕ42×5	蛇形管	20	管－管	摩擦焊
摩擦焊	ϕ32×4	蛇形管	20	管－管	接触焊对焊

• 复习自查

1. 氧－乙炔焰按混合比不同可分为几种火焰？它们的性质及应用范围如何？
2. 什么是接触焊对焊？共有几种形式？各有什么特点？
3. 什么是埋弧自动焊？其特点是什么？
4. 什么是电渣焊？电渣焊有什么特点？

项目四　锅炉制造焊接工艺

项目描述

根据国内一些锅炉厂的统计资料，在锅炉本体的制造工作量中，焊接工作量约占一半以上，占着十分重要的地位。另一方面，焊接技术的发展往往对锅炉制造技术的发展具有很大的影响。

在机械制造中，将几个零件或材料连接在一起的工艺方法有：螺纹连接、铆接、胶接及焊接等。焊接是应用最广的、最重要的金属材料连接方法。焊接是指通过加热或加压或二者并用，并且用或不用填充材料，使被焊材料达到原子间的结合，从而形成永久性连接的工艺。其中，被焊的材料（同种或异种）一般被称为母材或工件。

据此描述可知，焊接这个概念至少包括三个方面的含义：一是焊接的途径，即加热或加压或二者并用；二是焊接的本质，即微观上达到原子间的扩散和结合；三是焊接的结果，即宏观上形成永久性的连接。

按照焊接过程中金属所处的状态不同，可把焊接方法分为熔焊、压焊和钎焊三类。

将待焊处的母材金属熔化以形成焊缝的焊接方法叫作熔焊；焊接过程中必须对焊件施加压力（加热或加压），以完成焊接的焊接方法叫作压焊。焊接与其他连接工艺相比，具有以下优点。

（1）能减轻结构质量，节省金属材料。

（2）保证接头具有较好的密封性，可承受高压作用。

（3）成形工艺简单，生产效率高。

（4）可实现不同材料间的连接成形，优化设计，节省贵重材料。

但焊接过程是一个不均匀的加热和冷却过程，焊接件易产生应力和变形等缺陷，因此，必须要有相应的工艺措施来保证焊接结构质量。

本项目重点学习焊接基础理论、焊接应力与变形、焊接中的热处理、金属材料的可焊性及锅炉用钢材的焊接五个任务。

教学环境

教学场地是焊接实训室。学生可利用多媒体教室进行理论知识的学习、小组工作计划的制订、实施方案的讨论等；也可利用焊接实训室的设备进行焊接方法训练。

任务一　焊接基础理论

• 学习目标

知识：了解焊接的过程及金属熔焊的条件；熟悉焊接过程中金属与气体的反应及保护

措施。

技能：纯熟焊接材料的选用；准确定位不同元件焊接接头形式。

素养：建立良好的职业操守；养成学习与接受新技术的理念。

- **任务描述**

针对 75 t/h 循环流化床锅炉的下降管焊接工艺指导书，从焊材的选择、接头形式的选择等方面编制焊接工艺评定，对指导书中的任务进行甄别和鉴定。

- **知识导航**

一、焊接热过程

1. 焊接电弧

焊接电弧是一种强烈的气体放电现象，在这种气体放电过程中，产生大量的热能和强烈的光辉，电弧焊接就是利用这种热量来加热、熔化焊条（或焊丝）和母材，使之形成焊接接头的。

（1）焊接电弧的产生

焊接电弧的产生过程如图 4.1.1 所示。焊接时，电极（碳棒、钨极或焊条）与工件瞬时接触后，产生很大的短路电流，接触点处的电流密度很大，在短时间内产生了大量的电阻热，使电极末端与工件温度迅速升高，将金属熔化，甚至蒸发、汽化为气体。将电极稍提起，此时电极与工件间形成了由高温空气、金属及药皮蒸气所组成的气体空间，这些高温气体易被电离。在电场力的作用下，自由电子奔向阳极，正离子奔向阴极。它们在运动途中和到达电极与工件表面时，不断发生碰撞与复合，形成了电弧，并产生大量的热和光。

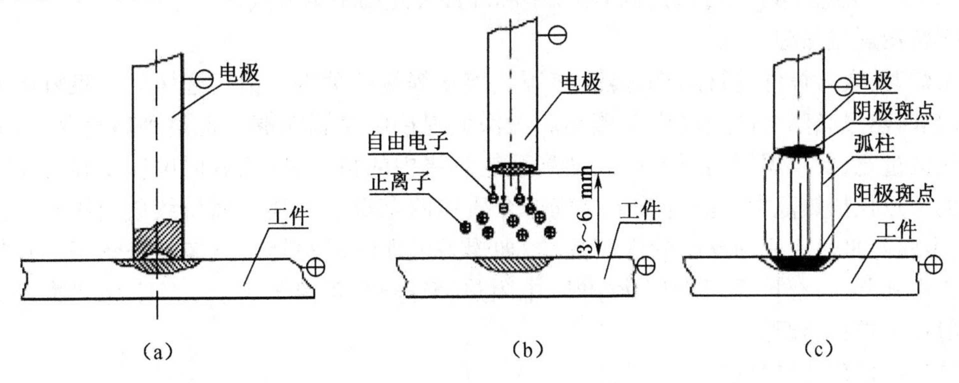

图 4.1.1　焊接电弧的产生过程

（a）电极与工件接触；（b）拉开电极；（c）引燃电弧

（2）焊接电弧的构造及热量分布

焊接电弧由阳极区、阴极区和弧柱区 3 部分组成，如图 4.1.2 所示。阴极区的热量主要是正离子碰撞阴极时，由正离子的动能和它与阴极电子复合时释放的位能转化而来的，热量占焊接电弧总热量的 36%，温度约为 2 100 ℃，阳极区的热量主要是电子撞入阳极时，由电子的动能和逸出功转换而来的。由于阳极不发射电子，也就不消耗发射电子所需要的能量，所以阳极的热量比阴极大，占总热量的 41%，温度为 2 300 ℃。弧柱区的电过程较复杂，热量为总热量的 21%，温度可达 6 000 ℃以上。

(3)接极方法及选用

当采用直流焊接电源时,因为阳极和阴极热量不同,实际中存在两种接极方法,即正接法和反接法。正接法是指将工件接正极,焊条接负极。反接法是指将工件接负极,焊条接正极。当焊接薄板时,如采用正接法会因热量大、温度高而产生烧穿缺陷;而当焊接厚板时,采用反接法则又会因热量小、温度低而产生未焊透缺陷。因此,采用直流焊接电源时,要根据焊件的厚度来选择接极方法。用交流弧焊电源焊接时,因阳极和阴极不断交替变化,故不存在正、反接问题。

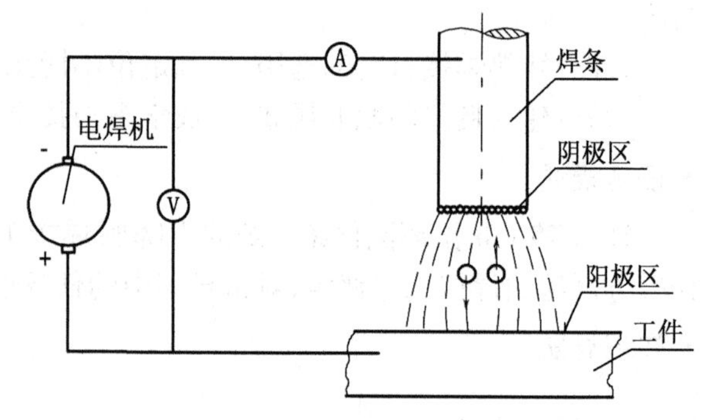

图 4.1.2　焊接电弧的组成

2. 焊接热过程

加热是金属熔焊的必要条件。通过对焊件进行局部加热,使焊接区的金属熔化,冷却后形成牢固的接头。此焊接热过程必将引起焊接区金属的成分、组织与性能发生变化,其结果将直接决定焊接质量。决定上述变化的主要因素是焊接区的热量传递和温度变化情况等。因此,为了保证焊接质量,必须了解焊接热过程的基本规律。

焊接热过程具有两个特点。其一是对焊件的加热是局部的,焊接热源集中作用在焊件接口部位,整个焊件的加热是不均匀的。其二是焊接热过程是瞬时的,焊接热源始终以一定速度运动,因此,对于焊件上某一点,当热源靠近时,温度升高;当热源远离时,温度下降。

(1)常用焊接热源、焊接过程的热效率和焊接传热的基本方式

①常用焊接热源

熔焊时,要对焊件进行局部加热,热源是熔化焊接的关键。由于金属具有良好的导热性,加热时热量必然会向金属内部流动。为保证焊接区金属能够迅速达到熔化状态,并防止加热区过宽,要求焊接热源具备温度高且热量集中的特点,即热源温度应明显高于被焊金属的熔点且加热范围小。电弧热是气体介质在两电极之间强烈而持续放电过程产生的热能,电弧热是目前应用最广的焊接热源,如焊条电弧焊、埋弧焊、气体保护焊等的焊接热源均为电弧热。此外,还可利用化学热、电阻热、摩擦热、等离子束、电子束、激光束及高频感应等作为焊接热源。

②焊接过程的热效率

焊接过程中热源所产生的热量并不能全部得到利用,其中有一部分损失于周围介质和飞溅中。焊件和母材所吸收的热量称为热源的有效热功率。现以电弧为例,电弧功率 P_0 可以表示为

$$P_0 = UI$$

式中　P_0——电弧功率,即电弧在单位时间内所析出的能量;

U——电弧电压;

I——焊接电流。

显然,电弧的有效热功率 P 是电弧功率 P_0 的一部分,二者的比值为 η',即

$$P = \eta' P_0$$

式中　P——有效热功率;

η'——焊接加热过程的热效率，或称功率有效系数。

η'值大小与焊接方法、焊接工艺参数、焊接材料和被焊材料等因素有关。一般根据实验测定，不同焊接方法的 η'值见表 4.1.1。

表 4.1.1　不同焊接方法的 η'值

焊接方法	碳弧焊	焊条电弧焊	埋弧焊	钨极氩弧焊		熔化极氩弧焊	
				交流	直流	钢	铝
η'	0.5 ~ 0.65	0.74 ~ 0.87	0.77 ~ 0.90	0.65 ~ 0.85	0.78 ~ 0.87	0.65 ~ 0.69	0.70 ~ 0.85

焊接时，由焊接能源输入给单位长度焊缝的热能称为热输入（焊接线能量），以符号 E 表示，计算公式为

$$E = \frac{P}{v} = \eta' \frac{UI}{v}$$

式中　E—焊接线能量；

　　v—焊接速度。

若焊接速度单位为 cm/s，有效热功率的单位为 J/s，则线能量的单位为 J/cm。焊接线能量是焊接过程中的一个重要工艺参数。

③焊接传热的基本方式

自然界中，热量的传递主要有三种基本方式，即传导、对流和辐射。

焊接过程中，热源能量的传递也不外以上三种方式。对于电弧焊来讲，热源大部分热量传递到焊件主要通过对流与辐射，母材与焊丝获得热量后，在内部的传递则以传导为主。本书主要讨论焊件上温度分布和随时间的变化规律，因此以传导为主，适当考虑对流与辐射的作用。

（2）焊接温度场

焊接时，焊件上各点的温度不同，并随时间而变化。焊接过程中某一瞬间焊接接头上各点的温度分布状态称为焊接温度场。焊接温度场可用列表法、公式法或图像法表示，其中最常用、最直观的方法是图像法，即用等温线或等温面来表示。所谓等温线或等温面，就是温度场中温度相等各点的连线或连面。

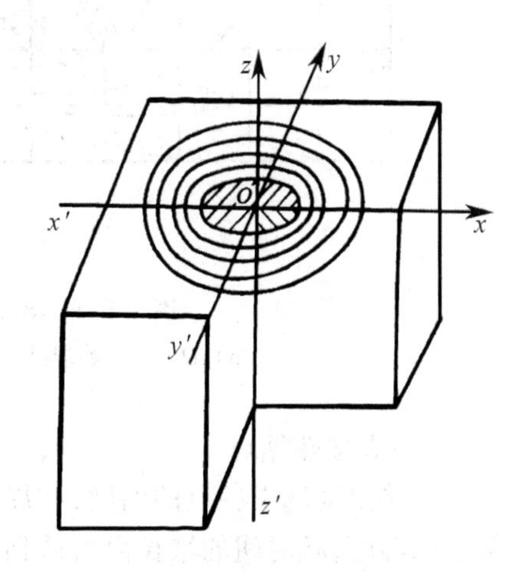

图 4.1.3　固定热源加热厚大工件时的等温面分布

为了说明等温线（面）的意义及应用，现以最简单的固定热源加热厚大工件时的情况进行分析，这就排除了热源运动和工件边界散热的影响，如图 4.1.3 所示。由于金属内部各个方向的散热条件相同，因此某一瞬时工件上某点的温度只与该点至热源的距离有关。显然，等温面就是以热源中心为圆心的若干个同心半球面，球面的半径随温度的降低而加大。而温度为金属熔点 T_M的等温面所包围的容积部分就是熔池（图 4.1.3 中阴影线部分）。从平面观察，在与 xOy 面平行的各个截面上的等温线是不同半径的同心圆，而平行于 xOz 和 yOz 面的各个截面上的等温线，则是不同半径的同心半圆。

焊接时,热源将沿一定的方向移动。热源的运动使焊件上沿运动方向的温度分布不再对称。这时,热源前面是未经加热的冷金属,温度很快降低;热源后面则是刚焊完的焊缝,等温线密集,后面的等温线稀疏。热源运动对焊缝两侧的影响相同,因而温度场对 x 轴的分布仍保持对称,但比之固定热源加热的范围要窄些。这样,运动热源加热时的等温线在 xOy 面上是不规则的椭圆(图 4.1.4(a)),而在 yOz 面上仍是不同半径的同心半圆(图 4.1.4(b))。利用等温线(面)描绘的温度场图样,可以了解焊件任一截面上温度分布的情况。图 4.1.4 中上部的曲线就是将等温线与 $x(y)$ 轴的交点的温度投到温度坐标上而绘出的。对照上下的图形可以看出,等温线越密集,温度曲线就越陡。

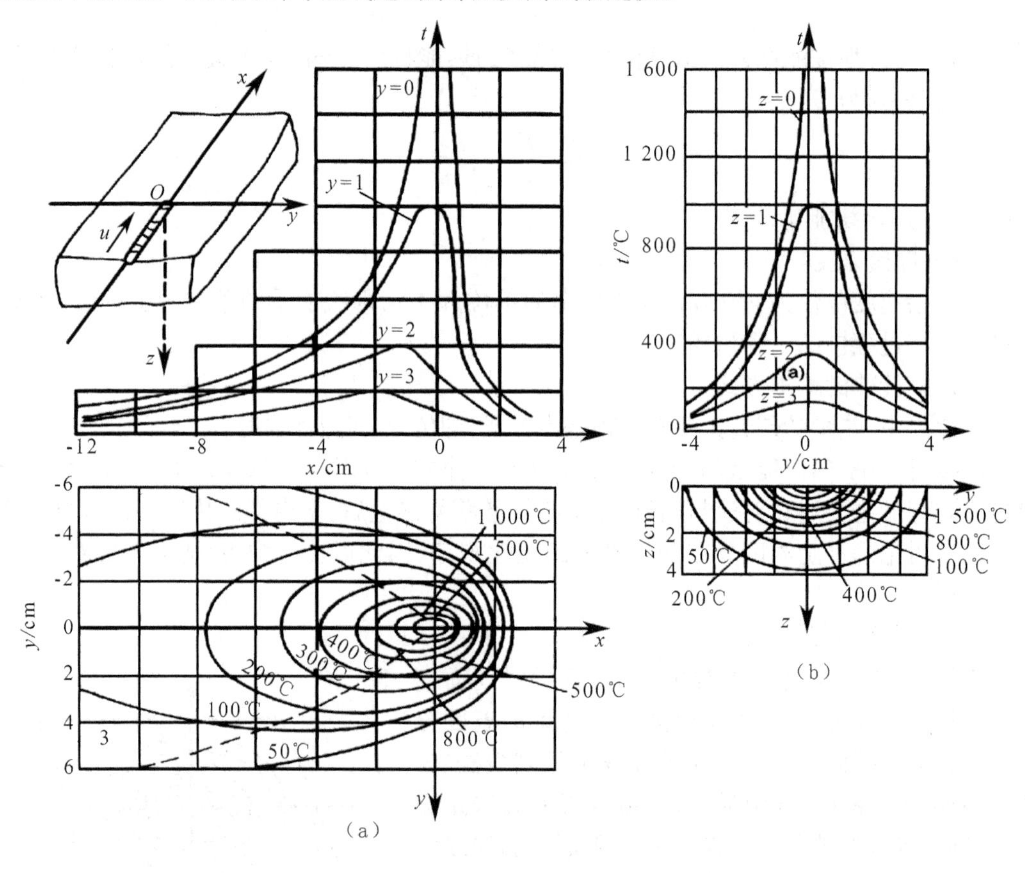

图 4.1.4　半无限大物体表面上运动热源的温度场

(a)xOy 面上等温线及温度分布;(b)yOz 面上等温线及温度分布

(3)焊接热循环

焊接温度场中各点的温度,在焊接过程中是不断变化的,当电弧沿焊件移动时,焊件上某点的温度,随时间的增长而由低到高,达到最高温度后,又由高到低。这个变化过程称为"焊接热循环",如图 4.1.5 所示。由图 4.1.5 可见,某点的热循环过程由加热和冷却两个过程组成。显然,在焊缝两侧,与焊缝的距离不同处各点所经历的焊接热循环也是不同的。离焊缝越近的点,被加热的最高温度越高;反之,离焊缝越远的点,被加热的最高温度越低。图 4.1.6 为近缝区各点的焊接热循环曲线。

从焊接温度场及热循环曲线可知,在焊接过程中,除焊缝区被加热熔化外,在焊缝附近也有一部分金属，由于热传导作用，被加热到不同的较高的温度，随后又冷却下来，这个过程相当于受到一次热处理，必然会使这段金属的组织和性能产生变化。

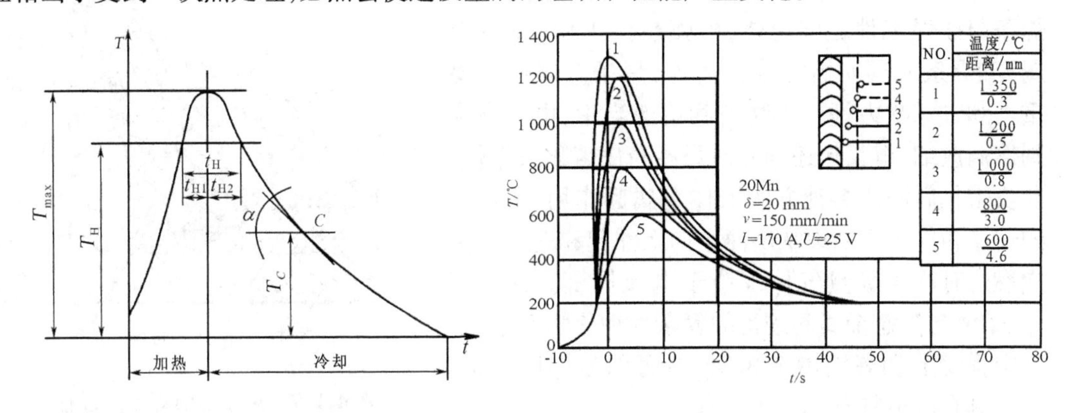

图 4.1.5 焊接热循环

T_{max}—加热最高温度；T_H—相变温度；t_H—高温停留时间

图 4.1.6 近缝区各点的焊接热循环曲线

二、焊接的化学过程

从本质上看，熔化焊焊接接头的形成过程主要涉及焊接热过程、固-液状态演变过程、焊接化学冶金过程和固态相变过程。

焊接化学冶金过程主要发生在与焊缝相对应的焊接区中，是金属、熔渣和气体在较高温度下发生的冶金反应过程。在焊缝形成过程中，主要涉及氧化、还原、渗氢、除氢、脱硫、脱磷以及合金化等。由于这些冶金反应直接影响焊缝的成分、组织和性能，因此控制焊接化学冶金过程是提高焊接质量的重要措施之一。而且，焊接条件是快速连续冷却，使焊缝金属的结晶和相变具有各自的特点，并且有可能在这些过程中产生各种焊接缺陷。因此，控制和调整焊缝金属的结晶和相变过程是保证焊接质量的又一关键。

焊接冶金是在焊接过程中通过冶金处理的方法，消除焊缝金属中的有害杂质，以及增加焊缝金属中某些有益的合金元素，从而保证焊缝金属的各种性能。

1. 焊接时金属的保护和焊接冶金的特点

(1)焊接时金属的保护

熔化焊时，由于熔化金属和周围介质的相互作用，使焊缝金属的成分和性能与母材和焊材的有较大的不同。因此，为保证焊缝质量，焊接过程中必须对熔化金属进行保护，而且还须必要的冶金处理。表 4.1.2 为熔焊时各种保护方式与焊接方法。

表 4.1.2 熔焊时各种保护方式与焊接方法

保护方式	焊接方法	保护方式	焊接方法
熔渣保护	埋弧焊、电渣焊、不含造气物质的焊条或药芯焊丝焊接	气渣联合保护	具有早期物质的焊条或药芯焊丝焊接
		真空	真空电子束焊接
气体保护	在惰性气体或其他气体(如 CO_2、混合气体)保护中焊接	自保护	用含有脱氧、脱硫剂的“自保护”焊丝进行焊接

(2)焊接冶金的特点

焊条电弧焊冶金过程如图4.1.7所示。电弧在焊条与被焊工件之间燃烧,电弧热使工件(基本金属)和焊条芯同时熔化成为熔池,焊条金属熔滴借重力和电弧吹力等作用喷射到熔池当中,电流愈大则熔滴愈细,电弧热还同时使焊条药皮熔化或燃烧,药皮熔化后滴入熔池并和液体金属起作用,所形成的熔渣和气体不断地从熔池中向上浮起和逸出。药皮燃烧时产生大量气体围绕于电弧周围。这种气体、熔渣与液态金属间进行的复杂物理化学反应,在一定程度上和炼钢冶金相似,因而称为焊接冶金。但它具有以下特点。

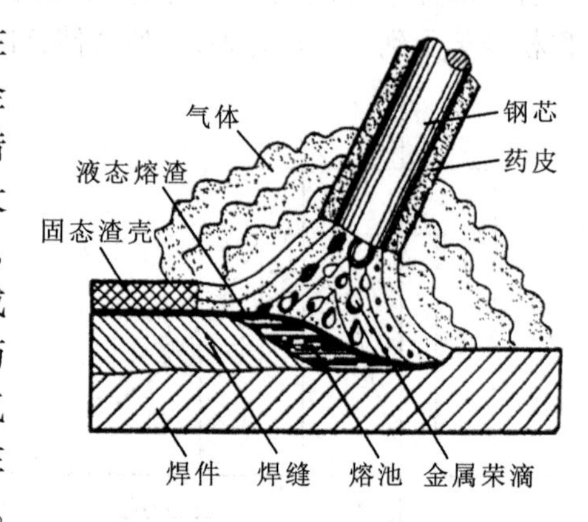

图4.1.7　焊条电弧焊冶金过程

①焊接冶金反应分区域连续进行

焊条电弧焊时,焊接冶金反应区分为药皮反应区、熔滴反应区和熔池反应区(图4.1.8)。埋弧焊和熔化极气体保护焊的焊接冶金反应区分为熔滴反应区和熔池反应区,钨极氩弧焊的焊接冶金反应区只有熔池反应区。

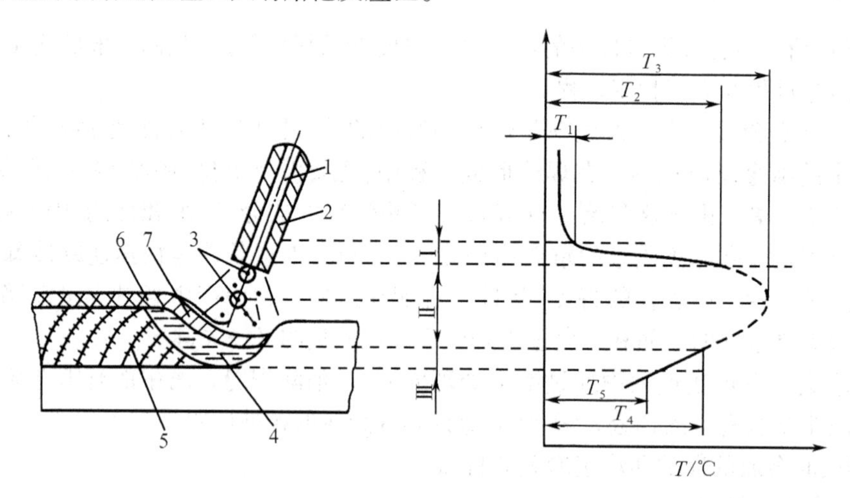

图4.1.8　焊接冶金反应区

Ⅰ—药皮反应区;Ⅱ—熔滴反应区;Ⅲ—熔池反应区

1—焊芯;2—药皮;3—包有渣壳;4—熔池;5—已凝固的焊缝;6—渣壳;7—熔渣

T_1—药皮开始反应温度;T_2—焊条端熔滴温度;T_3—弧柱间熔滴温度;T_4—熔池最高温度;T_5—熔池凝固温度

②焊接冶金具有超高温特征

普通冶金反应温度在1 500~1 700 ℃,而焊接弧柱区温度可达到6 000~8 000 ℃,焊条熔滴的平均温度达2 100~2 200 ℃,熔池温度高达1 600~2 000 ℃,与熔融金属接触的熔渣温度也高达1 600 ℃。所以,焊接冶金反应在超高温下进行,反应过程必然快速和剧烈,温度梯度大。因此,焊接冶金反应不平衡,而且使焊件产生内应力以及引起变形,严重者还产生裂纹。

③焊接冶金过程时间短

熔焊时,熔滴和熔池存在时间短。熔滴在焊条端部停留时间只有 0.01 ~ 0.1 s;熔池存在的时间最多也不超过几十秒,这不利于冶金反应的充分进行,因此整个冶金反应常常达不到平衡,在很小的金属体积内化学成分就有较大的不均匀性,形成偏析。

④熔池金属不断更新

在焊接时,由于熔池中参加反应的物质经常改变,不断有新的铁水及熔渣加入熔池中参加反应,增加了焊接冶金的复杂性。

⑤反应接触面大、搅拌激烈

焊接时,熔化金属是以滴状从焊条端部过渡到熔池的,因此熔滴与气体及熔渣的接触面就大大超过了一般炼钢的情况。接触面大可以加快反应的进行,但同时气体侵入液体金属中的机会也增多了,使焊缝金属易氧化、氮化及产生气孔。此外,熔池搅拌激烈有助于加快反应速度,也有助于熔池中气体的逸出。

在电弧区发生的物理化学反应主要表现在两个方面:气体与熔化金属间的作用和熔渣与熔化金属间的作用。

2. 气体与金属的作用

在焊接过程中,熔池周围充满着各种气体,这些气体主要来自以下几个方面:①焊条药皮或焊剂中造气剂产生的气体;②周围的空气;③焊芯、焊丝和母材在冶炼时残留的气体;④焊条药皮或焊剂未烘干,在高温下分解出的气体;⑤母材表面未清理干净的铁锈、水分、油、漆等,在电弧作用下分解出的气体。这些气体都不断地与熔池金属发生作用,有些还进入焊缝金属中,其主要成分为 CO、CO_2、H_2、O_2、N_2、H_2O 以及少量的金属与熔渣的蒸气,气体中以 O_2、H_2、N_2对焊缝的质量影响最大。

(1)氧与焊缝金属的作用

焊接区的氧气主要来自电弧中的氧化性气体(CO_2、O_2、H_2O 等)、药皮中的高价氧化物和焊件表面的铁锈、水分等的分解产物。氧在电弧高温作用下分解为原子,原子状态的氧比分子状态的氧更活泼,能使铁和其他元素氧化。

$$[Fe] + O \longrightarrow FeO$$

$$[Mn] + O \longrightarrow (MnO)$$

$$[Si] + 2O \longrightarrow (SiO_2)$$

$$[C] + O \longrightarrow CO$$

其中,FeO 能溶解于液体金属,有 FeO 存在还使其他元素进一步氧化。

$$[FeO] + [C] \longrightarrow CO + [Fe]$$

$$[FeO] + [Mn] \longrightarrow (MnO) + [Fe]$$

$$2[FeO] + [Si] \longrightarrow (SiO_2) + 2[Fe]$$

由于氧化,焊缝中有益元素烧损,氧化的产物一般上浮到熔渣中去,有时也会以夹杂形式存在于焊缝中。焊缝金属中的含氧量增加,使它的强度、塑性和韧性降低,尤以韧性降低更为明显。此外,氧化还使焊缝金属的抗腐蚀性能降低,加热时有晶粒长大趋势,冷脆的倾向增加。

氧与碳、氢反应,生成不溶于金属的气体 CO 和 H_2O,若这种反应是在结晶温度下进行的,那么,由于熔池已开始凝固,CO 和 H_2O 不能顺利逸出,便形成气孔。

由于氧有这些危害,所以焊接时必须脱氧。焊条电弧焊焊缝中氧的含量除与焊条的成分有关以外，还和焊接电流、电弧长短有关。焊接电流越大、熔滴越细，则增大了熔滴与氧的接触面积；电弧越长，使熔滴过渡的路程越长，从而增加了熔滴与氧的接触机会与时间，结果都使焊缝金属的含氧量增加。

（2）氢与焊缝金属的作用

焊接区的氢主要来自受潮的药皮、焊剂中的水分，焊条药皮中的有机物，焊件表面的铁锈、油脂及油漆等。

通常情况下，氢不和金属化合，但是它能够溶解于 Fe、Ni、Cu、Cr、Mo 等金属。图 4.1.9 为压力为 0.1 Pa 时氮和氢在不同温度下在铁中的溶解度。氢在铁中的溶解度与温度和铁的同素异构体有关，还与氢的压力有关。氢在铁中的溶解，只能以原子状态或离子状态溶入金属。由图 4.1.9 可以看出.温度越高，氢溶解在金属中的数量也多，而在相变时气体的溶解度发生突变。焊接时的冷却速度很快，容易造成过饱和的氢残存在焊缝金属中，当焊缝金属的结晶速度大于它的逸出速度时，就形成气孔。

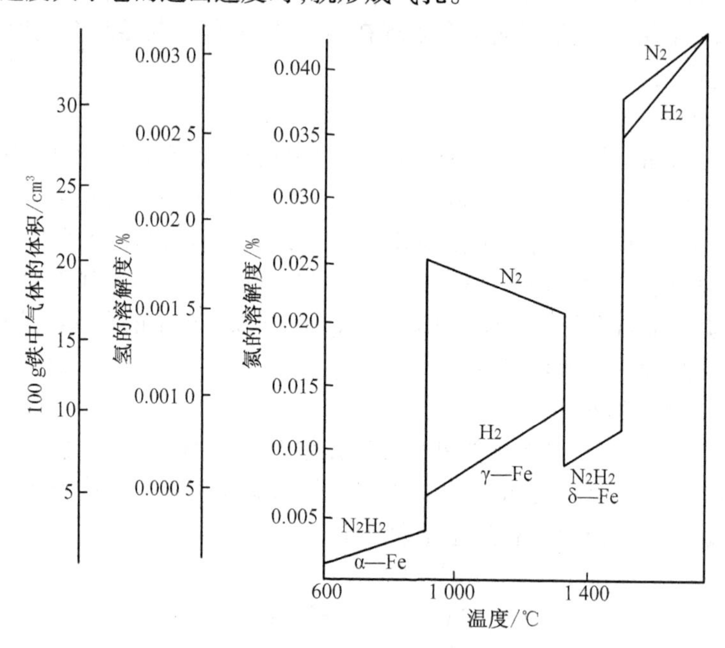

图 4.1.9 压力为 0.1 Pa 时氮和氢在不同温度下在铁中的溶解度

氢是还原性气体，它在电弧气氛中有助于减少金属的氧化，但是，在大多数情况下，这种好作用不仅完全被抵消，而且还产生许多有害的作用，如引起氢脆性、白点、硬度升高，使钢的塑性严重下降，严重时将引起裂纹等。

（3）氮与焊缝金属的作用

焊接区中的氮主要来自空气，它在高温时溶入熔池，并能继续溶解在凝固的焊缝金属中。氮随着温度下降，溶解度降低，析出的氮与铁形成化合物，以针状夹杂形式存在于焊缝金属中。氮的含量较高时，对焊缝金属的机械性能有较大的影响，如硬度和强度提高，塑性降低。此外，氮也是形成气孔的原因之一。由于氮主要来源于空气，故电弧越长，氮侵入熔池越多；熔池保护越差，氮侵入也越多。目前使用的气体保护焊、埋弧自动焊或焊条电弧焊，保护情况都比较好，因此能显著地降低焊缝中的含氮量。

3. 焊接熔渣

焊接过程中,焊(钎)剂和非金属夹杂经化学变化形成的覆盖于焊(钎)缝表面的非金属物质称为熔渣。

(1)熔渣的作用

①机械保护

焊接时,液态熔渣覆盖在熔滴和熔池表面,使之与空气隔开,阻止了空气中有害气体的侵入。熔渣凝固后形成的渣壳覆盖在焊缝上,可防止焊缝高温金属被空气氧化。同时也减缓了焊缝金属的冷却速度。

②改善焊接工艺性能

熔渣中的易电离物质,可使电弧易引燃和稳定燃烧,熔渣适宜的物理、化学性质可保证不同位置进行操作和良好的焊缝成形,并可减少飞溅,减少焊缝气孔的产生。

③冶金处理

熔渣与液态金属之间可进行一系列的冶金反应,从而影响焊缝金属的成分和性能。通过冶金反应,熔渣可清除焊缝中的有害杂质,如氢、氧、硫、磷等,通过熔渣可向焊缝过渡合金元素,调整焊缝的成分。

(2)熔渣的种类

熔渣是一个多元化学复合体系,按成分不同可分为三大类。

第一类是盐型熔渣。它主要由金属氟酸盐、氯酸盐和不含氧的化合物组成。属于这个类型的渣系有:CaF_2-NaF、CaF_2-BaCl_2-NaF、$KCl-NaCl-Na_3AlF_6$、$BaF_2-MgF_2-CaF_2-LiF$ 等。这类熔渣的特点是氧化性很小,主要用于焊接铝、钛和其他化学活性金属及其合金,在某些情况下也用于焊接含活性元素的高合金钢。

第二类是盐一氧化物型熔渣。这类熔渣主要由氟化物和强金属氧化物组成,如 $CaF_2-CaO-Al_2O_3$、$CaF_2-CaO-SiO_2$等。这个类型的熔渣氧化性较小,主要用于焊接合金钢及低碳钢的重要结构。

第三类是氧化物型熔渣。这类熔渣主要由各种金属氧化物组成。如 $MnO-SiO_2$、$FeO-MnO-SiO_2$等。这类熔渣氧化性较强,主要用于焊接低碳钢和低合金钢的一般结构件。

(3)熔渣的物理性质与碱度

熔渣的物理性质主要是指熔渣的黏度、熔点、相对密度、脱渣性和透气性等。这些性质对焊缝金属的成形、电弧的稳定性、焊接位置的适应性、焊接缺陷的产生等都有较大的影响。

熔渣的碱度是判断熔渣碱性强弱的指标。熔渣的碱度对焊接化学冶金反应,如元素的氧化与还原、脱硫、脱磷及液态金属气体的吸收等都有重要的影响。

焊接熔渣主要由氧化物组成。这些氧化物有的是金属氧化物,有的是非金属氧化物。如果按化学性质来分,可分为碱性氧化物(CaO_2、FeO、MgO、Ma_2O 等)、酸性氧化物(SiO_2、TiO_2、Fe_2O_3等)和两性氧化物(Al_2O_3、、Fe_2O_3、Cr_2O_3 等)。熔渣中除氧化物外,还有氟化物(CaF_2、NaF、KF 等)和氯化物(KCl、$NaCl$ 等)及少量的硫化物、碳化物。

碱性氧化物多时,熔渣就表现为碱性,反之,酸性氧化物多时熔渣就表现为酸性。熔渣碱性的强弱用碱度表示:

$$B_3=\frac{\Sigma\ 碱性氧化物质量分数}{\Sigma\ 酸性氧化物质量分数}$$

当 $B_3 > 1.5$ 时，熔渣化学性质呈碱性，称为碱性渣；当 $B_3 < 1.5$ 时，熔渣化学性质呈酸性，称为酸性渣。

4. 焊缝金属的脱氧

脱氧处理时通过在焊接材料中加入某些对氧的亲和力较大的元素，使其在焊接过程中夺取气体或氧化物中的氧，从而减少焊缝金属的氧化物量及含氧量。用于脱氧的元素称作脱氧剂。脱氧剂的选择原则如下。

(1)脱氧剂在焊接温度下对氧的亲和力比被焊金属对氧的亲和力大。元素对氧的亲和力由大到小的顺序为:Al、Ti、C、Si、Mn、Fe。生产中常用它们的铁合金或金属粉脱氧。

(2)脱氧后的产物应不溶于金属，且熔点较低，密度比液体金属小，易从熔池中上浮入渣。

(3)脱氧剂对金属的性能及焊接工艺性能无有害作用。

焊缝金属的脱氧主要有两个途径:脱氧剂脱氧和扩散脱氧。脱氧剂脱氧按时间分又分为先期脱氧和沉淀脱氧。

(1)脱氧剂脱氧

①先期脱氧

焊条药皮或药芯中的高价氧化物或碳酸盐在焊接高温作用下分解出氧和二氧化碳，而药皮或药芯中的脱氧剂便与其发生氧化反应，结果使气体的氧化性减弱，这种在加热阶段发生的脱氧反应，就是先期脱氧。其目的是尽早控制电弧气氛中的氧化性，减少金属的氧化。这种脱氧主要发生在焊条端部反应区。

由于药皮加热阶段温度低，反应时间短，故先期脱氧是不完全的，需进一步脱氧。

②沉淀脱氧

沉淀脱氧是利用溶解在熔滴和熔池中的脱氧剂与[FeO]和[O]直接反应，把铁还原，脱氧产物转入熔渣而清除。沉淀脱氧是置换氧化的逆反应。沉淀脱氧的对象主要是液体金属中的[FeO]。

对于沉淀脱氧，酸性焊条采用锰铁做脱氧剂脱氧效果较好；碱性焊条主要利用硅铁、钛铁对熔池中的[FeO]进行脱氧。

对于钢来说，当采用锰、硅或铁单独脱氧时，其脱氧产物的熔点都比铁高，容易夹渣。而采用硅锰联合脱氧，其脱氧产物能结合成熔点较低、密度较小的复合物进入熔渣，对消除夹渣很有利。因此，焊接低碳钢时常采用硅锰联合脱氧。硅锰联合脱氧的效果与[Mn/Si]比值有很大关系，该比值过大或过小，均可能造成锰、硅单独脱氧的条件，使脱氧效果下降。为使反应生成物均能形成熔点较低的复合物，并考虑到锰对氧的亲和力低于硅，因此锰占的比例应比硅大。实践证明，当[Mn/Si]比值为 3 ~ 7 时，脱氧产物为颗粒大、熔点低的($MnO \cdot SiO_2$)，脱氧效果较好。

碳虽然与氧的亲和力很强，但一般不做脱氧剂，因为其脱氧产物 CO 受热膨胀会发生爆炸、飞溅大，同时易产生 CO 气孔。

铝虽然与氧会发生强烈的氧化反应，脱氧能力很强，但产生的 Al_2O_3 熔点高，不易上浮，易形成夹渣，同时还会产生飞溅、气孔等缺陷，故一般不宜单独做脱氧剂。

(2)扩散脱氧

利用 FeO 既溶于熔池，又溶于熔渣的特点，使熔池中的 FeO 扩散到熔渣，从而降低焊缝含氧量的过程称为扩散脱氧。它是扩散氧化的逆过程。即

$$[FeO] = (FeO)$$

扩散脱氧的效果与温度和熔渣的性质有关。当温度下降时，FeO 分配有利于向熔渣方向进行；在相同温度下，酸性渣比碱性渣有利于扩散。熔渣中 FeO 的活度越低，扩散脱氧效果越好。酸性焊条扩散脱氧效果较好，而扩散脱氧在碱性焊条中基本上不存在。

扩散脱氧是在熔渣与熔池的界面上进行的，所以熔池的搅拌作用有利于扩散脱氧。由于焊接过程的冶金时间短，而扩散脱氧过程需要时间长，故扩散脱氧效果是有限的。

以上两种脱氧形式一般来说是共存的，只是不同条件下各自的程度不同而已。

脱氧反应比较见表 4.1.3。

表 4.1.3　脱氧反应比较

脱氧类型		反应原理	发生的主要反应	决定脱氧效果的因素
脱氧剂脱氧	先期脱氧	药皮中脱氧剂与药皮中高价氧化物或碳酸盐分解出的 O_2 或 CO_2 反应，使电弧气氛氧化性下降	$Fe_2O_3 + Mn = MnO + 2FeO$ $FeO + Mn = MnO + Fe$ $2CaCO_3 + Si = 2CaO + SiO_2 + 2CO\uparrow$ $CaCO_3 + Mn = MnO + CaO + CO\uparrow$	脱氧剂对氧的亲和力、粒度、氧化剂与脱氧比例、电流密度等
	沉淀脱氧	脱氧剂与 FeO 直接反应，脱氧产物浮出金属表面	$[Mn] + [FeO] \longrightarrow [Fe] + (MnO)$ $[C] + [FeO] \longrightarrow [Fe] + (CO)\uparrow$ $[Si] + [FeO] \longrightarrow [Fe] + (SiO_2)$	脱氧剂含量、种类和熔渣的酸碱性
扩散脱氧		分配定律 $L = (FeO)/[FeO]$	$[FeO] \rightleftharpoons (FeO)$	熔渣中 FeO 的活度、温度、熔渣的碱度

5. 焊缝中硫、磷的危害及脱除

(1)焊缝中硫、磷的来源

焊缝中硫、磷主要来自母材、焊丝、焊条药皮或焊剂的原材料。硫在钢中主要以 FeS 的形式存在。磷在钢中主要以多价磷化物（Fe_3P、Fe_2P、FeP）的形式存在。

(2)焊缝中硫、磷的危害

硫、磷是焊缝中的有害杂质。FeS 可无限溶解于液态铁中，而其在固态铁中的溶解度只有 0.015% ～0.02%，熔池凝固时即析出，并与 $\alpha-Fe$、FeO 等形成低熔点共晶，这些低熔点共晶在晶界聚集，导致产生结晶裂纹，同时降低了焊缝冲击韧性和抗腐蚀性。

磷与铁、镍可形成低熔点共晶，产生热裂纹。焊缝中含磷较多时，会降低焊缝金属的冲击韧性和低温韧性，并使脆性转变温度升高。

(3)焊缝中硫、磷的控制

①限制硫、磷的来源

焊缝中硫、磷主要来自母材和焊接材料。母材、焊丝中的硫、磷含量一般较低。药皮、焊剂的原材料，如锰矿、赤铁矿、钛铁矿等含有一定量的硫、磷，对焊缝的含硫、磷量影响较大。因此，限制母材、焊丝，尤其是药皮、焊剂中的硫、磷含量是防止硫、磷危害的主要措施。

②冶金方法脱硫、脱磷措施

冶金脱硫、脱磷是利用对硫、磷亲和力比铁大的成分将铁还原，而自身与硫、磷生成不溶于液态金属的硫化物、磷化物进入熔渣而去除硫和磷。脱硫的方法主要有元素脱硫和熔渣脱硫两种,脱磷的方法主要是冶金脱磷。

a. 元素脱硫

常用的脱硫剂是 Mn,其脱硫反应式为

$$[FeS]+[Mn]=(MnS)+[Fe]+Q$$

反应产物 MnS 不溶于钢液,大部分进入熔渣。锰的脱硫反应为放热反应,降低温度有利于脱硫的进行。

b. 熔渣脱硫

熔渣中的碱性氧化物,如 MnO、CaO、MgO 等也能脱硫,其脱硫反应式为

$$[FeS]+(MnO)=(MnS)+[FeO]$$

$$[FeS]+(CaO)=(CaS)+[FeO]$$

$$[FeS]+(MgO)=(MgS)+[FeO]$$

产物 CaS、MgS 不溶于钢液而进入熔渣。增加渣中 MnO、CaO、MgO 的含量,减少 FeO 的含量,有利于脱硫。碱性焊条熔渣的碱性较强,脱硫能力比酸性焊条熔渣强。所以,酸性焊条以元素脱硫为主,碱性焊条同时采用元素脱硫和熔渣脱硫。

由于焊接冶金时间短,无论是元素脱硫,还是熔渣脱硫,反应都不能充分进行,且熔渣的碱度都不很高,所以,脱硫的能力是有限的。

c. 冶金脱磷

冶金脱磷分两步进行:第一步将磷氧化成 P_2O_5;第二步将 P_2O_5 与熔渣中碱性氧化物复合成稳定的磷酸盐而进入熔渣。

增加熔渣中 CaO 和 FeO 的含量,可提高脱磷效果。碱性焊条熔渣中含有较多的 CaO,有利于脱磷,但碱性熔渣中 FeO 含量较低,因而脱磷效果并不理想。酸性焊条熔渣中虽含一定的 FeO,但 CaO 的含量极少,故酸性焊条的脱磷效果比碱性焊条更差。

总之,焊接过程中的脱硫、脱磷都是较困难的,而脱磷比脱硫更困难,要控制焊缝中的硫、磷含量,更主要的是要严格控制焊接原材料中的硫、磷含量。

6. 焊缝金属的合金化

焊缝金属的合金化是指通过焊接材料向焊缝金属过渡一定合金元素的过程,又称合金过渡。

(1)焊缝金属合金化的目的

①补偿焊接过程中由于蒸发、氧化等原因造成的合金元素的损失;

②消除焊接工艺缺陷,改善焊缝的组织与性能。例如在焊接低碳钢时,为消除因硫引起的结晶裂纹,需向焊缝中加入锰。在焊接某些结构钢时,向焊缝中过渡 Ti、A1、B、Mo 等元素,以细化晶粒,提高焊缝金属的塑、韧性;

③获得具有特殊性能的堆焊金属。为使工件表面获得耐磨、耐热、红硬、耐蚀等特殊要求的性能,生产中常用堆焊的方法过渡 Cr、Mo、W、Mn 等合金元素。

(2)焊缝金属合金化的方式

①应用合金焊丝:把所需要的合金元素加入焊丝,配合碱性药皮或低氧、无氧焊剂进行焊接,使合金元素随熔滴过渡到焊缝金属中。这种方法优点是合金元素的过渡效果好,焊缝成分均匀、稳定,但制造工艺复杂、成本高。

②应用合金药皮或陶质焊剂:将所需合金元素以纯金属或铁合金的方式加入药皮焊剂

中,配合普通焊丝使用。此法的优点是制造容易、简单方便、成本低,但合金元素氧化损失大,合金利用率低。

③应用药芯焊丝或药芯焊条:药芯焊丝的结构各式各样,药芯中合金成分的配比可以任意调整,可以得到任意成分的堆焊熔敷金属,合金元素损失少,但不易制造,成本较高。

④应用合金粉末:将需要过渡的合金元素按比例制成一定粒度的粉末,将合金粉末输到焊接区或撒在焊件表面,在热源作用下与母材熔合成合金化的焊缝金属。此法的优点是合金成分比例调配方便,合金损失少,但焊缝成分的均匀性差。

⑤应用置换反应:在药皮或焊剂中加入金属氧化物,如氧化锰、二氧化硅等。焊接时通过熔渣与液态金属的还原反应,使硅锰合金元素被还原,从而提高焊缝中的硅锰含量。此法合金化效果有限,且易增加焊缝的氧含量。

(3)合金元素过渡系数及影响因素

焊接过程中,合金元素不能全部过渡到熔敷金属中去。为说明合金元素利用率高低,常用合金元素过渡系数来表达。合金元素过渡系数是指焊接材料中的合金元素过渡到焊缝金属中的数量与其原始浓度的百分比。

$$\eta = \frac{C_{\mathrm{d}}}{C_{\mathrm{e}}} \times 100\%$$

式中 η—合金元素过渡系数;

C_{d}—某元素在熔敷金属中的浓度;

C_{e}—某元素的原始浓度。

合金元素过渡系数大,表示该合金元素的利用率高。影响合金元素过渡系数的因素有很多,主要有合金元素与氧的亲和力、合金元素的物理性质,焊接区的氧化性及合金元素的粒度等。合金元素与氧的亲和力越大,越易烧损,合金元素过渡系数越小;合金元素的沸点越低,饱和蒸气压越高,越易蒸发,合金元素过渡系数也越小;介质氧化性越大,合金元素氧化越多,合金元素过渡系数越小。故高合金钢要求在弱氧化性介质或惰性气体中进行焊接;增加合金元素的粒度,其表面积减小,氧化损失量减小,合金元素过渡系数提高。

这里要说明的是在焊条药皮中的合金剂和脱氧剂两者常无明显的区分。同一种合金元素,有时既起脱氧剂的作用,又起合金剂的作用。如 E4303 焊条药皮中的锰铁,虽然主要作用是作为脱氧剂,但也有部分作为合金剂渗入焊缝,改善焊缝性能。

三、焊接材料

焊接材料是焊接时所消耗材料的统称,包括焊条、焊丝、焊剂和焊接用气体等,也包括对焊缝进行合金化的各种类型材料,如合金粉末。焊接材料选用正确与否,不仅影响焊接过程的稳定性、接头性能和质量,同时也影响焊接生产率和产品成本。

1. 焊条

焊条是涂有药皮的供焊条电弧焊使用的熔化电极。焊条由药皮及焊芯两部分组成。

焊接时熔化的焊芯和母材共同形成焊缝,而药皮则起到对焊接区进行保护及化学冶金作用,所以焊条的质量直接影响焊接过程的稳定,并决定着焊缝金属的成分及性能,因而对焊接质量产生重要影响。

(1)焊条的组成及作用

①焊芯

焊条中被药皮包覆的金属芯称为焊芯。焊接时,焊芯有两个作用:一是传导焊接电流产生电弧,把电能转换成热能;二是焊芯本身熔化做填充金属与熔化的母材金属熔合成焊缝。

焊条电弧焊时,焊芯金属约占整个焊缝金属的50% ~70%,所以焊芯的化学成分直接影响焊缝的质量。因此,用作焊芯的钢丝都是经特殊冶炼的,且单独规定了它的牌号和成分,这种焊接钢丝称为焊丝。焊丝还是埋弧焊、气体保护焊、电渣焊、气焊等的填充材料。

②药皮

压涂在焊芯表面上的涂料层称为药皮。药皮由各种矿物类、铁合金和金属类、有机类及化工产品等原料组成。焊条药皮组成物的成分相当复杂,一般一种焊条药皮配方的原料达八种以上。

a. 焊条药皮的作用

Ⅰ. 机械保护作用

利用焊条药皮熔化后产生的大量气体和形成的熔渣,起隔离空气作用,防止空气中的氧、氮侵入,保护熔滴和熔池金属。

Ⅱ. 冶金处理渗合金作用:通过熔渣与熔化金属冶金反应,除去有害杂质(如氧、氢、硫、磷)和添加有益元素,使焊缝获得合乎要求的力学性能。

Ⅲ. 改善焊接工艺性能:焊接时使电弧稳定燃烧、飞溅少、焊缝成形好、易脱渣,熔敷效率高,适用全位置焊接等。

b. 焊条药皮的类型

焊条药皮类型较多,主要有钛铁矿型、钛钙型、高纤维素钾型、高纤维素钠型、高钛钠型、铁粉钛型、低氢钠型、低氢钾型、铁粉低氢型、氧化铁型等。现介绍生产中常用的几种类型的药皮。

Ⅰ. 钛钙型

该药皮中含30%以上的氧化钛和20%以下的钙或镁的碳酸盐矿。熔渣流动性良好,脱渣容易,电弧稳定,熔深适中,飞溅少,焊波整齐。这类焊条适用于全位置焊接,焊接电流为交流或直流正、反接。主要用于焊接较重要的碳钢结构。常用焊条为E4303、E5003。

Ⅱ. 高纤维素钾型

该药皮中纤维素含量较高,并加入少量的钙与钾的化合物。该类药皮焊条电弧稳定,焊接电流为交流或直流反接,适用于全位置焊接。主要焊接一般低碳钢结构,如管道等,也可打底焊。常用焊条为E4311、E5011。

Ⅲ. 低氢钠型

该药皮主要组成物是碳酸盐矿和萤石,碱度较高。焊接工艺性能一般,焊波较粗,熔深中等,脱渣性较好,可全位置焊接,焊接电流为直流反接。熔敷金属具有良好的抗裂性能和力学性能。主要用于焊接重要的碳钢结构,也可焊接相适应的低合金钢结构。常用焊条为E4315、E5015。

Ⅳ. 低氢钾型

该药皮在低氢钠型药皮的基础上添加了稳弧剂,故可用交流电施焊。这类药皮焊条工艺性能、力学性能、抗裂性能与低氢钠型焊条相似,主要用于焊接重要的碳钢结构,也可焊接相适用的低合金钢结构。常用焊条为 E4316、E5016。

(2)焊条的分类及型号

①焊条的分类

a. 按焊条的用途分类

根据有关的国家标准,焊条可分为:碳钢焊条、低合金钢焊条、不锈钢焊条、堆焊焊条、铸铁焊条、镍及镍合金焊条、铜及铜合金焊条、铝及铝合金焊条。

b. 按焊条药皮熔化后的熔渣特性分类

按焊条药皮熔化后的熔渣特性,焊条可分为酸性焊条和碱性焊条两大类:酸性焊条其熔渣以酸性氧化物为主,如钛铁矿型、钛钙型、高纤维素钾型、高钛钠型、铁型、氧化铁型药皮类型的焊条;碱性焊条其熔渣以碱性氧化物和氟化钙为主,由于焊缝中含氢量低,所以也称低氢型焊条,如低氢钠型、低氢钾型药皮类型的焊条。

酸性焊条与碱性焊条各有特点,其比较见表 4.1.4。

表 4.1.4 酸性焊条与碱性焊条的比较

酸性焊条		碱性焊条	
1	熔渣呈酸性	1	熔渣呈碱性
2	保护气体是 H_2、CO H_2 可占 50% 左右	2	保护气体是 CO、CO_2 H_2 占比小于 5%,因此称为低氢型焊条
3	电弧稳定,可用交流或直流焊接	3	药皮中氟化物不利于电弧稳定,需用直流焊接,当药皮中单加稳弧剂后,方可交直两用
4	焊接电流较大,焊缝成形好,但熔深较浅	4	焊接电流较小(10%),焊缝成形尚好,容易堆高,熔深较深
5	宜长弧操作,要求不严	5	须短弧操作,电流适当,否则易生气孔
6	对水、锈产生气孔的敏感性不大,焊条在使用前经 100 ~ 150 ℃烘干 1 ~ 2 h 即可,若不吸潮,可不烘干	6	对水、锈产生气孔的敏感性较大,要求焊条使用前经 300 ~ 350 ℃烘干 1 ~ 2 h;而后入 100 ℃烘箱或保温箱筒中使用
7	熔渣呈玻璃状,脱渣较方便	7	熔渣呈结晶状,坡口内第一层脱渣较困难,以后各层较容易
8	焊接时烟尘较少,不产生特殊有害气体	8	焊接时烟尘稍多,产生 HF,有毒性,应加强通风
9	药皮组分氧化性强,易烧蚀有用合金,合金元素过渡效果差,易产生夹杂	9	药皮成分有还原性,合金烧蚀少,合金元素过滤效果好,注意操作时夹杂少
10	脱硫、脱磷能力差,抗裂性能差	10	有较多 CaO,脱硫、脱磷能力强,抗裂性能好
11	焊缝中含氢,易产生"白点",影响塑性	11	焊缝中含氢量低
12	焊缝常温、冲击性能一般	12	焊缝常温、低温冲击性能较高
用于一般钢结构,生产率高		用于受压元件与重要结构	

②焊条的型号

a. 碳钢焊条和低合金钢焊条型号

按国家标准 GB/T 5117—1995《碳钢焊条》和 GB/T 5118—1995《低合金钢焊条》规定，碳钢焊条和低合金钢焊条型号是根据熔敷金属的力学性能、药皮类型、焊接位置和电流种类来划分的。

I. 字母“E”表示焊条；前两位数字表示熔敷金属抗拉强度的最小值，单位为 10 MPa；第三位数字表示焊条的焊接位置，“0”及“1”表示焊条适用于全位置焊接，“2”表示焊条只适用于平焊及平角焊，“4”表示焊条适用于向下立焊；第三位数字和第四位数字组合时，表示焊接电流种类及药皮类型，见表 4.1.5。

表 4.1.5　碳钢焊条和低合金钢焊条型号的第三位、第四位数字组合的含义

<table>
<tr><th>焊条型号</th><th>药皮类型</th><th>焊接位置</th><th>电流种类</th></tr>
<tr><td>E××00</td><td>特殊型</td><td rowspan="11">平、立、仰、横</td><td rowspan="3">交流或直流正、反接</td></tr>
<tr><td>E××01</td><td>钛铁矿型</td></tr>
<tr><td>E××03</td><td>钛钙型</td></tr>
<tr><td>E××10</td><td>高纤维素钠型</td><td>直流反接</td></tr>
<tr><td>E××11</td><td>高纤维素钾型</td><td>交流或直流反接</td></tr>
<tr><td>E××12</td><td>高钛钠型</td><td>交流或直流正接</td></tr>
<tr><td>E××13</td><td>高钛钾型</td><td rowspan="2">交流或直流正、反接</td></tr>
<tr><td>E××14</td><td>铁粉钛型</td></tr>
<tr><td>E××15</td><td>低氢钠型</td><td>直流正接</td></tr>
<tr><td>E××16</td><td>低氮钾型</td><td rowspan="2">交流或直流反接</td></tr>
<tr><td>E××18</td><td>铁粉低氢型</td></tr>
<tr><td>E××20</td><td rowspan="2">氧化铁型</td><td>平</td><td>交流或直流正、反接</td></tr>
<tr><td>E××22</td><td>平、平角焊</td><td>交流或直流正接</td></tr>
<tr><td>E××23</td><td>铁粉钛钙型</td><td rowspan="2">平、平角焊</td><td rowspan="2">交流或直流正、反接</td></tr>
<tr><td>E××24</td><td>铁粉钛型</td></tr>
<tr><td rowspan="2">E××27</td><td rowspan="2">铁粉氧化铁型</td><td>平</td><td>交流或直流正、反接</td></tr>
<tr><td>平角焊</td><td>交流或直流正接</td></tr>
<tr><td>E××28</td><td>铁粉低氢型</td><td>平、平角焊</td><td>交流或直流反接</td></tr>
</table>

II. 低合金钢焊条还附有后缀字母，为熔敷金属的化学成分分类代号，见表 4.1.6，并以“ - ”与前面数字分开；当还具有附加化学成分时，附加化学成分直接用元素符号表示，并以“ - ”与前面后缀字母分开。

表 4.1.6 低合金钢焊条熔敷金属化学成分分类代号

化学成分分类	代号	化学成分分类	代号
碳钼钢焊条	E××××-A_1	镍钼钢焊条	E××××-NM
铬钼钢焊条	E××××-B_1~B_5	锰钼钢焊条	E××××-D_1~D_3
镍钢焊条	E××××-C_1~C_3	其他低合金钢焊条	E××××-G、M、M_1、W

碳钢焊条和低合金钢焊条型号举例如下。

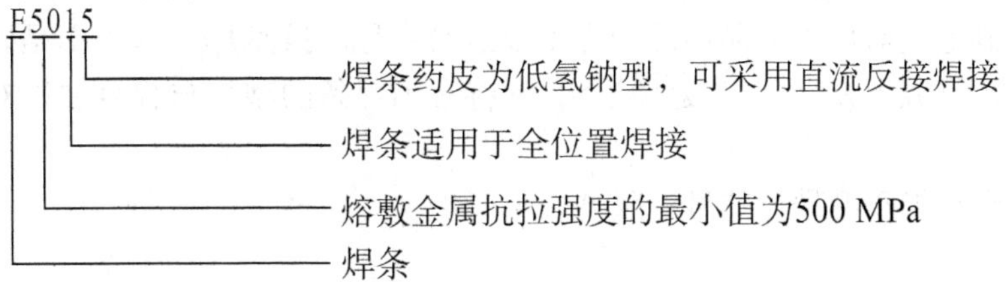

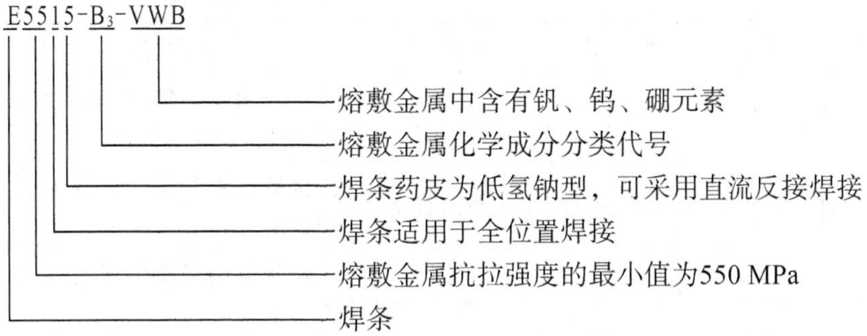

E5015

- 5：焊条药皮为低氢钠型，可采用直流反接焊接
- 1：焊条适用于全位置焊接
- 50：熔敷金属抗拉强度的最小值为500 MPa
- E：焊条

E5515-B_3-VWB

- VWB：熔敷金属中含有钒、钨、硼元素
- B_3：熔敷金属化学成分分类代号
- 5：焊条药皮为低氢钠型，可采用直流反接焊接
- 1：焊条适用于全位置焊接
- 55：熔敷金属抗拉强度的最小值为550 MPa
- E：焊条

b. 不锈钢焊条型号

按国家标准 GB/T 983—1995《不锈钢焊条》规定，不锈钢焊条型号是根据熔敷金属的化学成分、药皮类型、焊接位置和电流种类来划分的。不锈钢焊条型号编制方法：字母“E”表示焊条，“E”后面数字表示熔敷金属化学成分分类代号；如有特殊要求的化学成分，将该化学元素符号放在数字后面；数字后的字母“L”表示碳含量较低，“H”表示碳含量较高，“R”表示硫、磷、硅含量较低；“-”后面的两位数字表示焊条焊接电流种类、焊接位置和药皮类型，见表 4.1.7。

表 4.1.7 不锈钢焊条型号最后两位数字含义

焊条型号	焊接电流	焊接位置	药皮类型
E×××(×)-15	直流反接	全位置	碱性药皮
E×××(×)-25		平、横	
E×××(×)-16	交流或直流反接	全位置	碱性药皮或钛型、钛钙型药皮
E×××(×)-17			
E×××(×)-26		平、横	

不锈钢焊条型号举例如下。

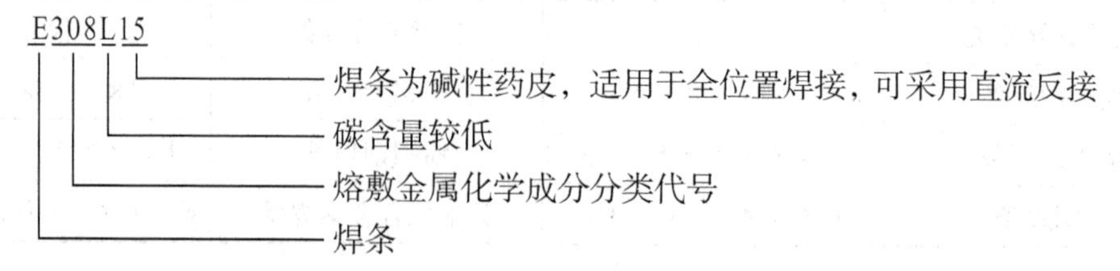

③焊条型号与牌号的对应关系

焊条型号和牌号都是焊条的代号，焊条型号是指国家标准规定的各类焊条的代号，牌号则是焊条制造厂对作为产品出厂的焊条规定的代号。虽然焊条牌号不是国家标准，但考虑到多年使用已成习惯，因此为避免混淆，现将常用焊条的型号与牌号加以对照，以便正确使用。

a. 常用碳钢焊条型号与牌号对照见表4.1.8。

表4.1.8　常用碳钢焊条型号与牌号对照

序号	型号	牌号	药皮类型	电源种类	主要用途	焊接位置
1	E4303	J422	钛钙型	交流或直流	焊接较重要的低碳钢结构和同等强度的普通低合金钢	平、立、仰、横
2	E4311	J425	高纤维素钾型	交流或直流	焊接低碳钢结构的立向下底层焊接	平、立、仰、横
3	E4316	J426	低氢钾型	交流或直流反接	焊接重要的低碳钢及某些低合金钢结构	平、立、仰、横
4	E4315	J427	低氢钠型	直流反接	焊接重要的低碳钢及某些低合金钢结构	平、立、仰、横
5	E5003	J502	钛钙型	交流或直流	焊接相同强度等级低合金钢一般结构	平、立、仰、横
6	E5016	J506	低氢钾型	交流或直流反接	焊接中碳钢及重要低合金钢结构钢，如Q345等	平、立、仰、横
7	E5015	J507	低氢钠型	直流反接	焊接中碳钢及重要低合金钢结构，如Q345等	平、立、仰、横

b. 常用低合金钢焊条型号与牌号对照见表4.1.9。

c. 常用不锈钢焊条型号与牌号对照见表4.1.10。

(3)焊条的选用及管理

①焊条的选用原则

a. 按焊件的力学性能、化学成分选用

I. 低碳钢、中碳钢和低合金钢一般按焊件的抗拉强度来选用相应强度的焊条，只有在焊接结构刚性大、受力情况复杂时，才选用比钢材强度低一级的焊条。

II. 不锈钢、耐热钢、堆焊等焊件选用焊条时，应从保证焊接接头的特殊性能出发，要求焊缝金属化学成分与母材相同或相近。

表 4.1.9　常用低合金钢焊条型号与牌号对照

序号	型号	牌号	序号	型号	牌号
1	E5015 – G	J507MoNb J507NiCu	8	E5503 – B_1 E5515 – B_1	R202 R207
2	E5515 – G	J557、J557Mo J557MoV	9	E5503 – B_2 E5515 – B_2	R302 R307
3	E6015 – G	J607Ni	10	E5515 – B_3 – VWB	R347
4	E6015 – D_1	J607	11	E6015 – B_3	R407
5	E7015 – D_2	J707	12	El – 5MoV – 15	R507
6	E8515 – G	J857	13	E5515 – C_1	W707Ni
7	E5015 – A_1	8107	14	E5515 – C_2	W907Ni

表 4.1.10　常用不锈钢焊条型号与牌号对照

序号	型号(新)	型号(旧)	牌号	序号	型号(新)	型号(旧)	牌号
1	E410 – 16	E1 – 13 – 16	G202	8	E309 – 15	E1 – 23 – 13 – 15	A307
2	E410 – 15	El – 13 – 15	G207	9	E310 – 16	E2 – 26 – 21 – 16	A402
3	E410 – 15	El – 13 – 15	G217	10	E310 – 15	E2 – 26 – 21 – 15	A407
4	E308L – 16	E00 – 19 – 10 – 1	A002	11	E347 – 16	E0 – 19 – 10Nb – 16	A132
5	E308 – 16	E0 – 19 – 10 – 16	A102	12	E347 – 15	E0 – 19 – 10Nb – 15	A137
6	E308 – 15	E0 – 19 – 10 – 15	A107	13	E316 – 16	E0 – 18 – 12Mo2 – 16	A202
7	E309 – 16	E1 – 23 – 13 – 16	A302	14	E316 – 15	E0 – 18 – 12Mot – 15	A207

b. 酸性焊条和碱性焊条的选用

I. 当接头坡口表面难以清理干净时,应采用氧化性强,对铁锈、油污等不敏感的酸性焊条。

II. 在容器内部或通风条件较差的条件下,应选用焊接时析出有害气体少的酸性焊条。

III. 在母材中碳、硫、磷等元素含量较高,且焊件形状复杂、结构刚性大和厚度大时,选用抗裂性好的碱性低氢型焊条。

IV. 当焊件承受振动载荷或冲击载荷时,除保证抗拉强度外,应选用塑性和韧性较好的碱性焊条。

V. 在酸性焊条和碱性焊条均能满足性能要求的前提下,应尽量选用工艺性能较好的酸性焊条。

c. 按简化工艺、生产率和经济性来选用

I. 薄板焊接或定位焊宜采用 E4313 焊条,焊件不易烧穿且易引弧。

II. 在满足焊件使用性能和焊条操作性能的前提下,应选用规格大、效率高的焊条。

III. 在使用性能基本相同时,应尽量选用价格较低的焊条,降低焊接生产的成本。

②焊条的管理及使用

a. 焊条的烘干

焊条在存放时会从空气中吸收水分而受潮,会影响工艺性能和焊缝质量,因此焊条(特别是碱性焊条)在使用前必须烘干。一般酸性焊条烘干温度为 75 ~ 150 ℃,保温 1 ~ 2 h;碱性焊条烘干温度为 350 ~ 400 ℃,保温 1 ~ 2 h。焊条累计烘干次数一般不宜超过 3 次。

b. 焊条的储存保管

I. 焊条必须分类、分型号、分规格存放,避免混淆。

II. 焊条必须存放在通风良好、干燥的库房内。重要焊接结构使用的焊条,特别是低氢型焊条,最好储存在专用的库房内。库房内应设置温度计、湿度计,室内温度在 5 ℃以上,相对湿度不超过 60%。

III. 焊条必须放在离地面和墙壁的距离均在 0.3 m 以上的木架上,以防受潮变质。

2. 焊丝

焊接时作为填充金属并同时用来导电的金属丝,称为焊丝。其按结构不同可分为实芯焊丝和药芯焊丝;按焊接方法不同可分为埋弧焊焊丝、气体保护焊焊丝、电渣焊焊丝、气焊焊丝等;按被焊材料不同可分为碳钢焊丝、低合金钢焊丝、不锈钢焊丝、铸铁焊丝和有色金属焊丝等。

(1)实芯焊丝

大多数熔焊方法,如埋弧焊、电渣焊、气体保护焊、气焊等普遍使用实芯焊丝。实芯焊丝主要起填充金属和合金化的作用。为了防止生锈,碳钢焊丝、低合金钢焊丝表面都进行了镀铜处理。

①钢焊丝

钢焊丝适用于埋弧焊、电渣焊、氩弧焊、CO_2气体保护焊及气焊,用于低碳钢、低合金钢及不锈钢等的焊接。对于低碳钢、低合金高强钢主要按等强度的原则,选择满足力学性能的焊丝;对于不锈钢、耐热钢等主要按焊缝金属与母材化学成分相同或相近的原则选择焊丝。常用焊接用钢丝的牌号见表 4.1.11。

表 4.1.11 常用焊接钢丝的牌号

序号	钢种	牌号	序号	钢号	牌号
1	碳素结构钢	H08A	12	合金结构钢	H10Mn2MoVA
2		H08E	13		H08CrMoA
3		H08Mn	14		H08CrMoVA
4		H08MnA	15		H30CrMnSi
5	合金结构钢	H10Mn2	16	不锈钢	H0Cr14
6		H08MnSi2A	17		H1Cr13
7		H10MnSi	18		H00Cr21Ni10
8		H10MnSiMo	19		H0Cr21Ni10Ti
9		H10MnSiMoTiA	20		H1Cr19Ni9
10		H08MnMoA	21		H1Cr24Ni13
11		H08Mn2MoA	22		H1Cr26Ni921

埋弧焊、电渣焊、氩弧焊、气焊焊丝应符合 GB/T 14957—1994《熔化焊用钢丝》、YB/T

5092—1996《焊接用不锈钢丝》规定。实芯焊丝的牌号表示方法为:字母“H”表示焊丝;“H”后的一位或两位数字表示含碳量;化学元素符号及其后的数字表示该元素的近似含量,当某合金元素的含量低于1%时,可省略数字,只记元素符号;尾部标有“A”或“E”时,分别表示为“优质品”或“高级优质品”,表明S、P等杂质含量更低。实芯焊丝牌号举例如下。

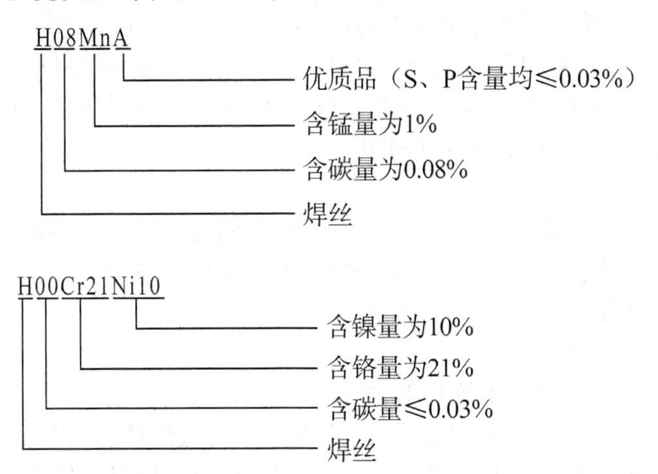

CO_2气体保护焊焊丝根据其冶金特点应采用含有较多的Mn和Si等脱氧元素的焊丝并限制含碳量。碳钢、低合金钢CO_2气体保护焊焊丝应符合GB/T 8110—1995《气体保护焊用碳钢、合金钢焊丝》规定。焊丝型号由三部分组成,“ER”表示焊丝,“ER”后面的两位数字表示熔敷金属的最低抗拉强度,“-”后面的字母或数字表示焊丝化学成分分类代号。当还附加其他化学成分时,直接用元素符号表示,并以“-”与前面数字分开。

目前常用的CO_2气体保护焊焊丝有ER49-1和ER50-6等。ER49-1对应的牌号为H08Mn2SiA;ER50-6对应的牌号为H11Mn2SiA。对于低碳钢及低合金高强钢常用ER50-6焊丝。

气体保护焊焊丝牌号举例如下。

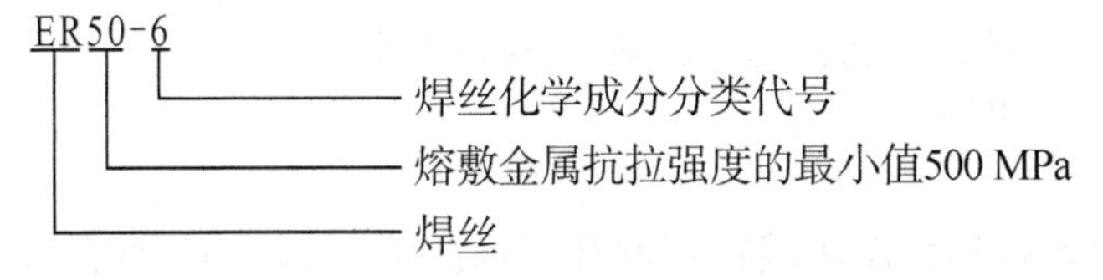

②有色金属焊丝

铜及铜合金焊丝,根据GB/T 9460—1988《铜及铜合金焊丝》规定,其焊丝牌号以“HS”为标记,后面的元素符号表示焊丝主要合金元素,元素符号后面的数字表示顺序号。如HSCu为常用的氩弧焊及气焊紫铜焊丝。

铝及铝合金焊丝,根据GB/T 10858—1989《铝及铝合金焊丝》规定,其焊丝型号以“S”为标记,后面的元素符号表示焊丝主要合金组成,元素符号后面的数字表示同类焊丝的不同品种。如SAlSi-1为常用的氩弧焊及气焊铝硅合金焊丝。

(2)药芯焊丝

药芯焊丝是继电焊条、实芯焊丝之后广泛应用的又一类焊接材料,药芯焊丝是由金属外皮(如08A)和芯部药粉组成,芯部药粉的成分与焊条的药皮类似。

药芯焊丝按其截面形状不同,有E形、O形、梅花形、中间填丝形、T形等,其中O形(即管状焊丝)应用最广。药芯焊丝按是否使用外加保护气体,有自保护(无外加保护气)和气保护(有外加保护气)两种,气保护药芯焊丝应用最多,且多采用 CO_2 做保护气体。目前国产的 CO_2 气体保护焊药芯焊丝多为钛型、钛钙型药粉焊丝,规格有直径 2.0 mm、2.4 mm、2.8 mm、3.2 mm 等几种。

药芯焊丝的优点是飞溅少,颗粒细,在钢板上黏结性小,易清除且焊缝成形美观;焊丝熔敷速度快,熔敷速度高于焊条和实芯焊丝,可采用大电流进行全位置焊;通过调整药粉的成分与比例,可焊接和堆焊不同成分的钢材,适应性强;焊接烟尘量低。

药芯焊丝也有不足之处,焊丝制造过程复杂,焊丝外表易锈蚀、药粉易吸潮,故使用前应对焊丝进行清理和 250~300 ℃的烘烤。

3. 焊剂

焊接时,能够熔化形成熔渣和气体,对熔化金属起保护并起到冶金处理作用的颗粒状物质称为焊剂。焊剂是埋弧焊、电渣焊等使用的焊接材料,它的作用相当于焊条药皮。

(1)焊剂的分类

①按制造方法分类

焊剂按制造方法分类有熔炼焊剂、烧结焊剂和黏结焊剂。

熔炼焊剂是由各种矿物原料混合后,在电炉中经过熔炼,再倒入水中粒化而成。熔炼焊剂呈玻璃状,颗粒强度高,化学成分均匀,但需经过高温熔炼,因此不能依靠焊剂向焊缝金属大量渗入合金元素。目前,熔炼焊剂应用最多。

烧结焊剂是通过向一定比例的各种配料中加入适量的黏结剂,混合搅拌后在高温(400~1000 ℃)下烧结而成的一种焊剂。

黏结焊剂是通过向一定比例的各种配料中加入适量的黏结剂,混合搅拌后粒化并在低温(400 ℃以下)下烘干而制成的一种焊剂。以前也称为陶质焊剂。

后两种焊剂都属于非熔炼焊剂。由于没有熔炼过程,所以化学成分不均匀。但可以在焊剂中添加铁合金,利用合金元素来更好地改善焊剂性能,增大焊缝金属的合金化。

②按化学成分分类

焊剂按化学成分分类有高锰焊剂、中锰焊剂、低锰焊剂和无锰焊剂等,并以焊剂中氧化锰、二氧化硅和氟化钙的含量高低,分成不同的焊剂类型。

(2)焊剂的型号和牌号

①焊剂型号

GB/T 5293—1999《埋弧焊用碳钢焊丝和焊剂》第一次将焊剂和焊丝在同一标准中编写。在该标准中的焊剂型号,是根据焊丝-焊剂组合的熔敷金属力学性能、热处理状态进行划分的,焊剂型号具体表示方法为:F×××-H××,表示方法如下:字母"F"表示焊剂;"F"后第一位数字表示焊丝焊剂组合的熔敷金属抗拉强度的最小值,"4"表示抗拉强度为 415~550 MPa,"5"表示抗拉强度为 480~650 MPa;第二位字母表示试件的热处理状态,"A"表示焊态,"P"表示焊后热处理状态;第三位数字表示熔敷金属冲击吸收功不小于 27 J 时的最低试验温度;"-"后面表示焊丝牌号,按 GB/T 14957—1995 确定。举例如下。

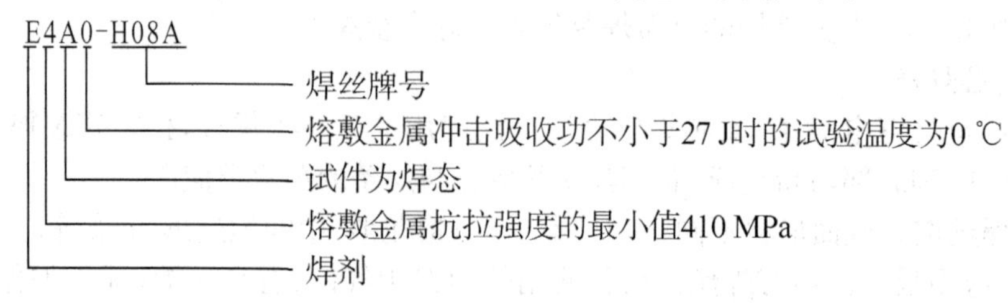

②焊剂牌号

a. 熔炼焊剂牌号表示法

焊剂牌号表示为“HJ×××”。“HJ”后面有三位数字，第一位数字表示焊剂中氧化锰的平均含量，如“4”表示高锰型，“2”表示低锰型；第二位数字表示焊剂中二氧化硅、氟化钙的平均含量，如“3”表示高硅低氟型，“6”表示高硅中氟型；第三位数字表示同一类型焊剂的不同牌号；对同一种牌号焊剂生产两种颗粒度，则在细颗粒产品后面加一“X”。举例如下。

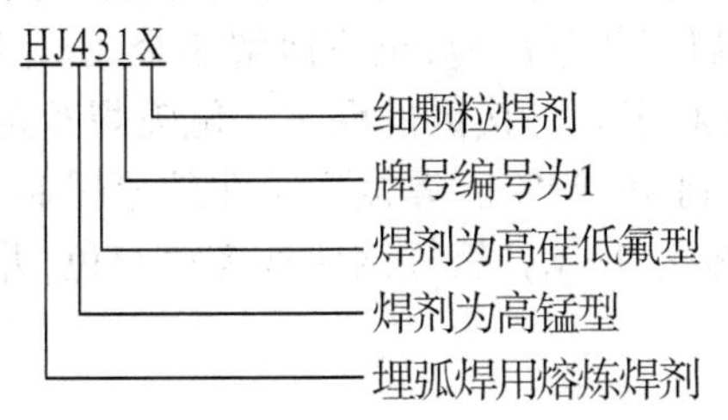

b. 烧结焊剂的牌号表示方法

焊剂牌号表示为“SJ×××”。“SJ”后面有三位数字，第一位数字表示焊剂熔渣的渣系类型，如“4”表示硅锰型，“5”表示铝钛型；第二、第三位数字表示同一渣系类型焊剂中的不同牌号，按01，02，…，09顺序排列。举例如下。

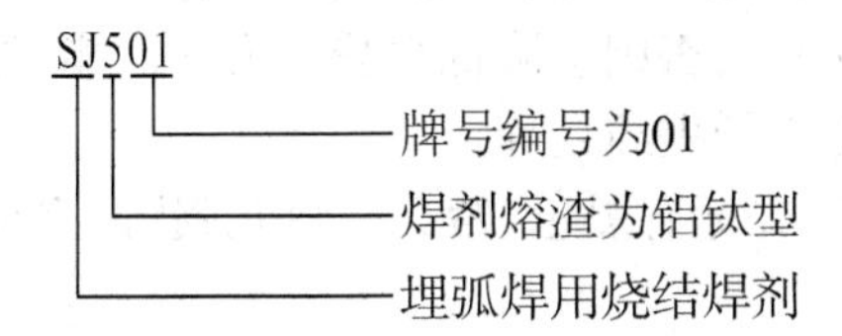

(3)焊剂与焊丝的选配

为保证焊缝金属的化学成分和力学性能与基本金属相近，埋弧焊时，合理地选配焊丝和焊剂极为重要。

焊接低碳钢和强度较低的低合金高强钢时，为保证焊缝金属的力学性能，宜采用低锰或含锰焊丝，配合高锰高硅焊剂，如H08A或H08MnA配HJ431、HJ430焊丝，或采用高锰焊丝配合无锰高硅或低锰高硅焊剂，如H10Mn2配HJ130、HJ230焊丝。

焊接有特殊要求的合金钢时，如低温钢、耐热钢、耐蚀钢等，为保证焊缝金属的化学成分，要选用相应的合金钢焊丝，配合碱性较高的中硅、低硅型焊剂。

常用焊剂与焊丝的选配及用途见表4.1.12。

表4.1.12 常用焊剂与焊丝的选配及用途

焊剂牌号	成分类型	配用焊丝	电流种类	用途
HJ260	低Mn高Si中F	不锈钢焊丝	直流	不锈钢、轧辊堆焊
HJ430	高Mn高Si低F	H08A、H08MnA	交直流	优质碳素结构钢
HJ431	高Mn高Si低F	H08A、H08MnA	交直流	优质碳素结构钢
HJ432	高Mn高Si低F	H08A	交直流	优质碳素结构钢
HJ433	高Mn高Si低F	H08A	交直流	优质碳素结构钢
SJ401	硅锰型	H08A	交直流	低碳钢、低合金钢
SJ501	铝钛型	H08MnA	交直流	低碳钢、低合金钢
SJ502	铝钛型	H08A	交直流	重要低碳钢和低合金钢

4. 焊接用气体

焊接用气体有氩气、二氧化碳、氧气、乙炔、液化石油气、氦气、氮气、氢气等。氩气、二氧化碳、氦气、氮气、氢气是气体保护焊用的保护气体，但主要是氩气和二氧化碳；氧气、乙炔、液化石油气是用以形成气体火焰进行气焊、气割的助燃和可燃气体。

（1）焊接用气体的性质

①氩气

氩气是无色、无味的惰性气体，不与金属起化学反应，也不溶解于金属。且氩气比空气密度大25%，使用时气流不易漂浮散失，有利于对焊接区的保护。氩弧焊对氩气的纯度要求很高，按中国现行标准规定，其纯度应达到99.99%。焊接用工业纯氩以瓶装供应，在温度20 ℃时满瓶压力为14.7 MPa，容积一般为40 L。氩气钢瓶外表涂灰色，并标有深绿色“氩气”的字样。

②二氧化碳

CO_2是无色、无味、无毒的气体，具有氧化性，比空气密度大，来源广，成本低。

焊接用的CO_2一般是将其压缩成液体储存于钢瓶内，液态CO_2在常温下容易汽化，1 kg液态CO_2可汽化成509 L气态的CO_2。气瓶内汽化的CO_2气体中的含水量，与瓶内的压力有关，当压力降低到0.98 MPa时，CO_2气体中含水量大为增加，便不能继续使用。焊接用CO_2气体的纯度应大于99.5%，含水量不超过0.05%，否则会降低焊缝的力学性能，焊缝也易产生气孔。如果CO_2气体的纯度达不到标准，可进行提纯处理。

CO_2气瓶容量为40 L，涂色标记为铝白色，并标有黑色“液化二氧化碳”的字样。

③氧气

在常温、常态下氧是气态，氧气的分子式为O_2。氧气是一种无色、无味、无毒的气体，比空气密度略大。

氧气是一种化学性质极为活泼的气体，它能与许多元素化合生成氧化物，并放出热量。氧气本身不能燃烧，但却具有强烈的助燃作用。气焊与气割用的工业用氧气一般分为两级，一级纯度氧气含量不低于99.2%，二级纯度氧气含量不低于98.5%。通常，由氧气厂和氧气站供应的氧气可以满足气焊与气割的要求。对于质量要求较高的气焊应采用一级纯度的氧。气割时，氧气纯度不应低于98.5%。

储存和运输氧气的氧气瓶外表涂天蓝色，瓶体上用黑漆标注“氧气”字样。常用氧气瓶的容积为40 L，在15 MPa压力下，可储存6 m^3的氧气。

④乙炔

乙炔是由电石（碳化钙）和水相互作用分解而得到的一种无色而带有特殊臭味的碳氢化合物，其分子式为C_2H_2，比空气密度小。

乙炔是可燃性气体，它与空气混合时所产生的火焰温度为2 350 ℃，而与氧气混合燃烧时所产生的火焰温度为3 000～3 300 ℃，因此足以迅速熔化金属进行焊接和切割。

乙炔是一种具有爆炸性的危险气体，使用时必须注意安全。乙炔与铜或银长期接触后会生成爆炸性的化合物乙炔铜（Cu_2C_2）和乙炔银（Ag_2C_2），所以凡是与乙炔接触的器具设备禁止用银或含铜量超过70%的铜合金制造。

储存和运输乙炔的乙炔瓶外表涂白色，并用红漆标注“乙炔”字样。瓶内装有浸满丙酮的多孔性填料，能使乙炔安全地储存在乙炔瓶内。

⑤液化石油气

液化石油气的主要成分是丙烷（C_3H_8）、丁烷（C_4H_{10}）、丙烯（C_3H_6）等碳氢化合物，在常压下以气态存在，在0.8~1.5 MPa压力下，就可变成液态，便于装入瓶中储存和运输，液化石油气由此而得名。

液化石油气在氧气中燃烧产生的火焰温度为2 800~2 850 ℃，比氧－乙炔焰的温度低，且在氧气中的燃烧速度仅为乙炔的1/3，其完全燃烧所需氧气量比乙炔所需氧气量大。液化石油气与乙炔一样，也具有爆炸性，但比乙炔安全得多。

(2)焊接用气体的应用

①气体保护焊用气体

焊接时用作保护气体的主要是氩气(Ar)、二氧化碳气体(CO_2)，此外还有氦气(He)、氮气(N_2)、氢气(H_2)等。

氩气、氦气是惰性气体，对化学性质活泼而易与氧起反应的金属，是非常理想的保护气体，故常用于铝、镁、钛等金属及其合金的焊接。由于氦气的消耗量很大，而且价格昂贵，所以很少用单一的氦气，常和氩气等混合起来使用。

氮气、氢气是还原性气体。氮可以同多数金属起反应，是焊接中的有害气体，但不溶于铜及铜合金，故可作为铜及铜合金焊接的保护气体。氢气主要用于氢原子焊，目前这种方法很少应用。另外氮气、氢气也常和其他气体混合起来使用。

二氧化碳气体是氧化性气体。由于二氧化碳气体来源丰富，而且成本低，因此值得推广应用，目前主要用于碳素钢及低合金钢的焊接。

混合气体是一种保护气体中加入适量的另一种(或两种)其他气体。应用最广的是在惰性气体氩(Ar)中加入少量的氧化性气体(CO_2、O_2或其混合气体)，用这种气体作为保护气体的焊接方法称为熔化极活性气体保护电弧焊(Metal Active Gas Arc Welding)，简称MAG焊。由于混合气体中氩占比例大，故常称为富氩混合气体保护焊，常用其来焊接碳钢、低合金钢及不锈钢。常用保护气体的应用见表4.1.13。

表4.1.13　常用保护气体的应用

被焊材料	保护气体	混合比	化学性质	焊接方法
铝及铝合金	Ar		惰性	熔化极和钨极
	Ar + He	He 10%		
铜及铜合金	Ar		惰性	熔化极和钨极
	$Ar+N_2$	$N_2$20%		熔化极
	N_2		还原性	
不锈钢	Ar		惰性	钨极
	$Ar+O_2$	O_2 1%~2%	氧化性	熔化极
	$Ar+O_2+CO_2$	O_2 2%;CO_2 5%		
碳钢及低合金钢	CO_2		氧化性	熔化极
	$Ar+CO_2$	CO_2 20%~30%		
	CO_2+O_2	O_2 10%~15%		
钛锆及其合金	Ar		惰性	熔化极和钨极
	Ar + He	He 25%		
镍基合金	Ar + He	He 15%	惰性	熔化极和钨极
	$Ar+N_2$	N_2 6%	还原性	钨极

②气焊、气割用气体

氧气、乙炔、液化石油气是气焊、气割用的气体,乙炔、液化石油气是可燃气体,氧气是助燃气体。乙炔用于金属的焊接和切割。液化石油气主要用于气割,近年来推广迅速,并部分取代了乙炔。

四、焊接接头

现代锅炉都是焊接结构,焊接结构的特征之一是它的整体性。焊接接头既是结构各元件间的联系部分,又是传递和承受作用力的结构整体的一部分。为了保证结构使用时的安全,根据结构的尺寸、形状、受力情况和工作条件,合理地选用焊接接头和焊缝形式,是焊接结构设计时必须考虑的问题。

1. 焊接接头特点

焊接接头应包括焊缝及基本金属靠近焊缝的热影响区,所谓焊接接头的承载能力,应是焊缝本身及热影响区机械性能的综合能力。影响焊接接头性能的因素很多,图 4.1.10 为影响焊接接头性能的主要因素示意图。

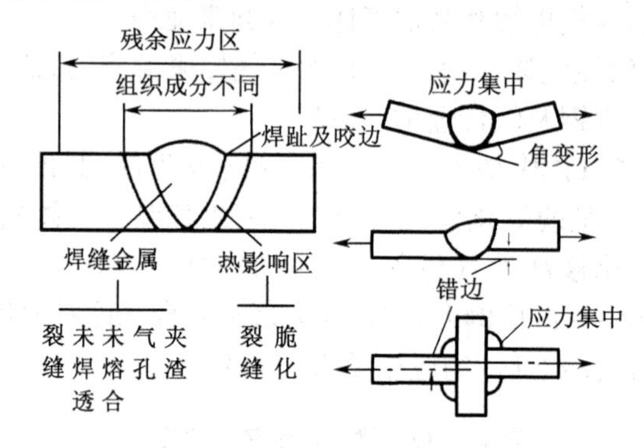

图 4.1.10 影响焊接接头性能的主要因素示意图

锅炉制造中采用的焊接方法主要是熔化焊(电弧焊、电渣焊等)。在接头中,焊缝金属一般是由焊接填充材料及部分母材熔合凝固形成的铸态组织,其组织和化学成分与母材有较大差异。由于熔化焊工艺是一种局部加热的冶金过程,除对焊缝及其热影响区的金属性能有影响外,还会引起整个结构的变形并产生残余应力,这些都会影响结构的使用。总的看来,焊接过程使焊接接头具有以下力学特点。

(1)由于焊接接头的组织不均匀,造成整个接头力学性能不均匀——熔化焊时,由于焊接熔池在焊接过程中加入填充金属,并形成铸造组织,因此,焊缝金属在组织上和化学成分上和原来母材不完全相同,所以性能也有所不同。此外,近缝区的母材因受焊接热循环的影响,相当于受到不同热处理,其组织性能将不可避免地产生各种变化。在熔合线和热影响区的粗晶区,材料的塑性和韧性明显下降,此处常成为焊接接头破坏的发源地。

(2)由于焊接接头的几何不连续性,焊接接头工作应力分布是不均匀的,存在应力集中,当焊缝中存在工艺缺陷,焊缝外形不合理或接头形式不合理时,将加剧应力集中程度,影响接头强度,特别是疲劳强度。

(3)由于焊接不均匀加热,引起焊接残余应力及变形——焊接是局部加热过程,电弧焊时,焊缝处最高温度可达材料沸点,而离开焊缝处温度急剧下降,直至室温。这种不均匀温度场将在焊件中产生残余应力及变形。焊接残余应力可能与工作应力叠加,导致结构破坏。焊接变形可能引起焊接结构的几何不完善性。例如焊接接头的角变形和错边可以增加锅壳的椭圆度,产生附加弯曲应力,直接影响其强度。

(4)焊接接头具有较大的刚性

由于焊缝与构件组成整体,所以与铆接或胀接比较,焊接接头具有较大的刚性。

综上所述,焊接接头的力学特点都将直接影响到结构本身,改变整个结构的应力分布,这些特点,在计算焊接接头承载能力时必须予以注意。上述分析表明,锅炉构件的焊接接头承载能力并不单纯是设计人员从强度计算中能完全解决的,它还必须由工艺人员从制造工艺措施上给予保证。

2. 焊接接头的形式

正确设计焊接接头形式,是保证接头质量的先决条件。锅炉受压元件的焊接接头坡口形式、尺寸及装配间隙,可按国家标准选用,各制造厂也可按具体焊接工艺做补充规定。某些具体结构的细部尺寸,还应参照各类锅炉强度设计标准决定。

焊接接头形式较多,最常用的按其结合形式分为四种:对接接头、搭接接头、角接接头和T形(十字)接头等,如图4.1.11所示。

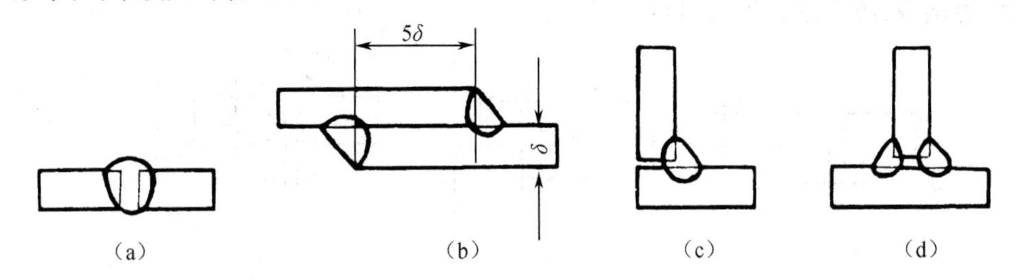

图4.1.11　焊接接头形式

(a)对接接头;(b)搭接接头;(c)角接接头;(d)T形接头

(1)对接接头

将同一平面上的两个被焊工件的边缘相对焊接起来而形成的接头称为对接接头。对接接头是各种焊接结构中采用最多,也是最完善的一种接头形式。因此,在结构设计时,设计者应尽可能使受力焊缝为对接接头。例如,锅炉主要受压元件锅筒的纵、环焊缝都是对接接头。

在焊接生产中,通常使对接接头的焊缝略高于母材表面。高出部分称为余高。余高的存在则造成构件表面的不光滑,在焊缝与母材的过渡处会引起应力集中,对接接头的应力分布如图4.1.12所示。在焊缝正面与母材的过渡处,应力集中系数为1.6,在焊缝背面与母材的过渡处,应力集中系数为1.5。应力的大小主要与余高 h 和焊缝向母材过渡的半径 r 有关,减小 r 和增大 h。都会使应力集中系数 K_T 增加,如图4.1.13所示。

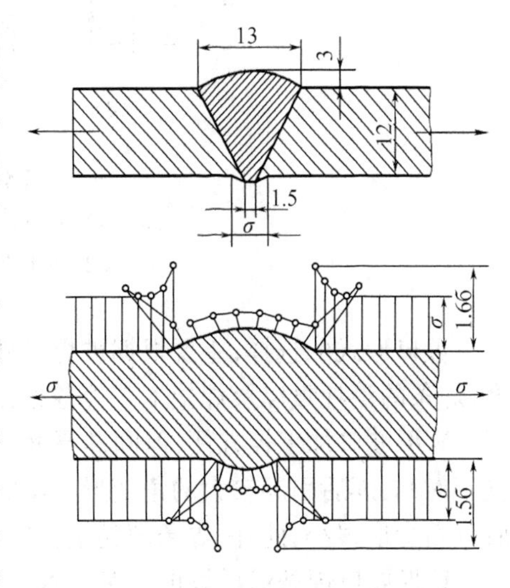

图4.1.12　对接接头的应力分布

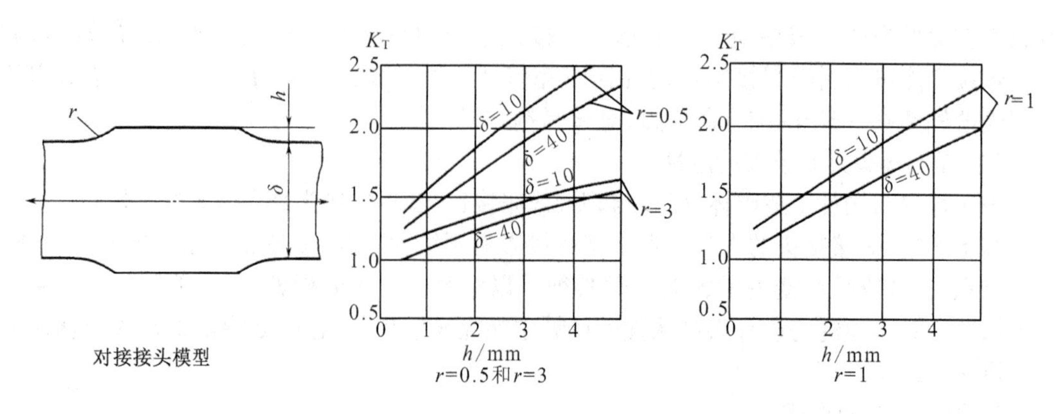

图 4.1.13 余高 h 和过渡半径 r 与应力集中系数的关系

按照焊件厚度及坡口准备的不同,对接接头形式可分为不开坡口、V 形坡口、X 形坡口、单 U 形坡口和双 U 形坡口等(图 4.1.14)。一般情况下,手工电弧焊焊接厚度 6 mm 以下的焊件和埋弧自动焊焊接厚度 14 mm 以下的焊件时,可以不开坡口;板厚超过上述厚度时,电弧不能熔透钢板,应考虑开坡口,以保证焊透。

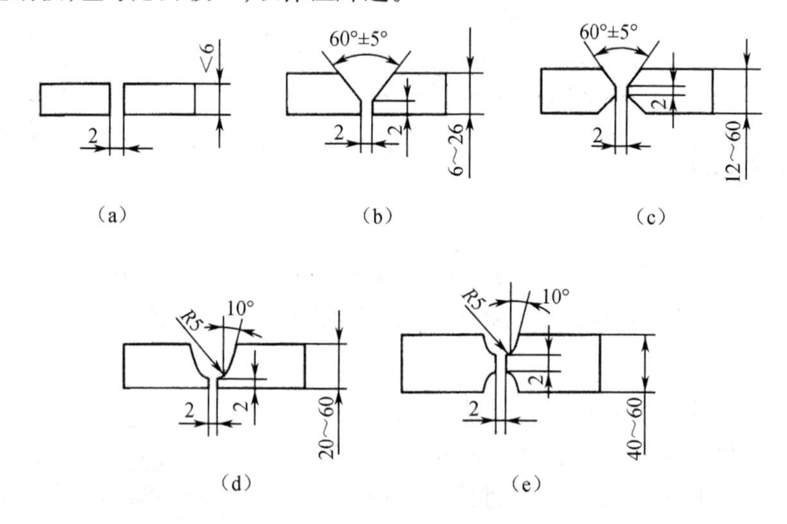

图 4.1.14 对接接头

(a)不开坡口;(b)V 形坡口;(c)X 形坡口;
(d)单 U 形坡口;(e)双 U 型坡口

坡口形式的选择,主要根据被焊工件的厚度,焊后应力变形的大小,坡口加工的难易程度,焊条的消耗量以及焊接工艺等各方面的因素来考虑。

V 形坡口加工较方便,但同样厚度的焊件,焊条消耗量比 X 形坡口大得多,另外由于焊缝不对称,焊后引起较大的角变形。X 形坡口由于焊缝对称,从两面施焊,产生均匀的收缩,所以角变形很小,此外,焊条消耗量也较少。

U 形坡口焊条消耗量也比 V 形坡口少,但同样由于焊缝不对称将产生角变形。双 U 形坡口焊条消耗量最少,变形也较均匀。与 X 形与 V 形比较,U 形及双 U 形坡口加工较复杂,一般只在较重要的及板厚较大的构件中采用。如高压锅炉锅筒用电弧焊焊接的环焊缝常用这种形式。低压锅炉制造中,一般V形坡口和不对称X形坡口用得较多。对小直径锅筒筒体,内侧不便用自动电弧焊施焊时,常采用V形坡口,内侧用焊条电弧焊封底。对只能进行单面焊的对接焊缝,为保证焊透,可在内侧放置垫板。埋弧自动焊时,还可以在内侧放焊药垫。

如工厂设备条件允许,板厚大于30 mm的锅筒纵缝即可采用电渣焊。电渣焊虽然也有各种接头形式,在锅炉制造中实际只采用对接接头(图4.1.15),不论钢板厚度如何,均可不开坡口且一次焊成。电渣焊接头尺寸目前尚无国家标准。装配间隙c一般为25~38 mm。

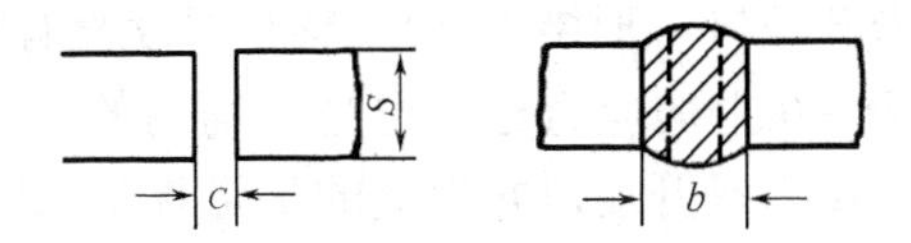

图4.1.15　电渣焊接头

对接接头中二钢板厚度不相同,或钢板厚度相同但接头处产生错边时,都将使接头处断面有突然变化,造成应力集中。同样,由于焊缝两边钢板中心线不一致,受力时将产生附加弯矩,这些都将影响接头强度。因此,必须对边缘偏差加以控制。

锅炉对接焊缝的边缘偏差应符合下述要求。

①纵缝和封头拼接焊缝两边钢板的中心线偏差值:不大于名义板厚的10%,并且不超过3 mm。

②纵缝和封头拼接焊缝两边钢板的实际边缘偏差值:不大于名义板厚的10%,并且不超过3 mm。

③环缝两边钢板的实际边缘偏差值:不大于名义板厚的15%加1 mm,并且不超过6 mm。

厚度不同的钢板对接时,两侧中任何一侧的名义边缘偏差值若超过上述规定的偏差值,则厚板的边缘须削至薄板的厚度,削出的斜面应平滑,并且斜率不大于1:4,必要时,焊缝的宽度可包括在斜面内,如图4.1.16所示。

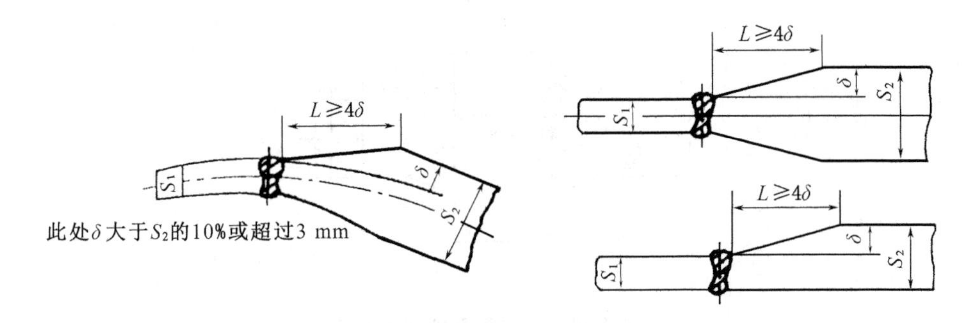

图4.1.16　不同厚度钢板的对接

(a)纵缝;(b)环缝

δ—名义边缘偏差;S_1—薄板的厚度;S_2—厚板的厚度;L—削薄的长度

集箱、管子对接时,焊缝坡口应尽量能对齐,其边缘偏差见有关内容。

(2)T形(十字)接头

两块钢板T形连接时,形成T形接头(图4.1.17)。T形接头是各种箱型结构(如大板梁等)中最常见的接头形式。在锅炉本体的制造中,某些集箱的外置式平封头与筒体的连接、角板拉撑与筒体的连接、插入式管子与筒体的连接、人孔加强圈与筒体的连接都属于T形接头。

由于T形接头(十字接头)焊缝向母材过渡较急剧,接头在外力作用下扭曲很大,造成应力分布极不均匀且比较复杂,在角焊缝根部和趾部都有很大的应力集中,如图4.1.17所示。其中图4.1.17(a)是未开坡口T形接头,由于整个厚度没有焊透,所以焊缝根部应力集中很大,同时,在焊趾截面 $B-B$ 上的应力分布也是不均匀的,B 处的应力集中系数值随角焊缝的形状而变。图4.1.18(b)是开坡口并焊透的T形接头,此种接头的应力集中大大降低。由此可见,保证焊透是降低T形接头应力集中的重要措施之一。

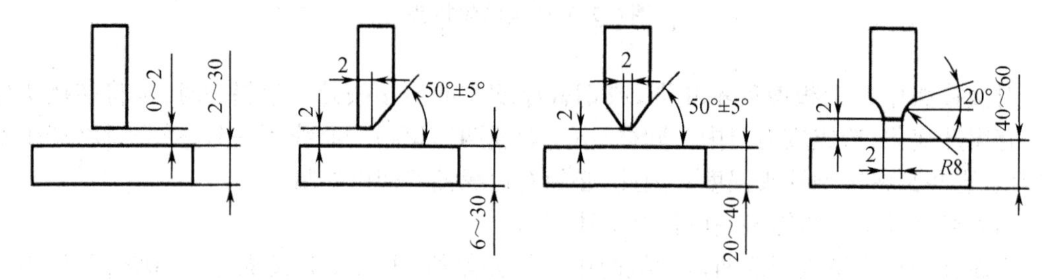

图4.1.17　T形接头

(a)不开坡口;(b)单边V形坡口;(c)K形坡口;(d)双U形坡口

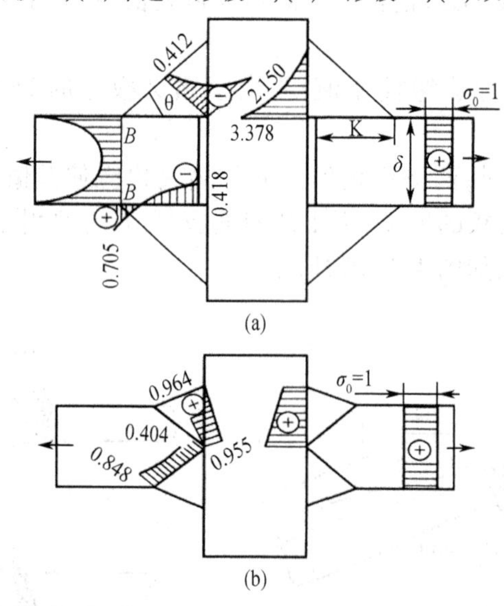

图4.1.18　T形接头的应力分布

(a)未开坡口T形接头;(b)开坡口并焊透T形接头

T形接头如果作为一般联系焊缝,板厚在30 mm以下也可以不开坡口,也不需要严格的接头处理。若接头需承受载荷,则应按钢板厚度及对结构的强度要求开坡口,以保证焊透。坡口形式可分为单边V形、K形等,如图4.1.17所示。对于工作压力≥10 MPa的锅炉,其锅筒或集箱与管子进行角焊缝连接时,不论厚度如何都必须在管端或锅筒、集箱上开坡口。

(3)角接接头

二钢板成一定角度,在钢扳边缘焊接的接头称角接接头。如骑座式管接头和筒体的连接就属于这种形式。与T形接头一样,单面焊的角焊接接头承受反向弯矩的能力很低,除了很薄的钢板或不重要的结构外,一般都应开坡口两面焊,否则不能保证质量。

根据板厚及工件重要性,角接接头也有V形、单边V形及K形等坡口形式,如图4.1.19所示。

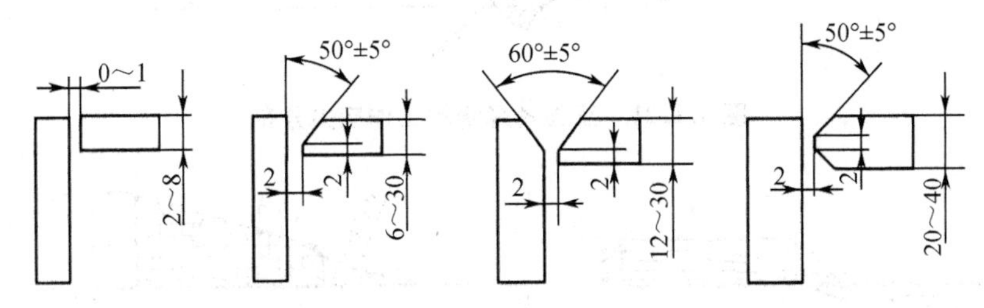

图4.1.19 角接接头

(a)不开坡口;(b)单边V形坡口;(c)V形坡口;(d)K形坡口

(4)搭接接头

两块板料相叠,而在端部或侧面进行角焊的接头称搭接接头(图4.1.20)。搭接接头是过去铆接锅炉的典型接头形式。由于搭接接头的二块钢板中心线不一致,受力时产生附加弯矩,影响焊缝强度。因此,目前焊接锅炉的锅筒等主要受压元件的焊缝,一般都不用搭接接头。人孔加强板与筒体的连接、小型立式锅炉S形下脚圈的连接属于搭接。

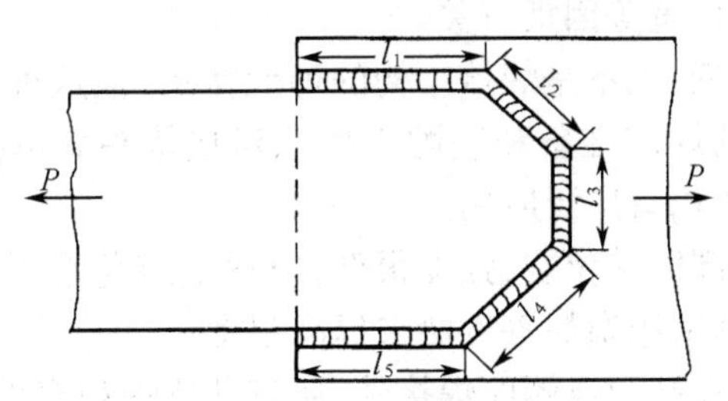

图4.1.20 搭接接头角焊

由于搭接接头使构件形状发生较大的变化,所以应力集中要比对接接头的情况复杂得多,而且接头的应力分布极不均匀。在搭接接头中,根据搭接角焊缝受力方向的不同,可以将搭接角焊缝分为正面角焊缝、侧面角焊缝和斜向角焊缝。如图4.1.20所示,与受力方向垂直的角焊缝l_3称为正面角焊缝。与受力方向平行的角焊缝l_1和l_5称为侧面角焊缝。与受力方向成一定角度的角焊缝l_2和l_4称为斜向角焊缝。

正面角焊缝的工作应力分布如图4.1.21所示。从图4.1.21中可以看出,在角焊缝的根部A点和焊趾B点都有较严重的应力集中现象,其数值与许多因素有关,如焊趾B点处的应力集中系数随角焊缝斜边与水平边的夹角θ不同而改变,减小夹角θ和增大焊接熔深以及焊透根部,都会使应力集中系数减小。因此在一些承受动载荷的结构中,为了减小正面角焊缝的应力集中,将双搭板接头的各板厚度取为一样,如图4.1.22所示,并使角焊缝两直角边之比为1∶3.8,其长边与受力方向近似一致。为使焊趾处过渡平滑,还可在焊趾附近进行机械加工。经过这些处理,可以使正面角焊缝的工作性能接近对接接头焊缝。

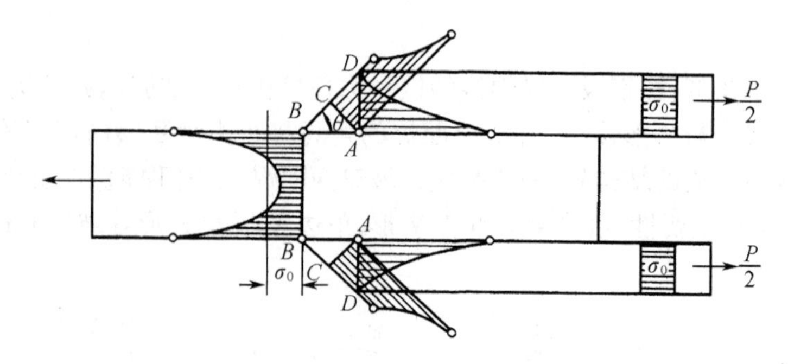

图 4.1.21　正面角焊缝的工作应力分布

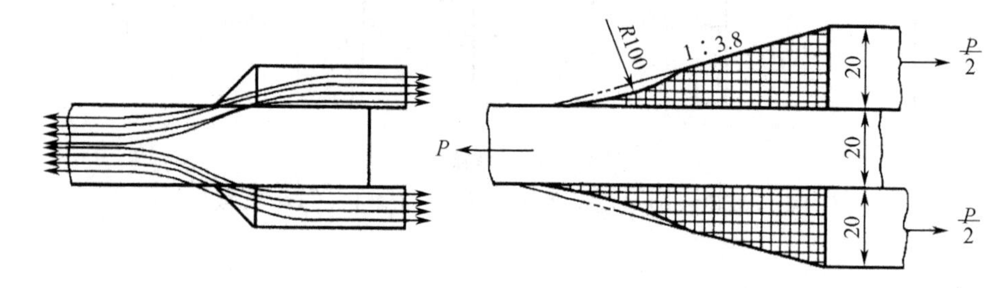

图 4.1.22　降低应力集中的正面角焊缝

在侧面角焊缝连接的搭接接头中，其应力分布更为复杂。当接头受力时，焊缝中既有正应力，又有剪切应力。剪切应力沿侧面焊缝长度方向的分布极不均匀，主要与焊缝尺寸、断面尺寸和外力作用点的位置等因素有关。

搭接接头疲劳强度较低，也不是焊接结构的理想接头，但这种接头不需要开坡口，装配时尺寸要求也不严格，它的焊前准备和装配工作比对接接头简单得多，其横向收缩量也比对接接头小，所以在结构中仍有广泛应用。

单面焊的搭接接头根部极易拉裂，强度很低，应尽量避免采用。如受结构条件限制，只能用单面搭接时，也可考虑采用塞焊等方法来提高强度。

搭接接头除两钢板叠在端面或侧面焊接外，还有开槽焊和塞焊（圆孔和长孔）等。开槽焊搭接接头如图 4.1.23 所示。先将被连接件冲切成槽，然后用焊缝金属填满该槽，焊缝断面为矩形，其宽为被连接件厚度的两倍，开槽长度应比搭接长度稍短一些。

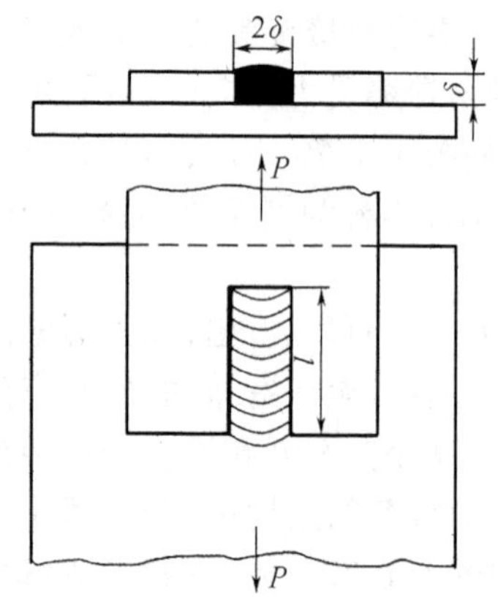

图 4.1.23　开槽焊接接头

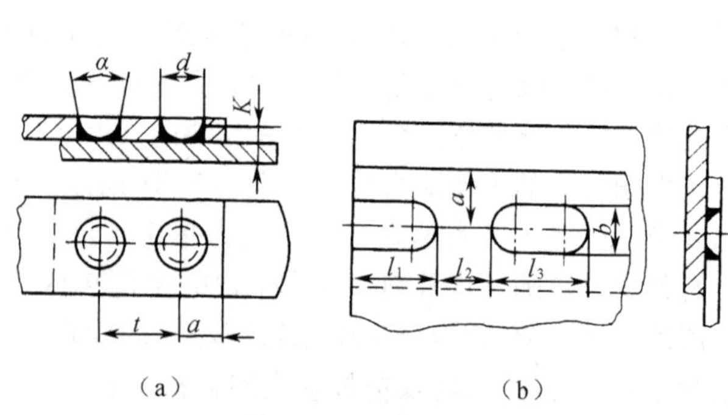

图 4.1.24　塞焊接头

(a)圆孔内塞焊；(b)长孔内塞焊

塞焊是在被连接的钢板上钻孔来代替槽焊的槽,用焊缝金属将孔填满使两板连接起来,塞焊可分为圆孔内塞焊和长孔内塞焊两种,塞焊接头如图 4.1.24 所示。

4. 焊接接头设计和选用原则

焊接接头是构成焊接结构的关键部分,同时又是焊接结构的薄弱环节,其性能的好坏会直接影响整个焊接结构的质量。实践表明,焊接结构的破坏多起源于焊接接头区,这除了与材料选择的合理性以及结构的制造工艺有关外,还与接头设计的好坏有直接关系,因此选择合理的接头形式就显得十分重要。

5. 焊缝形式

焊缝是焊件经焊接后所形成的结合部分。焊缝按不同分类的方法可分为下列几种形式。

(1)按焊缝在空间位置的不同可分为平焊缝、立焊缝、横焊缝及仰焊缝四种形式。

(2)按焊缝结合形式不同可分为对接焊缝、角焊缝及塞焊缝三种形式。

(3)按焊缝断续情况可分为以下三种形式。

①定位焊缝:焊前为装配和固定焊件接头的位置而焊接的短焊缝。

②连续焊缝:沿接头全长连续焊接的焊缝。

③断续焊缝:沿接头全长焊接具有一定间隔的焊缝。它又可分为并列断续焊缝和交错断续焊缝。断续焊缝只适用于对强度要求不高,以及不需要密闭的焊接结构。

焊缝符号与焊接方法代号是供焊接结构图纸使用的统一符号或代号。中国的焊缝符号和焊接方法代号分别由 GB/T 324—1988《焊缝符号表示法》和 GB/T 5158—1999《金属焊接及钎焊方法在图样上的表示代号》规定。与国际标准 ISO 2553—1984《焊缝在图样上的符号表示法》和 ISO 4063—1978《金属焊接及钎焊方法在图纸上的表示方法》基本相同,可等效采用。

• 任务实施

从如下几方面进行焊接工艺评定。

1. 母材的成分。
2. 焊材的选择。
3. 焊接方式。
4. 焊剂的选择。
5. 保护气体的选择。
6. 接头的形式。
7. 坡口的形式。
8. 焊缝形式。
9. 对接质量。
10. 焊接缺陷。

- **任务评量**

锅炉下降管焊接工艺评定书

共3页　第1页

工程名称	75 t循环流化床锅炉下降管焊接	评定报告编号	HL－01
委托单位	–	工艺指导书编号	HLZD－01
试样焊接单位	–	施焊日期	2018.03.26

焊工	×××	资格代号	×××	级　别	×××

母材钢号	20	规格	ϕ108×4.5 mm	供货状态	正火	生产厂	–

化学成分和机械性能

	w(C)/%	w(Mn)/%	w(Si)/%	w(S)/%	w(P)/%	R_{el}/MPa	R_m/MPa	A/%	Φ/%
标准	≤0.20	0.50－0.90	0.15－0.30	≤0.035	≤0.035	245	410	25	55
合格证									
复验									

碳当量		公式	

焊接材料	生产厂	牌号	类型	直径/mm	烘干温度(℃×h)	备注
焊条		J507	碱性	ϕ2.5、ϕ3.2	350 ℃×1 h	
焊丝		TIG－J50		ϕ1.2～2.4	–	
焊剂或气体			氩气(纯度不低于99.95%)	–		

焊接方法	TIG;SMAW	焊接位置	平、横、立、仰焊	接头形式	对接

焊接工艺参数	见焊接工艺评定指导书	清根工艺	焊前清理、层间清理
焊接设备型号	WS－250A；ZX7－400	电源及极性	直流正接;直流反接

预热温度/℃	环境温度低于0 ℃时预热至100～120 ℃	层间温度/℃		后热温度/℃	
				时间/min	
焊后热处理					

评定结论:本评定按DL/T 5007—1992《电力建设施工及验收技术规范、火力发电厂焊接篇》规定,根据工程情况编制工艺评定指导书、焊接试件、制取并检验试样、测定性能,确认试验记录正确,评定结果为:__合格__。焊接条件及工艺参数适用范围按本评定指导书规定执行。

评　定		___年___月___日	评定单位：　（签章） 年　月　日
审　核		___年___月___日	
技术负责		___年___月___日	

锅炉下降管焊接工艺评定书

共3页　第2页

工程名称	75t 循环流化床锅炉下降管焊接				指导书编号	HLZD－01
母材钢号	20	规格	Φ108×4.5 mm	供货状态	正火	生产厂	－

焊接材料	生产厂	牌号	类型	烘干制度(℃×h)
焊条		J507	碱性	350 ℃×1 h
焊丝		TIG－J50		－

焊接方法	TIG;SMAW	焊接位置	平、横、立、仰焊
焊接设备型号	WS－250A; ZX7－400	电源及极性	直流正接;直流反接

预热温度/℃	环境温度低于0 ℃时预热至100～120 ℃	层间温度/℃		后热温度/℃	
				时间/min	
焊后热处理					

接头及坡口简图

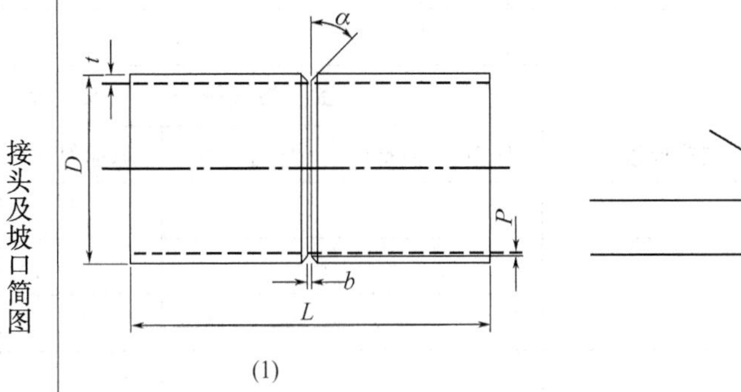

(1)

(2)

下降管尺寸示意图如图(1)所示,其中 $D=108$ mm,$t=4.5$ mm,$\alpha=35\sim40°$,间隙 b 为 1～2 mm,钝边 P 为 0.5～2 mm,如图(2)所示。

焊接工艺参数

道次	焊接方法	焊条或焊丝 牌号	焊条或焊丝 φ	电流极性	电流/A	电压/V	速度/(cm·min⁻¹)	保护气体流量/(L·min⁻¹)
1	TIG	TIG－J50	2.4 mm	直流正接	90～140	9～12	10～14	6～8
2	SMAW	J507	2.5 mm 或 3.2 mm	直流反接	80～120 或 100～150	18～22 或 21～25	10～14	

其他:

技术措施

焊前清理	有	层间清理	有
背面清根	有		

1. 表面清理:清除干净焊接区域内所有油漆、锈、铁屑等影响焊接的物质。
2. 采用手工氩弧焊打底,手工电弧焊盖面。
3. 焊缝层(道)之间的接头要错开,起、收弧处要填满,并及时清除焊渣和缺陷。
4. 组对时不得强力进行,点固焊须用氩弧焊,且不得有缺陷。
5. 焊后认真检查,及时消除焊接缺陷。

锅炉下降管焊接工艺评定书

检验

1. 拉伸　　　　试验报告号：×××××

试样编号	试样尺寸 ($W \times T$)/mm	试样面积 /mm^2	极限载荷 /N	抗拉强度 /MPa	屈服强度 /MPa	断裂位置
G1(1)				570		焊口外
G1(1)				555		焊口外
高温拉伸	试验位置	试验温度	抗拉强度 /MPa	屈服强度 /MPa	延伸率/%	断面收缩率/%

2. 弯曲试验　　　　试验报告号：×××××××

试样编号	弯曲类型	试样厚度/mm	弯心直径/mm	弯曲角度	试验结果
G1(2)	面弯				
G1(2)	面弯				
G1(3)	背弯				
G1(3)	背弯				

3. 韧性试验　　　　试验报告号：×××××××

试样编号	缺口位置	试样尺寸 /mm	试验温度 /℃	V形缺口冲击功/J	剪切面/%	密耳	落锤试验

4. 宏观、微观、硬度试验　　　　试验报告号：×××××××

试验项目	试样编号	试验位置				
		母材	热影响区	焊缝	热影响区	母材
/	/	/	/	/		

5. 无损检验　100% RT　　合格　　　　报告号：×××××

编制		日期	年　月　日	审核		日期	年　月　日

• **复习自查**

1. 焊接热过程有何特点？焊条电弧焊焊接过程中，电弧热源的能量以什么方式传递给焊件？

2. 焊接区的氧来自何处？焊缝金属中氧的存在对焊接质量有何影响？

3. 低碳钢焊接热影响区分哪几个区？各区冷却后得到什么组织？其性能如何？

4. 焊接接头有何特点？影响焊接接头组织和性能的因素有哪些？

任务二　焊接应力与变形

• **学习目标**

知识：熟知焊接应力与变形的原因；通晓焊接应力与变形的危害和性能影响。

技能：掌握消除应力与变形的方法、措施；正确校正变形。

素养：善于积累经验；建立实践与理论结合的理念。

• **任务描述**

图 4.2.1 是 75 t/h 循环流化床锅炉的水冷壁与锅筒焊接焊接图。本任务是确定其分一根一根管子顺序焊接还是花式焊接，分析原因。

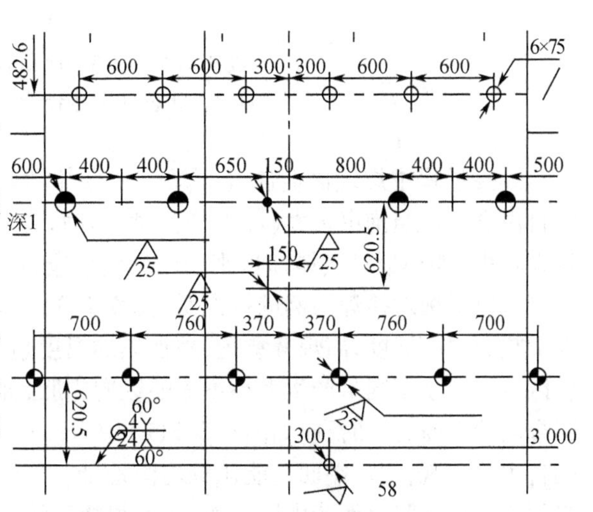

图 4.2.1　75 t/h 循环流化床锅炉的水冷壁与锅筒焊接焊接图

• **知识导航**

焊接构件一般都要产生焊接变形，如果变形量超过允许数值，必须经过矫正才能满足使用要求。但矫正要占用很多工时，有的经矫正无效，就必须报废。

焊接构件内部还产生焊接残余应力，多数情况下，对结构质量和使用性能有一定的影响。焊接应力过大，可使构件在焊接后或使用过程中产生裂缝，甚至导致整个构件断裂。

因此，在设计和制造焊接结构时，应尽量防止产生超过允许数值的焊接变形和减小焊接应力。

一、焊接应力与变形产生的原因及危害

焊接过程中，对焊件进行局部的不均匀的加热是产生焊接应力与变形的根本原因。

1. 焊接应力与变形产生的原因

当长度为 L_0 的金属材料在自由状态下受到整体加热和冷却时，它可自由膨胀和收缩，不会产生应力（图 4.2.2(a)）。但加热时如受到刚性拘束（图 4.2.2(b)），其长度不能膨胀到自由变形时的 $L_0+2\Delta L$ 而仍然为 L_0，从而产生塑性压缩变形量 $2\Delta L$；冷却时也不能产生 $2\Delta L'$ 的自由收缩量而仍维持长度 L_0，将使金属受到拉应力并残留下来。在非刚性拘束的情况下加热时，金属可以产生部分的膨胀和收缩（图 4.2.2(c)），不能自由伸长 $2\Delta L$ 而只能产

生 $2\Delta L_1$ 的膨胀量，金属受到压应力，产生一定量的压缩变形；冷却时不能产生 $2\Delta L$ 而只能产生 $2\Delta L_1'$ 的收缩量，金属也会受到拉应力并残留下来。最后产生的变形 $2\Delta L - 2\Delta L_1'$ 为残余变形，也称为焊接变形。

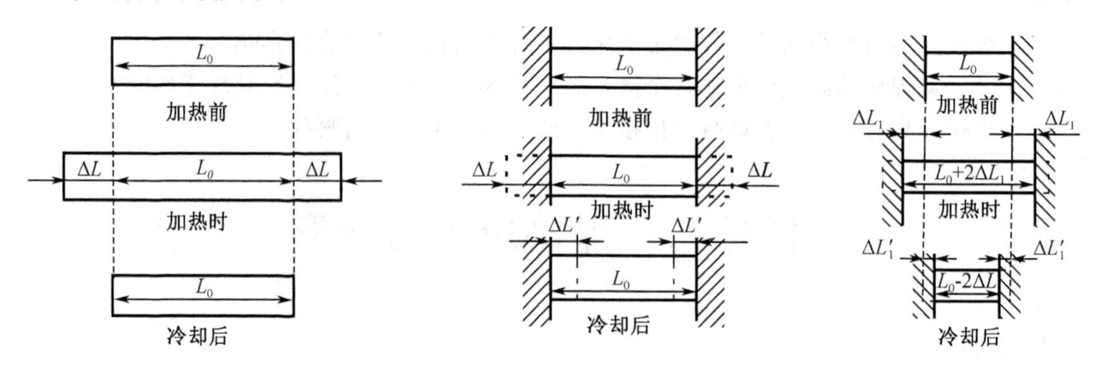

图 4.2.2　加热和冷却时的应力与变形

(a)自由状态；(b)刚性拘束；(c)非刚性拘束

焊接过程中焊缝区金属经历加热和冷却循环，其膨胀收缩受到周围冷金属的拘束，不能自由进行。当拘束很大(如大平板对接)时，会产生很大的残余应力，而残余变形较小；当拘束较小(如小板对接焊)时，则既产生残余应力，又产生残余变形。

现以平板对接焊为例进行说明(图 4.2.3)。焊接时，由于对焊件进行局部加热，焊缝区被加热到很高温度，离焊缝愈远，被加热的温度愈低。根据金属材料热胀冷缩的特性，焊件各区域因温度不同将产生大小不等的纵向膨胀，如各区域的金属能纵向自由伸长而不受周围金属的阻碍，其伸长应如图 4.2.3(a)中 *abcde* 所示那样。但钢板是一个整体，这种伸长不能自由地实现，钢板端面只能比较均衡地伸长，于是被加热的高温焊缝区金属 *bcd* 区域，因受两边金属的阻碍而产生压应力，远离焊缝区的金属 *ab* 及 *de* 区域则受到拉应力。此时，焊缝区(*c* 区)金属温度高，塑性好，当所受压应力超过屈服极限时，该区域不仅存在弹性变形，还产生了压缩塑性变形。这时钢板中存在着的压应力与拉应力(影线图)，二者平衡，同时，整块钢板比原尺寸伸长 Δl。

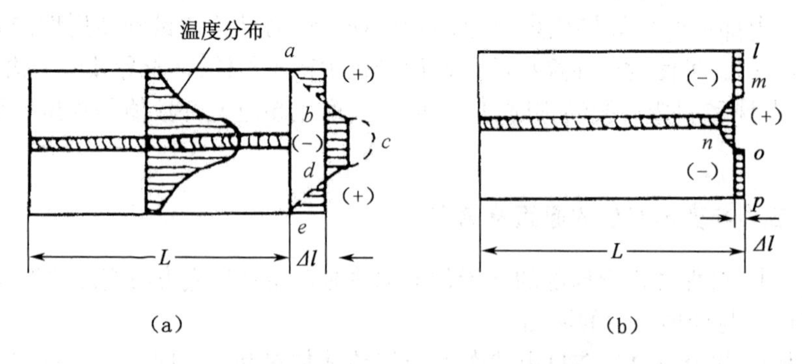

图 4.2.3　平板对接焊时的应力与变形

(a)焊接过程中；(b)焊接以后

焊接以后，焊接件冷却到常温。由于中间部位的金属在加热焊接时已经产生了压缩塑性变形，所以冷却后的长度要比原来的尺寸短些，所收缩的长度应等于压缩塑性变形的长度 *lmnop* 形状。但钢板是个整体，各部位互相牵制，两边金属将阻碍中间 n 区的局部缩短，因此焊件沿整个宽度比较平均地一起收缩到比原长小 Δl 的位置。此收缩变形 Δl 即为"焊接变形"。此时，两边金属由于受压缩而产生压应力，中间焊缝区被拉长而产生拉应力，两者相互平衡。这些应力，焊后残留在构件内部，称为"焊接残余应力"，简称"焊接应力"。同样道理，在长形钢扳边缘焊接时(图 4.2.4)，焊接以后冷却到常温，焊缝区产生纵向收缩变形，因收缩产生在钢板的一侧，钢板整体将绕纵轴产生一定的弯曲变形 f。焊缝区的收缩受整体限制，内部产生拉应力。

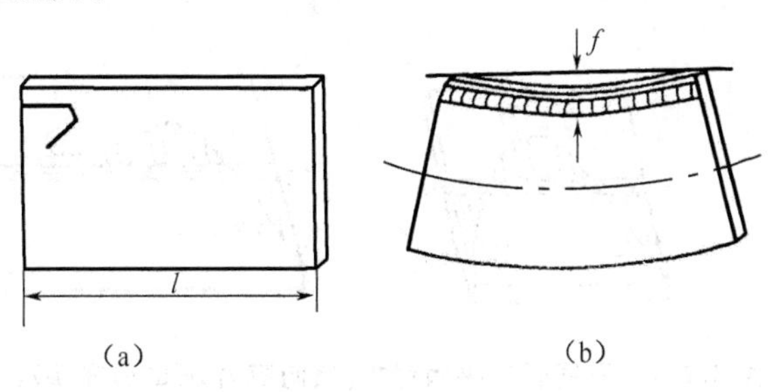

图 4.2.4　长形钢扳边缘焊接时的变形

(a)焊接开始；(b)焊接以后

2. 焊接应力与变形的危害

焊件产生的应力和变形对结构的制造和使用会产生不利影响。焊接变形可能使焊接结构尺寸不符合要求，组装困难，间隙大小不一致等，同时使结构形状发生变化，产生附加应力，降低承载能力。焊接残余应力会增加焊件工作时的内应力，还会诱发应力腐蚀裂纹，甚至造成脆断。另外，残余应力处于不稳定状态，在一定条件下应力会逐渐衰减而逐步增大变形，使构件尺寸不稳定。所以减少和防止焊接应力和变形是十分必要的。

二、焊接残余应力的分布情况与对焊件性能的影响

1. 焊接残余应力的分布情况

焊接残余应力在厚度不大的焊接构件中，基本上是双轴向的，厚度方向的残余应力很小。但是对不同的工件结构、不同的焊缝长度与焊接方向，其应力分布情况则有着很大的差异，现将一些典型情况分别简述如下。

(1)纵向(焊缝方向)残余应力 σ_x

低碳钢、普通低合金钢和奥式体钢焊接结构中，焊缝及其附近区的纵向残余应力 σ_x 是拉应力，其数值最大的可达到材料的屈服限(焊件尺寸很小的除外)。图 4.2.5 为长板对接焊后的纵向残余应力分布。

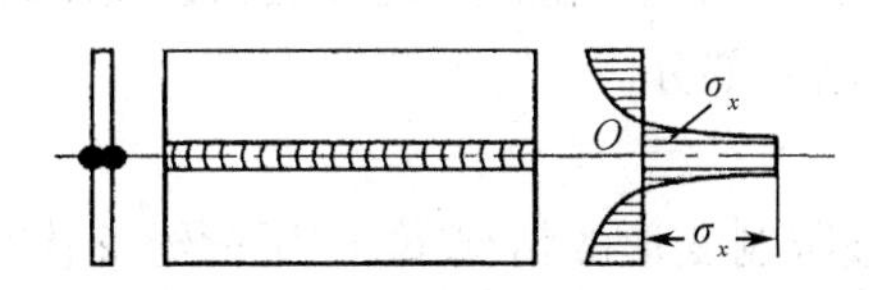

图 4.2.5　长板对接焊后的纵向残余应力分布

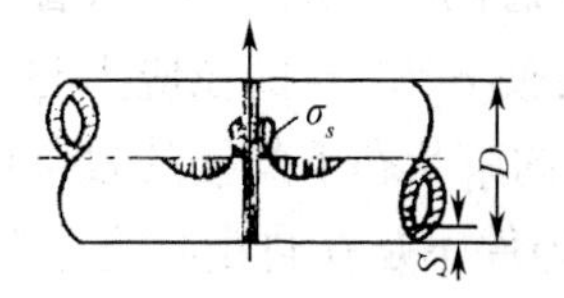

图 4.2.6　圆筒形工件环焊缝的纵向残余应力分布

D—圆筒直径；S—工件厚度

圆筒形工件环焊缝所引起的纵向(圆筒切向)应力的分布规律与平板直缝稍有不同,其数值取决于圆筒直径、厚度以及焊接压缩塑性变形区的宽度(图 4.2.6)。环焊缝上的残余应力 σ_x 随圆筒直径 D 的加大而增大。直径越大 σ_x 的分布越接近焊接平板时的分布规律。

(2)横向(垂直焊缝方向)残余应力 σ_y

对接焊缝横向应力,可以看成沿焊缝切开的两块钢扳边缘对焊,焊接边缘的纵向将要收缩,但两块钢板已由焊接连接成为一个不可分离的整体,所以在焊缝中部出现拉应力,焊缝的两端出现压应力,如图 4.2.7 所示。工件长度不同时,分布情况稍有差异,但分布规律是一样的。图 4.2.7 中,焊缝与横向应力为零的轴线相重合,σ_y'表示横向应力的大小,轴线以上为拉应力,轴线以下为压应力。

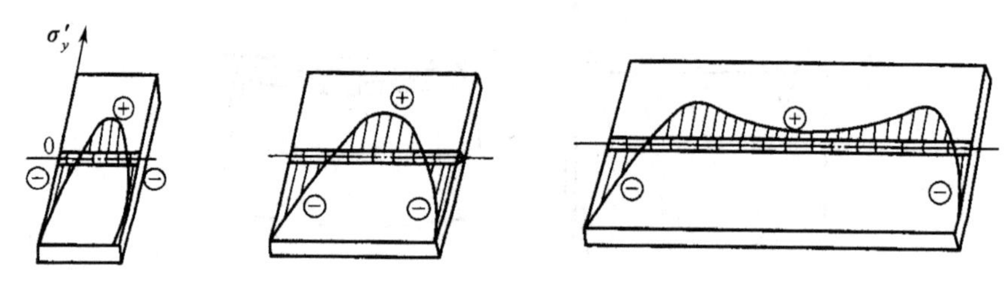

图 4.2.7　不同长度平板对接,横向应力 σ_y''的分布情况

此外,由于焊缝不是在同一时间焊成的,先焊焊缝受后焊焊缝横向收缩作用产生压应力,而它又阻碍了后焊焊缝的横向收缩,因此后焊焊缝受拉应力。如图 4.2.8 所示,箭头表示焊接方向,σ_y''表示横向应力。

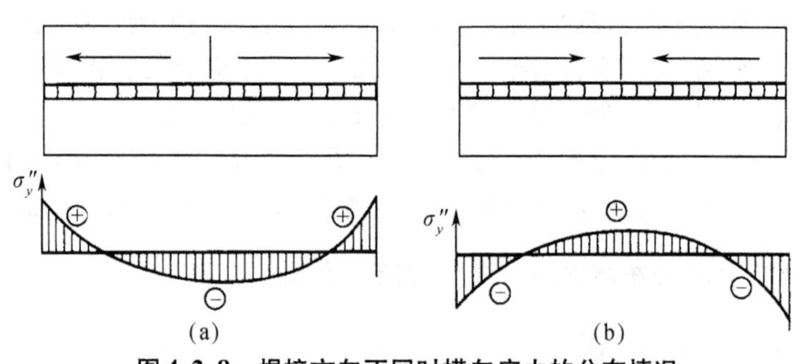

图 4.2.8　焊接方向不同时横向应力的分布情况

(a)由中间向两端;(b)由两端向中间

一般来说,总的横向应力 σ_y 是上述两部分应力合成的结果。即

$$\sigma_y = \sigma_y' + \sigma_y''$$

式中　σ_y'——焊缝纵向收缩引起的横向应力;

σ_y''——因焊接方向不同所引起的横向应力。

从减少总的横向应力 σ_y 来看,应尽量采用由中间向两端的焊接方法(图 4.2.8(a)),因为这样可使 σ_y'和 σ_y''的拉应力与压应力互相抵消一部分。

(3)在约束状态下焊接的残余应力

如果焊件不是在自由状态下焊接,而是在被限制变形的情况下,即所谓约束状态下进行焊接,焊后常产生较大的内应力。图 4.2.9 为水循环管路焊接时产生的反作用内应力,在进行上下联箱间的管子焊接时,先焊的管子焊后纵向(轴向)收缩时,联箱可以比较自由地位移,因此先焊管子的焊接应力不大。待焊接最后几根管子时(或爆管换管焊接时),两联箱与先焊的多根管子已组成一个刚性整体,后焊管子的纵向收缩变形受到很大的阻碍,因此管子内部受到较大的拉应力,先焊的管子则受到压应力。这些内应力并不在每根管子的内部平衡,而是在两个联箱和管子组成的整体上平衡,故称其为“反作用内应力”σ_f。

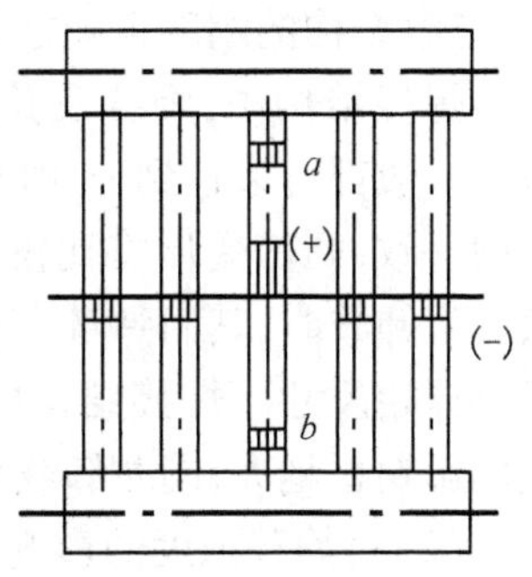

图 4.2.9 水循环管路焊接时产生的反作用内应力

a,b—后焊焊缝

(4)封闭焊缝所引起的内应力

在大的炉体上进行局部挖补镶块焊接,以及在板壳结构上焊接管接头都属于这种情况。由于是封闭焊缝,拘束度大,常产生大的焊接残余应力,挖补镶块焊接应力的大小与焊件刚度和镶入体本身的刚度有关,刚度愈大,内应力愈大。图 4.2.10 为图形镶块封闭焊缝的焊接残余应力,切向应力 σ_t 在焊缝附近为拉应力,最高可达屈服极限;镶块外边离焊缝较远处切向应力为压应力。径向应力 σ_r 在此均为拉应力。镶块心部 σ_t 与 σ_r 相等,有一个均匀的双轴拉应力场。焊件刚度愈大,镶块直径愈小,这个均匀双轴拉应力值也愈高。

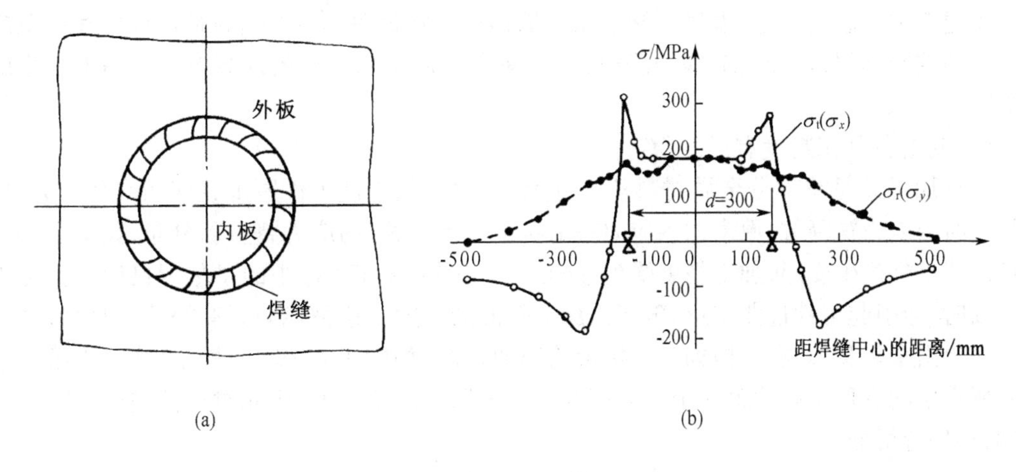

图 4.2.10 圆形镶块封闭焊缝的焊接残余应力

(a)封闭焊缝;(b)σ_t 和 σ_r 的分布

曾在外径 1 m 及厚度 12 mm 的钢板上,焊补一直径 300 mm 镶块,焊后测出镶块内应力的情况如图 4.2.10(b)所示,其最大切向应力 σ_t 已接近 300 N/mm^2。

在板壳结构上焊接管接头的焊后残余应力与此相似,管接头与壳体间的圆周焊缝的切向应力(σ_t),在焊缝及其附近区是拉应力,远离焊缝成为逐渐减小的压应力。焊缝径向内应力(σ_r)都是拉应力(图 4.2.11)。由于接管刚性较小,接管的内应力一般比镶块的小。

2. 焊接残余应力对焊件性能影响

焊接残余应力在构件中并非都是有害的,在分析其对结构失效或使用性能可能带来的影响时,应根据不同材料、不同结构设计、不同承载条件和不同运行环境进行具体分析。

(1)对结构刚度的影响

当外载产生的应力 σ 与结构中某区域的内应力叠加之和达到屈服点 σ_s 时,这一区域的材料就会产生局部塑性变形,丧失了进一步承受外载的能力,造成结构的有效截面积减小，导致结构的刚度也随之降低。

焊接结构中，焊缝及其附近区域里的纵向拉伸残余应力一般都可以达到 σ_s 时，如果外载产生的应力与它的方向一致，则其变形将比没有内应力时或内应力较低时大。当卸载时，其回弹量小于加载时变形量，构件不能回复到原始尺寸。焊接结构中的拉伸应力区域越大，对刚度的影响也越大，同时卸载后残余变形量也越大。

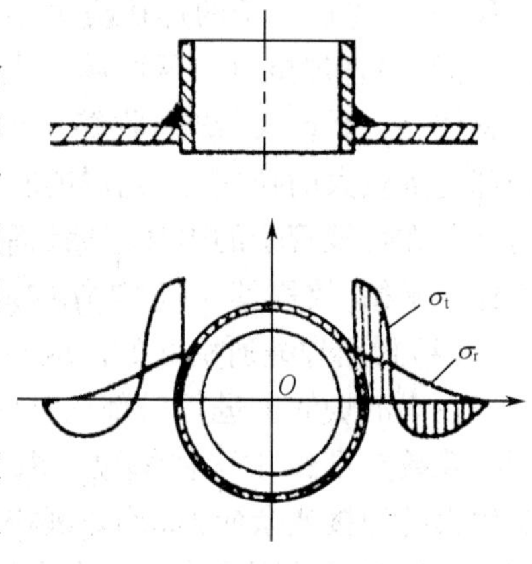

图 4.2.11 管接头处的焊接残余应力

(2)对静载强度的影响

没有严重应力集中的焊接结构，只要材料具有一定的塑性变形能力，内应力并不影响结构的静载强度。反之，如材料处于脆性状态，则拉伸内应力和外载应力叠加，有可能使局部区域的应力首先达到断裂强度，导致结构早期破坏。

在实际结构中，工艺或设计原因可能造成严重的应力集中，同时存在较高的拉伸内应力。许多低碳钢和低合金钢焊接结构的低应力脆断事故以及大量试验研究说明：在工作温度低于脆性临界温度（在此温度下光滑试件仍具有良好延性）条件下，拉伸内应力和严重应力集中的共同作用，将降低结构的静载强度，使之在低于屈服点的外载应力作用下发生脆性断裂。

(3)对焊件加工精度和尺寸稳定性的影响

机械加工总是将部分金属材料从工件上切除掉，如果该工件原来就存在残余应力，切削加工时内应力被释放，原来的内应力平衡状态即被破坏，内应力将重新分布，其结果必然使被加工工件产生变形，加工精度受到影响。如在图 4.2.12(a)中的 T 形焊接构件上加工一平面时，会引起工件挠曲变形，破坏已加工平面的精度。这种挠曲只有松开夹具后，才能充分显示出来。又如，在机械加工焊接齿轮箱油孔时，如图 4.2.12(b)所示，当加工第二个孔时所产生的变形将影响第一个孔的精度。为了保证加工精度，应先对焊件进行消除应力处理，再进行机械加工。

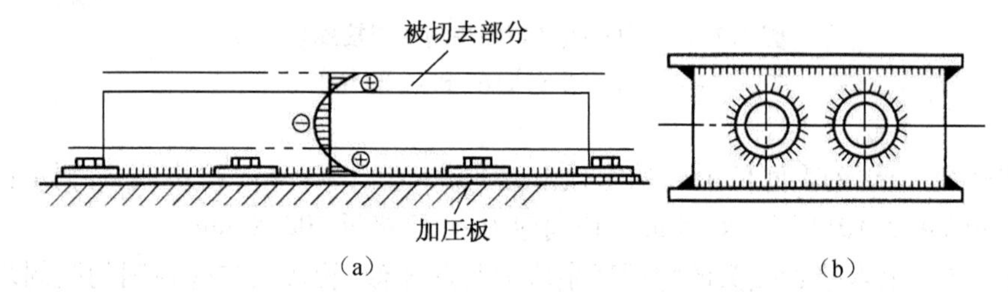

图 4.2.12 机械加工引起内应力释放和变形

三、减少和消除焊接应力的措施与方法

为了减少焊接应力的产生及其不利影响，应从设计和焊接工艺两方面采取措施。

1. 减少焊接应力的设计措施

(1)尽量减少焊缝的数量，在保证结构强度的条件下，尽量减小焊缝截面尺寸和长度。如火管锅炉封头或管板拼接时，按 JB 1618—1992《锅壳锅炉受压元件制造技术条件》

规定，在直径 $D \leqslant 2\ 200$ mm 时，焊缝不得多于一条，$D > 2\ 200$ mm 时，不得多于 2 条。炉胆、锅壳每节筒体的纵向拼接焊缝，$D \leqslant 1\ 800$ mm 时，不得多于 2 条。$D > 1\ 800$ mm 时，不得多于 3 条。

(2)焊缝不要密集，尽可能避免交叉。

如图 4.2.13 所示，焊接管孔应尽量避免开在焊缝上，且避免管孔焊缝与相邻焊缝的热影响区重合。焊缝间距应大于三倍钢板厚度，且不得小于 100 mm。

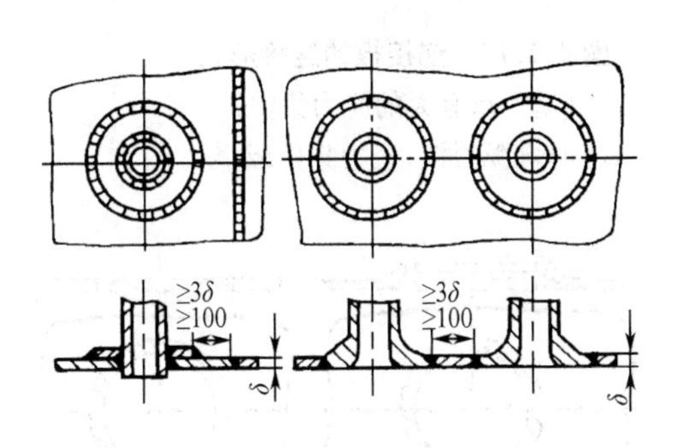

图 4.2.13　容器接管焊缝

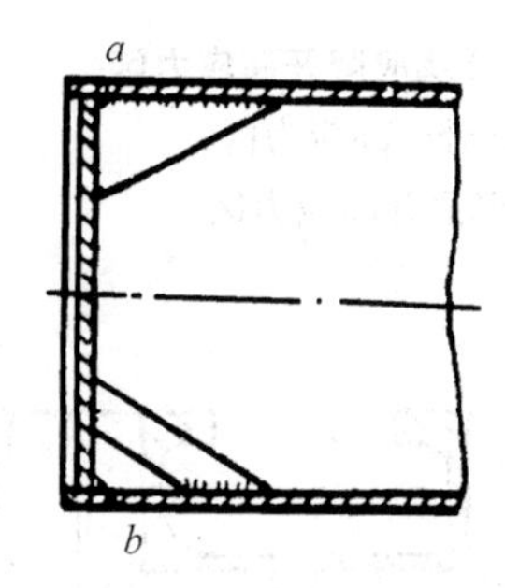

图 4.2.14　合理安排拉撑的焊缝位置

如图 4.2.14 所示，平封头拉撑板焊接，*a* 处有三条焊缝集中在一起，易产生应力集中，故应将拉撑板靠封头与锅壳的环缝处切去一角，如 *b* 处所示。

如图 4.2.15 所示，各节筒体的纵向焊缝，以及封头焊缝与筒体的纵向焊缝，均应互相错开，错开的弧长 *l* 应不小于钢板厚度的三倍，且不小于 100 mm。

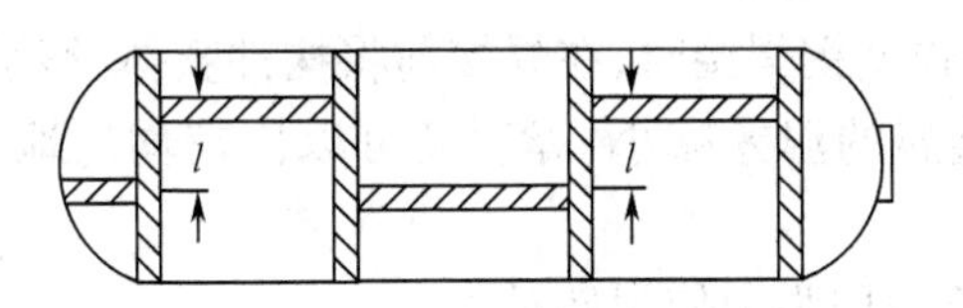

图 4.2.15　筒体纵缝应错开

(3)锅炉受压元件的主要焊缝及其邻近区域应避免焊接零件。若不能避免时，焊接零件的焊缝可穿过主要焊缝，而不要在焊缝上及其邻近区域终止。

(4)焊缝不要布置在高应力区有断面突变的地方，以避免应力集中。

图 4.2.16(a)的焊缝处于断面突变处，图 4.2.16(b)的焊缝位置就比较好。又如图 4.2.17 所示，在焊接承受拉力的连接板时，连接板以直角连接(图 4.2.17(a))则 *A* 点有较大的应力集中。若改成圆弧过渡(图 4.2.17(b))，则可减少应力集中。

(5)应尽可能采用刚性较小的接头形式：管接头可用翻边连接代替插入管连接(图 4.2.18)，以降低焊缝的拘束度，减小焊接应力。

(6)尽量降低接头的刚度：镶块焊接的封闭焊缝，或其他刚性大的焊缝，可采用反变形法(图 4.2.19)，以降低焊件的局部刚度。可以将平板少量翻边，也可以将镶块压凹，通过减小刚度来减小焊接应力。

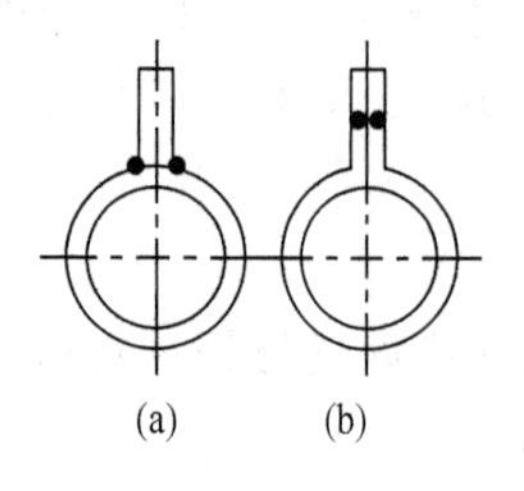

图 4.2.16　焊缝应避开高应力区
(a)焊缝处于高应力区;
(b)焊缝避开高应力区

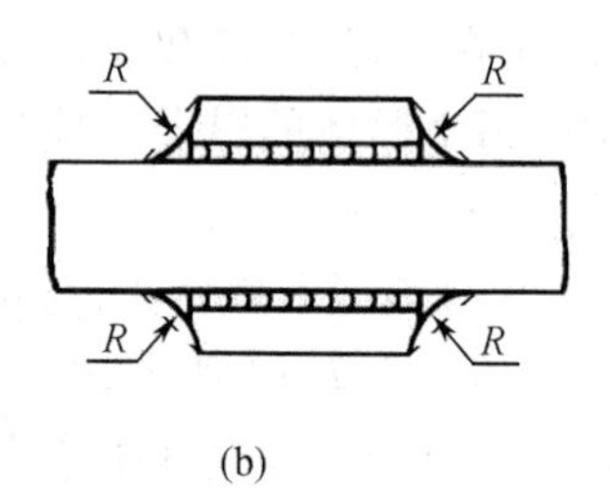

图 4.2.17　连接板的连接形式
(a)A 点有大的应力集中;
(b)圆弧过渡,应力集中减小

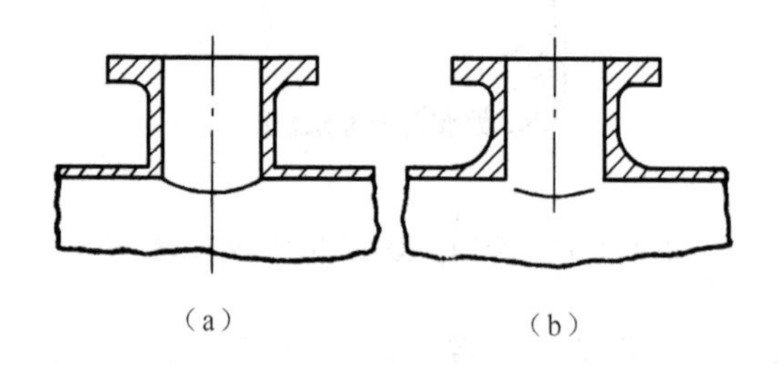

图 4.2.18　焊接管连接形式
(a)插入式;(b)翻边式

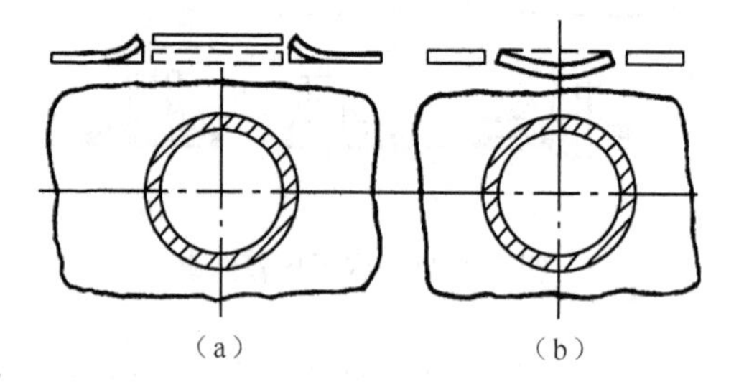

图 4.2.19　降低局部刚度以减小焊接应力
(a)平板少量翻边;(b)镶块压凹

2. 减少焊接应力的焊接工艺措施

(1)对重要结构或高强度钢焊接时,在焊接前将构件整体预热到一定温度,然后再进行焊接。预热可使焊缝区金属的温差减小,焊后又可以比较均匀地同时冷却,从而减小焊接内应力。

(2)在组装焊件时,不得用强力使焊件对正。

(3)采用合理的焊接顺序与方向可减小焊接应力。如焊接对接焊缝时,焊接方向应指向自由端。焊接 T 形焊缝时,应按图 4.2.20 所示的顺序进行,才能使横向收缩比较自由,减小交叉处的应力。

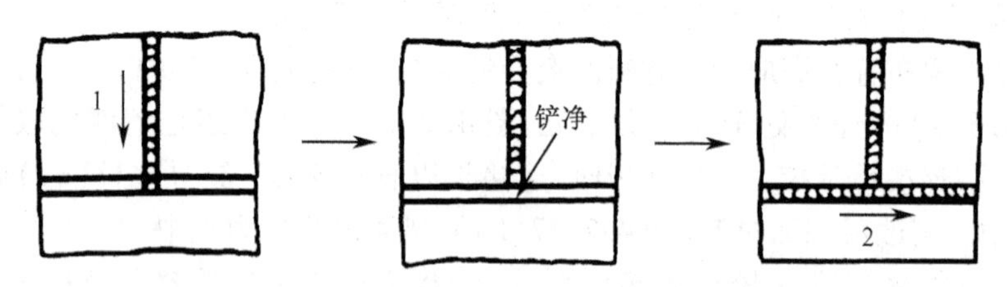

图 4.2.20　T 字焊缝焊接顺序

(4)锤击焊缝。对塑性好的钢材,可用头部带小圆弧的手锤或风锤锤击焊缝金属,使焊缝金属得到塑性延展,以降低内应力。锤击时应在焊后热态下按一定方向适度进行。但多层焊的根部第一层焊缝和表面层不宜采用。

(5)采用加热适当部位的方法减小内应力。焊前,对复杂焊接结构的适当部位进行局部加热,靠加热区金属的伸长带动焊接部位产生一个与焊接收缩方向相反的变形。焊后,被加热部位的冷却收缩与焊接收缩方向相一致，即可减小焊接应力。图 4.2.21(a)是多根并列管组成的水冷壁，需要焊接中间的管子(或换管)，可在焊前对图示影线部位管子加热使之伸长，而后迅速将中间管子装好并焊接。焊后(图 4.2.21(b))，由于影线加热的管子正冷却收缩，焊缝就可以比较自由地收缩，从而减小了约束状态下的反作用内应力。

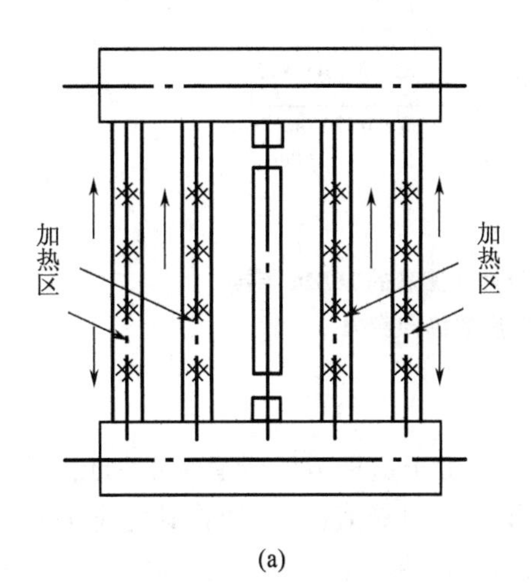

(a)

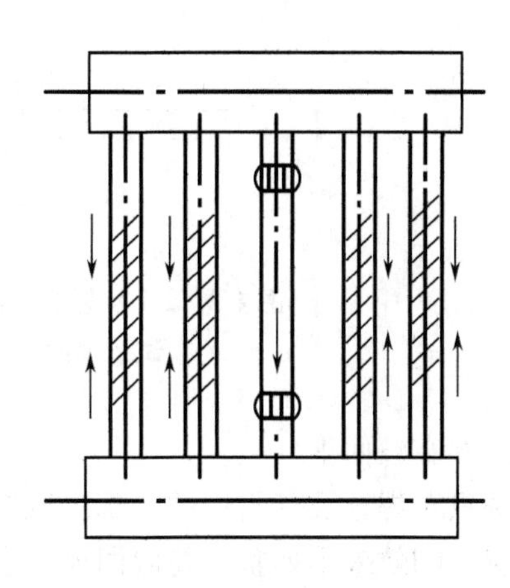

图 4.2.21　加热适当部位以减少焊接应力

(a)焊前加热伸长；(b)焊后收缩

3. 焊后消除残余应力的必要性与方法

焊后消除残余应力是否必要，应该从构件的用途、尺寸(特别是厚度)、所用材料以及工作条件等方面综合考虑，下列情况应考虑进行消除应力处理。

(1)厚度超过一定限度的锅炉受压元件与焊接容器。对此都有专门的技术条件予以规定。如《蒸汽锅炉安全监察规程》规定:焊制的低碳钢受压元件，其厚度≥20 mm 时，应进行焊后热处理以消除内应力。合金钢制造的受压元件焊后需要进行热处理的厚度界限，按产品技术条件规定处理，但不得大于 20 mm。

(2)对于焊后有产生延迟裂缝倾向的钢材，如某些屈服强度大于 500 N/mm^2 的普通低合金钢，焊后应及时进行退火处理，其目的的是消除焊接应力。

(3)在运输、安装、启动运行时，可能遇到低温，有发生脆性断裂危险的厚截面复杂结构。

(4)有应力腐蚀危险的结构。

(5)焊后机械加工面较多，加工量较大，不消除残余应力就难以保证加工精度的结构。

焊后消除残余应力的方法主要有以下几种。

①整体高温回火(或称为消除应力退火)

将焊接结构整体放入加热炉中，缓慢加热至一定温度后缓冷。在放入炉中时，应避免由于构件自重引起的弯曲变形。

整体高温回火消除焊接残余应力的效果最好，一般可将 80% 以上的残余应力消除掉，在生产中应用最广。图 4.2.22 示出了 X 射线和电阻应变片法测量的 16Mn 焊接试板消除应力退火前后的纵向应力(退火温度 625 ℃)，图中横轴为与焊缝中线的距离 l(单位 mm)，纵轴为内应力 σ(单位 N/mm^2)，实线表示焊后的纵向内应力，虚线表示退火后的内应力。

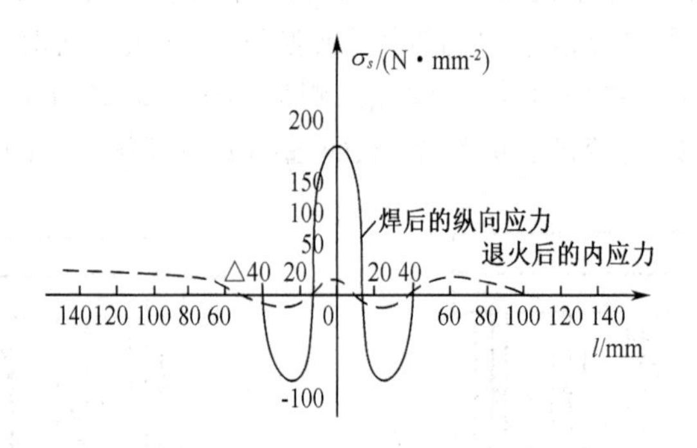

图 4.2.22　X 射线和电阻应变片法测量的 16Mn 焊接试板消除应力退火前后的纵向应力

②局部高温回火

本法只对焊缝及其附近的局部区域进行加热。由于这种方法带有局部加热的性质，因此消除应力的效果不如整体高温回火。它只能降低应力峰值，而不能将其完全消除。但通过局部处理可以改善焊接接头的力学性能。局部高温回火，多用于比较简单、拘束度较小的焊接接头，如长的圆筒容器、管道接头、长构件的对接接头等。为了取得较好降低应力的效果，应保证有足够的加热宽度。圆筒接头加热区宽度一般取 $5\sqrt{R\delta}$，长板的对接接头取 $B=h$，如图 4.2.23 所示。

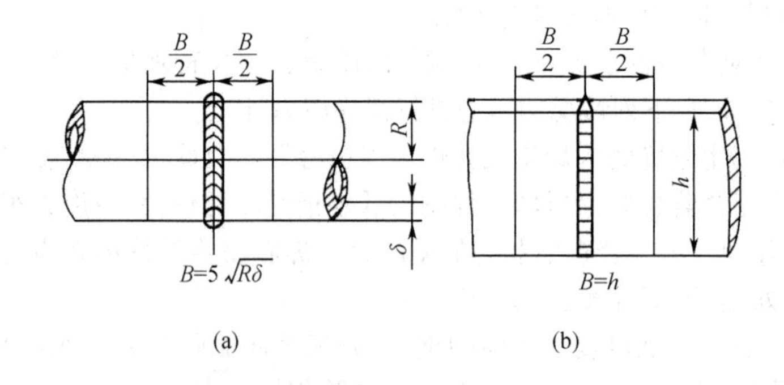

图 4.2.23　局部高温回火的加热区宽度

(a)圆筒接头；(b) 长板对接接头

局部高温回水可采用气体、红外线、间接电阻或工频感应等方法加热。

③低温消除应力

在焊缝两侧各用一个宽度为 100 ~ 150 mm 的氧 – 乙炔焰喷嘴加热构件(图 4.2.24)，使构件表面加热到 200 ℃左右，在加热炬后面一定距离，随之喷水冷却。这样可造成两侧高温、焊缝区低温(100 ℃左右)的温度场。两侧的金属因受热膨胀，对温度较低的焊缝区进行拉伸，产生拉伸塑性变形以抵消焊接时的压缩变形，从而消除内应力。这种方法也称为温差拉伸法。实质上属于机械拉伸消除应力。只适用于塑性较好材料，消除应力的效果可达 50% ~70%。

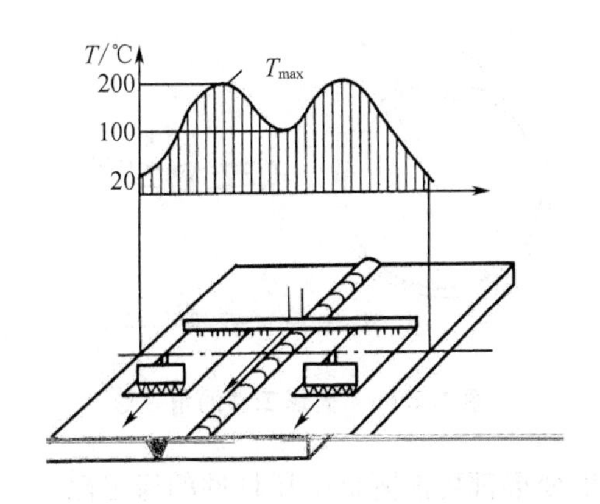

图 4.2.24　低温消除应力

④机械拉伸法

机械拉伸是把已经焊好的钢结构根据实际情况进行加载，使焊缝变形区得到拉伸，以减少因焊接引起的压缩塑性变形量，使内应力降低。机械拉伸仅用于形状简单的低碳钢结构。

四、焊接变形的影响因素

1. 焊接变形的基本形式

焊接变形可能是多种多样的，但常见的是图 4.2.25 所示的几种基本形式，或者是这几种变形的结合。

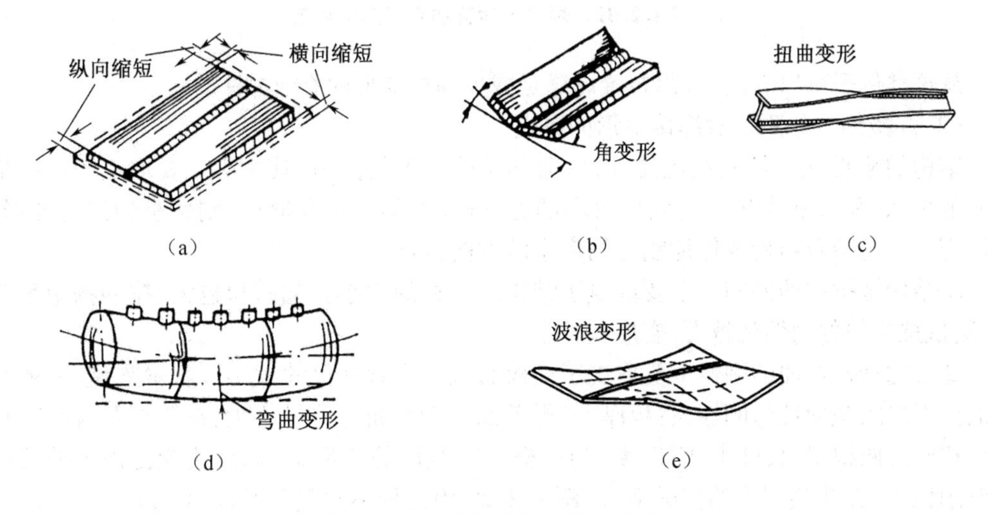

图 4.2.25　焊接变形的基本形式

图 4.2.25(a)是钢板对接焊后产生了纵向缩短和横向缩短的变形；图 4.2.25(b)是钢板 V 形坡口对接，焊后产生角变形；图 4.2.25(c)是锅筒筒体焊接后发生的弯曲变形；图 4.2.25(d)是薄板拼接后有的产生波浪变形；图 4.2.25(e)是工字形结构焊后产生了扭曲变形。

焊接变形不仅影响结构尺寸精度和外观形状，而且可能降低结构的承载能力，图 4.2.26 所示容器的焊接角变形，能引起局部较大的附加应力，甚至可能导致脆断事故的发生。

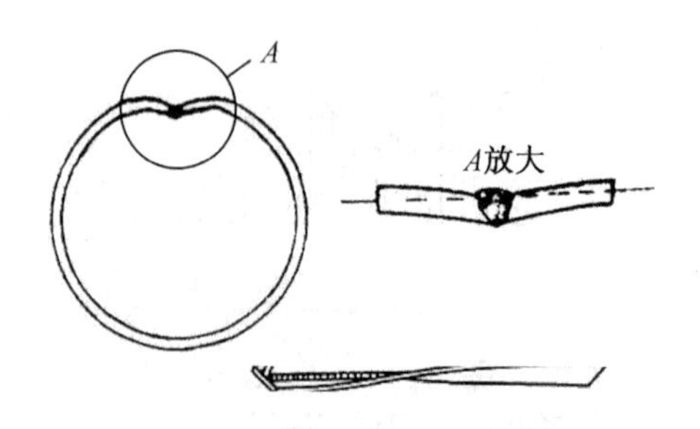

图 4.2.26　筒形工件的角变形

此外,弯曲变形和波浪变形都可能降低受压杆件的稳定性。

2. 影响焊接变形的因素

(1)焊缝在结构中的位置对变形的影响

如图 4.2.27(a)所示,两块宽度不等的钢板拼接,焊缝位于截面中心线 $x-x$ 轴上侧。焊后因焊缝纵向收缩引起弯曲变形 f。如图 4.2.27(b)所示,钢板卷圆后进行纵缝对接,焊缝在截面上与 $x-x$ 轴不对称。因此焊后也将引起弯曲变形 f。

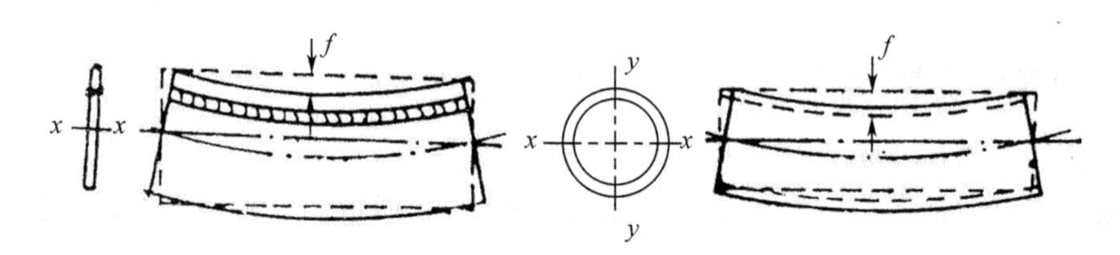

图 4.2.27　焊缝不对称布置引起的变形

从这类例子可以看出,对称布置焊缝是减少焊接变形的有效方法。

(2)焊接结构的刚性对焊接变形的影响

结构的刚性就是结构抵抗拉伸、弯曲和扭曲变形的能力,其大小主要取决于结构横截面积的形状、尺寸和布置。受同样大小的力,刚性大的结构变形小,刚性小的结构变形大,焊接变形总是沿着结构或焊件刚性约束小的方向进行。

①结构抵抗拉伸的刚性主要取决于结构截面积的大小。截面积越大,拉伸拘束度就越大. 则抵抗拉伸的刚性就越大,变形就越小。

②结构抵抗弯曲的刚性主要取决于结构的截面形状和尺寸大小。就梁来说,一般封闭截面比不封闭截面抗弯刚性大;板厚大(即截面积大),抗弯刚性也大;截面形状、面积、尺寸完全相同的两根梁,长度小,刚性大;同一根封闭截面的箱形梁,垂直放置比横向放置时的抗弯刚性大(在受相同力的情况下)。图 4.2.28 为几种不同截面形状的梁。

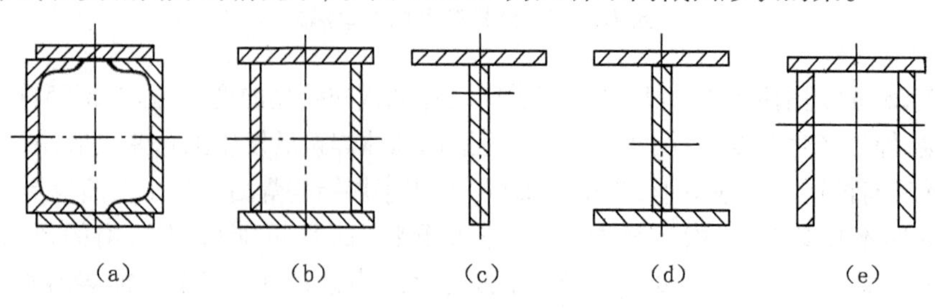

图 4.2.28　几种不同截面形状的梁

③结构抵抗扭曲的刚性除取决于结构的尺寸大小外，最主要的是结构横截面形状。封闭形式的截面抗扭曲刚性比不封闭截面大。在图 4.2.28 中(a)(b)形状截面的抗扭能力比(c)(d)(e)所示的大。

此外，结构的抗弯和抗扭能力还与结构的长度有关，一般短而粗的焊接结构抗弯刚性大，细而长的结构抗弯刚性小。对于焊接结构由于刚性的影响而产生的变形，必须要综合考虑上述的几个方面，才能得出比较符合实际的估计。

(3)装配和焊接顺序对焊接变形的影响

一个焊接结构的整体刚性是随着装配焊接过程而逐步形成的。一般说，整体的刚性总比它本身的零件或部件的刚性大。因此，对于截面对称、焊缝布置对称的简单焊接结构，可采用先装配成整体，然后再焊接的方法进行生产，以减少焊接变形(例如简单的工字梁)。

复杂的焊接结构，一般则不能整个装配后进行焊接，因为焊缝多，各焊缝引起的变形互相影响，难以控制，甚至有些焊缝可能焊不到。因此必须采取部分装配、焊接、再装配一些部件、再焊接的次序。这样，即便是对称布置的焊缝，先焊的焊缝因当时构件刚性尚小必将引起较大的变形。随着部件不断装配焊接，刚性愈大，后焊接的对称布置的焊缝，也只能引起较小的变形。整体结构最后的变形方向一般说总是和最先焊的焊缝引起的变形方向相一致。

据此可以看出，焊缝布置不对称的焊接结构，也有可能利用调整装配焊接次序的方法来控制和减小焊接变形。

(4)其他影响焊接变形的因素

焊接电流、焊接速度对焊接变形有一定影响。一般来说，焊接电流增加则变形加大，因焊接受热面加大能引起较宽的塑性变形区。如加快焊接速度，可使受热区变窄，能减小变形，此外，还应考虑到焊件的自重与形状，对长构件和容器进行焊接时，应很好地支撑。

五、减少和矫正焊接变形的措施与方法

为了防止和减少焊接变形，产品设计时，应尽可能采取合理的结构形式。焊接时，要采取必要的工艺措施。

如果产生了超过允许值的变形，焊后应进行矫正。

1. 进行合理的设计

(1)在保证结构有足够承载能力的前提下，尽量减少焊缝数量、减小长度和截面积。厚件尽可能两面坡口进行焊接。

(2)尽量应用型钢、冲压件代替板材拼焊，以便减少焊缝数量，减少变形。

(3)合理安排焊缝位置，使结构中的焊缝尽量处于对称位置，或接近中性轴，以减少焊件的弯曲变形。如图 4.2.29 所示联箱类构件，应按图中那样安排焊缝，使焊缝对称于中性轴，可减少构件焊后的弯曲变形。

圆筒形工件，最好用两个半圆形对接。因两条纵缝对称分布在中性轴两边，焊后引起的弯曲变形将是很小的。

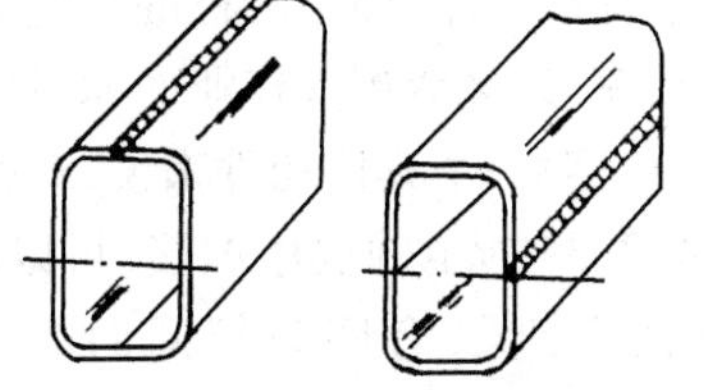

图 4.2.29 合理安排焊缝位置

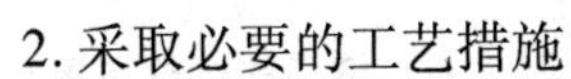

2. 采取必要的工艺措施

(1)反变形：用经验或计算方法，预先判断工件在焊后可能发生的变形大小和方向，将工件安置在相反方向的位置上进行焊接。图 4.2.30 是防止平板焊接角变形的反变形。防

止壳体焊接局部塌陷的反变形如图 4.2.31 所示。

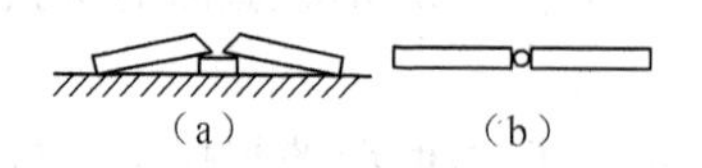

图 4.2.30　防止平板焊接角变形的反变形
(a)焊前反变形;(b)焊后

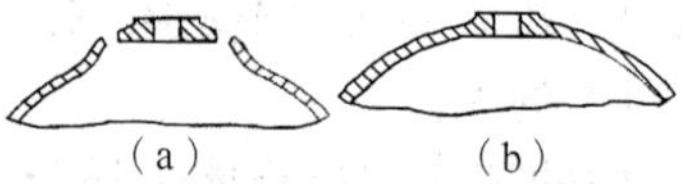

图 4.2.31　防止壳体焊接局部塌陷的反变形
(a)焊前反变形;(b)焊后

(2)加余量:在工件下料时加一定的收缩余量,通常构件纵向约 0.2%,复杂件约 0.1%,可根据计算或实际经验来选取,以补充焊接结构长度的缩短。

(3)刚性夹持:焊前将工件固定夹紧,可显著减少变形,因常温下钢材有一定塑性,夹紧后对防止角变形和波浪变形都比较有效。图 4.2.32 是利用刚性夹持防止法兰焊后角变形。在一般钢板对接时,可采用加“马”的方法来控制变形(图 4.2.33),此方法因简单易行,在生产中广泛使用。

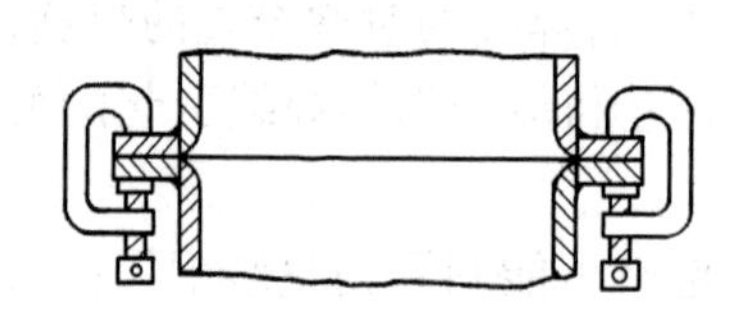

图 4.2.32　利用刚性夹持防止法兰焊后角变形

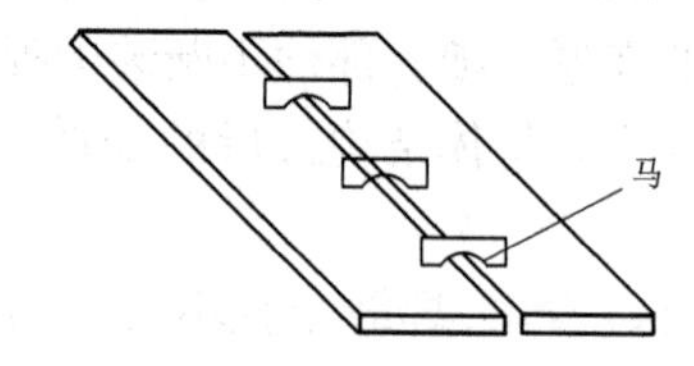

图 4.2.33　钢板对接时加“马”刚性固定

对于形状较复杂、尺寸不大又批量生产的焊件,可考虑设计能够转动的专用胎夹具,既可以防止变形,又能提高生产效率。

如果工件比较大,生产数量不多,可在容易发生变形的部位焊上临时支撑式拉杆,以增加构件的刚性,减少变形。

刚性夹持能显著减少变形,但用时一定要考虑到材料的性质,因刚性夹持阻碍焊件的自由收缩,将在构件的内部出现较大的内应力。对低碳钢来说,一般不会出现裂缝,但对强度等级高的钢材,则可能因应力较大导致裂缝,应予以充分注意。

(4)选择合理的焊接方法和焊接工艺参数:采用快速高温焊接方法可以减少变形量。如用气体保护焊、等离子弧焊接代替气焊和焊条电弧焊进行薄板焊接,可减少和控制变形量。用焊条电弧焊焊接比较厚的工件时,采用多层焊比单层焊变形小。在保证质量的前提下增大焊接速度,也会使焊接变形减小。

(5)选择合理的装配焊接次序:把大型结构适当地分成部件,分别装配焊接,然后再拼接焊成整体,使不对称的焊缝或收缩量较大的焊缝能自由收缩,这即可利于控制和减少焊接变形,又能扩大作业面积,缩短生产周期。

对一个具体构件来说,对称的焊缝对称焊接。按图 4.2.34 所示的次序焊接,可以减小变形。图 4.2.35 所示工字梁,有四条相同的焊缝,如次序不合理(如图 4.2.35(a)的次序),焊后工件将发生大的上凸变形;如采用图 4.2.35(b)的次序,则焊后变形很小。因此当构件上具有相互对称或近似对称的焊缝时,应在对称的两

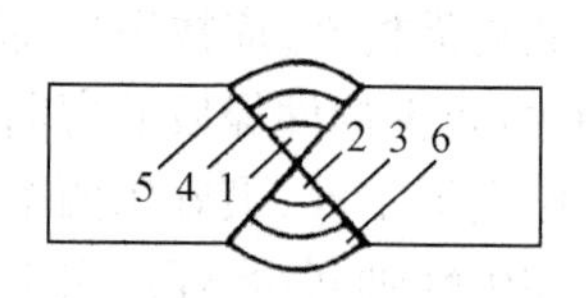

图 4.2.34　X 形坡口的合理焊接次序

边同时进行焊接或两边交替地进行焊接。

图 4.2.36 所示的圆筒体对接焊缝，是由两名焊工对称地按图中顺序同时施焊的对称焊接。

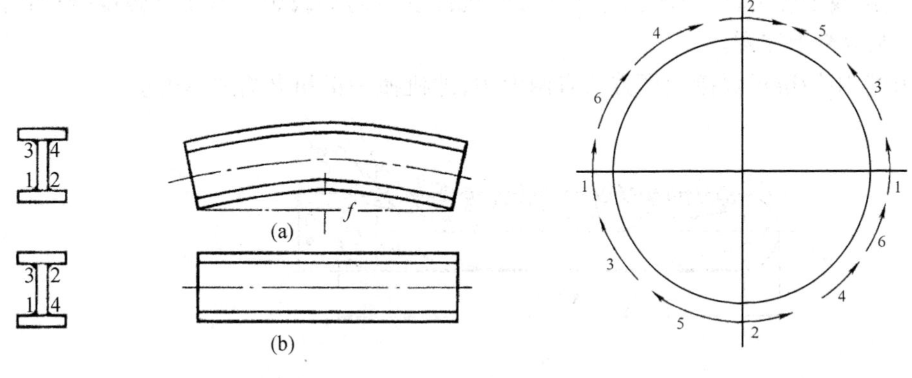

图 4.2.35　工字梁的焊接次序　　**图 4.2.36　圆筒体对接焊缝的合理焊接顺序**

对于不对称的焊接结构，采用先焊焊缝少的一侧，后焊焊缝多的一侧，使后焊造成的变形足以抵消先焊一侧的变形，以使总体变形减小。

焊接一个长焊缝，为了减少焊接变形，常采用如图 4.2.37 所示的逆向分段焊法，即把整个长焊缝分为长度 150 ~ 200 mm 的小段进行焊接。每一段都朝着与总方向相反的方向施焊。由于受热不连贯，因此变形表现为一段一段的微小波浪变形，而不致引起连续焊接时常常产生的大的弯曲或扭曲变形。

1　2　3　4　5　6　7　8
1层
2层
15　14　13　12　11　10　9

图 4.2.37　逆向分段焊法和产生的变形

事实上，在焊接生产当中，为了减少焊接变形常常是几种方法同时应用的。例如锅筒管接头的焊接，因焊缝集中偏于一侧，焊后常引起整个锅筒较大的弯曲变形（图 4.2.38(a)），这种变形焊后校直很困难。采用图 4.2.38(b) 所示专用翻转胎具后，一次装两个锅筒，管接头朝外，两端用支承圈卡紧，中间垫三块或更多的垫铁，使两锅筒在焊前发生反变形，然后在夹持下进行焊接。

焊接时，两名焊工同时各焊一排管接头，采用图 4.2.38(c) 所示的跳焊顺序，焊完一个锅筒的两排接头中的一些接头后，整个转胎翻转 180°再用同样方法焊另一个锅筒。这样交替地焊接下去，直到焊完两个锅筒的全部管接头。

由于采用了这种外力作用下的预弯反变形，又配合对称均匀加热的方法进行焊接，焊后基本上防止了弯曲变形，变形量在允许范围之内，可不必矫正。

3. 焊接变形的矫正

在实际生产中，尽管采取了一些措施控制或防止焊接残余变形的产生，但是构件焊后还是难免产生焊接变形，有的甚至很严重。因此，对焊后残余变形的矫正是必不可少的一种工艺措施。

应该指出，矫正焊接变形的过程往往增加构件的内应力。因此，矫正焊接变形之前最好先消除焊接残余应力，以免矫正焊接变形时构件发生局部破裂。矫正高强度钢构件的焊接变形时，尤应给予注意。

生产中常用的矫正焊接变形方法有两大类，即机械矫正和火焰加热矫正。

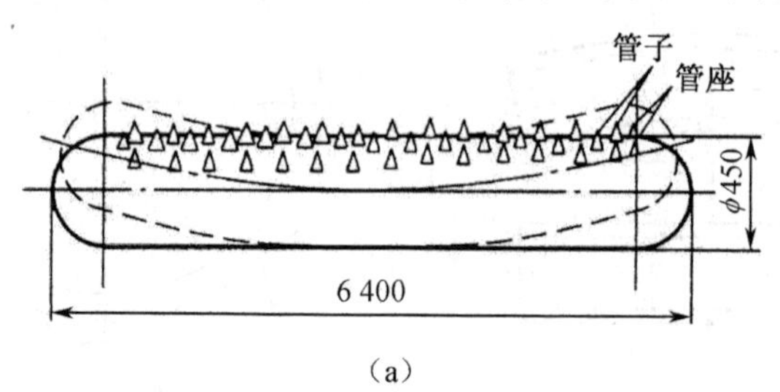

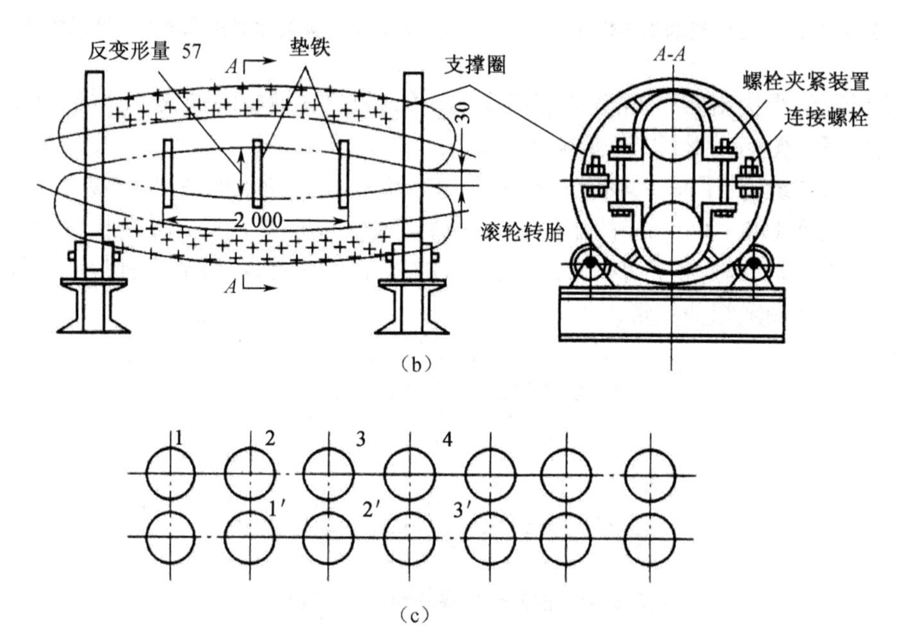

图 4.2.38　锅筒管接头的焊接

(a)未用反变形的锅筒焊后变形；(b)锅筒反变形焊接翻转胎具；(c)跳焊顺序

(1)机械矫正

机械矫正是利用机械外力的作用来矫正焊接变形，图 4.2.39 是利用机械外力对弯曲的梁进行矫正的例子，是借矫正时发生的塑性变形来修正焊接时发生的变形。塑性愈好的材料愈容易修正。

图 4.2.40 给出了圆筒形工件纵焊缝焊后角变形的机械矫正方法，通称三点弯曲法。即在弯卷锅筒的卷板机上，由大到小地调整一下辊的相对距离，在焊缝区反复辊压，即可矫正变形。

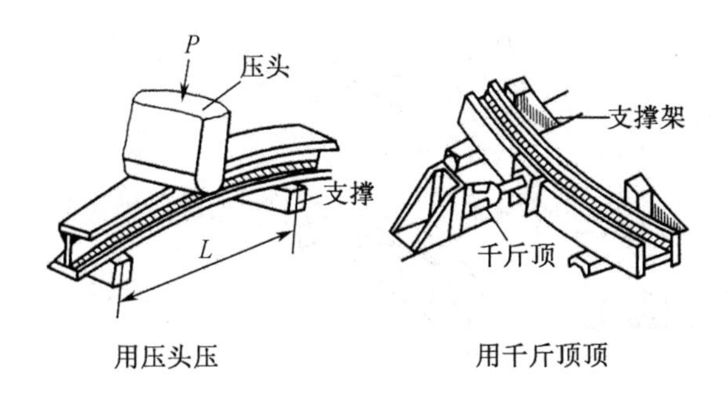

图 4.2.39　工字梁焊后变形的机械矫正

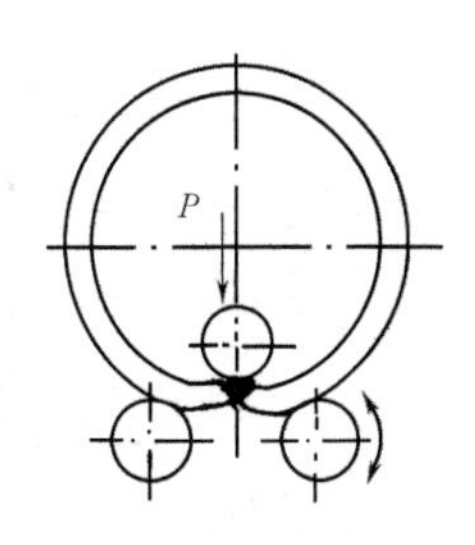

图 4.2.40　圆筒形工件的机械矫正

(2)火焰加热矫正

火焰加热矫正是用火焰,以不均匀加热的方式引起结构变形来矫正原有的残余变形。加热火焰常使用氧－乙炔火焰,也可用其他火焰。影响火焰矫正效果的因素主要是火焰加热的位置和火焰热量,一般情况下,热量愈大,矫正能力愈强,矫正变形量也就愈大,但最重要的是定出正确的加热位置。

焊后已经产生弯曲度 80 mm 的集箱类管件,可用图 4.2.41 所示的火焰加热矫正方法。加热位置选在支管背面,共分 8 处加热,采用三角形加热,底边约10 mm,加热范围为总管120°所对应的圆周上,温度约 800 ℃(樱红色),用大号焊嘴,轻氧化焰,经两次矫正即达到技术要求。

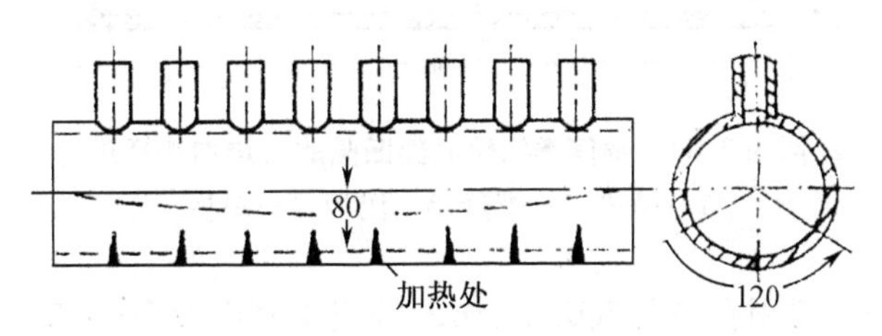

图 4.2.41　管件焊接变形的火焰加热矫正

锅炉钢管局部弯曲的火焰加热矫正如图 4.2.42 所示。管子外径 89 mm,壁厚 3.5 mm,长度为7.5 mm,中间有 10 mm 弯曲。加热位置选在管子的凸面上,利用点状加热,温度约 800 ℃,加热速度要快,加热一点后迅速移到另一点。经两次同样方法即达到平直要求。

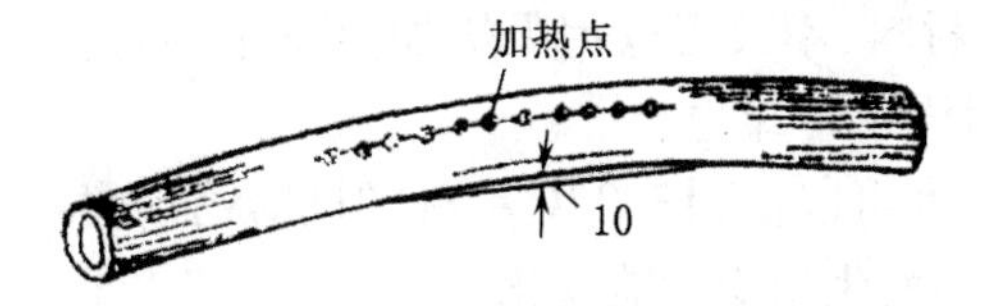

图4.2.42　锅炉钢管局部弯曲的火焰加热矫正

对壁厚大于 25 mm 的圆筒体的矫正,可在大功率卷板机上进行。如无大型卷板机,也可应用火焰加热矫正,如图4.2.43(a)所示,把圆筒体竖向放在平台上,垫平。用标准圆弧样板进行检查,如圆筒体的某部位外凸(图 4.2.43(b)),则沿该处外壁进行竖向加热,加热后任其自然冷却,冷却后即可减小外凸程度,一次不行可再加热之,直到矫圆为止。如果是圆筒体弧度不够(图 4.2.43(c)),则沿内壁加热矫正。

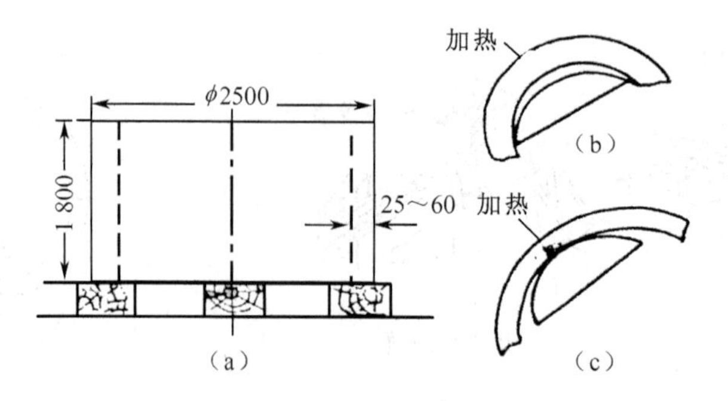

图 4.2.43　壁厚大于 25 mm 的圆筒体的矫正

(a)厚壁圆筒体火焰加热矫圆;(b)圆筒体外凸;(c)圆筒体弧度不够

锅筒类构件局部凹陷的火焰加热矫正如图 4.2.44 所示。将一根螺栓焊于凹陷的底部,将垫板和压板如图 4.2.44 所示装好并旋紧螺母。而后用大号焊嘴在凹陷的边缘加热一圈,温度约 800 ℃,加热后拧紧螺母,使凹陷处被拉出来达到平滑。

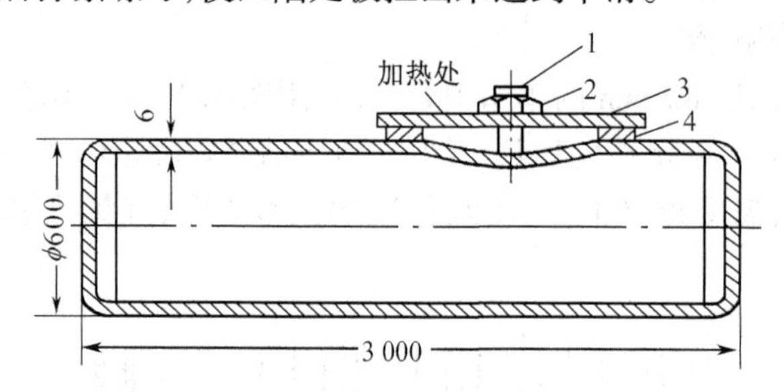

图 4.2.44　锅筒类构件局部凹陷的火焰加热矫正

1—螺栓;2—螺母;3—压板;4—垫板

火焰加热矫正法主要用在各种低碳钢,如 3 号或 4 号以及 20 g、22 g 等,普通低合金结构钢大部分也可用火焰加热矫正。

为了提高火焰加热矫正的效果,在加热过程中,也常常同时施加外力。

火焰加热矫正时应该注意以下几点。

①了解被矫正结构的材质,如果火焰加热矫正后材料性能将有显著变化,则不可用火焰矫正方法矫正变形。一般来说,可焊性好的材料,火焰加热矫正后材质变化也小。如低碳钢、16 锰等可焊性好的材料,不仅可以用火焰加热矫正,而且当板材厚度不大时,还可在加热后冷却到失去红态时浇水冷却之。

②火焰加热矫正的温度可以低到 300 ℃左右,但最高加热温度一般不超过 800 ℃,应严格加以控制,以免金属内部发生组织性能变化。

③矫正前应仔细观察变形情况,考虑好加热位置和矫正步骤。如加热部位考虑不当,加热之后甚至可能增加原有的变形。

④火焰矫正一般采用氧 - 乙炔焰中性焰,为提高加热效率,也可用微弱氧化焰。

⑤在薄板变形的火焰加热矫正过程中,如需要锤击,应采用木槌。

• 任务实施

按照如下步骤实施焊接工艺。

1. 锅筒焊接变形原因分析。

2. 根据变形原因选择相应的工艺措施。

3. 选择焊接方法。

4. 绘制焊接示意图。

• 任务评量

评量基本标准如下。

1. 原因:管控偏一侧,锅筒整体易变形;局部加热易变形。

2. 措施:专用翻转胎具法。

3. 焊接方法:跳焊顺序。

4. 绘制焊接示意图(图 4.2.45)。

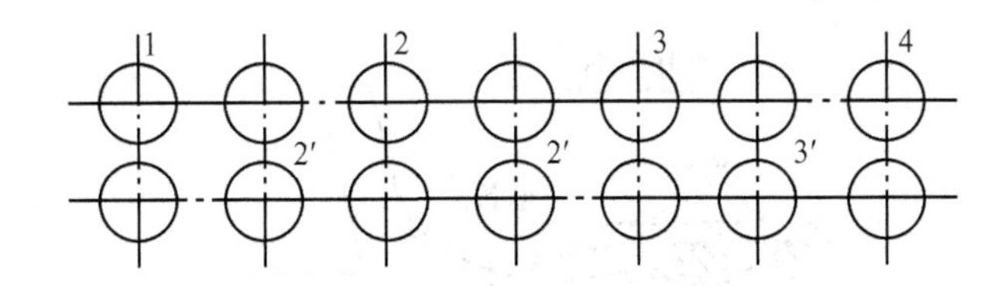

图 4.2.45 锅筒管接头的跳焊顺序

• 复习自查

1. 影响焊接结构变形的因素是什么? 减小和防止产生焊接应力的措施有哪些?

2. 控制焊接残余变形的措施有哪些? 试说明其原理。

3. 矫正焊接结构残余变形有哪两类方法? 火焰加热矫正的原理是什么? 它有哪几种形式? 试举例说明。

4. 消除应力热处理的过程和原理是什么? 整体和局部消除应力热处理,在效果上有什么不同?

5. 板材对接焊,坡口越大,则变形如何变化? 同样板厚和坡口形式的焊接角变形随焊接层数如何变化?

任务三 焊接中的热处理

• 学习目标

知识:了解焊接热影响区对接头性能的影响;精熟热影响区的结构组织。

技能:纯熟焊接前预热方法;准确地制定焊后热处理措施。

素养:养成善于学习的习惯;建立良好的职业操守。

• 任务描述

针对 75 t/h 循环流化床锅炉的锅筒,采用埋弧焊焊接,对焊接工艺结合热处理相关要求进行工艺评定,编制焊接工艺评定书。

• 知识导航

一、焊接热影响区及其对焊接接头性能的影响

焊接接头由焊缝、熔合区和热影响区三部分组成。熔池金属在经历了一系列化学冶金反应后,随着热源远离温度迅速下降,凝固后成为牢固的焊缝,并在继续冷却中发生固态相变。熔合区和热影响区在焊接热源的作用下,也将发生不同的组织变化。很多焊接缺陷,如气孔、夹杂物、裂纹等都是在上述这些过程中产生的,因此,了解焊接接头组织与性能变化的规律,对于控制焊接质量、防止焊接缺陷产生有重要的意义。

1. 熔池的凝固与焊缝金属的固态相变

随着温度下降,熔池金属开始了从液态到固态转变的凝固过程(图 4.3.1),并在继续冷却中发生固态相变。熔池的凝固与焊缝的固态相变决定了焊缝金属的结晶结构、组织与性能。在焊接热源的特殊作用下,大的冷却速度还会使焊缝的化学成分与组织出现不均匀的现象,并有可能产生焊接缺陷。

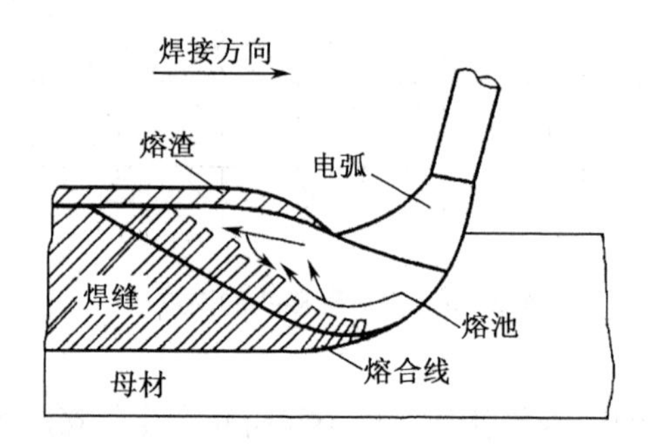

图 4.3.1　熔池的凝固过程

(1)焊缝金属的一次结晶

①焊缝金属一次结晶的特点

a. 熔池体积小,冷却速度大。单丝埋弧焊时熔池的最大体积约为30 cm^3,液态金属质量不超过100 g,由于熔池体积小,周围又被冷金属包围,故熔池的冷却速度很大,平均冷却速度约为 4 ~ 100 ℃/s,比铸锭大几百到上万倍。

b. 熔池中液态金属处于过热状态,合金元素烧损严重,使熔池中作为晶核的质点大为减少,促使焊缝得到柱状晶。

c. 熔池是在运动状态下结晶的。熔池随热源的移动,使熔化和结晶过程同时进行,即熔池的前半部是熔化过程,后半部是结晶过程。同时随着焊条的连续给进,熔池中不断有新的金属补充和搅拌进来。另外,由于熔池内部气体的外逸,焊条摆动,气体的吹力等产生搅拌作用使熔池在运动状态下结晶。熔池的运动有利于气体、夹杂物的排除,有利于得到致密而性能良好的焊缝。

②焊缝金属的一次结晶过程

焊接熔池的结晶由晶核的产生和晶核的长大两个过程组成。熔池中生成的晶核有两种,自发晶核和非自发晶核。熔池的结晶主要以非自发晶核为主。熔池开始结晶的非自发晶核有两种,一种是合金元素或杂质的悬浮质点,这种晶核一般情况下所起的作用不大;另一种是主要的,熔合区附近加热到半熔化状态的基本金属的晶粒表面形成晶核。结晶就从

这里开始,以柱状晶的形态向熔池中心生长,形成焊缝金属同母材金属长合在一起的“联生结晶”(图 4.3.2)。

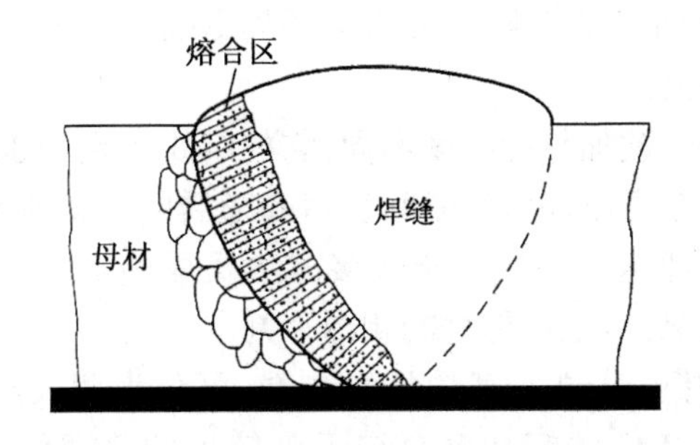

图 4.3.2　联生结晶

熔池中的晶体总是朝着与散热方向相反的方向长大。当晶体的长大方向与散热最快的反方向一致时,则此方向的晶体长大最快。由于熔池最快的散热方向是垂直于熔合线的方向,指向金属内部,所以晶体的成长方向总是垂直于熔合线而指向熔池中心,因而形成了柱状结晶。当柱状晶不断地长大至互相接触时,熔池的一次结晶宣告结束,如图 4.3.3 所示。

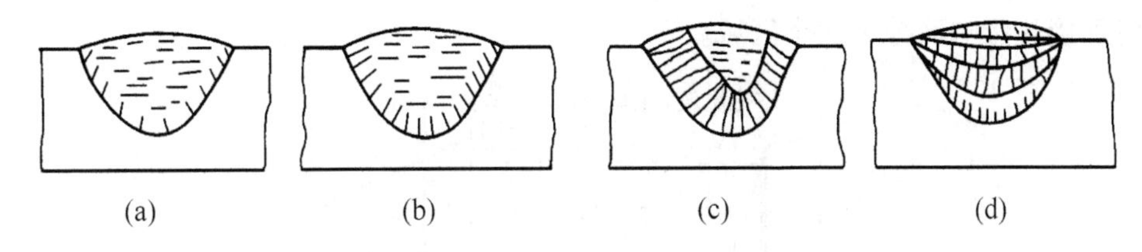

图 4.3.3　焊接熔池的结晶过程

(a)开始结晶;(b)晶体长大;(c)柱状结晶;(d)结晶结束

总之,焊缝金属的一次结晶从熔合线附近开始形成晶核,以联生结晶的形式呈柱状向熔池中心长大,得到柱状晶组织。

(2)焊缝金属的固态相变

一次结晶后,熔池金属转变为固态焊缝。高温的焊缝金属,冷却到室温要经过一系列相变,即二次结晶。二次结晶的组织主要取决于焊缝金属的化学成分和冷却速度。对于低碳钢来说,焊缝金属的常温组织为铁素体和珠光体。由于焊缝冷却速度大,所得珠光体含量比平衡组织中含量大。冷却速度越大,珠光体含量越多,焊缝的强度和硬度也随之增加,而塑性和韧性则随之降低。

(3)焊缝金属的化学不均匀性

在熔池结晶过程中,由于冷却速度很快,已凝固的焊缝金属中化学成分来不及扩散,因此,合金元素的分布是不均匀的,这种现象称为偏析。偏析对焊缝质量影响很大,这不仅因化学成分不均匀而导致性能改变,同时也是产生裂纹、气孔、夹杂物等焊接缺陷的主要原因之一。

根据焊接过程特点,焊缝中的偏析主要有:在一个晶粒内部和晶粒之间的化学成分不均匀的显微偏析;由于柱状晶体的不断长大和推移把杂质推向熔池中心,使熔池中心的杂质比其他部位多的区域偏析;结晶过程周期性引起的层状偏析。

2. 焊接热影响区的组织

靠近焊缝由于焊接热影响而产生组织和性能变化的一段基本金属，称为“焊接热影响区”，简称焊接 HAZ。通常所说的焊接接头即包括热影响区在内，因此，热影响区的性能对整个焊接接头性能影响很大。

由于焊接热影响区各点被加热的温度不同，它的组织和性能也不同。焊接热影响区某点被加热的最高温度以及在高温停留的时间长短和随后的冷却速度快慢，决定了该点的组织变化情况。而加热和冷却速度的快慢与焊接方法及焊接工艺参数有关。焊接热影响区各部分的具体组织分布情况，可根据母材的相图来判定。

通常用于焊接的结构钢，从热处理的特性来看，可分为两大类：一类是一般焊接条件下，淬火倾向较小的钢，例如低碳钢和含合金元素较少的普通低合金钢，称为“不易淬火钢”；另一类是含合金元素较多或含碳量较高，淬火倾向较大的钢，称为“易淬火钢”。这两类钢的焊接热影响区组织也不相同。

锅炉制造中，除在高压锅炉中采用部分高强度合金钢外，用得最多的是低碳钢及普通低合金钢，即属于不易淬火钢。

现以锅炉常用的低碳钢(20 g)为例来分析焊接热影响区各部分组织性能变化情况。图4.3.4 表示了焊接热影响区各部被加热的最高温度及相应的组织变化。对碳钢来说，焊接热影响区组织发生显著变化的部位，相当于加热到 A_{c_1} 以上直至熔化温度。根据焊后组织变化，可将焊接热影响区分为四个区域。

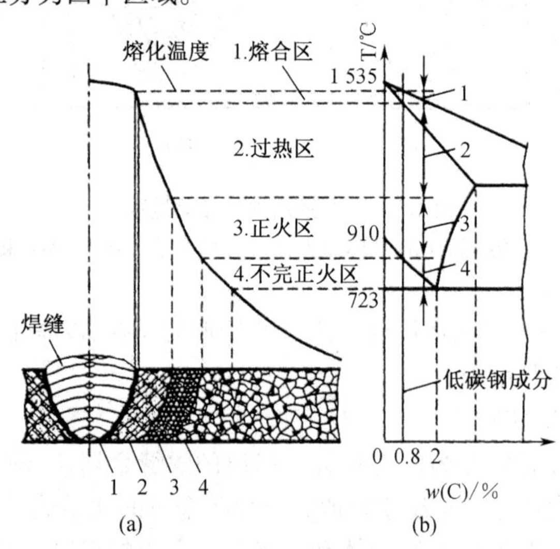

图 4.3.4 低碳钢焊接热影响区

(a)焊接热影响区各部分组织示意图；(b)铁碳合金相图

(1)熔合区

此区是熔合线附近的焊缝金属至基本金属过渡部分，温度处于固相线和液相线之间 。这个区域的金属处于局部熔化状态，因此晶粒十分粗大，化学成分和组织极不均匀。此区靠近母材一侧的金属组织属于过热组织，塑性很差。对于低碳钢，固相线和液相线之间的温度区间很小，在各种熔化焊条件下，这段区域很窄，金相观察实际上很难区分出来，但对焊接接头的强度、塑性都有很大的影响。在很多情况下，熔合线附近是产生裂缝和局部脆性破坏的起点。

(2)过热区(粗晶粒区)

过热区的温度范围是固相线以下至1 100 ℃左右。当加热到1 100 ℃以上时,奥氏体晶粒即开始剧烈长大。尤其在1 300 ℃以上,晶粒十分粗大,冷却后即获得所谓过热组织,晶粒度都在1~2级。在气焊和电渣焊情况下,甚至可得到魏氏组织。魏氏组织是一种过热组织,其特点是为铁素体沿晶界分布,并呈针状插入珠光体内,使钢的塑性和韧性都大大降低(过热区冲击韧性通常要降低20%~30%)。因此,焊接拘束度较大的结构时,常在过热区产生裂缝。

过热区晶粒长大,与在高温区停留的时间长短有关。停留时间越长,晶粒越粗大。不同的焊接方法和焊接工艺参数,产生的过热区大小是不同的。埋弧焊的过热区比手工电弧焊的小。焊接速度越快,过热区越小。电渣焊焊接速度缓慢,过热区较宽,晶粒粗大,常成为影响电渣焊焊接接头质量的主要问题。过热区的机械性能还随焊后的冷却速度而变化。冷却速度愈大,过热区强度、硬度增高,塑性下降。

(3)正火区(重结晶区)

此区加热温度在A_{c_3}以上至1 100 ℃。20号钢加热到900~1 100 ℃冷却时将发生重结晶。由于温度不太高,晶粒未长大,在空气中冷却后得到均匀细小的铁素体和珠光体组织,相当于热处理时的正火组织,所以此区被称为“正火区”。此区金属既有较高强度,又有相当的塑性,是焊接接头中综合机械性能最好的部位。

(4)不完全正火区

此区加热温度范围为A_{c_1}~A_{c_3}。对于低碳钢,当金属加热温度稍高于A_{c_1}时,首先珠光体转变为奥氏体。温度升高时,部分铁素体逐步向奥氏体溶解。温度越高溶解得越多,直至A_{c_3}时,铁素体全部溶解在奥氏体中。当冷却时,又从奥氏体中析出细微的铁素体,一直冷却至A_{c_1},残余奥氏体就转变为共析组织——珠光体。由此看出,在A_{c_1}~A_{c_3}内,只有一部分组织发生相变,而始终未溶入奥氏体的铁素体随温度增高而长大,变成了粗大的铁素体。所以,冷却后这个区的金属组织是不均匀的,晶粒大小不一,一部分是经过重结晶的细小的铁素体和珠光体,另一部分是粗大的铁素体。由于晶粒大小不同,因此此区机械性能也不均匀。

以上四个区域是焊接热影响区中呈现的主要组织特征。如果母材事先经过冷加工塑性变形,则在A_{c_1}以上一个区段发生再结晶,金相组织也有变化。

以上四个区域中对接头性能影响最不利的是熔合区和过热区。此二区处于焊缝和母材金属的过渡地带(焊趾处),另外,在此处常由于产生咬边等缺陷而造成应力集中,因此常成为焊接接头最易出问题的部位。

焊接热影响区的大小受很多因素的影响。不同的工艺参数方法、不同的焊接工艺参数以及不同的板厚、施焊条件都会使焊接热影响区尺寸发生变化。表4.3.1为在板厚等条件基本相同时,不同焊接方法焊接低碳钢时热影响区的平均尺寸。

表4.3.1　不同焊接方法焊接低碳钢时焊接热影响区的平均尺寸

焊接方法	各区平均尺寸/mm			总长/mm
	过热区	正火区	不完全正火区	
手工电弧焊	2.3~3.0	1.5~2.5	2.3~3.0	6.0~8.5
埋弧自动焊	1.4~3.2	1.3~1.9	0.9~1.6	5.0~6.7

表 4.3.1(续)

焊接方法	各区平均尺寸/mm			总长/mm
	过热区	正火区	不完全正火区	
手工钨极氩弧焊	2.1 ~ 3.0	0.8 ~ 1.3	1.6 ~ 2.0	5.0 ~ 6.3
电渣焊	18 ~ 20	5.0 ~ 7.0	2.0 ~ 3.0	25 ~ 30
气焊	21	4.0	2.0	27

对于锅炉常用的其他淬硬倾向不大的钢(如 16Mn、15MnV 等),除了过热组织外,其他各区组织与低碳钢基本相同。低碳钢过热组织主要是魏氏组织,而 16Mn 钢由于有锰加入,使过热区可能有少量粒状贝氏体,15MnV 钢在过热区还有部分钒的碳化物、氮化物溶入奥氏体,提高了奥氏体的稳定性。因此,过热区可能全部获得粒状贝氏体。

对于易淬火钢(母材是淬火或退火状态),焊接热影响区的组织分布为如下。

(1)淬火区

加热温度超过 A_{c_3} 以上的区域,由于钢材的淬硬倾向大,故焊后冷却时得到淬火组织(马氏体)。在相当于低碳钢的过热区部分,由于温度高,晶粒长大,所以得到粗大的马氏体。而相当于低碳钢正火区的部分,将得到细小马氏体。当冷却速度较慢或含碳量较低时,也可能出现一些贝氏体,形成混合组织。

(2)不完全淬火区

加热温度在 $A_{c_1} \sim A_{c_3}$ 之间的区域,在快速加热条件下,铁素体很少溶解,而珠光体、贝氏体和索氏体等转变为奥氏体,在随后快速冷却过程中,奥氏体转变为马氏体,铁素体保持不变,并有不同程度的长大,最后形成马氏体——铁素体组织,故称不完全淬火区。

如果母材的焊接处于淬火状态,那么焊接热影响区的组织除上述二区外,还可能存在回火区(此区加热温度低于 A_{c_1})。图 4.3.5 为易淬火钢与不易淬火钢焊接热影响区比较。

由图 4.3.5 可见,焊接热影响区的组织与性能不仅与母材的化学成分有关,同时也与母材焊前的热处理状态有关。

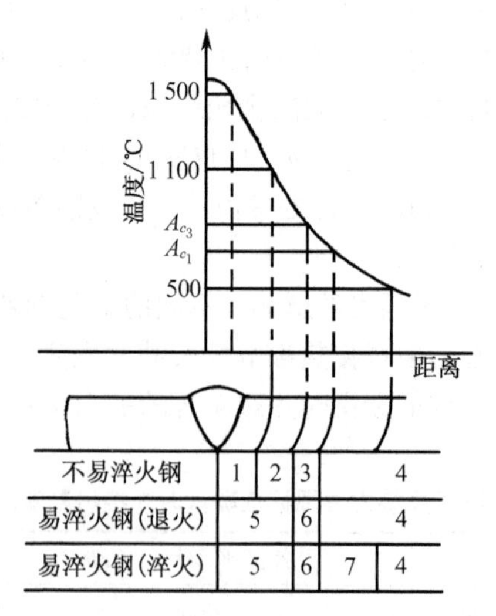

图 4.3.5 易淬火钢与不易淬火钢热影响区比较

1—熔合区加过热区;2—正火区;3—不完全正火区;4—未受影响区;
5—淬火区;6—不完全淬火区;7—回火区

以上所讨论的焊接热影响区组织特征，仅是一般性原则。实际上由于各种原因，可能出现某些特殊问题，这需要根据母材具体的条件及施工工艺进行分析。

3. 焊接热影响区的性能

由于焊接热影响区的组织分布是不均匀的，所以必然会在性能上反映出差异。例如硬度、常温机械性能、高温机械性能、疲劳性能等，在焊接热影响区各部位并不相同。应该指出，除了近年发展起来的热模拟试验装置进行的有关试验外，一般焊接接头的各种力学性能试验，只是反映出整个焊接热影响区的平均性能，而不能反映出焊接热影响区部位（如过热区、正火区等）的真实性能。因为焊接热影响区各个范围很小，不能按不同部位取试样。

（1）焊接热影响区的硬度

通常为了方便起见，常用钢材硬度来判断热影响区性能的变化。一般情况下，凡是硬度高的区域强度也高，但塑性、韧性下降。因此，测定钢材焊接热影响区的硬度分布，可以间接估计热影响区的强度、塑性和裂缝倾向等。硬度的变化实质上也反映了金相组织的变化，不同组织有不同的硬度值。

图 4.3.6 是相当于 16Mn 钢单道焊时焊接热影响区的硬度分布。由图 4.3.6 中可看出，在热影响区的熔合线附近硬度最高，离熔合线远的地方，硬度将接近母材的硬度。这也说明在熔合线附近的金属塑性最差，是焊接接头的薄弱地带。因此，目前有许多国家采用熔合线附近地区的最高硬度值（称为焊接热影响区的最高硬度，用 H_{max} 表示）作为某些钢种可焊性的重要参数，用它来估计热影响区的性能和抗裂性。

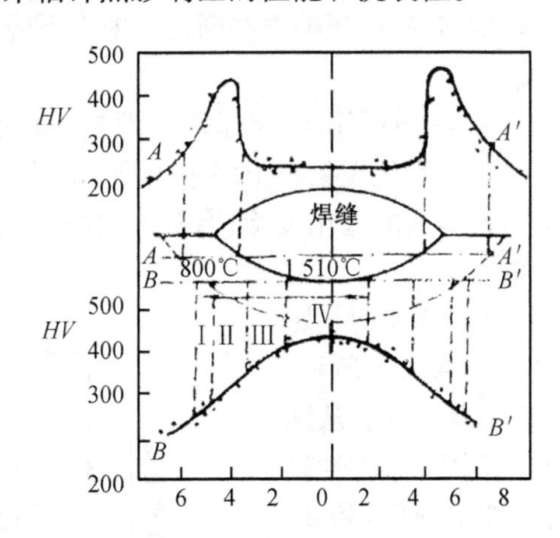

图 4.3.6　相当于 16Mn 钢单道焊时焊接热影响区的硬度分布

Ⅰ—粒状珠光体区；Ⅱ—细晶粒区；Ⅲ—粗细混合区；Ⅳ—粗晶粒区

钢材的强度级别越高，含碳量及合金元素越多，焊后的淬硬能力也越强，焊接热影响区的最高硬度也越大。

（2）焊接热影响区的机械性能

对于锅炉常用的淬硬倾向不大的钢种，焊接热影响区不同部位的机械性能如图 4.3.7 所示，图中钢的成分相当于 16Mn 钢，是采用模拟焊接热循环试样进行试验绘出的。由图 4.3.7 中可以看出，当加热温度超过 A_{c_1} 时，随温度的提高，强度和硬度也提高，而塑性（延伸率 δ 和断面收缩率 ψ）不断下降。但在不完全正火区，由于晶粒大小极不均匀，屈服极限 σ_s 反而最低，到 1 300 ℃附近，强度达到最高值，而在 1 300 ℃以上，在塑性继续降低的同时，强度也有所下降，一般认为是由于过热区晶粒过分粗大而造成的。

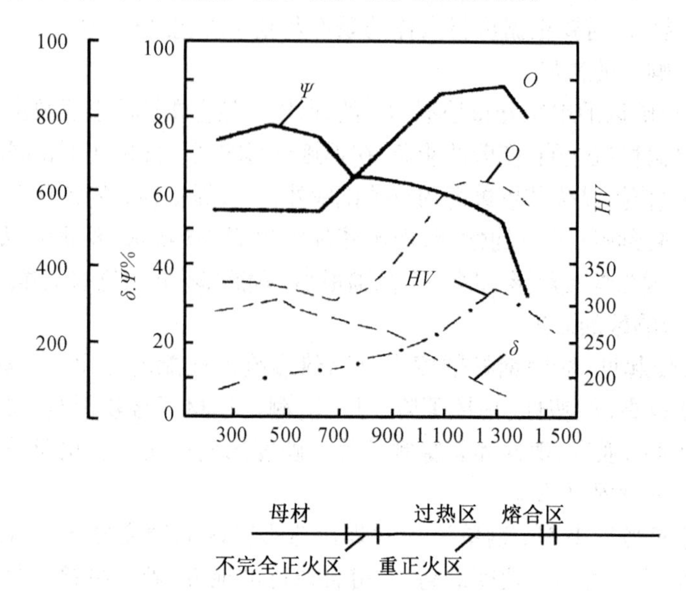

图 4.3.7　焊接热影响区不同部位的机械性能

焊接热影响区的机械性能除与化学成分和加热的最高温度有关外，还与冷却速度有关。随冷却速度加快，强度、硬度增高，而延伸率和断面收缩率下降。

(3)焊接热影响区的脆化

焊接热影响区经受了复杂的热循环作用，除了对一般机械性能有重要影响外，还将引起脆化问题。焊接热影响区出现的脆化现象有很多种类型，如粗晶脆化、时效脆化、氢脆化以及石墨脆化等。对于焊接热影响区的脆化试验，通常采用焊接热影响区各部位的缺口冲击韧性和低速静弯试验进行判断。

利用脆性转变温度作为判据，低碳钢热影响区不同部位脆性转变温度如图 4.3.8 所示。脆性转变温度高时，说明脆化倾向较大。从图 4.3.8 中可以看出，从焊缝至热影响区，脆性转变温度有两个峰值，即过热区(粗晶脆化)和 A_{c_1} 以下 400～600 ℃(时效脆化)的区域。而在 900 ℃左右的细晶区具有最低的脆性转变温度，说明这个区域韧性高，抗脆化的能力较强。

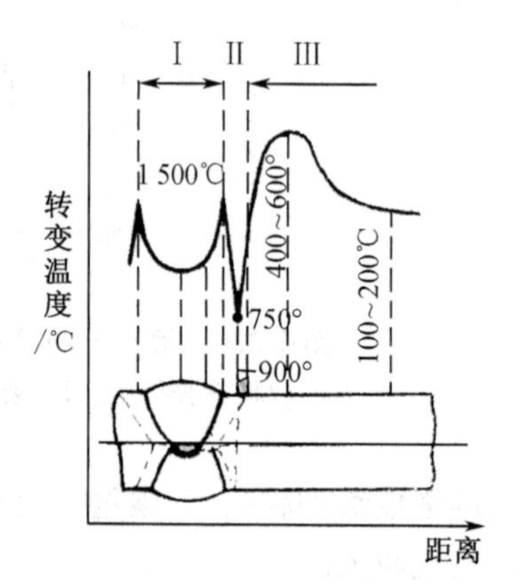

图 4.3.8　低碳钢焊接热影响区不同部位脆性转变温度

Ⅰ—焊缝；Ⅱ—焊接热影响区；Ⅲ—母材

对于锅炉常用钢材来说，焊缝至焊接热影响区产生两个脆化倾向较大的区域，主要有以下两方面因素：一方面是熔合线附近因过热引起的粗晶区，由于处在焊缝与母材的过渡地带，具有明显的物理和化学不均匀性，并且在焊趾处常因工艺缺陷造成应力集中。这些因素叠加在一起，使此区成为脆化主要部位，另方面在加热到 400～600 ℃区域内，将产生时效脆化现象，时效脆化可以是淬火时效或应变时效。淬火时效是当低碳钢中铁素体内溶解了较多的碳、氮、氧时，在焊接急冷条件下造成不稳定饱和状态,以后随时间延长,将从过饱和固溶体中析出超显微的碳、氮等亚稳定化合物,因此产生脆化现象。应变时效是由于焊接或制造过程中,因各种应力使钢材产生局部塑性变形,降低了对某些物质的溶解能力,经过一定时间后所产生的时效现象。

二、锅炉钢材焊接过程中的热处理

锅炉主要元件都是焊接构件。对于可焊性较差的材料,在焊接热作用下,可能导致各种缺陷。因此,在制造过程中进行各种热处理以保证焊接接头的质量。

1. 焊前预热

(1)降低焊件热影响区的温度梯度,使其在比较宽的范围内获得较均匀的分布,从而减小温度应力的峰值。

(2)控制焊接接头的冷却速度,从而减小淬硬倾向及减弱焊接应力。

因此,预热是防止焊接裂缝的有效措施之一。不同成分的钢材,其淬硬倾向不同,要求预热的温度也不同。锅炉常用钢材焊前预热温度见表 4.3.2。

表 4.3.2 锅炉常用钢材焊前预热温度

钢号	壁厚/mm	预热温度/ ℃
22g	≥90	100 ~ 150
16Mng,15MnVg	>32	100 ~ 150
12CrMo,15CrMo	>15	150 ~ 200
14MnMoVg,18MnMoNbg	>6	200 ~ 300
12CrMoV,20CrMo	>6	250 ~ 300
12Cr2MoWVB	>6	250 ~ 300

表 4.3.2 中,温度为推荐值。对 4.3.2 表中未规定的钢材如需预热,可经过试验决定预热温度。

决定焊前是否预热和预热温度时,还应考虑环境温度。如环境温度过低,焊缝冷却速度过大,易产生裂缝。因此,对正常情况下不需预热的焊件,低温时也需采取预热措施;对正常情况需预热的焊件,应提高原规定的预热温度。锅炉安全监察规程规定:制造锅炉过程中,焊接环境温度低于 0 ℃时,没有预热措施,不得进行焊接。

2. 焊后热处理

焊后热处理是防止冷裂缝、消除内应力及改善焊接接头或整个焊接结构性能最有效的措施。

(1)焊后热处理的目的及要求

对锅炉受压元件,一般在下列情况下应该进行焊后热处理。

①对于强度等级大于 500 MPa,且有延迟裂缝倾向的普通低合金钢及任何厚度的低合金珠光体耐热钢,焊后应及时进行回火处理,以便消除焊接残余内应力,改善近缝区的显微组织,提高塑性,并造成扩散氢逸出的条件,这些对防止产生冷裂缝都是有利的。此外,回火还能提高构件疲劳强度和持久强度,并增强构件抵抗应力腐蚀的能力。

②对强度等级较低的低碳钢和普通低合金钢受压元件,当壁厚较大时,也应进行焊后回火处理。因为随着构件壁厚的增加,结构刚度增大,焊接残余应力的分布也更复杂。除

沿焊缝和垂直焊缝方向存在着内应力外，还存在着沿壁厚方向的内应力。即厚板的焊接应力可能是复杂的三向应力，使材料变脆。这种不利因素是大厚度的焊接构件产生裂缝及低应力脆性破坏的因素之一。为了保证安全，针对各种钢材的特点，应规定焊后热处理的厚度界限。

③由于电渣焊热源体积较大，焊速很慢，造成焊接热影响区晶粒长大，使接头塑性降低。因此，对采用电渣焊的锅筒筒身，电渣焊后必须进行正火处理细化晶粒，以提高接头机械性能。对较高强度等级的低合金钢，正火后还需进行回火以消除正火后的内应力。

(2)焊后热处理种类

锅炉制造中常用的焊后热处理方法有以下几种。

①回火(即消除应力退火)

回火是将钢材加热到某一温度，保温一段时间，然后缓慢冷却的操作工艺。回火的最主要目的是消除焊后残余内应力。

回火规范对热处理质量有很大影响，应给予足够重视，一般考虑以下几方面。

进炉温度——锅炉受压元件回火一般为最终热处理，为防止产生较大的热应力，进炉温度不能过高，通常不大于 300 ℃，对于一些合金钢，进炉温度还要低些。

加热速度——加热速度取决于钢材的化学成分、工件的厚薄及形状。加热速度过大将产生热应力。钢中含碳量或合金元素含量愈高，则钢的导热性愈差，加热速度应慢些。工件的厚度愈大，加热速度也应慢些，对于锅炉常用的低碳钢及低合金钢来说，加热速度一般应不大于 150 ~ 200 ℃/h。

加热温度——加热温度过低，达不到回火目的，加热温度偏高虽可使塑性、韧性进一步提高，但会使强度下降。对低碳钢及普通低合金钢，加热温度一般为 600 ~ 650 ℃；对珠光体耐热钢，加热温度一般为 680 ~ 780 ℃。

保温时间——为了使产生畸变的晶体得到充分恢复，保温时间可长一些，由于回火温度较低，时间较长也不致引起晶粒长大。具体时间根据钢材导热性能、板厚及装炉量决定。大约按每毫米厚度 1 ~ 2 min 计算(但一般不小于 1 h)。对于合金钢，保温时间可稍长些，通常可增加 20% ~ 40%。

冷却速度——回火冷却速度要缓慢，一般都采用随炉冷至 200 ℃以下出炉。

②正火

正火规范如下。

进炉温度——为了降低在加热过程中表面氧化程度，正火常采用热炉装料。进炉温度可比回火时高些，一般可达 600 ℃左右。

加热速度——为防止产生热应力，一般不大于 150 ~ 200 ℃/h。

保温时间——保温目的是使钢材的组织结构有充分时间进行转变。但因正火温度较高，为避免材料过多氧化及晶粒长大，保温时间不宜太长，具体根据材料、板厚及装炉量决定。一般大约按工件厚每毫米 0.5 ~ 1.0 min 计算。

加热温度——一般 A_{c_3} 以上 30 ~ 50 ℃。

冷却速度——在静止空气中冷却。

③消氢处理

消氢处理的目的是加速焊缝中的氢的向外扩散，防止冷裂缝产生。焊后进行的回火处理同时也起到了消氢作用。若不能及时对工件实行回火，可将工件加热到 200 ~ 400 ℃，根据工件厚度保温 2 ~ 6 h 进行消氢处理。

锅炉受压元件常用钢材焊后热处理规范及厚度界限(指焊件最大厚度)见表4.3.3。

锅炉制造中需要热处理的构件主要是锅筒、集箱、蒸气管道和受热面管件。采用电弧焊的锅筒,通常待全部焊接工作完成后进行一次回火处理。采用电渣焊的锅筒筒节,焊完后进行正火处理,然后在锅筒全部焊接工作(包括管接头及其他零件的焊接)完毕后,再进行一次回火处理。集箱的处理一般都是在焊好端盖、管接头及其零件后进行的。

受压元件的焊后热处理最好是整体加热。这样焊件整体温度均匀,能更有效地消除应力,对提高整个结构的使用性能是有利的。但整体处理需要大型加热炉。当受条件限制,只能进行分段处理时,则加热的各段,至少有1 500 mm的重叠部分,且伸出炉外部分应有绝热措施。环缝局部热处理时,加热宽度至少为钢材厚度的四倍。

表4.3.3 锅炉受压元件常用钢材焊后热处理规范及厚度界限

钢号	需要热处理的厚度/mm	焊后热处理规范		
		电弧焊	电渣焊	气焊
20,20g,22g 16Mng	≥20	600~650 ℃回火	900~930 ℃正火 600~650 ℃回火	
15MnVg	≥20	600~650 ℃回火	950~980 ℃正火 56~590 ℃回火	
14MnMoVg 18MnMoNbg	≥20	600~650 ℃回火	950~980 ℃正火 940~680 ℃回火	
12CrMo 15CrMo	>10	680~700 ℃回火		
12Cr1MoV	>6	720~760 ℃回火		980~1 020 ℃正火 720~760 ℃回火
20CrMo	任何厚度	720~780 ℃回火		
12Cr2MoWVB	任何厚度	760~780 ℃回火		1 000~1 030 ℃正火 760~780 ℃回火
12Cr3MoVsiTiB	任何厚度	740~780 ℃回火		1 020~1 050 ℃正火 740~780 ℃回火

特别应该指出,凡进行焊后热处理的工件,必须在无损擦伤合格后进行。否则,热处理会失去作用。因为热处理不可能消除已存在于焊接接头中的缺陷(如裂缝、夹渣、未焊透、气孔等),而且还有可能使这些缺陷扩大。

• 任务实施

结合本任务内容,对75 t/h循环流化床锅炉锅筒的焊接工艺进行评定,重点有如下几方面。

1. 焊接基本参数的确定。
2. 焊接措施。
3. 焊接前的预处理。
4. 焊接中的热处理。

- **任务评量**

锅炉锅筒纵缝焊接工艺评定

共 2 页第 1 页

工程名称	75t 循环流化床锅炉锅筒纵缝焊接	评定报告编号	HL－03
委托单位	－	工艺指导书编号	HLZD－03
试样焊接单位	－	施焊日期	2018.04.02

焊工	×××	资格代号	×××	级别	×××		
母材钢号	20g	规格	ϕ1 500×40 mm	供货状态	正火	生产厂	—

化学成分和机械性能

	w(C)/%	w(Mn)/%	w(Si)/%	w(S)/%	w(P)/%	R_{el}/MPa	R_m/MPa	A/%	A_{kv}/J
标准	0.17～0.23	0.35～0.65	0.17～0.37	≤0.015	≤0.025	245	410～550	22－24	27～40
合格证									
复验									
碳当量						公式			

焊接材料	生产厂	牌号	类型	直径/mm	烘干温度/(℃×h)	备注
焊条				－		
焊丝		H08MnA		ϕ4.0	－	
焊剂		HJ431		－	300～350 ℃×1 h	
焊接方法	SAW		焊接位置	平焊	接头形式	对接
焊接工艺参数	见焊接工艺评定指导书			清根工艺	焊前清理、层间清理	
焊接设备型号	MZ－1000			电源及极性	直流正接	
预热温度/℃	环境温度低于 0 ℃时预热至 100～120 ℃	层间温度/℃			后热温度/℃ 时间/min	
焊后热处理						

评定结论：本评定按 DL/T5007－92《电力建设施工及验收技术规范、火力发电厂焊接篇》规定，根据工程情况编制工艺评定指导书、焊接试件、制取并检验试样、测定性能，确认试验记录正确，评定结果为：__合格__。焊接条件及工艺参数适用范围按本评定指导书规定执行。

评定		___年__月__日	评定单位： （签章） ___年__月__日
审核		___年__月__日	
技术负责		___年__月__日	

锅炉锅筒纵缝焊接工艺评定

共 2 页第 2 页

工程名称		75 t 循环流化床锅炉锅筒纵缝焊接			指导书编号		HLZD—03
母材钢号	20 g	规格	ϕ1500 × 40 mm	供货状态	正火	生产厂	-
焊接材料		生产厂			牌号	类型	直径
焊丝					H08MnA		ϕ4.0
焊剂					HJ431		
焊接方法		SAW		焊接位置		平焊	
焊接设备型号		MZ－1000		电源及极性		直流正接	
预热温度/ ℃		环境温度低于 0 ℃时预热至 100～120 ℃	层间温度/℃			后热温度/ ℃ 时间/min	
焊后热处理							

接头及坡口简图

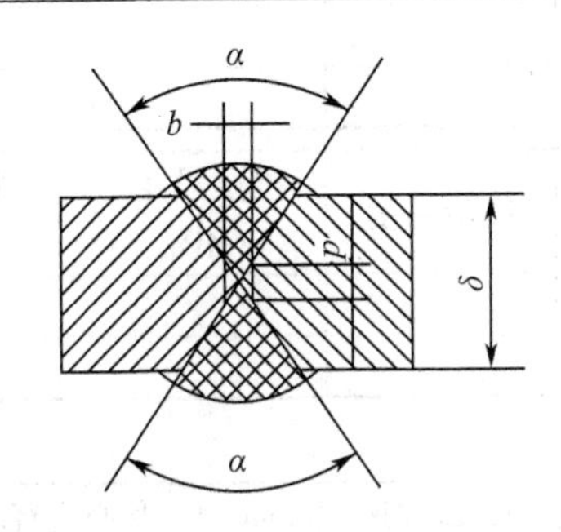

锅筒接头及坡口示意图如图所示，其中板厚 $\delta = 40$ mm，$\alpha = 55° \pm 5°$，间隙 b 为(2＋1) mm，钝边 p 为(2＋1) mm。

焊接工艺参数

道次	焊接方法	焊条或焊丝		焊剂或保护气	电流/A	电压/V	速度 /(cm · min^{-1})	线能量 /(kJ · cm^{-1})	备注
		牌号	ϕ/mm						
1	GMAW	ER50－6	1.2	CO_2	250～300	30～33	15～25		
2	SAW	H08MnA	4	HJ431	600～650	30～35	18～20		
3	SAW	H08MnA	4	HJ431	600～650	30～35	18～20		
4	SAW	H08MnA	4	HJ431	600～650	30～35	18～20		
5	SAW	H08MnA	4	HJ431	600～650	32～35	18～20		
6	SAW	H08MnA	4	HJ431	600～650	32～35	18～20		
7	SAW	H08MnA	4	HJ431	600～650	32～35	16～18		
8	SAW	H08MnA	4	HJ431	600～650	32～35	16～18		
9	SAW	H08MnA	4	HJ431	600～650	32～35	16～18		
10	SAW	H08MnA	4	HJ431	600～650	32～35	16～18		
11	SAW	H08MnA	4	HJ431	600～650	32～35	16～18		

其他：

技术措施	焊前清理	有	层间清理	有
	背面清根		有	

技术措施：
1. 表面清理：焊前须将焊道两侧 20 mm 范围内的油污、铁锈、飞边、毛刺及其他杂质清理干净。
2. 采用气体保护焊打底，埋弧焊填充、盖面。
3. 焊缝层(道)之间的接头要错开，起、收弧处要填满，并及时清除焊渣和缺陷。
4. 组对时不得强力进行，点固焊须用氩弧焊，且不得有缺陷。
5. 焊后认真检查，及时消除焊接缺陷。

检验

1. 拉伸　　试验报告号：×××××

试样编号	试样尺寸 ($W \times T$)/mm	试样面积 /mm^2	极限载荷 /N	抗拉强度 /MPa	屈服强度 /MPa	断裂位置
G1(1)				570		焊口外
G1(1)				555		焊口外

	试验位置	试验温度	抗拉强度 /MPa	屈服强度 /MPa	延伸率 /%	断面收缩率 /%
高温拉伸						

2. 弯曲试验　　试验报告号：×××××××

试样编号	弯曲类型	试样厚度/mm	弯心直径/mm	弯曲角度	试验结果
G1(2)	面弯				
G1(2)	面弯				
G1(3)	背弯				
G1(3)	背弯				

3. 韧性试验　　试验报告号：×××××××

试样编号	缺口位置	试样尺寸 /mm	试验温度 /℃	V 形缺口冲击功/J	剪切面/%	密耳	落锤试验

4. 宏观、微观、硬度试验　　试验报告号：×××××××

试验项目	试样编号	试验位置				
		母材	热影响区	焊缝	热影响区	母材
/	/	/	/	/		

5. 无损检验 100% RT　　合格　　报告号：×××××

编制		日期	____年__月__日	审核		日期	____年__月__日

- **复习自查**

1. 埋弧焊是单面成型还是双面成型?
2. 埋弧焊的气体是保护焊材还是母材?

任务四　金属材料的可焊性

- **学习目标**

知识:了解金属材料可焊性的概念,掌握影响金属材料可焊性的主要因素。

技能:纯熟了解金属材料可焊性评定的内容;准确辨识金属材料可焊性试验方法种类。

素养:养成善于学习的习惯;建立良好的职业操守。

- **任务描述**

针对 75 t/h 循环流化床锅炉的不同部件确定焊接方法,包括母材材质、接头形式、焊接方法等方面。

- **知识导航**

一、可焊性的概念

金属的可焊性,是金属适应焊接工艺,以及在焊接后能在使用条件下安全运行的能力。这就是说,可焊性包括两个方面的概念:第一是被焊金属在采用一定的焊接方法、焊接材料、焊接工艺参数及结构形式的条件下,形成完整焊接接头的能力;第二是已焊成的焊接接头在使用条件下安全运行的能力。前者可以认为是结合性能,后者可以认为是使用性能。例如低碳钢不需采用复杂的工艺就可获得优良的焊接接头,所以低碳钢可焊性好。如果用焊接低碳钢的同样工艺焊接铸铁,则往往会产生裂缝,得不到完整的焊接接头。所以铸铁的可焊性不如低碳钢。但是如果采用一些特殊的工艺措施(如使用特殊焊条、预热、缓冷等),铸铁也能获得完整焊接接头。由此可见,金属的结合性能不仅与母材的化学成分和性能有关,而且与焊接材料及工艺方法有关。随着新的焊接材料、焊接方法及工艺措施的出现,某些原来不能焊接或不易焊接的金属材料,现在也可能变得容易焊接了。

完整的焊接接头也不一定能满足使用性能要求。例如,镍铬奥氏体不锈钢获得完整焊接接头并不太困难。但如果工艺措施不合适,焊接接头可能不耐腐蚀,不能满足使用性能。因此,评定材料可焊性一般可分为两个方面。

(1)工艺可靠性——主要指焊接接头出现各种裂纹的可能性,也称为抗裂性。

(2)使用可靠性——主要指焊接接头使用中的可靠性,包括焊接接头的机械性能及其他特殊性能(如耐热、耐腐蚀等)。

焊接是制造锅炉的主要加工方法,因此,各种锅炉材料都应具备良好的可焊性。当采用新材料制造锅炉时,了解及评价新材料的可焊性,是产品设计、施工准备及正确拟定焊接工艺参数的重要依据。

二、合金元素对钢材可焊性的影响

锅炉受压元件常使用各种含合金钢材。合金元素加入钢中后,对钢材的可焊性也产生各种不同的影响，常用合金元素对可焊性影响如下。

碳：钢中含碳量增加后，使焊接热裂缝敏感性及焊接热影响区产生冷裂缝的倾向都增大。因此，从可焊性出发，希望降低含碳量。锅炉常用普通低合金钢的含碳量一般0.2%以下。

锰：当钢中含锰量在1%以下时，对焊接性能影响不大。但锰量过多时，能增加金属淬硬倾向和晶粒长大倾向，对焊接有不利影响。

硅：主要是使焊缝中产生较多的硅酸盐夹杂物，影响焊缝塑性，甚至可能产生裂缝。

钒：能细化焊缝金属的铸态组织和防止近缝区晶粒过分长大，因此，能改善低碳普通低合金钢焊接性能。但钒过多时会增加焊后热影响区淬硬倾向。

钼：能增加焊接热影响区淬硬倾向，易产生裂缝，因此，对焊接性能有不利影响。

钛：能减弱钢在焊接过程中的淬硬倾向，因此，钛对焊接性能是有利的。

铌：一般认为铌能提高焊接性能。

铬：能提高钢的淬硬倾向，所以对焊接有不利影响。

镍：镍钢淬硬性较小，所以可焊性较好。

钨：作用与钼相似。

硼：钢中含微量硼对焊接性能影响不大。

铜：含量较小时（0.5%以下），对焊接性能影响不大。

稀土元素：能改善焊接性能。

三、估算钢材可焊性的方法

上述各种合金元素对焊接性能的影响是从单个元素来看的。实际上，有些合金钢材含有多种合金元素，它们的影响是综合性的、复杂的。一般主要考虑合金元素对淬硬的影响。因为热影响区被淬硬后，极易产生裂缝，而抗裂性是衡量材料焊接性能的最主要因素。

试验证明，各种合金元素中，碳对淬硬性影响最大，所以，作为粗略地估算可用碳当量（即将各元素作用折合成碳的作用）来表示各种元素对钢淬硬性的影响。因为碳当量在一定程度上反映了钢的焊接性能。因此，常用碳当量估算钢的可焊性。

碳当量的公式很多，各处采用的常不完全一致。锅炉受压元件焊接技术条件推荐的碳当量公式为

$$C_{当量} = C + \frac{w(\mathrm{Mo})}{4} + \frac{w(\mathrm{Cr})}{5} + \frac{w(\mathrm{V})}{5} + \frac{w(\mathrm{Mn})}{6} + \frac{w(\mathrm{Ni})}{15}$$

一般经验认为：

当 $C_{当量} < 0.4\%$ 时，钢材的淬硬倾向不明显，可焊性较好，在一般焊接条件下不必预热（板厚过大时也要考虑预热）。

当 $C_{当量} = 0.4\% \sim 0.6\%$ 时，钢材的淬硬倾向逐渐明显，需要采取预热等适当的工艺措施。

当 $C_{当量} > 0.6\%$ 时，钢材的淬硬倾向强，属于较难焊的材料，需采取较高的预热温度和严格的工艺措施。

硫、磷对钢材焊接性能有很坏的影响，但对于合格的钢材，硫、磷量都受到了严格控制。因此，碳当量中未考虑硫、磷含量。但在实际生产中，当钢材出现裂缝时，需化验硫、磷含量是否合格，以便分析产生裂缝的原因。

碳当量只是一种对焊接时产生冷裂缝及脆化倾向的估算方法。如果单以碳当量来衡量可焊性,有时并不恰当。因为钢的可焊性还要受钢板厚度、焊后残余应力、氢含量等因素的影响。当板厚度增加时,结构刚度变大,焊后残余应力也增大,焊缝中心将出现三向拉应力,这时,实际允许碳当量值将降低。

根据以上情况,在实际工作中,确定材料可焊性除以碳当量进行初步估算外,还应进行材料的可焊性试验,以作为制定合理工艺规程的依据。

四、金属可焊性试验

因为对钢材可焊性产生影响的因素很复杂,所以评定可焊性的试验方法也很多。每一种方法所得的结果可能只是从某一方面来说明其可焊性(例如对冷裂缝的敏感性等)。因此,往往要进行一系列试验后才能全面说明某金属材料的焊接性能。各种可焊性试验内容大致可归纳为以下几方面。

1. 焊缝金属抵抗热裂缝产生的能力

熔池金属在结晶时,由于有害元素的存在,而且受到较大的拉伸应力作用,可能产生热裂缝。这是焊接时比较常见的一种严重缺陷。所以焊接金属抵抗热裂缝产生的能力是衡量材料可焊性的标志之一。

2. 焊缝及焊接热影响区抵抗产生冷裂缝的能力

在焊接热循环作用下,焊缝及焊接热影响区金属由于组织、性能发生变化,内应力作用,再加上扩散氢影响,都可能产生冷裂缝。这也是一种极常见的焊接严重缺陷。因此,抵抗产生冷裂缝能力也是材料可焊性的重要标志。

3. 焊接接头金属抗脆性转变能力

由于焊接冶金反应、热循环、结晶过程的结果,可能使焊接接头某一部分或整体发生脆化。因此,需要考虑接头金属抗脆性转变的能力。

4. 焊接接头的使用性能

其包括接头的机械性能及产品要求的其他性能。

• 任务实施

针对 75 t/h 循环流化床锅炉的不同部件确定焊接方法,包括母材材质、接头形式、焊接方法等方面。

• 任务评量

75 t/h 循环流化床锅炉的不同部件焊接方法见表 4.4.1

表 4.4.1 75 t/h 循环流化床锅炉的不同部件焊接方法

焊接方法	接头尺寸/mm	接头位置	母材材质	接头形式	备注
电渣焊	$\phi1500\times40$	锅筒	20g	板-板	
气焊	$\phi25\times3$	镀锌水管	Q235A	管-管	
等离子弧焊接	$\phi42\times2.5$	过热器	12CrMoV	管-板	
接触焊对焊	$\phi42\times5$	蛇形管	20	管-管	摩擦焊
摩擦焊	$\phi32\times4$	蛇形管	20	管-管	接触焊对焊

• **复习自查**

1. 填空题

(1)可焊性又可分为________、________。

(2)影响可焊性的因素有________、________、________及________等四类。

(3)碳素钢的可焊性主要取决于________,随着________的增加,可焊性逐渐________。

2. 金属可焊性包含哪些内容?受哪些因素影响?

任务五　锅炉用钢材的焊接

• **学习目标**

知识:熟知锅炉常用钢材;精熟不同钢号钢材使用的焊条型号。

技能:纯熟不同钢材的焊接性能;准确地选择焊接材料。

素养:养成善于学习的习惯;建立良好的职业操守。

• **任务描述**

针对75 t/h循环流化床锅炉的水冷壁管,按照$\phi 57\times 3.5$规格,材质为20号钢,采用氩弧焊方式进行焊接,编制焊接工艺评定书。

• **知识导航**

锅炉焊接构件用的最普通的材料是低碳钢、普通低合金钢、低合金珠光体耐热钢,以及奥氏体钢。

一、低碳钢的焊接

1. 低碳钢的可焊性

锅炉常用低碳钢为Q235Ag、15g、20g等。低压锅炉几乎全部元件的材料都是低碳钢。

低碳钢含碳量低,塑性好,一般没有淬硬倾向,所以对焊接热过程不敏感,可焊性很好。焊此类钢时,一般不需采用特殊工艺措施,通常焊后也不需热处理(电渣焊及特殊厚板除外)。

低碳钢虽然可焊性好,但当被焊母材的含碳量处于上限(如$w(C)=0.21\%\sim0.25\%$)时,在焊缝中有产生热裂缝的可能性。此时,要设法减少母材在焊缝金属中的熔入比例,以及使焊缝熔池的横断面具有不易产生热裂缝的形状,即熔宽与熔深比不能太小。

低碳钢几乎可以用所有焊接方法来进行焊接,并且能获得良好的焊接接头。目前用得最多的是焊条电弧焊、埋弧焊、电渣焊及气体保护电弧焊。

2. 低碳钢焊接材料的选用

焊接低碳钢时,主要采用E43××系列焊条,在力学性能上正好与低碳钢相匹配。这一系列焊条有多种型号,可根据具体母材牌号、受载情况等加以选用,具体见表4.5.1。

表 4.5.1 低碳钢焊接材料选用

钢号	焊条型号	
	一般焊接结构	重要焊接结构
Q215、Q235、08、10、15、20、	E4313、E4303、E4301、E4320	E4316、E4315、E5015、E5015
25、20g、22g、20R	E4316、E4315	E5016、E5015

等强度的自动焊接头，主要靠选择相应的焊丝和焊剂来获得，焊接低碳钢的焊丝一般是 H08、H08A，焊剂用高锰高硅型，如焊剂 431、焊剂 430。当焊接重要的结构时，可采用 H08MnA 焊丝。

等强度的电渣焊接头，一般靠采用低合金钢焊丝来获得。用得最多的有 H10Mn2、H08Mn2Si 等。常用焊剂 431 和 360。电渣焊后需正火处理，热处理规范见表 4.3.3。

低碳钢采用二氧化碳气体保护焊也越来越多，焊接时推荐采用含锰和硅的焊丝（如 H08MnSi、H08Mn2Si 等），以保证焊缝金属具有足够的机械性能及良好的抗热裂缝及气孔的能力。

3. 低碳钢的焊接工艺

低碳钢的焊接工艺要点如下。

（1）焊前清除焊件的表面铁锈、油污和水分等杂质，焊条、焊剂必须烘干。

（2）角焊缝、对接多层焊的第一层焊缝及单道焊缝要避免深而窄的坡口形式，以防止出现未焊透和夹渣等缺陷。

（3）焊件的刚度增大，焊缝的裂纹倾向也增大，因此焊接刚度大的结构件时，宜选用低氢碱性焊条，焊前预热或焊后采取消除应力热处理措施，热处理规范见表 4.3.3。

（4）在严寒的冬天或类似的气温条件下焊接低碳钢结构时，由于焊接的冷却速度快，产生裂纹的倾向增大，特别是焊接厚度大的刚性结构时更是如此。为避免裂纹的产生，除采用低氢型焊接材料和焊前预热、焊接时保持层间温度外，还应在定位焊时加大电流，减慢焊接速度，适当增大定位焊缝的截面和长度，必要时可采取预热措施。低碳钢在低温环境下焊接时，预热温度可参见表 4.3.2。

二、普通低合金钢的焊接

普通低合金钢具有较高的强度，较好的塑性与韧性，工艺性能也较好，特别是强度比低碳钢高很多，因此在锅炉制造中得到越来越多的应用。普通低合金钢是以钢材的屈服强度大小分类的。锅炉常用普通低合金钢及其碳当量见表 4.5.2。

表 4.5.2 锅炉常用普通低合金钢及其碳当量

钢号	强度等级 σ_s/MPa	热处理状态	平均碳当量/%
12Mng	300	热轧	0.37
16Mng	350	热轧	0.39
15MnVg	400	热轧	0.39
14MnMoVg	500	正火 + 回火	0.51
18MnMoNbg	500	正火 + 回火	0.56

1. 普通低合金钢焊接中的主要问题

(1)焊接热影响区的淬硬倾向

这类钢焊接时,焊接热影响区易出现脆性马氏体组织,硬度明显增高,塑性、韧性降低。淬硬度与钢材的化学成分和强度级别有关。钢材强度级别越高,钢材中含碳及合金元素越多,焊接热影响区淬硬倾向越大。焊后冷却速度越大,淬硬性也越大。

因此,对于一定的材料,防止焊接接头淬硬的主要方法是使焊后冷却速度减慢。从采取的焊接工艺参数来说,就是在保证焊接质量的前提下,尽量采用大电流与较大直径焊条以及较慢的焊接速度。此外,还要提高被焊工件的原始温度即进行预热。

(2)焊接接头的裂缝

焊接低合金钢时,最容易出现的缺陷是冷裂缝,即焊接接头焊后冷到300 ℃至室温范围所产生的裂缝。随着钢材强度等级的提高,产生这种冷裂缝的倾向也加剧。冷裂缝可以产生在焊接热影响区、焊缝、焊缝根部或焊趾处,而且常具有延迟现象。影响冷裂缝产生的因素是很复杂的,一般可归纳为以下三个方面。

①焊缝及焊接热影响区的含氢量。

②焊接热影响区的淬硬程度。

③焊接接头中残余内应力的大小。

这三个因素在一定条件下是相互联系、互相制约和相互促进的。

在焊接条件下,焊接材料中的水分,焊件坡口附近的油污、铁锈及空气中的湿气都是焊缝金属中富氢的主要原因。

在焊接过程中,由于电弧的高温作用,氢分解为原子或离子状态,并大量溶解于焊接熔池中。在随后的冷却和凝固过程中,由于溶解度的急剧下降,氢极力向外逸出,但焊接条件下冷却速度较快,使氢来不及逸出而残存在焊缝金属的内部,焊缝中氢处于过饱和状态。氢在金属晶格中的扩散能力很强,甚至在室温下还可以明显地进行扩散。由于焊接接头处于焊接应力作用下,在一些显微裂缝或缺陷的前沿产生了三向高应力区,在应力梯度的驱动下,氢原子即扩散到这些三向应力区而浓集起来。当氢的浓度富集到某一临界值时,如果此处材料由于焊接过程中产生淬硬而造成塑性下降,就可能在应力作用下产生一个微裂缝。因为在三向应力区以外的金属具有较高的抗断裂性能,此裂缝的扩展很快受到限制。但当裂缝停止扩展时,前沿又形成三向应力区,于是氢原子又向前扩散,裂缝也继续扩展。这样的过程可不断重复进行,裂缝就逐渐扩展成为宏观裂缝。由于氢的扩散、富集、诱发裂缝需要一定时间,所以这种裂缝常具有延迟性质。有时焊后要经过几小时、几天甚至更长时间才出现。所以其又称为"延尽裂缝"。因延迟裂缝焊后不能及时发现,所以危害性很大。

此外,由于氢在奥氏体中的溶解度大于氢在铁素体中的溶解度(图4.5.1);而氢在铁素体中的扩散系数却比氢在奥氏体中的大些(图4.5.2),即氢在铁素体中易扩散,而在奥氏体中不易扩散,因此焊缝在较高温度就发生了相变,即由奥氏体分解为铁素体、球光体等组织,此时,母材焊接热影响区的金属尚未开始奥氏体分解,因为氢在铁素体、珠光体中溶解度较低,而且氢在铁素体、珠光体中扩散速度大,因此,氢会从先转变为铁素体、珠光体的焊缝中逸出,并向尚处于奥氏体的焊接热影响区扩散。由于氢在奥氏体中不易扩散,大量氢可能聚集在熔合线附近,造成近缝区氢的富集。在随后的应力及脆性组织共同作用下,即在近缝区产生冷裂缝。这就是焊接热影响区具有淬硬倾向的钢材对冷裂缝敏感的主要原因。反之,如焊后焊缝金属含碳量比母材高,则近缝区金属将先于焊缝完成组织转变,这时氢将向焊缝扩散,使氢聚集在焊缝中,而造成焊缝金属的冷却裂缝敏感性高于焊接热影响区。

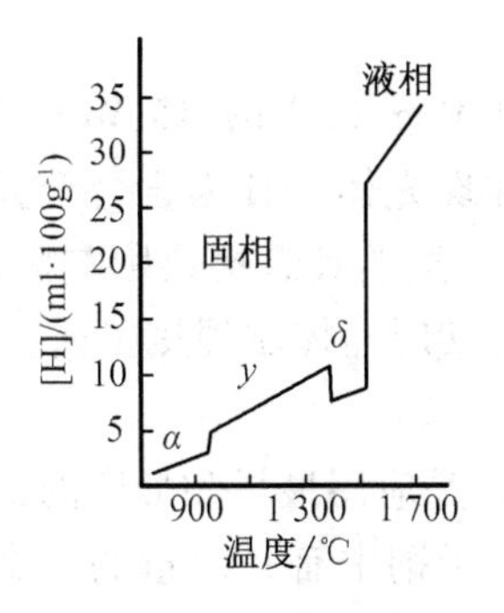

图 4.5.1　氢在铁中的溶解度

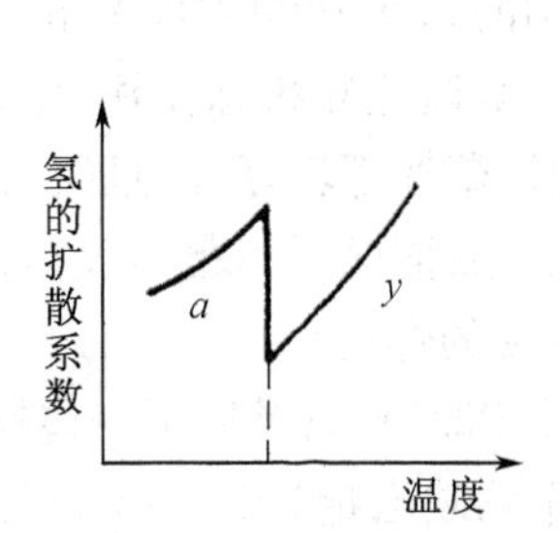

图 4.5.2　氢在铁中的扩散系数

根据冷裂缝产生的原因,一般防止冷裂缝的主要措施如下。

①选择合适的焊接材料。尽量选用碱性低氢型焊条和碱度较高的焊剂。锅炉用普通低合金钢常用焊接材料见表 4.5.3。

表 4.5.3　锅炉用普通低合金钢常用焊接材料

钢 号	焊条电弧焊	埋弧焊		电渣	
		焊丝	焊剂	焊丝	焊剂
Mng	E4303 E4316 E4315	H08A H08MnA	431	H08A H08MnA	431
16Mng	E5003 E5016 E5015	H08A(不开坡口对焊) H08MnA,H10MnSi(中厚板,开坡口) H10Mn2(厚板深坡口)	431 330 230	H08MnMoA H10MnSi H10Mn2	431 360
15MnVg	E5003 E5016 E5015 E5516－G E5515－G	H08MnA(不开坡口对焊) H10Mn2、H10MnSi(中厚板,开坡口) H08AMnMoA(厚板深坡口)	431 330 250	H08Mn2MoVA	431 360
14MnMoVg 18MnMoNbg	E6015－D1 E7015－D2	H08Mn2MoA H08Mn2MoVA	250 350	H10Mn2MoVA H10Mn2MoA	360 431

②严格控制氢的来源。必须仔细烘干焊条和焊剂,妥善保管和严格清理焊件及焊丝。

③焊前预热以降低焊接热影响区硬度。

④焊后及时进行热处理,以消除内应力和去氢。

由于我国锅炉用的普通低合金钢及焊接材料的特点之一是含碳量较低,且大部分含有一定量的锰，所以抗热裂性能较好，一般很少发生热裂缝问题。但对于含一定量铬、钼、钒、钛、铌等元素的低合金钢焊接元件，在消除应力回火中，可能产生再热裂缝。再热裂缝产生的机理见后文低合金珠光体耐热钢的焊接。

2. 300 ~ 400 MPa 级普通低合金钢的焊接

锅炉常用的 300 ~ 400 MPa 级的普通低合金钢为 12 Mng、16 Mng、15 MnVg 等。这类普通低合金钢一般以热轧状态使用，钢材组织为铁素体加珠光体。其因含合金元素较少，成本较低廉，韧性塑性都较好，而且碳当量低，可焊性较好。虽然其焊接热影响区淬硬倾向比低碳钢大，但一般情况下问题不大，只是厚板在低温下焊接时需控制焊接工艺。

(1)16Mng 的焊接

16Mng 比 Q235A 只增加了一些锰，但强度增加很多，是应用最早和最广的钢种。

16Mng 平均碳当量为 0. 39%，可焊性是较好的。由于钢中有一定量的合金元素，淬硬倾向比低碳钢大些。在低温下，或在大刚度、大厚度结构上进行小规范、小焊脚、短焊缝的焊接时，有可能出现淬硬组织或裂缝。对 16Mng 可焊性试验的结果可归纳为如下几点。

①用手工电弧焊和埋弧焊在常温下焊接 16Mng 对接接头时，焊接热影响区一般都不出现淬硬组织，其最高硬度通常小于 HV300。

②常温下焊接 16Mng 的 T 形接头时，当焊脚小于 6 mm 且为连续焊缝时，焊接热影响区一般不出现马氏体组织，而是出现少量贝氏体、珠光体和铁素体的混合组织，综合性能良好，最高硬度小于 HV350。焊脚越大(焊速慢)，最高硬度值越低。

③常温下焊接 16Mng 的 T 形接头小焊脚焊缝(例如焊脚 4 mm，焊缝长 100 mm)，当板厚不小于 16 mm 时，焊接热影响区将出现马氏体，即出现淬硬组织。

④相同环境温度下，增大焊接电流时，因冷却慢，硬度降低。

⑤在低温下焊接时易产生裂缝。

根据上述内容可知焊接 16Mng，如厚度不大，且在常温施焊时，焊接工艺与低碳钢可基本相同。对厚度较大的 16Mng 焊件，应注意采取一定的工艺措施：如预热、合理的施焊顺序及规范等。对于装配点固焊缝，一般为小焊脚焊缝，应特别加以注意，可适当加大焊脚和长度，否则易在头道焊缝和焊根处产生裂缝。焊接 16Mng 的预热条件可参考表 4.5.4。

表 4.5.4　焊接 16Mng 的预热条件

板厚/mm	不同气温的预热条件
<16	不低于 -10 ℃不预热，-10 ℃以下 100 ~ 150 ℃预热
16 ~ 24	不低于 -5 ℃不预热，-5 ℃以下 100 ~ 150 ℃预热
25 ~ 32	不低于 0 ℃不预热，0 ℃以下 100 ~ 150 ℃预热
>32	均预热

16Mng 焊接时，焊接材料的选用可参照表 4.5.3。焊条电弧焊时，按强度等级要求应采用 T50 型焊条(普通低合金钢的强度等级按钢材强度 σ_s，而焊条的等级按焊缝金属的最低抗拉强度 σ_b)，锅炉受压元件一般都要求用韧性、塑性较好的碱性低氢焊条(E5016、E5015)，但对厚度较小的也可以考虑用酸性焊条(E5003)。

16Mng 自动焊大多采用高锰高硅焊剂，用得最普遍的是焊剂 431。因为这种焊剂工艺性能好，焊缝成形美观，脱渣性好，具有良好的抗裂及抗气孔能力。根据被焊工件的厚度、焊缝坡口形式及接头形式，要采用不同的焊丝、焊剂配合。对于不开坡口的对接和角接焊缝，由于焊缝对母材的熔入比高，采用合金元素含量较低的 H08A 焊丝就能满足要求。如果被焊工件厚度大，进行深坡口焊接，就应选用含锰的焊丝，配合焊剂 431、330、230 等。

电渣焊时，如用中锰焊剂 360，不能保证接头具有良好的性能，必须采用含锰焊丝，在焊接大厚度的 16Mng 重要结构时，甚至要采用 H08MnMo 焊丝。

16Mng 焊件最大壁厚超过 20 mm 时，必须进行焊后热处理，热处理规范可参照表 4.3.3。

(2) 15MnVg 的焊接

15MnVg 主要用于中压锅炉的锅筒。它是在 16Mng 的基础上加入 0.04% ~0.12% 的钒得到的。加入钒可使晶粒细化，减小钢材过热倾向，并形成起强化作用的碳化钒，从而提高钢的强度。15MnVg 含碳量上限比 16Mng 低一点，因此平均碳当量和 16Mn 差不多，仍有较好的可焊性。

15MnVg 焊接特点与 16Mng 基本相似。一般认为厚度小于 32 mm，在 0 ℃以上焊接时，可以不预热。板厚大于 32 mm，或刚性较大的结构件，应 100 ~ 150 ℃预热。

15MnVg 焊后热处理规范见表 4.3.3。试验表明，15MnVg 的焊后回火温度为 600 ℃时，回火后强度升高，屈强比较小，塑性略有下降。660 ℃以上回火强度下降较多，而且屈强比增大，但塑性、韧性较高。综合考虑以上情况，15MnVg 钢的焊后回火温度仍以 600 ~ 650 ℃较好。15MnVg 在 800 ~ 900 ℃正火处理后强度下降明显，930 ℃以上正火强度较高，低温冲击韧性有大幅度提高，但超过 1 000 ℃时晶粒长大。所以 15MnVg 电渣焊后正火温度为 950 ~ 980 ℃，正火后回火温度为 560 ~ 590 ℃。温度过高，强度及低温冲击韧性下降。

15MnVg 焊接材料选用可参照表 4.5.3。焊条电弧焊可用 E50 型及 E55 型焊条，对厚度不大，坡口不深的结构，采用 E5016、E5015 以至 E5003 焊条，都能满足焊缝屈服强度超过母材的要求，焊缝塑性和抗裂性也都较好。厚度较大的结构可用 E5516 - G 或 E5515 - G 焊条。

采用自动焊时，应根据接头形式、坡口大小来选择焊接材料，低碳钢焊丝要配合高锰高硅焊剂（如 431），并且只能焊接厚度较小、焊后可不回火的 15MnVg 焊件。对板厚较大或坡口较大的焊缝需采用 H10Mn2 或 H10MnSi 焊丝，配合高锰高硅或中锰中硅焊剂（如焊剂 330），对特大厚度和深坡口焊缝可采用 H08MnMoA 焊丝配合焊剂 431 或焊剂 250 进行焊接。从工艺性看，焊剂 431 较好，但抗裂性能不如碱度较高的焊剂 250。

15MnVg 电渣焊可用焊丝配合焊剂 431 或焊剂 360，焊后经正火加回火处理，机械性能可全面满足要求。

3. 大于 450 MPa 级普通低合金钢的焊接

(1) 14MnMoVg 的焊接

14MnMoVg 是我国高压锅炉制造所用的主要材料之一，它是在 15MnVg 普通低合金钢的基础上，增加了 0.5% 左右的钼而创造的无铬、无镍中温高压锅炉用钢。屈服强度由原来 15MnVg 的 400 MPa，提高到 500 MPa，同时使钢具有抗回火脆性的能力，并提高了钢在中温下的组织稳定性和热强性。14MnMoVg 通常是热轧状态供货，所以厚板必须以热处理状态使用，一般采用正火加回火或调质处理。

14MnMoVg 平均碳当量为 0.51%，具有淬硬倾向。因此，若板厚大于15 mm或刚度较大时，都要在预热情况下进行焊接，预热温度为 50～200 ℃。

14MnMoVg 具有对延迟裂缝的敏感性，因此，焊后应尽快进行热处理。热处理规范参照表4.3.3。如不能及时进行热处理，焊后应及时将焊件加热到 300 ℃左右保温 4～6 h 进行消氢处理，使焊接过程中溶入焊缝中的过多的氢扩散逸出，以减小延迟裂缝倾向。

14MnMoVg 焊接材料选用可参照表 4.5.3。手工电弧焊常用 T60 型、T70 型碱性低氢型焊条，也常用结 607 加钼焊条（即在结 607 型焊条基础上，将含钼量提高 0.5%）或结 707 等。

自动焊时，用 H08Mn2MoV 或 H08Mn2MoA 焊丝配合焊剂 250 或 350。焊剂 350 工艺性能较好，且可采用交流电源。但焊剂 250 碱度较高，焊缝金属的塑性、韧性较高。

采用电渣焊时可用 H10Mn2MoVA 焊丝配合焊剂 431 或焊剂 360、350 等。

由于 14MnMoVg 对冷裂缝敏感，所以对焊条、焊剂必需严格控制烘干温度，焊前应彻底消除焊丝及坡口处铁锈、油污，减少氢的来源。

（2）18MnMoNbg 的焊接

18MnMoNbg 是用 Nb 来强化的中温钢（屈服强度 500 MPa），主要用于制造高压锅炉锅筒及大型化工容器。18MnMoNbg 一般供货均为厚板，40～115 mm 厚钢板以退火状态供货，但产品应以正火加回火或调质状态使用。

18MnMoNbg 含有较多合金元素，平均碳当量约为 0.56%，有淬硬倾向，焊后焊接热影响区硬度明显增加，并具有延迟裂缝敏感性。因此，焊接这类钢时，线能量偏大一些较好，但线能量过大易造成过热。因此，采用大线能量不如采用预热合适。预热温度控制恰当时，既能避免产生裂缝，又能防止晶粒过热长大。根据试验结果，将 18MnMoNbg 预热到 150 ℃以上，过热区硬度（HV）低于 350，一般可避免产生裂缝。表 4.5.5 为用直径 5 mm 的结 607 焊条焊接厚度为 115 mm 的 18MnMoNbg 钢板时不同预热温度下的焊接热影响区硬度值。

表 4.5.5　用直径 5 mm 的结 607 焊条焊接厚度为 115 mm 的 18MnMoNbg 钢板时不同预热温度下的焊接热影响区硬度值

预热温度/ ℃	硬度平均值/HV		
	母材	过热区	焊缝
室温	233	460	326
100	230	344	326
150	225	310	281

18MnMoNbg 焊接材料选用可参照表 4.5.3。这种钢的焊接材料与 14MnMoVg 基本相同。焊条电弧焊采用 T70 型碱性低氢型焊条。自动焊也选用 Mn－Mo－V 类型的焊丝，配合焊剂 250 或 350。如选用 Mn－Mo－V 类型焊丝时，焊缝经受 600 ℃左右的回火温度将会由于钒的二次析出使其强度增高，塑性及韧性下降。因此，对 Mn－Mo－V 型焊缝应取上限回火温度（650 ℃左右），这样在保证母材性能的同时，可获得良好的焊缝综合性能。电渣焊

用 H10Mn2MoA 或 H10Mn2MoVA 焊丝配合焊剂 431 或 360。18MnMoNbg 电渣焊后可采用正火或水淬处理。淬火可充分发挥 18MnMoNbg 焊缝金属潜力，使其屈服强度达到500 MPa 以上，正火或淬火后需经过回火处理。

因 18MnMoNbg 具有延迟裂缝倾向，应采取严格工艺措施来防止。焊接材料需烘干，工件应清理干净，焊后应及时进行热处理。

4. 其他锅炉用普通低合金钢的焊接

除上述钢材外，近年来，在实际生产中，高压和超高压锅炉采用了一些进口钢材。常用的有德国 19Mn5（高压锅炉锅筒）和 BHW35（超高压锅炉锅筒），也曾用过 BHW38。19Mn5 和 BHW35 的化学成分和机械性能见表 4.5.6。

表 4.5.6　19Mn5 和 BHW35 的化学成分和机械性能

钢号	化学成分/%									机械性能			
	C	Si	Mn	S	P	Cr				σ_b /MPa	σ_S /MPa	持久塑性 σ_5/%	a_k (kN·m·mm^{-1})
19Mn5	0.17 ~ 0.23	0.4 ~ 0.6	1.0 ~ 1.3	≯ 0.05	≯ 0.05					520 ~ 620	320	1 000 /σ_S	4 ~ 5
BHW35	≤ 0.16	0.1 ~ 0.5	1.0 ~ 1.6	≤ 0.025	≤ 0.025	0.2 ~ 0.4	0.6 ~ 1.2	0.2 ~ 0.4	~ 0.01	180 ~ 750	390 ~ 400	18	6

19Mn5 采用手工电弧焊（焊锅筒内环缝）时，可用结 507 焊条，埋弧自动焊可用 H08MnMo、H10Mn2、H10MnSi 焊丝配合焊剂 431。焊接时预热 100 ~ 150 ℃，焊后 560 ~ 590 ℃回火消除应力。电渣焊时用 H10MnMo 焊丝配合焊剂 431，焊后 901 ~ 940 ℃正火。

BHW38 焊接热影响区易产生裂缝，后来德国将 BHW38 中钒去掉，研究出含微量铌的 BHW35。

BHW35 规定的屈服强度和抗拉强度下限比我国 14MnMoV 低些，但通过热处理（正火加高温回火）后，可达后者的水平，但 BHW35 由于冶炼方法不同（电炉加炉外精炼），所以韧性高于 14MnMoV。

BHW35 手工焊可用结 607 焊条，埋弧自动焊用 H08Mn2Mo 焊丝配合焊剂 350，焊接时预热 150 ~ 200 ℃，焊后 590 ~ 610 ℃回火。如不能及时热处理，应先加热 350 ~ 400 ℃，保温 3 ~ 4 h 进行消氢处理。电渣焊时用 H10Mn2NiMo 焊丝，配合焊剂 431，焊后 920 ~ 940 ℃正火处理。

三、低合金珠光体耐热钢的焊接

低合金珠光体耐热钢在正火后得到的组织是珠光体，它能在 450 ~ 620 ℃温度下长期工作,具有足够的强度和抗氧化能力,中、高压以上锅炉的过热器、再热器管、集箱、蒸汽导管等大多采用这种钢材。常用的低合金珠光体耐热钢有12CrMo、15CrMo、12Cr1MoV、20CrMo、12Cr2MoWVB、12Cr3MoVSiTiB等。

1. 低合金珠光体耐热钢的焊接特点

(1)具有淬硬倾向

低合金珠光体耐热钢含有不同的合金元素Cr、Mo、W、V。由于钢中碳与合金元素共同作用,使钢的奥氏体稳定性增加,不易发生正常的分解,而在冷到较低温度时才发生马氏体转变。因此,这类钢焊接时易形成淬硬组织,使焊接接头脆性增大,常导致产生裂缝。钢的淬硬程度取决于冷却速度和合金元素含量。钢中含碳量及合金元素越多,冷却速度越大,淬硬倾向也越大。因此这类钢焊前一般都需预热(小直径薄壁管视情况也可不预热)。预热温度较普通低合金钢要高些,一般为200~300 ℃(表4.3.2),并要求将工件一次焊完。如生产过程不得不中断时,应用石棉布包扎焊接处使缓冷。除正式施焊外,在定位焊时也需预热,并且点固焊缝要求有一定长度(不小于15 mm),点固焊缝还应有一定高度(一般不小于3 mm),点固时所有焊条应与正式焊接相同或塑性更好些。

(2)具有产生冷裂缝及再热裂缝倾向

低合金珠光体耐热钢对冷裂缝较敏感,因此,任何厚度的耐热钢焊接接头焊后都应进行热处理,以消除残余应力,加快接头中氢的逸出,避免冷裂缝产生。

这类钢由于二次硬化元素的影响,在焊后热处理过程中有产生再热裂缝的倾向。再热裂缝是指焊件经受一次焊接热循环以后,在焊后热处理再经受一次加热过程中,发生在焊接热影响区的粗晶区,沿原先奥氏体晶界开裂的裂缝。产生再热裂缝的原因是焊接过程中焊接热影响区一部分被加热到高温,在此温度下,合金碳化物溶解到固溶体中,在焊后再次加热时,每一次热过程中V、Mo、Cr、Ti等的过饱和固溶碳化物在应力被消除之前再次析出造成晶内强化,使滑移应变集中于原先的奥氏体晶界,造成晶界的破坏分离,形成再热裂缝。再热裂缝一般发生在焊接热影响区的粗晶区的应力集中部位,具有晶界断裂特征。一般再热裂缝发生在500 ℃以上的再加热过程中,600 ℃附近有一敏感区,超过650 ℃以上时(一般为680~780 ℃),在这个危险区的升温速度要快,并尽量避免危险温度下保温。锅炉常用各种低合金珠光体耐热钢的热处理规范可参照表4.3.3。

珠光体耐热钢还易产生火口裂缝,焊接收弧时应特别注意。

2. 低合金珠光体耐热钢焊接方法及焊接材料

用于制造锅炉的低合金珠光体耐热钢主要是各种不同直径的管子。小直径低合金珠光体耐热钢管对接焊可用手工电弧焊、气焊、闪光焊、摩擦焊、氩弧焊及等离子焊等方法,大直径管还可以用埋弧焊。

焊接低合金珠光体耐热钢,电弧焊和气焊用的焊接材料,主要应考虑焊缝金属的成分要和母材的化学成分基本一致,以保证高温使用性能。如果焊缝金属成分同母材的化学成分相差很大,其接头经长期高温工作后,因成分不均匀,有些元素易发生扩散,会导致焊接接头持久强度的明显下降。除了成分以外,同时要求焊缝金属的机械性能和母材相近,尤其要考虑高温性能。另外焊缝金属的强度不宜选得过高,因强度高了,塑性将下降。

焊接低合金珠光体耐热钢的手工电弧焊,焊条药皮均为碱性低氢型焊条,因此要特别注意焊条的烘干问题。锅炉常用低合金珠光体耐热钢焊接材料选用见表4.5.7。

表4.5.7　锅炉常用低合金珠光体耐热钢焊接材料选用

钢号	手工焊焊条	埋弧自动焊		气焊焊丝
		焊丝	焊剂	
12CrMo	热202 热207	H10MoCr	350 430	H10MoCr
15CrMo	热307	H08CrMo H13CrMo	350 250	H08CrMo H13CrMo
12Cr1MoV	热317 热207	H08CrMoV	250 251	H08CrMoV
20CrMo	热307	H08CrMo	250 251	
12 Cr2MoWVB	热347			H08Cr2MoVNb
12Cr3MoVSiTiB	热347 热417			H08Cr2MoVNb
12 MoVWBSiRe	热317 热327			H08Cr2MoV

四、奥氏体钢的焊接

奥氏体钢具有高的热强性和优良的抗氧化、抗介质腐蚀能力，超高参数锅炉的过热器或过热器吊架等元件有时采用它。锅炉常用奥氏体钢为18－8型和25－20型。如1Cr18Ni9Ti、Cr25Ni20Si2等。镍铬奥氏体钢含有大量我国缺少的镍，目前我国自行研制的Cr18Mn11Si2N（D1）及Cr20Mn9Ni2Si2N（钢101）、Cr17Mn13Mo2N（A4）已成功地代替了常用的Cr20Ni14Si2和Cr25Ni20Si2。

1. 奥氏体钢焊接的主要问题及防止措施

（1）晶间腐蚀问题

晶间腐蚀是18－8型奥氏体钢最危险的破坏形式之一，特点是腐蚀沿晶界深入金属内部，并引起金属机械性能显著下降。

晶间腐蚀的形成过程是不锈钢在450～850 ℃温度范围停留一段时间后，由于碳在奥氏体中扩散速度大于铬在奥氏体中扩散速度，因奥氏体中的含碳量超过它在室温的溶解度时碳就不断向奥氏体晶粒边界扩散，并和铬化合，析出碳化铬（Cr_7C_3或$Cr_{23}C_6$），而铬扩散速度小，来不及向边界扩散、补充，即造成奥氏体边界贫铬，使晶粒边界丧失抗腐蚀性能，产生晶间腐蚀。焊接过程中可能在焊缝附近某一区加热到上述温度，并停留一段时间，如母材成分不当或焊条选择及焊接工艺不恰当，在焊缝或焊接热影响区都有可能产生晶间腐蚀。为防止产生晶间腐蚀，可采取如下措施。

①控制含碳量。碳是造成晶间腐蚀的主要因素。如含碳量很小,则碳全部溶解在固溶体中,不易扩散产生晶间腐蚀。一般焊接材料含碳量控制在 0.08% 以下或更低(0.04%),可提高焊缝抗晶间腐蚀性能。如奥 107、奥 007 焊条,HOOCr17Ni11Mo2 焊丝等。

②添加稳定剂。在焊接材料中加入钛、钽、铌、锆等与碳亲和力比铬强的元素,能够与碳结合成稳定的碳化物,从而避免在奥氏体晶界造成贫铬,可提高抗晶间腐蚀能力。一般加钛为含碳量的 5 倍,加铌为含碳量的 10 倍,如奥 137 焊条,HOC18Ni9Ti 焊丝等。

③采用双相组织。在焊缝中加入铁素体形成元素,如铬、硅、铝、钼等,使焊缝形成奥氏体加铁素体的双相组织。因铬在铁素体中的扩散速度比在奥氏体中快,碳化铬就在铁素体内部析出,减弱了奥氏体晶界的贫铬现象。属于双相组织焊缝金属的焊接材料有 OCr18Ni9Ti、OCr18Nig9V3Si2 等。

④采用合理的工艺措施。为防止奥氏体钢在 450 ~ 850 ℃停留时间过长,产生晶间腐蚀,焊奥氏体钢时,一般不预热,应尽可能采用大的焊接速度、短弧和焊条不做横向摆动。多道焊时,待前一条焊缝完全冷却再焊下一道焊缝,或用垫板加速焊缝冷却。

⑤焊后热处理。焊后可对焊接接头进行固溶处理。方法是把焊接接头加热到 1 050 ~ 1 100 ℃,此时碳化铬又重新溶入奥氏体中,然后迅速冷却以稳定奥氏体组织。

如生产中无条件进行上述的高温处理,可将焊接接头加热到 850 ~ 900 ℃,保温 2 h 进行稳定化退火。因为在此温度下进行长时间保温后,多余的碳全部形成了碳化铬,碳即停止扩散,而铬将继续向边界扩散,使晶界处含铬量重新恢复,从而消除晶间腐蚀。

(2)奥氏体钢的焊接裂缝

焊缝金属及焊接热影响区的热裂缝是奥氏体钢焊接的主要困难之一。热裂缝是在高温结晶过程中产生的裂缝,发生在焊缝金属冷却过程中的固相线温度附近,具有晶间破坏性质。热裂缝的产生原因是焊缝金属凝固过程中,杂质较富集的低熔点液相被排挤在晶界上,形成液态间层,在随后的结晶过程中,由于金属收缩使焊缝受拉,液态间层成为薄弱地带,当拉伸变形超过了晶界液态间层的变形能力,又得不到新的液相补充时,就可能形成热裂缝。

奥氏体钢对热裂缝敏感的原因如下。

①这种钢的一次结晶特别发达,在焊缝中形成粗大柱状晶,造成产生热裂缝的有利条件。

②奥氏体钢在结晶过程中易形成各种低熔点杂质,这些杂质偏析在柱状晶粒之间形成晶间夹层。

③奥氏体钢的导热率是低碳钢的一半,而膨胀系数大得多,因此焊后引起较大内应力。

为防止热裂缝,一般采取以下措施。

①尽量减少焊接材料中的各种杂质(如硫、磷),适当增加锰量。

②在焊缝中适当地加入铁素体形成元素(如铬、钼等),使焊缝金属为奥氏体加铁素体双相组织。因少量铁素体可以细化晶粒,打乱枝晶方向,防止杂质聚集,减少热裂缝产生。

③采用小电流、高速焊,避免熔池过热。焊接时焊条不做横向摆动。多道焊应控制层间温度。

④尽量使用低氢焊条及碱度大的焊剂。

2. 焊接方法

奥氏体钢可用手工电弧焊、钨极氩弧焊、熔化极氩弧焊、埋弧自动焊、等离子焊、电阻焊、摩擦焊等各种方法焊接。电渣焊由于其热过程特点，对奥氏体钢焊接接头质量不利，所以很少采用。

采用手工电弧焊时，如焊条和焊接工艺合适，可以得到质量较好的接头，对一般锅炉常用含钛 18－8 型奥氏体耐热钢，可用奥 132、137 等焊条；对 25－20 型奥氏体钢，可用奥 402、奥 407 焊条。对铬－锰－氮型奥氏体钢、钢 D1、钢 101 可用奥 407 焊条；钢 A4 可用与母材成分相近的奥 707 焊条。

用自动焊焊接奥氏体钢时，主要根据母材牌号选用成分类似的焊丝，焊剂应具有较低的氧化性，可用低锰高硅中氟焊剂 260 及低硅高氟焊剂 172。

氩弧焊由于热量集中，加上氩气对焊接区的保护作用，焊接奥氏体钢时能得到质量优良的焊接接头。对薄板及直径较小的管子，可用钨极氩弧焊；对厚度较大的奥氏体钢件可用熔化极氩弧焊，用直流反接，以减轻工件的过热，焊接材料采用与母材成分相类似的焊丝。

● 任务实施

按照如下步骤编制焊接工艺评定。

1. 可焊性分析。

2. 焊接材料的选择。

3. 焊接工艺要点确定：焊前措施、焊缝形式、热处理措施、冬季措施等。

4. 汇总分析编制焊接工艺评定。

● 任务评量

锅炉水冷壁焊接工艺评定指导书

共 2 页第 1 页

工程名称	75 t 循环流化床锅炉水冷壁焊接			评定报告编号		HL－02
委托单位	－			工艺指导书编号		HLZD－02
试样焊接单位	－			施焊日期		2018. 03. 26
焊工	×××	资格代号	×××	级别		×××
母材钢号	20	规格	ϕ57×3. 5 mm	供货状态	正火	生产厂	－

化学成分和机械性能

	w(C)/%	w(Mn)/%	w(Si)/%	w(S)/%	w(P)/%	R_{el}/MPa	R_m/MPa	A/%	Φ/%
标准	≤0. 20	0. 50－0. 90	0. 15－0. 30	≤0. 035	≤0. 035	245	410	25	55
合格证									
复验									
碳当量						公式			

焊接材料	生产厂	牌号	类型	直径/mm	烘干温度(℃×h)	备注
焊丝		TIG－J50		Φ1. 2～2. 5	－	
焊剂或气体			氩气(纯度不低于99. 95%)	－		
电极			铈钨极	ϕ1. 5～2. 0		
焊接方法	TIG		焊接位置	平、横、立、仰焊	接头形式	对接
焊接工艺参数	见焊接工艺评定指导书			清根工艺	焊前清理、层间清理	
焊接设备型号	WS－250A			电源及极性	直流正接	

预热温度/℃	环境温度低于0 ℃时预热至100～120 ℃	层间温度/℃		后热温度/℃	
				时间/min	
焊后热处理					

评定结论：本评定按 DL/T5007－92《电力建设施工及验收技术规范、火力发电厂焊接篇》规定，根据工程情况编制工艺评定指导书、焊接试件、制取并检验试样、测定性能，确认试验记录正确，评定结果为：____合格____。焊接条件及工艺参数适用范围按本评定指导书规定执行。

评定		____年___月___日	评定单位：　　　（签章） ____年___月___日
审核		____年___月___日	
技术负责		____年___月___日	

锅炉水冷壁焊接工艺评定指导书

共 2 页第 2 页

<table>
<tr><td colspan="2">工程名称</td><td colspan="4">75 t 循环流化床锅炉水冷壁焊接</td><td colspan="2">指导书编号</td><td colspan="2">HLZD - 02</td></tr>
<tr><td>母材钢号</td><td>20</td><td>规格</td><td>ϕ57 × 3.5 mm</td><td colspan="2">供货状态</td><td>正火</td><td>生产厂</td><td colspan="2">-</td></tr>
<tr><td colspan="2">焊接材料</td><td colspan="4">生产厂</td><td>牌号</td><td>类型</td><td colspan="2">直径</td></tr>
<tr><td colspan="2">焊丝</td><td colspan="4"></td><td>TIG - J50</td><td></td><td colspan="2">ϕ1.2 ~ 2.5</td></tr>
<tr><td colspan="2">电极</td><td colspan="4"></td><td>铈钨极</td><td></td><td colspan="2">ϕ1.5 ~ 2.0</td></tr>
<tr><td colspan="2">焊接方法</td><td colspan="3">TIG</td><td colspan="3">焊接位置</td><td colspan="2">平、横、立、仰焊</td></tr>
<tr><td colspan="2">焊接设备型号</td><td colspan="3">WS - 250A</td><td colspan="3">电源及极性</td><td colspan="2">直流正接</td></tr>
<tr><td colspan="2" rowspan="2">预热温度/ ℃</td><td rowspan="2">环境温度低于 0 ℃时预热至 100 ~ 120 ℃</td><td rowspan="2">层间温度/℃</td><td rowspan="2"></td><td colspan="3">后热温度/ ℃</td><td colspan="2"></td></tr>
<tr><td colspan="3">时间/min</td><td colspan="2"></td></tr>
<tr><td colspan="2">焊后热处理</td><td colspan="8"></td></tr>
<tr><td>接头及坡口简图</td><td colspan="9">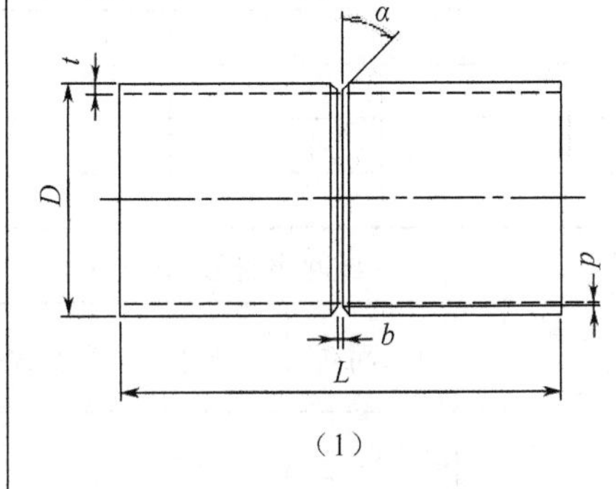

（1）
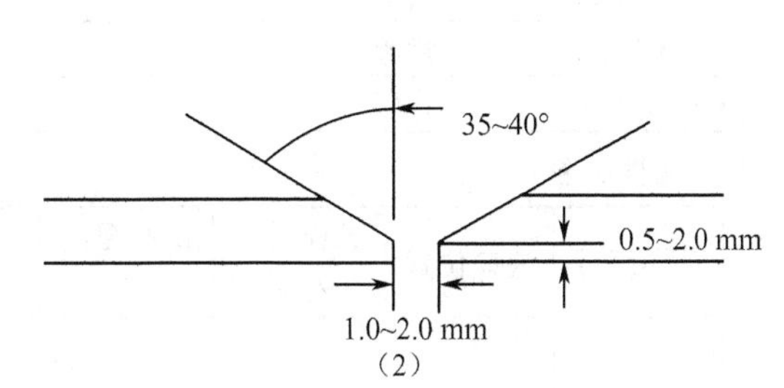

（2）

水冷壁尺寸示意图如图（1）所示，其中 $D = 57$ mm，$t = 3.5$ mm，$\alpha = 35 \sim 40°$，间隙 b 为 1 ~ 2 mm，钝边 p 为 0.5 ~ 2 mm，如图（2）所示。</td></tr>
</table>

<table>
<tr><td rowspan="6">焊接工艺参数</td><td rowspan="2">道次</td><td rowspan="2">焊接方法</td><td colspan="2">焊条或焊丝</td><td rowspan="2">电流极性</td><td rowspan="2">电流/A</td><td rowspan="2">电压 /V</td><td rowspan="2">速度 /(cm · min^{-1})</td><td rowspan="2">保护气体流量 /(L · min^{-1})</td></tr>
<tr><td>牌号</td><td>直径</td></tr>
<tr><td>1</td><td>TIG</td><td>TIG - J50</td><td>2.5 mm</td><td>直流正接</td><td>85 ~ 105</td><td>10 ~ 14</td><td>5 ~ 6</td><td>6 ~ 8</td></tr>
<tr><td>2</td><td>TIG</td><td>TIG - J50</td><td>2.5 mm</td><td>直流正接</td><td>80 ~ 110</td><td>20 ~ 24</td><td>8 ~ 12</td><td>6 ~ 8</td></tr>
<tr><td></td><td></td><td></td><td></td><td></td><td></td><td></td><td></td><td></td></tr>
<tr><td colspan="9">其他：</td></tr>
<tr><td rowspan="3">技术措施</td><td colspan="3">焊前清理</td><td colspan="2">有</td><td colspan="2">层间清理</td><td colspan="2">有</td></tr>
<tr><td colspan="5">背面清根</td><td colspan="4">有</td></tr>
<tr><td colspan="9">1. 表面清理：清除干净焊接区域内所有油漆、锈、铁屑等影响焊接的物质。
2. 采用手工氩弧焊打底，手工氩弧焊盖面。
3. 焊缝层（道）之间的接头要错开，起、收弧处要填满，并及时清除焊渣和缺陷。
4. 组对时不得强力进行，点固焊须用氩弧焊，且不得有缺陷。
5. 焊后认真检查，及时消除焊接缺陷。</td></tr>
</table>

检验

1. 拉伸　　试验报告号：×××××

试样编号	试样尺寸 $(W \times T)$/mm	试样面积 /mm^2	极限载荷 /N	抗拉强度 /MPa	屈服强度 /MPa	断裂位置
G1(1)				570		焊口外
G1(1)				555		焊口外

高温拉伸	试验位置	试验温度	抗拉强度 /MPa	屈服强度 /MPa	延伸率 /%	断面收缩率 /%

2. 弯曲试验　　试验报告号：×××××××

试样编号	弯曲类型	试样厚度/mm	弯心直径/mm	弯曲角度	试验结果
G1(2)	面弯				
G1(2)	面弯				
G1(3)	背弯				
G1(3)	背弯				

3. 韧性试验　　试验报告号：×××××××

试样编号	缺口位置	试样尺寸 /mm	试验温度 /℃	V形缺口 冲击功/J	剪切面/%	密耳	落锤试验

4. 宏观、微观、硬度试验　　试验报告号：×××××××

试验项目	试样编号	试验位置				
		母材	热影响区	焊缝	热影响区	母材
/	/	/	/	/		

5. 无损检验：100% RT　　合格　　报告号：×××××

编制		日期	______年___月___日	审核		日期	______年___月___日

• 复习自查

1. 低碳钢焊接时应注意那些问题？

2. 与碳钢相比，低合金钢在焊接时，主要出现的问题是什么？其是由什么原因造成的？

3. 一材质为20 g，板厚$\delta = 20$ mm，施工时的环境温度为-20 ℃，两块钢板对接采用焊条电弧焊进行焊接，试制订其焊接工艺。

项目五　锅炉设备制造工艺

项目描述

现代锅炉主要由锅筒和受热面构成,受热面由各种形状的钢管组成。此外,锅炉上还有许多其他管件,如下降管、汽水连通管、排污管、给水管和蒸气管等,各种集箱也多数是由大直径钢管制造的。因此,在锅炉制造中,封头、锅筒、管件的制造占很大比例,其他辅助设备的制造工艺也有一定比例。以下为几种典型设备制造工艺流程。

封头的典型制造过程是:原材料检验→画线(毛坯计算)→切割下料→封头毛坯拼焊(指用两块钢板拼接时)→铲除焊缝余高→射线探伤→毛坯成形→热处理→封头边缘余量切割加工→质量检验。

锅筒筒体有一定长度,一般由几段筒节组成。锅筒筒体的典型制造过程是:原材料检验→画线→切割下料→筒节坯料拼焊→卷制成形→焊接筒节纵焊缝→筒节检验→装配并焊接筒体环焊缝→筒体检验。

锅炉的各种管件,虽然用途不同,形状不同,所用的材料也有差异,但制造加工的基本工序都是类似的。制造管件的主要工序是:画线→切割下料→弯管→焊接→质量检验。

本项目的主要内容是不同构件制造工艺的确定和选择。

教学环境

本项目教学环境为锅炉设备检修实训室和焊接实训室进行,理论方面利用多媒体教室进行学习,实践方面利用两个实训室的设备、场地进行观摩教学和模拟训练。

任务一　锅筒制造工艺

• 学习目标

知识:解析封头、锅筒展开尺寸的计算方法;精熟封头、锅筒成型工艺。

技能:纯熟进行锅筒、封头排孔画线与钻孔;准确地对封头、锅筒进行质量检验。

素养:善于创新工艺;建立良好的执行工艺标准的习惯。

• 任务描述

现有 75 t/h 循环流化床锅炉锅筒结构尺寸为 ϕ1 500 × 40 mm,按照封头和锅筒制造工艺准确进行模拟操作,编制封头、锅筒制造工艺卡。

● 知识导航

一、锅炉封头制造工艺

随锅炉工作压力的不同,锅炉封头有着不同形状。低压锅炉常用平封头、椭球形封头;中压锅炉一般用椭球形封头;高压、超高压锅炉多采用半球形封头。封头应尽量用一整块钢板制成,必须拼接时,允许用两块钢板拼成,拼接焊缝与封头中心线的距离应不超过 $0.3d$,(d 为封头内径),并不得通过扳边人孔或扳边圆弧。

封头的典型制造过程是:原材料检验→画线(毛坯计算)→切割下料→封头毛坯拼焊(指用两块钢板拼接时)→铲除焊缝余高→射线探伤→毛坯成形→热处理→封头边缘余量切割加工→质量检验。

1. 封头毛坯展开尺寸计算

封头毛坯尺寸直接影响着封头成形后的外形尺寸的准确性和表面质量,所以合理地选择和计算封头的毛坯尺寸,是保证封头质量的重要一环。目前封头毛坯尺寸的计算一般采用周长法或面积法,但计算得到的毛坯尺寸不是绝对不变的,应在实际生产中根据封头成形后的质量等具体情况加以适当的修正,以便符合实际情况。

(1)平封头(含管板)的毛坯尺寸计算

①周长法:毛坯直径等于封头截面弧线的长度、直边长度和工艺余量之和。平封头简图如图 5.1.1 所示。

$$D_0 = d_1 + \pi(r + \frac{S}{2}) + 2h + 2\delta$$

式中 D_0——毛坯直径,mm;

d_1——平封头内圆板直径,mm;

r——平封头圆角半径,mm;

s——平封头名义壁厚,mm;

h——平封头圆柱形部分长度,mm;

δ——平封头边缘的机械加工余量,mm。

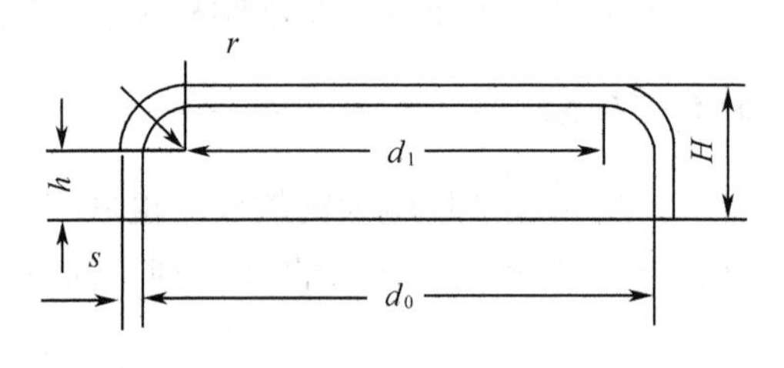

图 5.1.1　平封头简图

平封头圆柱部分长度可按表 5.1.1 选取。

圆角半径常取 $r \geqslant 2s$,且不小于 38 mm。δ 值在平封头时取为 $\delta \geqslant 2 \sim 3$ mm。

表 5.1.1　平封头圆柱形部分长度

封头壁厚 t/mm	长度 h/mm
$S \leqslant 10$	$\geqslant 25$
$10 < S \leqslant 20$	$\geqslant S + 15$
$S > 20$	$\geqslant \frac{S}{2} + 25$ 且 $\ngtr 50$

生产实践证明,按周长法计算的平封头毛坯直径偏大,应进行修正。生产中也常常根据下列经验公式简化计算。

$$D_0 = d + r + 1.5s + h$$

式中　d——平封头内径，$d = d_1 + 2r$。

其他符号同前。

②面积法：毛坯面积等于成形封头的面积，再考虑工艺余量，但忽略圆角半径处的偏差。即

$$\frac{\pi}{4}D_0^2 = \frac{\pi}{4}(d+s)^2 + \pi(d+s)(H+\delta)$$

式中　H——平封头内高度，$H = h + r$，mm。

因此，$D_0 = \sqrt{(d+s)^2 + 4(d+s)(H+\delta)}$。

(2)椭球形封头毛坯尺寸计算

椭球形封头是经常采用的一种封头，其简图如图 5.1.2 所示。其标准形状常取内径 $d = 2a = 4b$，即长半轴 a 为短半轴 b 的二倍。

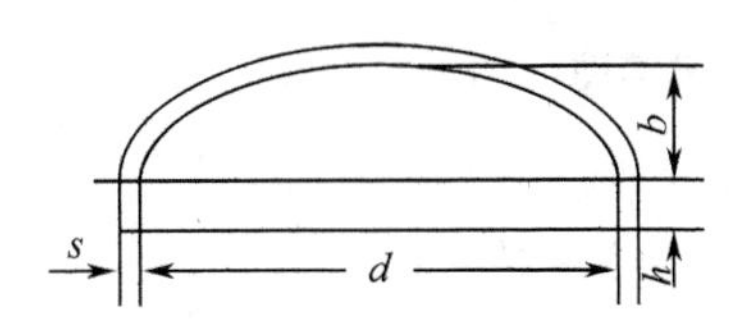

图 5.1.2　椭球形封头简图

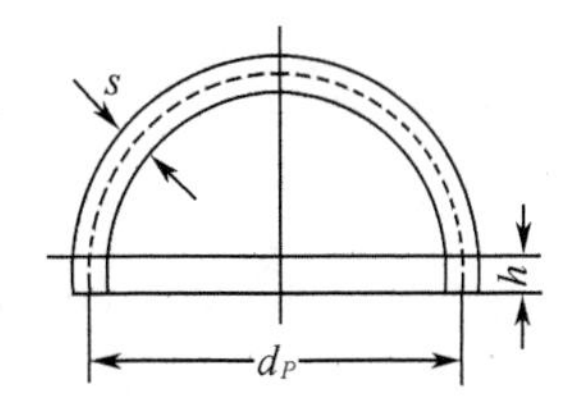

图 5.1.3　球形封头简图

椭球形封头(包括碟形)坯料的经验计算式为

$$D_0 = k(d+s) + 2h$$

式中　k——椭球形封头下料计算的封头系数，可按表 5.1.2 选取。

表 5.1.2　封头系数值

a/b	1	1.2	1.5	1.8	2	2.2	2.5	2.8	3
K	1.42	1.34	1.27	1.22	1.19	1.17	1.15	1.13	1.12

椭球形封头直径也可按下式估计计算。

$$D_0 = d + b + s + h$$

(3)球形封头毛坯尺寸计算

球形封头(图 5.1.3)毛坯尺寸可采用等面积法或近似法计算。

①等面积法

因为

$$\frac{\pi}{4}D_0^2 = \frac{1}{2}\pi d_P^2 + \pi d_P(h+\delta)$$

所以

$$D_0 = \sqrt{2d_P^2 + 4d_P(h+\delta)}$$

式中　d_P——球形封头的平均直径 mm；

H——封头圆柱形部分长度，球形封头一般取≥25 mm，也可取为零；

δ——取为≥3 ~5 mm。

②近似计算法

可按下列简式计算。

$$D_0 = 1.42d_P + 2h$$

(4)封头椭圆形人孔预割尺寸计算

对有扳边人孔的封头,在封头坯料上需割出椭圆形人孔的预割孔,以便扳边翻孔。图5.1.4为封头人孔简图,人孔预割尺寸可按下式计算。

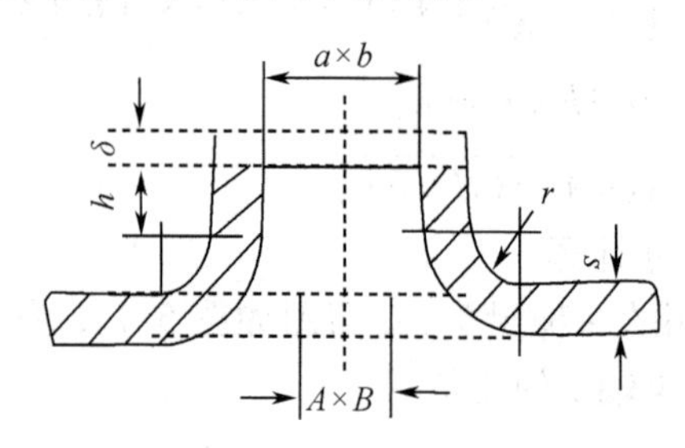

图5.1.4　封头人孔简图

$$A = (a + 2s + 2r) - \pi(r + \frac{S}{2}) - 2h - 2\delta$$

$$B = (b + 2s + 2r) - \pi(r + \frac{S}{2}) - 2h - 2\delta$$

式中　A——椭圆人孔预切长轴尺寸,mm;

B——椭圆人孔预切短轴尺寸,mm;

a——封头人孔长轴,mm ;

b——封头人孔短轴,mm ;

r——外扳圆角半径。

常取 $r \geqslant 4s$ 且 $\nless 60$ mm。其他符号同前。

为了避免在人孔成型的扳边处开裂,画线时应注意使封头毛坯上人孔的长轴垂直于钢板的轧制压延方向(通常是钢板长度方向)。

2. 封头的冲压成型与受力分析

锅炉封头的冲压成型,一般在50~8 000 t的水压机或油压机上进行。

图5.1.5是封头冲压的典型过程示意图,上冲模与下冲模(冲环)分别装在水压机的两个砧铁之上,将加热的钢板坯料放在下冲环上并与冲环对正中心(图5.1.5(a)),而后让压边圈下降压紧钢板(图5.1.5(b)),开动水压机,使上冲模下降与钢板坯接触,并继续下降加压使钢板产生变形(图5.1.5(c))。随着上冲模的下压,毛坯钢板逐渐包在上冲模表面并通过下冲环(图5.1.5(d)及5.1.5(e))。此时,封头已冲压成型,但由于材料的冷却收缩已卡紧在上冲模表面,需用特殊的脱件装置使封头与上冲头脱离,常用的脱件装置是滑块,一般沿圆周有三个或四个滑块。当冲压变形完了时,将滑块推入,压住封头边缘(图5.1.5(e))。待上冲模提升时,封头被滑块挡住,即从上冲模表面脱落下来,从而完成了整个冲压过程,这种方法称为一次成型冲压法。由低碳钢或普通低合金钢制成的通用尺寸封头,均可一次成型进行冲压。

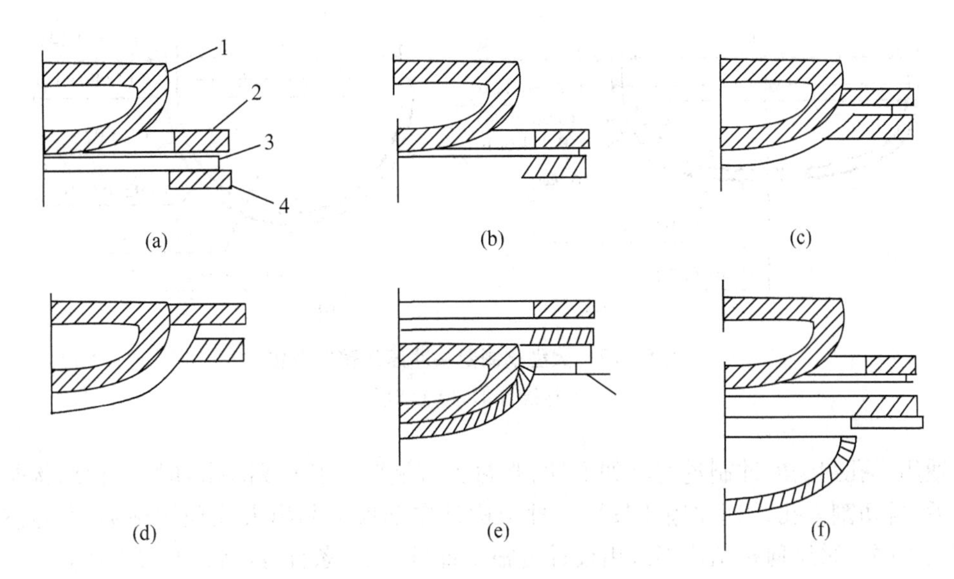

图 5.1.5 封头冲压过程

1—上冲模;2—压边圈;3—封头坯料;4—下冲环;5—脱件装置

在封头冲压过程中,钢板材料经历了复杂的变形过程,在工件的不同部位有着不同的应力应变状态。对于采用压边圈且模具间隙大于毛坯钢板厚度的封头冲压,其各部位材料的应力状态可大致分析如下(图 5.1.6)。

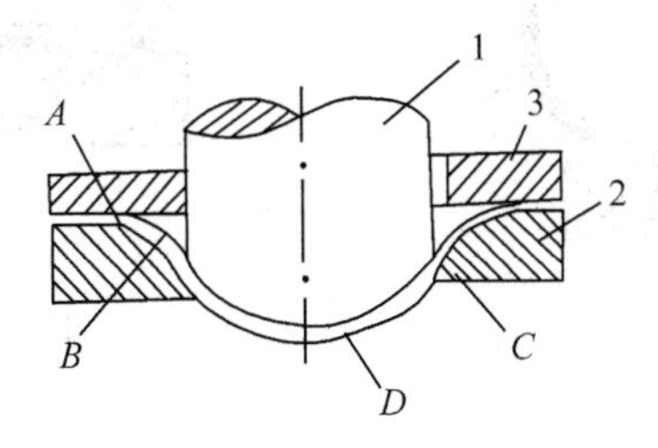

图 5.1.6 封头冲压受力分析

1—上冲模;2—下冲模;3—压边

处于压边圈下部的材料 A,在冲制时受径向拉伸应力和切向压缩应力,在厚度方向受压边圈的压力,因此切向产生压缩变形,厚度方向增厚。

处于下冲模圆角处的材料 B,除受到径向拉伸和切向压缩应力外,还受到弯曲应力,产生切向压缩变形和径向拉伸弯曲变形。

在上冲模与下冲模间隙部分材料 C,受径向拉伸应力和切向压缩应力,在切向与径向有相应的压缩变形和拉伸变形。由于该处在厚度方向不受力,处于自由变形状态,而且愈接近下冲模圆角部位,切向压缩应力愈大,所以薄壁封头在该处容易起皱。

位于上冲模底部的毛坯材料 D,在未与上冲模接触贴合之前,其受力情况基本与 C 处相似,使该处毛坯材料被拉薄。当该处与上冲模接触贴合后,在压边圈摩擦力与冲压力作用下,使该处少量拉伸变薄。图 5.1.7 为大型钢制封头冲压的壁厚变化,由图可知,对于椭球形封头,通常在接近大曲率部位变薄最大,碳钢封头减薄可达 8% ~10%,球形封头在接近底部 20° ~30°范围内减薄较严重,可达 10% ~14%。

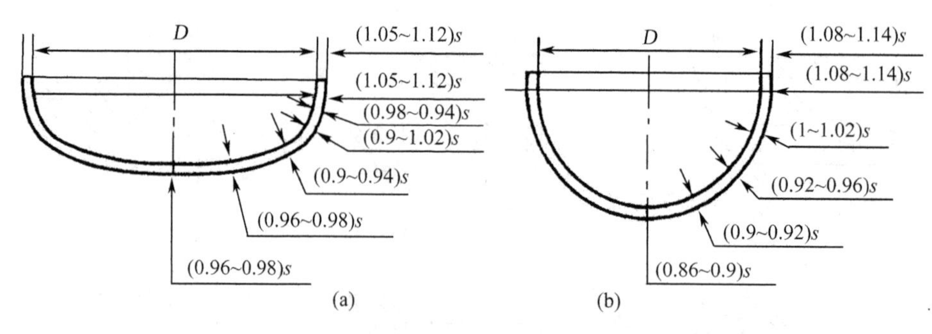

图 5.1.7 大型钢制封头冲压的壁厚变化

(a)椭球形;(b)球形

通用无孔封头的冲制过程已如上述,当封头有椭圆人孔(或圆孔)时,一种结构是封头冲制后,再切割人孔,焊上加强圈;另一种结构是在钢板上割出人孔预切椭圆,在热态下进行翻孔工序。采用何种结构形式由设计者根据批量、工厂条件、经济性与经验决定。

封头冲制后再在翻孔模上进行外翻孔如图 5.1.8 所示,化工容器应用较多。

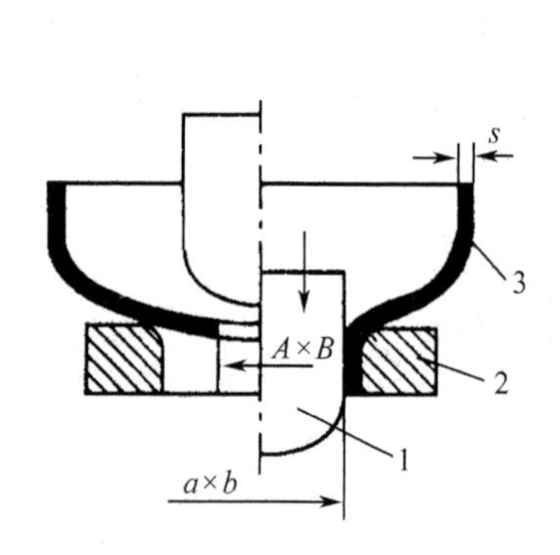

图 5.1.8 外翻孔示意图

1—上冲头;2—冲环;3—封头

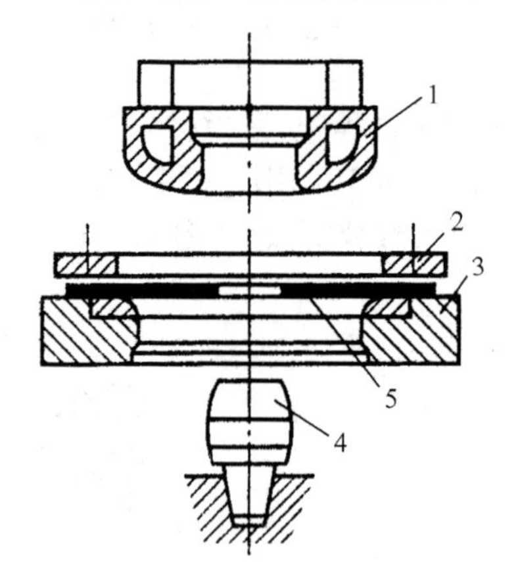

图 5.1.9 带人孔封头冲制示意图

1—上冲模;2—压边圈;
3—冲模与冲环;4—人孔翻孔冲头;
5—坯料

工业锅炉封头人孔的内翻孔工序,一般是在封头冲压过程中进行的。先在钢板坯料上割出人孔预切椭圆,上冲模在此起着冲封头凸模和翻孔冲环两个作用,其典型结构如图 5.1.9 所示。即上冲模 1 的内部是中空的,有圆角 r 的内圈相当于内翻孔的冲环。在压力机下砧铁的冲环 3 下面,另安装一个人孔翻孔冲头 4。因此,钢板坯料被上冲模 1 压下后,先经封头冲压成形,继续下降,再经人孔翻孔扳边工序。区别于图 5.1.8 的只是翻孔冲头在此是固定的(也可下抵铁向上运动翻孔),运动着的上冲模内孔起着翻孔的冲环作用。

对于薄壁封头(一般指 $D_0 - d_n > 45S$),即使采用带有压边圈的一次成形法,也会出现鼓包和皱折现象。因此,常采用两次成形法,如图 5.1.10(d)所示,第一次冲压采用比上冲模直径小 200 mm 左右的下冲模,将毛坯冲压成碟形,可以将 2 ~ 3 块毛坯钢板重叠起来进行成型,第二次采用与封头规格相配合的上下模模具,最后冲压成形。

对于厚壁封头(一般指 $D_0 - d < 8S$ 时),因毛坯较厚,边缘部分不易压缩变形,尤其是球

形封头，在成形过程中边缘厚度会急剧增加，需要很大的冲压力，并导致底部材料过分拉薄。因此在压制厚壁封头时，常事先把封头毛坯车成斜面，再进行冲压，如图 5.1.11 所示。

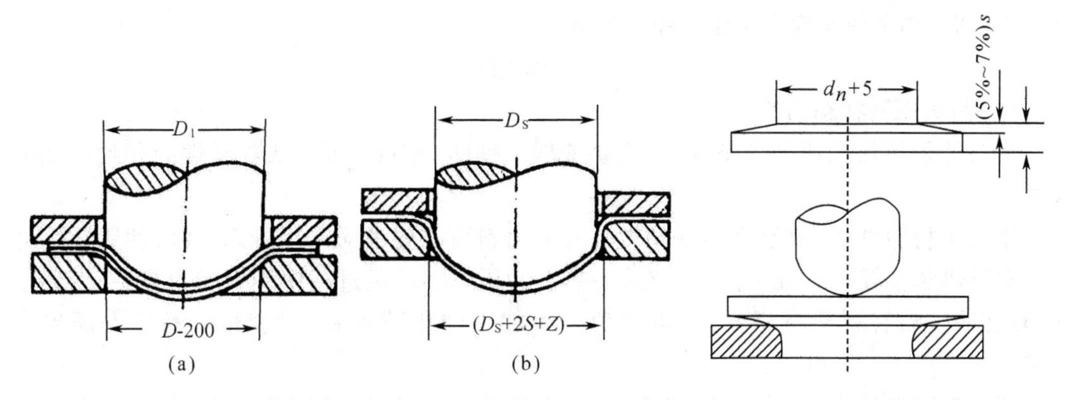

图 5.1.10　薄壁封头两次成形法

D_S—上冲模直径；Z—间隙

图 5.1.11　厚壁封头的压制

3. 影响封头冲压质量的因素及封头压制状态选择

(1)影响封头冲压质量的因素

影响封头冲压质量的因素较多，归纳起来，大致有下列几个方面：①材料的性能；②毛坯直径的大小与厚度；③毛坯是否加热、加热温度和均匀性；④是否选用压边圈；⑤封头上有否拼接焊缝及焊缝错边大小；⑥上下模具间的间隙大小与间隙均匀性；⑦下冲环的圆角半径大小与润滑情况等。

由上述应力分析可知，压制时如果不用压边圈，而封头毛坯壁厚又较薄，则材料在切向压应力的作用下，会失稳定，形成皱纹和鼓包，严重时会变成废品。采用压边圈不仅增加了材料的稳定性，而且在由压边圈产生的摩擦力的作用下，增加了径向应力，从而使材料有较好的变形条件。所以，确定在什么情况下需要采用压边圈是关系到封头质量的重要因素。

一般来说，当满足下式时，便需要采用压边圈。

$$\frac{S}{D_0} \times 100 \leqslant 4.5(1-K)$$

式中　K——材料拉伸系数，通常可取 0.75 ~ 0.80。

压制时，影响封头皱折、鼓包的因素很多，主要有以下几方面：①毛坯直径的大小及其壁厚；②加热温度的高低；③毛坯加热的均匀性；④封头材料在成形温度下的塑性；⑤毛坯是否有拼接焊缝以及拼接错边的大小；⑥模具间隙的大小以及间隙的均匀性；⑦下冲环圆角半径的大小及模具表面状况和润滑情况；⑧封头形状。

因此，在实际生产中，往往需要根据具体情况确定需要采用压边圈的范围。

平封头应采用压边圈的经验公式为

$$D_0 - d \geqslant 22S$$

式中　D_0——平封头毛坯下料直径，mm；

d——平封头内直径，mm；

S——平封头壁厚，mm；

椭球形封头应采用压边圈的范围为

$$D_0 —— d \geqslant (18-20)S$$

具体地说，冲制椭球形封头时，当 $D_0=400\sim1\,200$ mm 时，上述条件为 $D_0-d\geqslant20S$；当 $D_0=900\sim1\,400$ mm 时，上述条件为 $D_0-d\geqslant19S$；当 $D_0=2\,000\sim4\,000$ mm 时，上述条件为 $D_0-d\geqslant18S$；球形封头应采用压边圈的范围为

$$D_0-d\geqslant15S$$

(2)封头压制状态的选择

封头是采用热态还是冷态冲压，主要依据下列两个因素，即封头材料性能和封头坯料尺寸。

①封头材料性能：对于常温下塑性较好的材料可首先考虑采用冷态压制，如铝及铝合金。对于热塑性较好的材料，一般应采用热态冲压。因冲压过程中钢板受力复杂，变形很大，热态冲压则有利于材料变形，可避免产生加工硬化现象和产生裂纹，易于保证封头质量。

②封头坯料尺寸：主要看封头坯料 D_0 与厚度关系。当封头较薄时(对于碳素钢和低合金钢，$\frac{S}{D_0}\times100<0.5$；对于不锈钢和合金钢，$\frac{S}{D_0}\times100<0.7$)，可采用冷态压制。当封头较厚时(对于碳素钢和低合金钢，$\frac{S}{D_0}\times100>0.5$；对于不锈钢和合金钢，$\frac{S}{D_0}\times100>0.7$)，应采用热态压制。

锅炉封头一般由低碳钢或低合金结构钢制成，按其毛坯直径 D_0 与壁厚 s 来看，一般都应采用热态冲压。

(3)封头毛坯冲压前的加热

从降低冲压力，有利于金属变形来看，加热温度应高些。但温度过高，材料的晶粒组织会显著长大，使材料的塑性与韧性降低，严重时会产生过烧现象，不仅晶粒粗大，而且在晶界上发生氧化或局部熔化。这样，在冲压时，坯料会发生碎裂。因此，封头毛坯加热温度应控制在一定范围之内。常用封头材料的加热规范见表 5.1.3。

表 5.1.3 常用封头材料的加热规范

钢材牌号	加热温度/℃	终压温度/℃	冲压后热处理温度/℃
Q235g、15g	≯1 150	≮700	880~920
20g	≯1 150	≮750	880~910
22g	≯1100	≮800	880~900
16Mng、15MnVg	≯1 050	≮850	870~920
12CrMoV	≯960	≮900	890~920
1CrlMov	≯1 100	≮850	880~910
LCrl8Ni9Ti	≯1 150	≮950	

钢板在加热过程中，会发生氧化，造成材料的耗损。一般来说，加热温度愈高，加热时间愈长，氧化也愈严重，而且造成表面脱碳。因此，应尽可能缩短钢板加热时间。但是，过快的加热速度，会因钢板内外或各部温度不均而造成很大的热应力，甚至可能导致裂纹。对于合金钢或含碳量较高的钢材，因导热性差，应适当减慢加热速度并增加热保温时间。

在生产上为了减少加热时间，常采用热炉装料方法，并按一定加热规范进行加热。20g 中压锅炉封头的加热规范如图 5.1.12 所示。

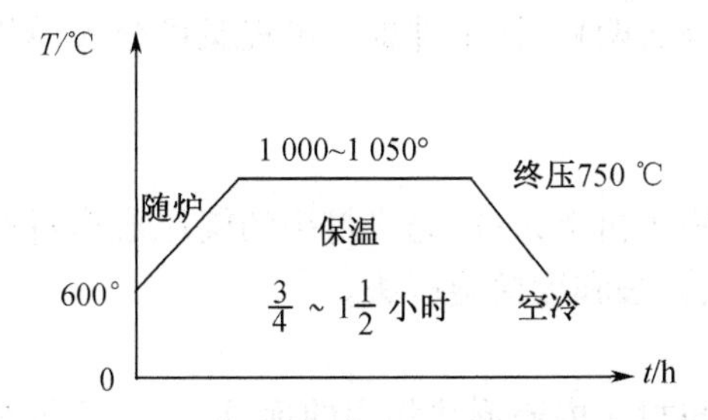

图 5.1.12　20g 钢板中压锅炉封头的加热规范

进炉温度应该≤600 ℃，而后随炉加热到1 000～1 150 ℃并保温一定时间。

出炉后进行冲压加工，终压温度应≥750 ℃。冲压后可放室中空气冷却。冷却后封头内径将有一定减小（0.6%～0.8%），设计冲模时应予以考虑。

4. 封头的旋压成型

随着锅炉与压力容器的大型化，大型封头的制造成为生产当中的一个重要问题。因为它的生产件数较少，如采用冲压法，就需要吨位大、工作面大的大型水压机，而且模具成本也高，显然经济上是很不合算的。特别是生产大尺寸厚壁封头且批量小品种繁多时，采用旋压成型则有着一系列优点。

旋压成型应在专用旋压机上进行，旋压成型示意图如图 5.1.13 所示。

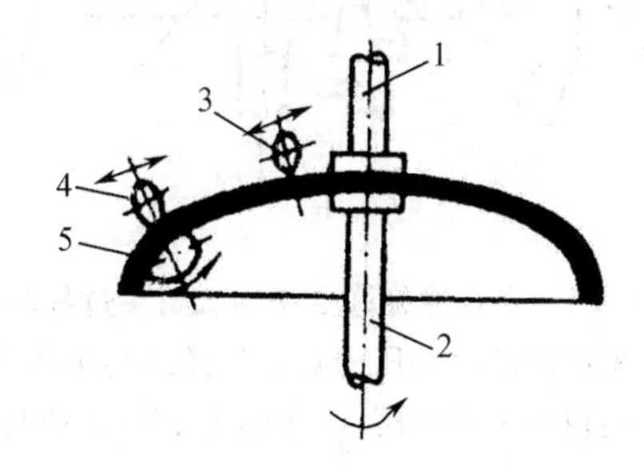

图 5.1.13　旋压成型示意图

1—上主轴；2—下主轴；3—外旋辊Ⅰ；4—外旋辊Ⅱ；5—内旋辊

将加热的毛坯夹在上下主轴之间，下主轴由电机带动使封头毛坯旋转，依靠外旋辊的旋压力使毛坯弯曲变形，内旋辊起支撑与旋压作用。板状毛坯即很快被旋压成封头形状。

旋压成型法（旋压法）与冲压成型法（冲压法）相比有以下优点。

（1）旋压机比水压机轻巧。

（2）旋压模具比冲压模具简单，尺寸小，成本低。

（3）旋压法不受模具限制，能用同一工艺装备旋压制造不同尺寸、厚度的封头和其他回转体工件。

（4）用旋压法可以较容易地解决大直径薄壁封头冲压时的起皱问题。

（5）旋压法工艺装备的更换时间短，只占冲压的五分之一左右。

是采用冲压法还是采用旋压法来制造封头，取决于两个因素。一是生产批量，单件小量生产以旋压法较为经济,成批生产可采用冲压法。二是封头尺寸问题,薄壁大直径封头以旋压法较合理,厚壁小直径封头以冲压法较适宜。

旋压成型机有立式和卧式两种,按工件旋压过程又可分为单机旋压与联机旋压两种方法。

(1)单机旋压法

单机旋压法是在一台旋压机上,一次完成封头的旋压成形过程;根据所用模具情况,又可分为有模旋压法、冲旋联合法和无模旋压法。

①有模旋压法

这类旋压机具有一个与封头内壁形状相同的模具,封头毛坯被辗压在模具上成型。这种旋压机一般都是用液压传动的,旋压所需的力由液压供给。因此,效率高,速度快,封头的旋压可一次完成,所需时间较短。这种旋压机都具有液压靠模仿型旋压装置,旋压过程可以自动化,旋压的封头形状准确。

但这种旋压机对不同尺寸的封头应使用不同模具,因而工装费用较大。

②冲旋联合法

这种方法是在一台设备上,先以冲压方法把毛坯钢板压成碟形,再以旋压方法进行翻边使封头成型。图 5.1.14 是立式冲旋联合法加工封头过程示意图。

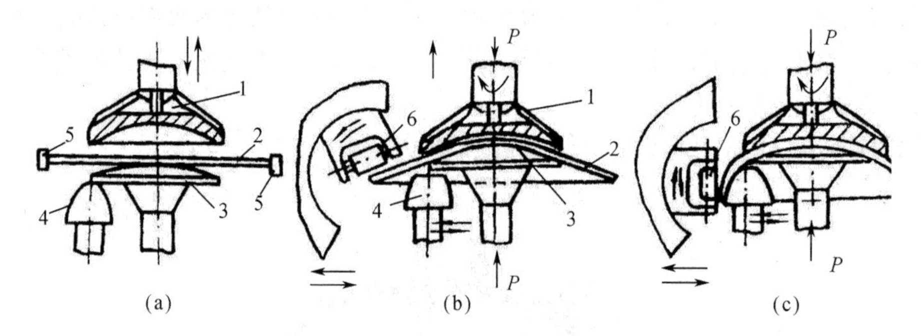

图 5.1.14　立式冲旋联合法加工封头过程示意图

(a)冲旋开始;(b)冲压中心部分;(c)旋压翻边成型

1—上压模;2—坯料;3—下压模;4—内旋辊;5—定位装置;6—外旋辊

如图 5.1.14(a)所示将加热的坯料 2 放到旋压机下压模 3 压紧装置的凸面上,用专用的定位装置 5 定位,接着有凹面的上压模 1 从上向下把坯料压紧,并继续进行模压(图 5.1.14(b)),使坯料变成碟形。以后上下压紧装置夹住坯料一起旋转,外旋辊 6 开始旋压并使封头边缘成型。内旋辊 4 起靠模支撑作用,上下辊相互配合,即将旋转的钢板旋压成所需形状(图 5.1.14(c))。这种装置可旋压直径 1 600 ~ 4 000 mm、厚度为 18 ~ 120 mm 的封头。

这种旋压机虽然不需要大型模具,但仍需要用比较大的压鼓模具来冲压碟形,功率消耗也比较大。因此常配有加热炉和装料设备,用于生产大型、单件的厚壁封头。

③无模旋压法

这种旋压机除夹紧板料的模具外,不需要其他模具(图 5.1.13)。封头的旋制全靠外旋辊和内旋辊配合完成。下主轴一般是主动轴,由它带动坯料旋转,外旋辊有的是两个,并由数控自动控制其旋压过程。但设备构造与控制比较复杂,适用于批量生产。

(2)联机旋压法

联机旋压法是利用压鼓机和旋压翻边机先后对封头毛坯进行旋压成型的方法。首先用压鼓机将封头压制成碟形,即将封头中间部分压制成所需要的曲率半径,再用旋压翻边机将其边缘部分旋压成所需要的曲率与形状,从而完成了封头的成型过程。

图 5.1.15 是立式旋压翻边机工作简图,将压鼓机上已压制成碟形的封头毛坯固定在上下转筒 1、2 中间,通过主轴 3 可使封头毛坯旋转,主轴 3 的转动是靠安装在底座 4 上的电动机经过变速装置带动的。在旋压机上装设有和封头内壁圆弧相适应的内旋辊 5,电动机通过内辊水平轴 6 和内辊垂直轴 7,可使内旋辊 5 做横向和上下方向运动。在旋压前,根据封头的形状和尺寸先调整好内旋辊 5 的位置,在旋压过程中,内旋辊的位置固定不动。内旋辊的旋转靠与封头内壁之间的摩擦力获得。

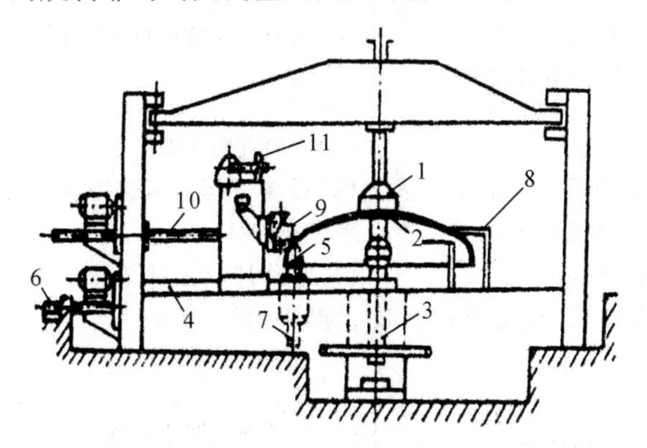

图 5.1.15 立式旋压翻边机工作简图

1—上转筒;2—下转筒;3—主轴;4—底座;
5—内旋辊;6—内辊水平轴;7—内辊垂直轴;
8—加热炉;9—外旋辊;10—外辊水平轴;
11—外辊垂直轴

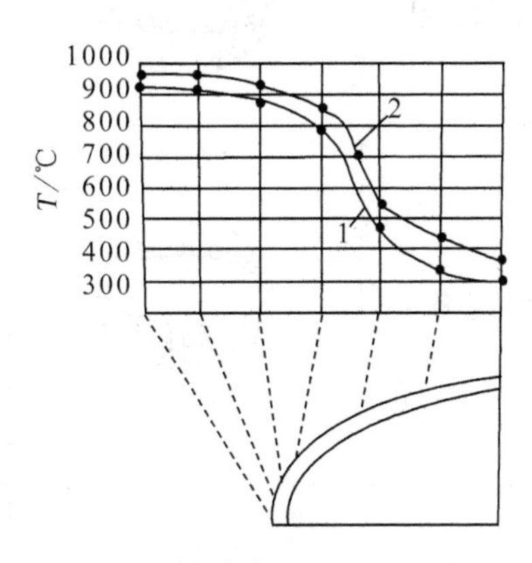

图 5.1.16 旋压加热时封头的温度分布

1—ϕ4 420 × 85 封头;2—ϕ2 740 × 98 封头

封头的待旋压部位由加热炉 8 包围着,加热炉设有两个重油或煤气燃烧器,可使封头待旋压部位加速加热达到所需的温度,通常加热到 850 ~ 1000 ℃,旋压加热时封头的温度分布如图 5.1.16 所示。当封头待旋压部位被加热到所需温度后,外旋辊 9 开始旋压,外旋辊本身由电动机带动,通过外辊水平轴 10 和外辊垂直轴 11 可做水平和垂直方向运动,而且辊轴本身也可自由改变角度,能使外旋辊轴线在旋压过程中始终保持与封头接触处相平行,从而保证了要求的形状。

二、成型封头的端面加工与质量检验

封头在冲压或旋压过程中,由于毛坯钢扳边缘的相互挤压,封头的直边部分增长且参差不齐,这多余部分必须切除,同时在封头端面加工出焊接坡口,以便与汽包筒身焊接。

切割边缘可以用氧气切割或机械加工。为保证坡口尺寸及边缘整齐,一般多在立式车床上进行加工,如多余部分过长,可先进行氧气切割,再进行车削加工。

封头的质量检验包括封头的表面状况、几何形状和几何尺寸等。

封头的表面状况的检查主要是检查其表面是否有起皱、裂纹、划痕、凹坑及起包等。封头不允许有裂纹、重皮等缺陷。对于微小的表面裂纹和距人孔圆弧起点大于 5 mm 处的裂口，经检验部门同意可进行修磨或补焊。但修磨后的钢板厚度应在厚度的允许偏差范围之内。

对于起包、凹陷和划痕等缺陷，当其深度不超过件厚的10%，且最大不超过3 mm时，可将其磨光，但需保证平滑过渡。

压制封头常见外形缺陷、产生原因与消除办法见表5.1.4。

表5.1.4　压制封头常见外形缺陷、产生原因与消除办法

缺陷名称	简图	产生原因	消除办法
起皱与起包		(1)加热不匀； (2)压边力太小或不均匀； (3)模具间隙太大； (4)下模圆角太大	(1)均匀加热； (2)加大压边力； (3)合理选取模具间隙及下模圆角
直边拉痕压坑		(1)下模或压边圈工作表面太粗糙或拉毛； (2)润滑不好； (3)坯料气割熔渣未清除；	(1)下模宜用铸铁； (2)提高下模及压边圈工作表面光洁度； (3)清除坯料上的熔渣杂物及模具上的氧化皮； (4)合理使用润滑剂
外表面微裂纹与局部过厚		(1)坯料加热规范不合理； (2)下模圆角大小不一； (3)坯料尺寸过大； (4)模具局部磨损过大	(1)合理制定加热规范； (2)注意冲压操作温度； (3)适当加大下模圆角； (4)核算减小坯料尺寸； (5)修换模具
纵向撕裂		(1)坯料边缘不光滑或有缺口； (2)加热规范不合理； (3)封头脱模温度太低	(1)清理坯料边缘； (2)合理制定加热规范； (3)控制脱模温度
偏斜		(1)坯料加热不匀； (2)坯料定位不准； (3)压边力不均匀	(1)均匀加热； (2)仔细定位，下模应有定位标志； (3)调整压边力
椭圆	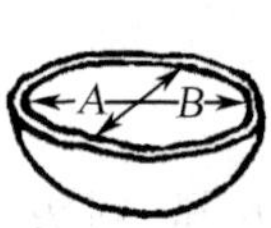 A　B	(1)脱模方法不好； (2)封头起吊转运时温度太高	(1)采用自动脱模结构的模具； (2)等封头冷到500 ℃以下再吊运
直径大小不同		(1)一批封头脱模温度不一致； (2)模具受热膨胀	(1)控制统一的脱模温度； (2)大批压制时适当冷却模具； (3)压模预热

封头的几何形状及几何尺寸偏差（图5.1.17）应不超过表5.1.5及表5.1.6的规定。

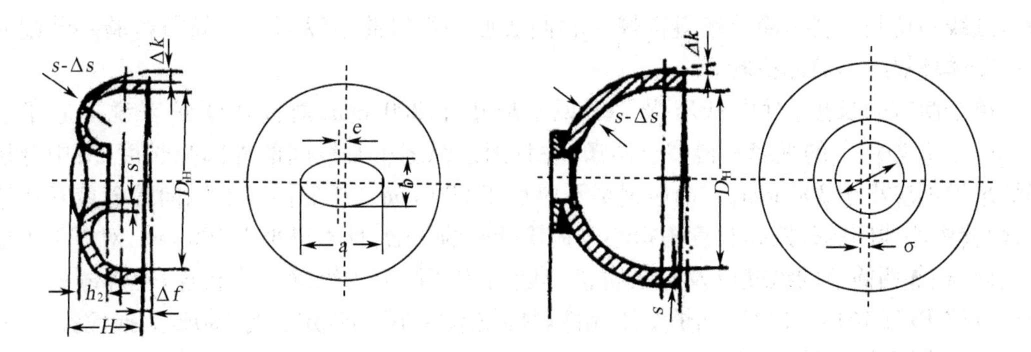

图 5.1.17　封头的几何形状及尺寸偏差

(a)椭球形封头;(b)球形封头

表 5.1.5　封头几何形状允许偏差

单位:mm

名　称		代号	偏差值	名　称		代号	偏差值
总高度		H	+10 −3	人孔扳边高度		h_f	±3
圆柱部分倾　斜	$t\leqslant 30$	Δk	≤2	人孔尺寸	椭圆形	a、b	+4 −2
	$t>30$		≤3		圆形	d_m	±2
过渡圆弧处减薄量	标准椭圆形 深椭圆和球形	Δt	$\leqslant 0.1t$ $\leqslant 0.15t$	人孔中心线偏差		e	≤5

表 5.1.6　封头几何尺寸允许偏差

单位:mm

公称直径 d	内径偏差 Δd	椭圆度 $d_{max}-d_{min}$	端面倾斜度 Δf	人孔扳边处厚度 t_l
$d\leqslant 1\ 000$	+3 −2	4	1.5	$\geqslant 0.7t$
$1\ 000<d\leqslant 1\ 500$	+5 −3	6	1.5	
$d>1\ 500$	+7 −4	8	2.0	

注:t 为封头公称壁厚

锅壳式锅炉的圆管板、封头、U 形下脚圈等零件的几何尺寸允许偏差的检查项目和表 5.1.6 基本一样,可参照 JB/T 1616—1992《锅壳式锅炉受压元件制造技术条件》。

三、锅筒筒节的下料与卷制

锅筒筒体有一定长度,一般由几段筒节组成。锅筒筒体的典型制造过程是:原材料检验→画线→切割下料→筒节坯料拼焊→卷制成形→焊接筒节纵焊缝→筒节检验→装配并焊接筒体环焊缝→筒体检验。

单个筒节的长度,对中低压锅炉来说不应小于 300 mm,对高压锅炉来说不应于小 600 mm。每段筒节的纵缝不得多于两条,并且两条纵缝中心线间的外圆弧长度,对中低压锅炉来说不应小于 300 mm,对高压锅炉不应小于 600 mm。相邻筒节的纵向焊缝应互相错开,焊缝中心线间的外圆弧长度不得小于锅筒壁厚的 3 倍,且不得小于 100 mm;对于不等壁厚锅筒,相邻两筒节的纵缝以及封头拼接焊缝与相邻筒节的纵缝允许相连,但焊缝的交叉部位应按 JB/T 1613—1993《锅炉受压元件焊接技术条件》的规定进行 100% 无损检验合格。

1. 锅筒筒节的画线下料

锅筒筒节的画线工作是在钢板上画出锅筒的展开图。画线时,应注意以下几个问题。

(1)画线前,应仔细检查钢板的来料情况。如果来料是毛边钢板,由于钢板在轧制过程中,边缘部分往往形成夹层等缺陷,因而在筒节画线前,应先画出边缘切割线,然后再根据此线进行筒节的画线工作。边缘切割线外的毛边应切割弃掉。

(2)筒节的展开尺寸,应以筒节的平均直径为计算依据。对热态弯卷的筒节,考虑到热卷后钢板的伸长,下料尺寸应比计算的展开尺寸小一些。具体数值应根据卷制工艺(如加热温度、卷滚次数等)来决定。通常,下料尺寸应比按平均直径计算的展开尺寸缩短 0.5% 左右。实践证明,冷态弯卷时,钢板也有少量伸长,为 7 ~ 8 mm。此外,卷制后,钢板厚度有所减薄,一般热卷时减薄 2 ~ 4 mm,冷卷及热校圆时约减薄 1 mm。

(3)画线时,还应考虑筒节的机械加工余量,包括直边切割和坡口加工。

(4)为了便于筒节的装配及锅筒排孔画线,应根据展开图在钢板上画出锅筒纵向中心线并打上统眼,以此作为筒节装配和排孔画线的基准线。

(5)锅筒的画线工作是很重要的工序,如画线产生差错,将导致整个筒节报废,因此画线完毕后,应进行认真仔细的检验。

近年来,随着电子技术的发展,电子计算机数控画线与电子照相画线已在一些工厂得到应用。

电子计算机数控画线,通常与数字程序控制气割机联合使用。应按照图纸要求,先打成纸带或编成程序输入计算机,由计算机控制切割嘴直接割出所需形状。电子计算机数控画线切割十分精确,任何复杂形状,只要是能用计算机方程式表示的图形,都可以由电子计算机控制进行画线切割。但电子计算机本身投资较高,需专人进行控制操作,且画线速度较慢。

电子照相画线的工作原理与复制资料所用的静电复制基本相同。在经过喷砂或酸洗的钢板上涂敷以氧化锌为主的感光剂,再经过暗室带电、感光、显影、定影等工序,在钢板上完成画线工作。感光工序设有专用的投影系统、应事先绘制好 1∶10 放大关系的下料图,而后通过光的作用使涂敷于钢材表面的感光剂感光。再经过显影和定影装置形成画线图形。

电子照相画线速度快,不受图形复杂程度的影响;但画线精度不如电子计算机画线,而且过程比较复杂,需要有一整套装置。

画线后的下料工作,视工厂条件、精度要求和图形形状,可采用前面讲到的各类方法。直线形尽可能使用剪床,要求尺寸精确的最好用机械加工方法。

2. 锅筒筒节的弯卷成型

筒节的弯卷过程是钢板的弯曲塑性变形过程。要把钢板卷制成圆筒形,必须使钢板在宽度方向都受到相同的弯曲力，产生相同的塑性变形。如受力不相同，卷成的筒节将不是真的圆筒形。

在卷制过程中，钢板产生的塑性变形沿钢板厚度方向是各不相同的。外圆周伸长，内圆周缩短，中间层保持不变（图 5.1.18）。

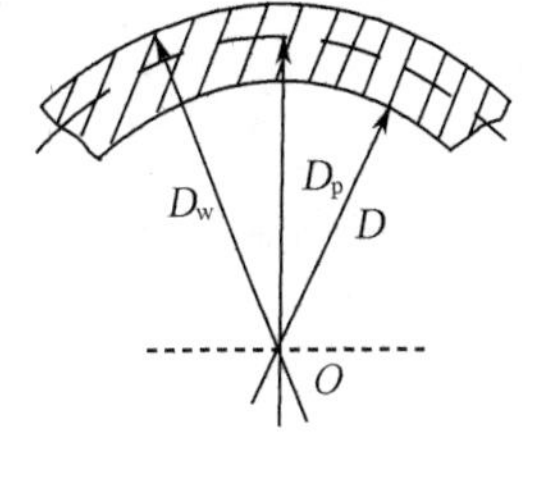

图 5.1.18 钢板的弯卷

钢板产生塑性变形的程度可用变形率 ε 表示，通常按外部金属纤维伸长率计算。钢板卷成筒节后，外部相对伸长量为

$$\pi D_w - \pi D_p = \pi(D_p + t) - \pi D_p = \pi t$$

式中 D_w——筒节的外径，mm；

D_p——筒节的平均直径，mm；

t——筒节钢板壁厚，mm。

钢板弯卷成筒节的变形率可用下式计算。

$$\varepsilon = \frac{\pi t}{\pi D_p} \times 100\% = \frac{t}{D_p} \times 100\%$$

式中的 D_p 也可用筒节的平均半径表示。

由于钢板在弯卷时，外周伸长内周缩短，因此钢扳金属组织产生不同的变形。外侧晶粒拉长，内侧晶粒压缩，晶格扭曲，使钢板内部产生内应力并形成加工硬化现象。钢板愈厚或卷成的筒节直径愈小，则钢板的变形率愈大，加工硬化现象也愈严重，钢板内部的内应力也就愈大。将会严重地影响筒节的制造质量，甚至会产生裂纹使筒节报废。

为了保证锅筒筒节的制造质量，根据长期生产实践积累的经验，一般冷态弯卷，最终的变形率 ε 应限制如下。

对常用的低碳钢（15g、20g、22g）应满足 $\varepsilon \leqslant 5\%$，即 $\frac{t}{D_p} \times 100\% \leqslant 5\%$，则 $t \leqslant 0.05D_p$。

对于高强度低合金钢应满足 $\varepsilon \leqslant 3\%$，即 $t \leqslant 0.03D_p$。

对于一般低压和中压锅炉的锅筒，上述要求是能够满足的。因此，只要卷板机的功率能满足要求，其筒节均可采用冷态弯卷。

板料经多次小变形量的冷弯卷，其各次伸长变形率的总和也不得超过上述的允许值，否则应进行热处理，消除冷卷变形的影响。

高压锅炉的锅筒筒节，壁厚较大，变形率 ε 往往超过上述要求；或者中低压锅炉筒节的变形率 $\varepsilon < 5\%$，但卷板机功率不能满足要求，为了保证卷筒质量，通常都是先把钢板加热，在热态下进行弯卷。因此一般认为 $d \leqslant 35t$ 都应进行热卷。

热态弯卷可以减小卷板设备所需的功率，并可防止加工硬化现象，但也给卷制的操作与质量带来一些麻烦。如：①热态弯卷使劳动条件变坏；②钢板加热到高温会产生严重的氧化现象；③弯卷过程中，氧化皮剥落会使筒节内外表面产生麻点和压坑；④热卷钢板的轧薄现象比较严重。

为了兼取冷、热卷板的优点，近年来曾提出了温卷新工艺。即将钢板加热到 500 ~ 600 ℃后进行卷制。在此温度上进行卷制，既可使钢板获得较好的塑性以减少卷板设备超载的可能，又可减少过多氧化皮的危害，操作时也较热卷易于靠近。

筒节的卷制工作通常在卷板机上进行，较常用的卷板机有三辊卷板机和四辊卷板机两类。

三辊卷扳机的工作简图如图 5.1.19 所示。通常用的三辊卷板机上辊是从动的，但可以上下移动，对钢板产生压力。两个下辊是主动的，依靠它的正、反向转动，可使钢板在上下辊之间来回移动，产生塑性变形，把整块平钢板卷制成圆筒形。

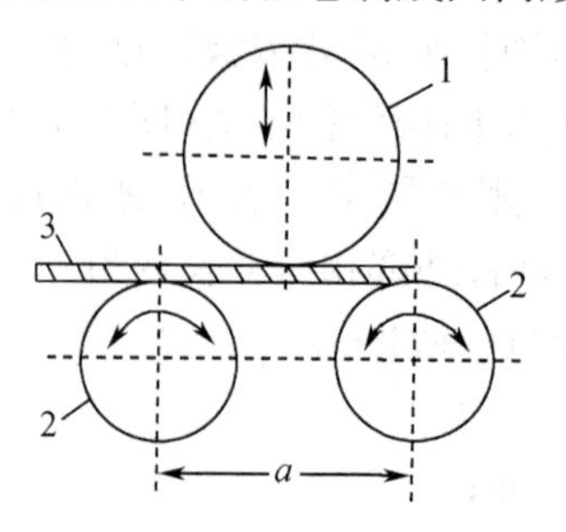

图 5.1.19　三辊卷板机的工作简图

1—上辊；2—下辊；3—钢板

通用的 19X2000 三辊卷板机在中小型锅炉厂应用很广。这种卷板机的上下辊都是用 50 锰钢锻制的，具有较高的强度和硬度。两个下辊的轴承座是固定的，上辊的轴承座有一个是用插销固定的，当钢板卷成圆筒后，抽出插销将这个轴承翻倒，可方便地将卷好的筒节从卷板机上抽出。

三辊卷板机装有两台电动机，通过传动系统来实现两下辊的转动和上辊的升降，借助操作手柄与离合器可实现下辊的正转与反转。19X2000 三辊卷板机的主要技术数据见表 5.1.7。

表 5.1.7　19X2000 三辊卷板机的主要技术数据

技术项目	技术数据
最大弯卷厚度	19 mm
最大弯卷宽度	2 000 mm
上辊直径	280 mm
下辊直径	250 mm
最大厚度最大宽度时的最小弯曲半径	930 mm
两下辊的中心距	359 mm
下辊每分钟转数	6 r/min
传动电动机	20 kW　1 000 r/min
外形尺寸（长×宽×高）	4 678 mm×1 616 mm×2 070 mm
机床净质量	7 265 kg

用三辊卷板机进行卷板时，从图 5.1.19 可以看出，钢板的两端各有一段无法弯卷的部分，通称为平直段。平直段的长度与卷板机结构有关，对于常用的对称三辊卷板机，平直段约为两下辊中心距 a 的一半。因此，为了获得完整的圆筒形，在弯卷前，必须对钢板两端进行预弯，即先将钢板两端预先弯卷成所需弯曲半径的弧形。

预弯工作可在各种压力机上进行，也可利用预弯模在三辊卷板机上进行，如图 5.1.20 所示。在两个辊上面搁置一块由厚钢板制成的预弯模，将钢板端部放入预弯模中，用上辊进行压弯。改变预弯模在下辊上的位置以及钢板的伸入长度，便可获得不同的预弯半径。

在预弯过程中,应不断用样板检查钢板端部,看是否达到了所需的弯曲半径,如已达到,便完成了预弯工作。

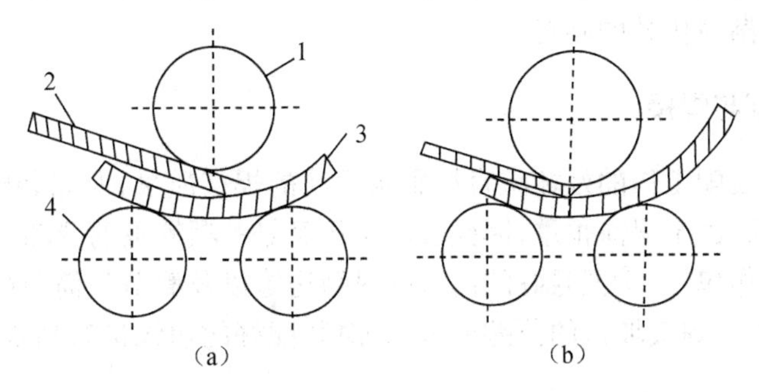

图 5.1.20 用三辊卷板机进行预弯工作

(a)所需弯曲半径较小时;(b)所需弯曲半径较大时

1—上辊;2—钢板;3—预弯模;4—下辊

钢板两端预弯以后,便可进行整体的弯卷工作。将钢板送入卷板机后,首先要对中,要使钢板的边缘与卷板机辊子轴线准确平行。对中十分重要,否则卷成的筒节会产生偏斜错扭,将很难校正。对中以后使上辊下移,压钢板产生弯曲,在上辊压下一定量后,让下辊转动,钢板便来回滚卷,然后停止下辊,再将上辊下压少许,再开动下辊。这样反复进行,并利用样板随时测量钢板弯卷情况,在达到所需弯曲半径后,考虑到钢板的弹性回跳,必须再过卷一些。最后应将钢板连续滚卷几次,以保证几何尺寸和减少椭圆度。将上辊回升脱离钢板一定距离,再翻转上辊的活动轴承抽出筒节。

近年来,在工业上开始应用了一些可以直接进行预弯工作的三辊卷板机,以便于卷筒工作的进行。图 5.1.21(a)为下辊可以单独做垂直方向运动的对称三辊卷板机。这种卷板机靠下辊升降进行预弯工作,操作比较简单,机构不复杂,在生产上已得到普遍的应用。此外,还有上下辊在同一垂直轴线上的不对称三辊卷板机和下辊可做水平方向移动的三辊卷板机,如图 5.1.21(b)所示。为了避免因加热卷筒,使氧化皮落入辊子与钢板之间,生产中也使用立式卷板机,即卷板机辊轴位于垂直地面的方位。

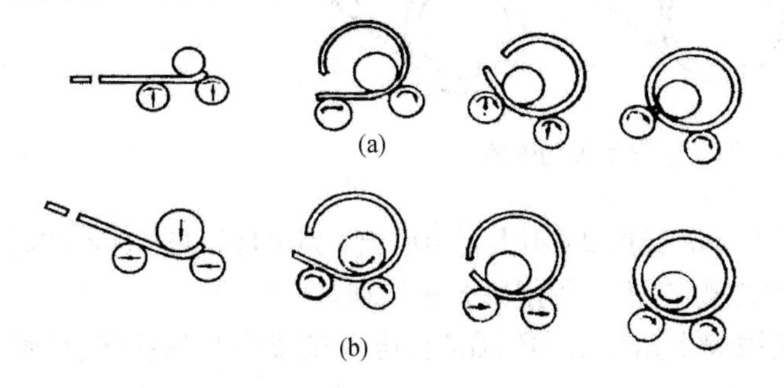

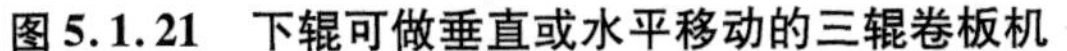

图 5.1.21 下辊可做垂直或水平移动的三辊卷板机

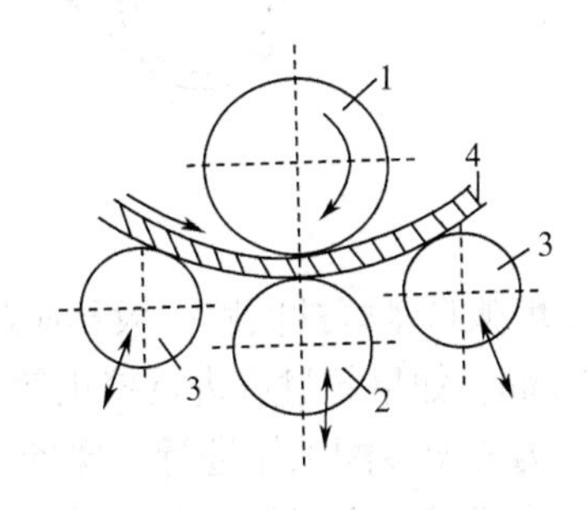

图 5.1.22 四辊卷板机的工作简图

四辊卷板机的工作简图如图 5.1.22 所示。这种卷板机的上轴是主动的,由电动机通过减速器带动旋转。下轴可上下移动用来夹紧钢板,两个侧辊可沿斜向升降,用以对钢板旋加变形力。在四辊卷板机上可进行钢板的预弯工作,它靠下辊的上升,将钢板端头压紧夹在上下辊之间,再利用侧轴的移动,使钢板端部发生弯曲变形,达到所要求的曲率。国内通用的多是70X8000型号的四辊卷板机。虽然四辊卷板机设备庞大复杂，投资较高，但高压锅炉的厚壁锅筒都是在这类卷板机上卷制的。近几年，随着各种新型三辊卷板机的出现，四辊卷板机已有逐渐被代替的趋势。

四、锅筒的装配与焊接

锅筒焊接前的装配工作的好坏将直接影响锅筒的焊接质量，所以装配工作是一项很重要的工作，另一方面，由于锅筒很重，因此装配工作又是一项繁重的劳动。

焊前的装配工作包括：①把卷好的筒节的纵缝边缘以及筒节与筒节（或封头）的环缝边缘相互对准，使之符合焊接坡口的公差要求；②对装配好的边缘进行搭焊，然后去除装配夹具，便可准备焊接。

1. 锅筒筒节纵缝的装配与焊接

根据工件厚度与采用焊接方法的不同，对锅筒筒节纵缝装配的要求也不一样。对厚壁筒节来讲，一般都采用电渣焊，其焊缝坡口为I形，间隙一般取为30～36 mm，有些偏差也不致影响焊接质量。但错边量不许超过3 mm，即图5.1.23(a)中的$\Delta s \leqslant 3$ mm，最大间隙a与最小间隙b的差值e也不应超过3 mm，如图5.1.23(b)所示。

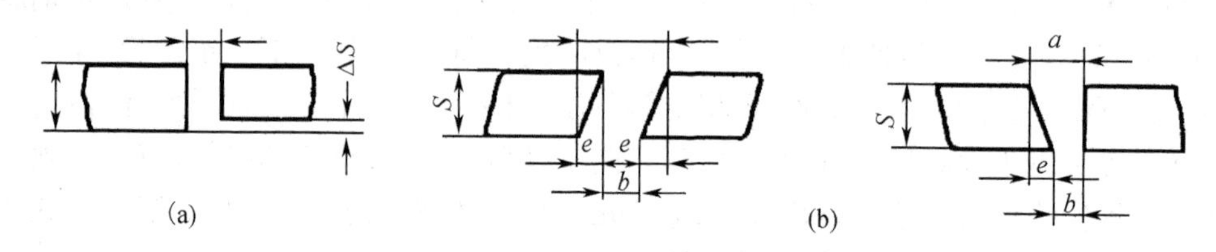

图5.1.23 锅筒纵缝电渣焊的装配尺寸

厚度在30 mm以下的筒节纵缝多采用埋弧自动焊，如果卷筒质量不高，则常常出现间隙过大、错边或纵缝相对边缘错扭等偏差（图5.1.24），将给装配带来一定困难。

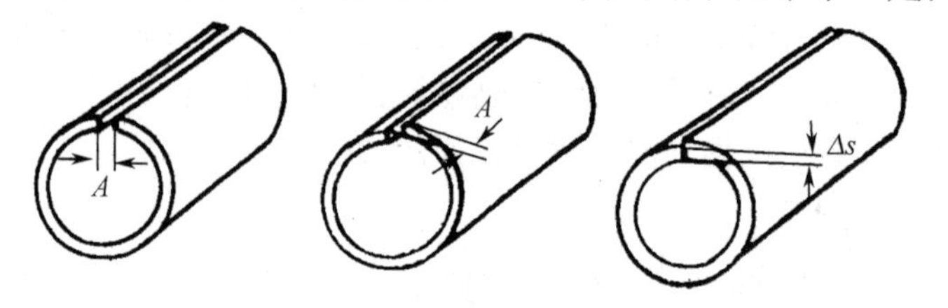

图5.1.24 卷筒常见的偏差

埋弧自动焊的间隙一般不应超过1 mm，错边Δs不大于$10\%t$（t为工件厚度）且不许超过3 mm。如果超过应进行校正使之达到要求，不可用削薄方法处理。

为方便装配工作进行。现场常使用焊上角铁、压环、压板、压入楔或位紧螺栓等，以便对齐边缘或减小间隙，而后进行点固焊接。

生产批量较大时，可采用各种专用的装配胎夹具以及各式液压装配台。

锅筒的制造质量在很大程度上取决于焊接质量的优劣。在内压力作用下，锅筒纵缝受力是环缝受力的二倍，因此筒节纵缝焊接是锅炉制造的关键工艺之一。

在锅筒纵缝焊接中，壁厚在28 mm以上时，应尽量采用电渣焊。因为这可以充分发挥电渣焊的优越性。壁厚较薄的筒节纵向焊缝一般应采用埋弧自动焊双面焊。焊后，对每个筒节应测量尺寸偏差,必要时应在辊床上进行校正,再对筒节进行尺寸精车。

2. 锅筒环缝的装配与焊接

锅筒环缝的装配比纵缝困难得多,由于制造的误差,每个筒节和封头的圆周长度都不尽相同,即直径大小都有偏差。另外,因为卷筒和纵缝焊接,筒节与封头都有一定的椭圆度,因此锅筒环缝的装配工作要认真负责地进行。根据产品的尺寸与批量,应配备一定的通用装配焊接胎夹具或装配焊接专用装置。为了保证产品质量,环缝坡口的错边量 Δt 不许大于 $10\%t+1$ mm 且不许超过 4 mm。根据工件厚度,可采用双面埋弧自动焊、氩弧焊打底加埋弧自动焊,或者手弧打底加埋弧自动焊。

没有精确专用装配焊接装置的中小型工厂,一般是先焊好各个筒节,分别在辊床上进行滚圆校正并切边,而后在有滚轴的胎具上先进行整个筒节部分(例如四或五个筒节)的装配,装配过程中可适当进行校圆并随着装配点焊环缝,检查合格后由两侧对环缝进行自动焊接,先用悬臂支持焊机焊内环缝,挑焊根后,再焊外环缝。待环缝全部焊好后,再在辊床上进行校圆。以后先焊没有人孔的封头(内外埋弧自动焊),最后焊接有人孔的封头,这条焊缝一般是先在内部进行手弧焊,而后清根再在外面进行埋弧自动焊,从而装配焊接好整个锅筒筒体。

专业化大批生产锅炉的一些工厂,针对具体产品型号,已设计出多种装配焊接锅筒的专用装置。图 5.1.25 是其中的一例,整个装置由滚轮架、带悬臂的活动小车、导轴等组成,长悬臂左端装有自动焊机和操作台,悬臂的高度可用液压缸调节。小车托座部分左端装有可调焊剂垫,托座上有液压工作缸,可推送待装配筒节,消除筒节间的过大间隙,使锅筒对正以便进行点固焊接。

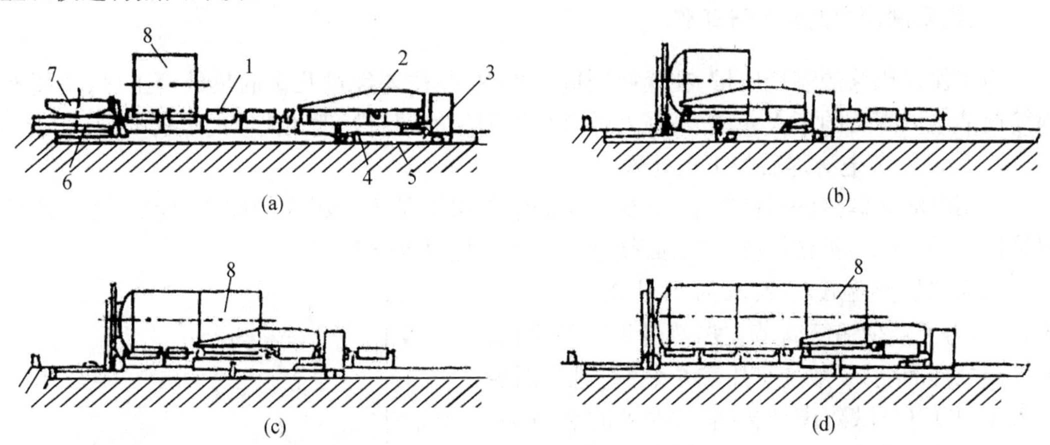

图 5.1.25　锅筒环缝装配焊接装置

1—滚轮架;2—悬臂;3—小车;4—小车托座;5—导轨;6—封头装配架;7—封头;8—筒节

在滚轮架左端有一个装配封头的专用装置(图 5.1.26),它具有一个靠液压装置可转动 90°的旋转框架 1,可旋转的回转环 2,它利用真空吸持器 3 可把合格封头的凸面吸在回转环 2 上。回转环和真空吸持器可沿旋转框架左右调节。当将封头调节到一定位置后,利用真空吸持器吸住封头,依靠液压传动将旋转框架转到垂直位置,可上下微调封头与筒节进行装配,如图 5.1.25(b)所示。

具体的装配焊接工步如下(图 5.1.25)。

工步1　将第一节筒节吊装到滚轮架上(图5.1.25(a))。

工步2　将封头放在封头装配架上,按封头尺寸大小调整回转环的左右位置(图5.1.25(a))。

工步3　把吸持封头的封头装配架转到垂直位置,将筒节推向封头,调整封头上下位置,利用小车上的液压缸使封头和筒节的边缘对准。检查边缘是否对齐,错边大小,适当调整后进行点固焊(图5.1.25(b))。

工步4　用悬臂上的焊机进行内外环缝埋弧自动焊(图5.1.25(b)),焊外环缝可以是另一装置。

工步5　退回组装装置小车,吊上第二个筒节,再重复上述装配过程,进行对正装配与点固焊;再进行第二道环缝埋弧自动焊(图5.1.25(c));如此重复下去,直到装配焊接完整个锅筒。这种装置对每个单件的筒节与封头要求严格,尺寸精度与焊接工艺也要求准确,以免产生累计误差与变形,因为整体装配焊接成型以后,再进行校正修整将十分困难。

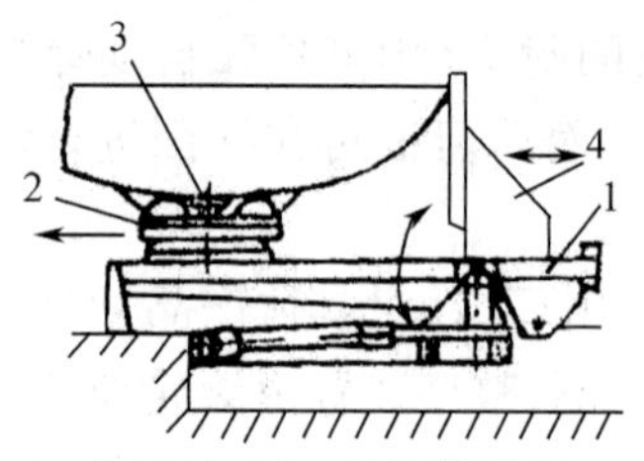

图5.1.26　封头装配架

1—旋转框架;2—回转环;3—真空吸持器;4—托架

五、锅筒制造中的热处理工作

为了保证锅筒的制造质量,在锅筒制造过程中,往往要经过几次的热处理工序,主要有锅筒筒节电渣焊后的正火处理、高强度低合金钢锅筒的调质处理和锅筒的退火处理。

1. 锅筒筒节电渣焊后的正火处理

采用电渣焊焊接的锅筒筒节,焊缝金属的结晶组织是十分粗大的柱状晶粒。为了改善焊接接头的组织与机械性能,焊后必须进行正火处理以细化晶粒。

正火的加热温度一般取为钢材 A_{c_3} + (30 ~ 50) ℃,为了减少锅筒筒节在加热过程中的氧化,加快热处理周期,一般均采用热炉装料,进炉温度不大于600 ℃,以防筒节内部产生大的热应力。正火的均热时间应根据钢材导热性能和锅筒壁厚来确定,通常按0.5 ~ 1 min/mm 计算。保温时间不宜过长,以防奥氏体晶粒过分长大。正火的冷却速度是保证获得细小索氏体组织的关键,通常采用在静止空气中冷却的方法。图5.1.27为中压锅炉筒节电渣焊后的正火处理规范,锅筒材料为22g,壁厚46 mm。

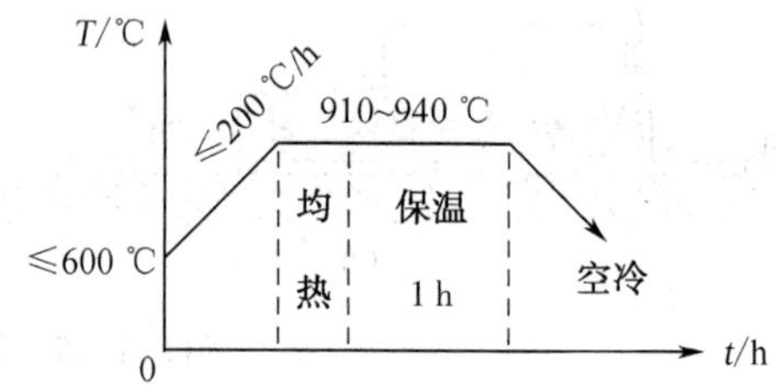

图5.1.27　中压锅筒筒节电渣焊后的正火处理规范

2. 高强度低合金钢锅筒的调质处理

调质处理工艺是提高低合金钢性能的重要手段之一,通过调质处理可使低合金钢的强度性能大大提高,塑性和韧性得到改善,获得良好的综合机械性能,使低合金钢的潜力得到充分发挥。

对制造锅筒所用的各种低合金钢,一般采用正火加回火的调质处理规范。如 18MnMoVbg 应在 950 ~ 980 ℃正火,再在 640 ~ 680 ℃回火,可得到细小而均匀的晶粒组织,且碳化物比较均匀地分布在基体组织上。因此可保证钢材具有较高的机械性能,又具有较好塑性与韧性。

随着锅炉向高参数大容量发展,锅筒的壁厚增加,对厚钢板来说,如果仍采用正火加回火的调质处理方法,由于其冷却速度比薄壁锅筒的小得多,就不能保证材料获得均匀细密的组织,从而使强度和韧性降低。因此对厚度超过 76 mm 的高强度低合金钢来说,应该采用加速冷却再回火热处理的规范,亦即采取淬火方式(包括淬火水槽、喷淋淬火),可根据具体钢材与工厂条件来决定。

3. 锅筒的退火处理

锅筒的焊后退火处理是保证锅筒制造质量的重要措施之一。焊后退火处理可以达到以下各项目的:①消除残余应力,稳定构件尺寸;②改善焊缝金属与焊接热影响区的塑性和韧性;③有利于焊缝区域氢的析出,防止延迟裂缝的发生;④提高构件抗应力腐蚀的能力;⑤提高疲劳强度与抗蠕变性能。

因此,《蒸汽锅炉安全监察规程》规定:焊制的锅筒筒体,其厚度≥20 mm 时都应进行焊后退火处理。退火温度据材质种类而定,一般为 600 ~ 500 ℃,并应根据钢板厚度保温一定时间。

锅筒的退火处理最好采用整体进炉退火方法。这样,锅筒整体的温度均匀,温度容易控制,能有效地消除残余应力而且费用较低。但这需要大型退火炉,设备投资费用较大。

当大型锅炉部件整体进炉退火困难时,也可采用局部热处理方法。局部热处理方法较多,近年来应用较普遍的是电感应局部加热方法和红外线加热方法。

六、锅筒与管件的连接

锅筒与管件的连接,可采用焊接连接,也可采用胀接连接。这两种方法各有其特点与适用范围。焊接连接能保证连接部分具有较高的强度和较好的致密性,但要消耗一些焊接材料,而且检修时更换管件不太方便。胀接连接具有操作简便、更换管子方便、不需消耗其他材料等特点,但连接处的强度和致密性较差,而且连接外表面要求一定的光洁度。

因此,对于中压、高压、超高压的锅炉,由于锅筒承受压力较高,保证连接处具有较高的强度和较好的致密性是主要矛盾,应采用焊接连接。对于低压小型水管锅炉和火管锅炉,因对锅炉用水水质不能有较高要求,管内较易结垢,火管锅炉中的烟管也容易积灰,能方便地更换管件也成为必须考虑的问题,同时这些锅炉承压较低,因而有些工厂还采用胀接连接。

1. 排孔画线与钻孔

在锅筒上进行排孔画线应以钢板下料时画出的锅筒纵向中心线(纵向基准线)为依据。但由于在锅筒制造过程中,此基准线可能产生偏差,因此在排孔画线前,应予以校核。校核工作可按下述方法进行。

将锅筒放置在滚轮架上,并使纵向基准线处于其顶部,然后在锅筒的一端搁置直尺,用水平仪找平直尺。在直尺两端挂线与锅筒外壁相切。此时,在直尺的一端用锅筒的外半径在锅筒顶部画出中心点。用同样方法以直尺的另一端为中心,也在锅筒上画出中心点,根据在锅筒两端画出的这两个中心线点,定出锅筒的纵向中心线。另一方面,由于锅筒是由几段筒节和两个封头拼接而成的，制成后锅筒的总长度往往与图纸上规定的尺寸有偏差。因此，为了确保管孔位置的准确性，锅筒的横向中心线应根据锅筒中间一段筒节来确定，也就是根据中间筒节两端焊缝中心之间的距离定出横向中心点。在锅筒的外圆周上每隔45°画出一个横向中心点，便得到横向中心线。然后以横向中心线为依据，按图纸要求，向锅筒两端排出管孔位置。再根据排出的管孔中心的斜向节距检查位置是否准确。管孔中心确定后，便可画出定位孔和管孔的圆周线。

管孔的加工往往需分几部进行。首先是用直径较小（通常为24 mm左右）的麻花钻头在锅筒管孔中心钻出定位孔，然后用大直径钻头或扩孔割刀进行扩孔，直至所需直径，最后进行端面扩钻，加工出管座。对于胀接管孔，还需进行一次精加工，以保证管孔表面有足够的光洁度。

2. 锅筒与管件的焊接连接

锅筒与管件的焊接连接，对于大型锅炉来说，一般都是先在锅筒上焊上管接头（短管），在锅筒安装时，再将管件与管接头对接焊合。管接头数量很多，焊接工作量大。由于焊接工作是围绕管接头圆周，在锅筒弧形表面上进行的，而且锅筒与管接头的壁厚相差很大，因此长期来未能使其焊接工作实现自动化，应由有经验的、管状试件考试合格的焊工施焊。

近年来，在生产上已采用了一些管接头自动焊设备。其基本原理都是把焊机的转轴插入或套在被焊的管接头上，然后由传动机构带动使焊机机头绕管接头旋转，焊机的仿型机构使焊头旋转的轨迹，即焊头运动的空间曲线与管接头焊缝的形状一致，以保证焊缝成形并保持电弧长度不变。管接头自动焊多采用埋弧自动焊，也可采用气体保护焊。

一般中低压锅炉的锅筒管件焊接，多采用手工电弧焊。管端伸入锅筒的尺寸称管端伸入量，应小于8 mm。视操作空间与接头要求情况（如是否加强孔结构），可外部施焊、锅筒内部施焊或按设计要求由两面施焊，以保证焊透。角焊缝的焊脚大小可按表5.1.8推荐值选用。

表5.1.8 焊接管接头焊脚尺寸

管壁厚度 t_1/mm	焊脚尺寸 K/mm
$t_1 \leqslant 3$	4
$3 \leqslant t_1 \leqslant 4.5$	$t_1 + 1.5$
$t_1 > 4.5$	$t_1 + 2$

3. 锅筒与管件的胀接连接

锅筒与管件的胀接连接通常是在锅炉安装时进行的。对于低压整装式锅炉，胀接工作则是在制造厂内组装时进行。在进行胀管之前，应先将管端胀接部分进行退火，使管端硬度小于锅筒（或管板）硬度。且不大于170HB，管端应磨光到露出金属光泽。管孔的表面光洁度应加工到 $\frac{12.5/}{\nabla} \sim \frac{3.2/}{\nabla}$。管孔边缘不允许有毛刺和裂纹，以保证胀接顺利进行并保证质量。胀管前，可在管子内部涂少许黄油，而后将胀管器插入管中进行胀接。胀管率按规定选取，一般取为1%～2.1%，视胀口质量检查可适当调整。欠胀或过胀都不能保证胀接要求，过胀还会因管壁减薄太多而导致管子断裂。火管锅炉高温测的管端胀接后应进行

90°扳边，并保证管边与管板严密接触。

4. 锅筒的翻边管接头

翻边管接头就是从锅筒筒壁上直接顶拉或冲压出管接头，以便与管子焊接。这种翻边管接头已在较大型的锅筒、集箱以及球形压力容器上得到应用。其优点是：①与普通加强的焊接管接头比较，应力集中有明显降低；②由于管接头与容器壁是圆滑过渡，流动介质不易形成涡流，所以介质流动阻力小；③翻边工作比较简便。特别是大型锅炉的大直径下降管，采用一般焊接接头应力集中大，角焊缝容易产生夹渣与裂纹等缺陷；采用翻边管接头就可以避免这些缺点，同时减少了焊接短管接头的工作量。

翻边管接头的制造过程是先在锅筒筒节（或封头）上预先开出适当尺寸的孔，生产经验表明，对内径为 325 mm 和 377 mm 的大直径下降管，预开孔直径可取为 150 mm 和 160 mm，然后进行局部加热，温度一般取为 850 ~ 1 100 ℃，具体数值可根据钢种而定。加热后可用模具依靠液压千斤顶进行顶拉，也可依靠各种压力机进行冲压翻边。

七、锅筒制造中的质量检验

在锅筒制造过程中，对每一道工序都要进行检验，因为任何一道工序的差错都直接影响到锅筒的质量。在锅筒制造中，焊接工作占相当大的比重，因此对焊接工作的检验必须给予十分重视。锅筒焊接质量的检验与水压试验，见后文。在此仅将筒体表面质量、几何形状和尺寸偏差要求摘要简述如下。

热卷筒体应清除内外表面的氧化皮，内外表面的凹陷和疤痕深度为 3 ~ 4 mm 时，应修磨成圆滑过渡，当深度大于 4 mm 时，应补焊并在焊后修磨。

当冷卷筒体内外表面的凹陷和疤痕深度为 0.5 ~ 1 mm 时，也应修磨成圆滑过渡，其深度超过 1 mm 时，应焊补后修磨。

在筒节卷制过程中，不允许有卷裂、重皮等缺陷，焊后不许有裂缝和超过允许的变形。

锅筒筒节的卷板质量缺陷除表面压伤外，常见的外形缺陷及其产生原因、消除防止办法见表 5.1.9。

表 5.1.9 筒节常见外形缺陷及其产生原因、消除办法

缺陷名称	简图	产生原因	消除办法
锥形		(1)上辊与侧辊互不平行； (2)辊轴直径一端磨损	(1)调整上辊使平行； (2)修复或调整上轴
鼓腰		(1)下辊刚度或下辊顶力不足； (2)上辊压力太大； (3)拼焊缝加强高太大	(1)调整压力，增加滚压次数； (2)修整减少焊缝加强高
扭斜		(1)坯料不是矩形； (2)进料时未对中； (3)沿辊轴受力不均造成局部轧薄	(1)检查修整坯料； (2)进料严格对中； (3)调整辊轴压力
棱角		(1)预弯不足产生外棱角； (2)预弯过量产生内棱角	(1)调整预弯量； (2)重新矫正

这类缺陷如不严重，有些是可以调整矫正的，如扭斜、棱角等，超过一定尺寸的偏差则不能矫正修复。

筒体几何形状和尺寸偏差不允许超过表5.1.10与图5.1.28规定。

表5.1.10　筒体几何形状和尺寸偏差

单位：mm

项目	公称内径	内径偏差 Δd		椭圆度 $d_{max}-d_{min}$		棱角度 Δc	端面倾斜度 Δf	热卷减薄量 Δt
		冷卷	热卷	冷卷	热卷			
中低压锅炉	$d\leqslant1\ 000$	+3 −2	±5	4	6	3	2	−3
	$1\ 000<d\leqslant1\ 500$	+5 −3	±7	6	7	4	2	
	$d>1\ 500$	+7 −5	±8	8	9	4	3	−4
高压锅炉	$d\leqslant1\ 500$	±5		$\leqslant0.7\%d$		3	2	
	$d>1\ 500$	±7					3	

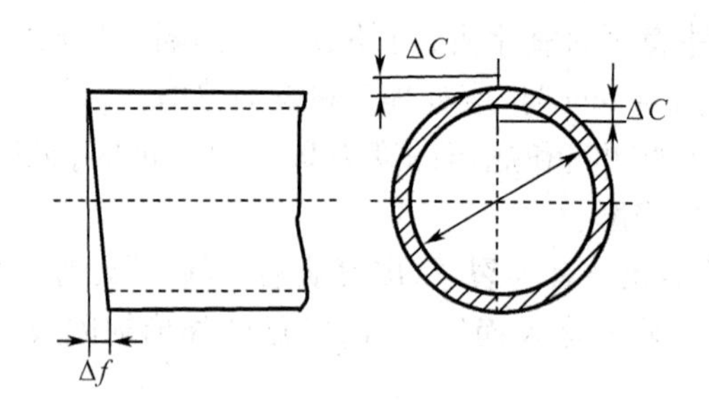

图5.1.28　筒体几何形状和尺寸偏差

每节筒体长度偏差，对中、低压锅炉为±3 mm，对高压锅炉为$^{+5}_{-3}$ mm。筒体全长L的偏差，当$L\leqslant5$ m时时，允许偏差为$^{+10}_{-5}$ mm；当$5\text{ m}<L\leqslant10$ m时，允许偏差为$^{+20}_{-10}$ mm；当$L>10$ m时，允许偏差为$^{+30}_{-15}$ mm；当能满足管孔布置要求时，可只考核全长偏差。

筒体焊后直线度ΔW(图5.1.29)，每米长度内不得超过1.5 mm。且全长L内的直线度，当$L\leqslant5$ m。时，允许$\Delta W\leqslant5$ mm；当$5\text{ m}<L\leqslant7$ m时，允许$\Delta W\leqslant7$ mm；当$7\text{ m}<L\leqslant10$ m时，允许$\Delta W\leqslant10$ mm；当$10\text{ m}<L\leqslant15$ m时，允许$\Delta W\leqslant15$ mm；当$L>15$ m时，允许$\Delta W\leqslant20$ mm。

筒体管接头的纵向倾斜度Δa_1和横向倾斜度Δa_2均不得超过1.5 mm，成排管接头的任意相邻两个管接头的管端节距偏差ΔP不得超过±3 mm。成排等高管接头的高度偏差，两端的两个管接头，Δh_1不超过±1.5 mm，其余管接头的高度偏差以两端管接头的高度为基准线进行测量，Δh不超过±2 mm。

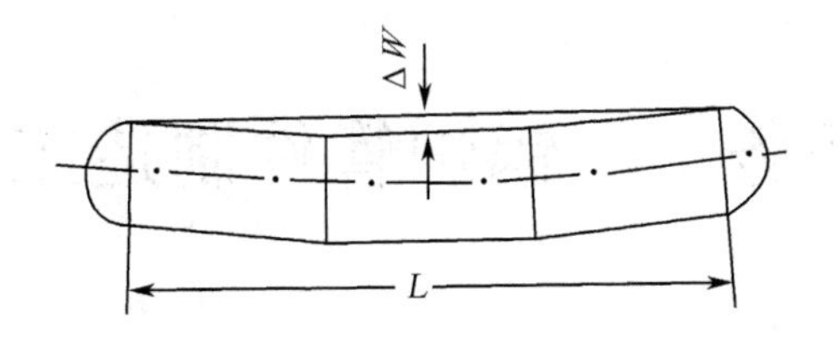

图 5.1.29 筒体弯曲偏差图示意

其他如法兰管接头的倾斜与偏移、水位表法兰允许偏差、下降管的偏移和倾斜度等都有相应检查规定，可参见 JB/T 1609—1993《锅炉锅筒制造技术条件》。

- **任务实施**

本任务严格按照如下工序进行工艺卡编制。

封头的制造过程：原材料检验→画线（毛坯计算）→切割下料→封头毛坯拼焊（指用两块钢板拼接时）→铲除焊缝余高→射线探伤→毛坯成形→热处理→封头边缘余量切割加工→质量检验。

锅筒筒体的制造过程：原材料检验→画线→切割下料→筒节坯料拼焊→卷制成形→焊接筒节纵焊缝→筒节检验→装配并焊接筒体环焊缝→筒体检验。

- **任务评量**

按照如下工序，在项目二的基础上，编制 75 t/h 循环流化床锅炉锅筒封头制造预装配工艺流程卡。评量方法按照标准工艺卡项目、顺序及工艺和机具选择等内容的完整度来评量。

筒节与节装配定位焊→焊接→打焊工代号钢印→画筒体中心线及预焊（埋）件位置线→筒体与一端封头装配定位焊→焊接→打焊工代号钢印→筒体与另一端墙头装配定位焊→焊接→打焊工代号钢印→无损检测→画管（座）孔位置线→加工管（座）孔→管（座）接头装配定位焊→焊接→打焊工代号钢印→预（埋）焊件定位焊→焊接→（无损检测）→（热处理）→水压试验┬→画管接头余量线→加工管端┬→清除毛刺及杂物→内件组装或试装（待工
└（画排孔位置线）→加工排孔┘
地组装）→封闭人孔→涂装与包装。

- **复习自查**

1. 卷板分哪几种？简述三辊和四辊卷板机的工作原理。
2. 试述卷板的工艺过程。
3. 为什么要规定最小弯曲半径？其值与哪些因素有关？
4. 简述封头的压制方法。压制时可能产生哪些缺陷？分析其原因。

任务二　锅炉管件制造工艺

● **学习目标**

知识:了解管件的画线与下料方法;精熟弯管设备构造。

技能:纯熟进行弯管工艺操作;正确选择蛇形管和膜式壁制造工艺。

素养:善于创新学习方法;建立精益求精的职业素养。

● **任务描述**

现有 75 t/h 循环流化床锅炉水冷壁、省煤器与过热器蛇形管等受热面管,按照锅炉管件制造工艺准确进行模拟操作,编制锅炉管件制造工艺卡。

● **知识导航**

一、管件的画线与下料

锅炉的各种管件大多是弯成各种曲线形状的,因此,管子的画线工作应根据管件的展开长度进行,同时应尽量考虑到管料的拼接。在拼接管料时,应满足以下要求。

(1)应考虑到原材料的充分利用,尽量减少废料,且减少焊接拼接接头的数量。

(2)水冷壁管、对流管束、连接管和锅炉范围内管道等,每根管子全长 L 的拼接焊缝总数 N 规定如下:长度 $L\leqslant 2$ m 时,不得拼接;2 m $<L\leqslant$ 5 m 时,允许有一个接头;5 m $<L\leqslant$ 10 m 时,允许有两个接头;10 m $<L\leqslant$ 15 m 时,允许有三个接头;$L>$ 15 m 时,允许有四个接头。而且拼接的每一段长度最短不应小于 500 mm。每根蛇形管全长平均每 4 m 允许有一个焊接接头,拼接管子的长度不宜小于 2 500 mm,最短一段的长度也不应小于 500 mm。

(3)管子的拼接焊缝应位于管子的直段部分。焊缝中心到管子弯曲起点或支吊架边缘的距离:对高压锅炉受热面管子不应小于 70 mm;对中低压锅炉受热面管子不应小于 50 mm。对于管道,不小于公称外径,并且不小于 100 mm。管子弯曲起点到锅筒或集箱上角焊缝边缘的距离:高压锅炉不得小于 70 mm;中低压锅炉不得小于 50 mm。对于热水锅炉和额定蒸汽压力小于 3. 82 MPa 的蒸汽锅炉,如因结构上的原因难以满足上述要求时可适当放宽,但最短不小于 20 mm。

(4)管子拼接的边缘偏差一般不超过 1 mm,当公称外径相同而壁厚差超过 1 mm 时,应进行削薄,削薄长度应不小于削薄厚度 4 倍。

管子画线的其他规定详见 JB/T 1611—1993《锅炉管子制造技术条件》。

管子画线后的切割下料可使用锯床或专用切管机。大直径管道有时也用火焰切割,切割后再进行端面机械加工(包括焊接坡口),管子下料后的端面倾斜度应能满足拼接焊接的要求。

二、管件的弯曲与焊接

1. 管件弯曲应力分析

在纯弯曲情况下,管子受力矩 $\boldsymbol{M}$ 作用而发生弯曲变形,其受力情况如图 5. 2. 1 所示。

管子中性轴外侧管壁受拉应力 σ_1 的作用而减薄,内侧管壁受压应力 σ_2 的作用而增厚。同时,合力 N_1 与 N_2 使管子横截面发生变形。如果管子是简单的自由弯曲,其横截面将成为近似的椭圆形(图 5.2.2)。如果管子利用具有半圆槽的弯管模具进行弯曲,则内侧基本上保持半圆形,而外侧变扁(图 5.2.2(b))。管子弯曲时变椭圆的程度习惯上用椭圆度 a 表示。

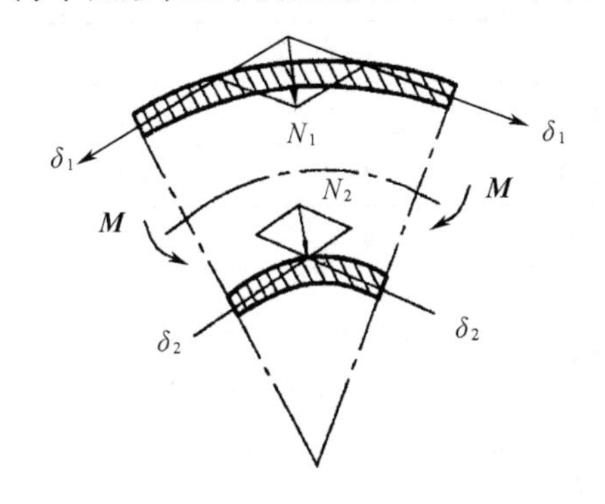

图 5.2.1 管子弯曲时的受力情况

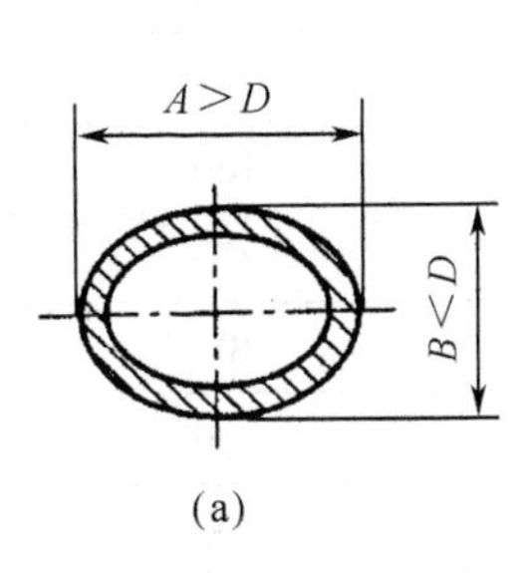

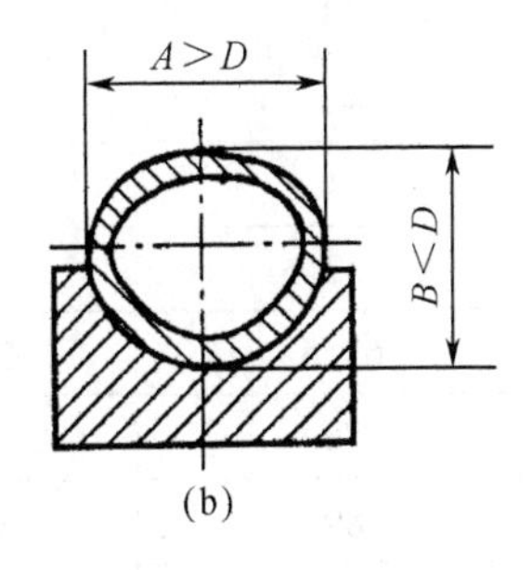

图 5.2.2 管子弯曲时的截面变形

(a)简单弯曲;(b)用半圆槽模具弯曲

$$a = \frac{D_{max} - D_{min}}{D} \times 100\%$$

式中 D_{max}——弯管横截面上最大外径,mm;

D_{min}——弯管横截面上最小外径,mm;

D——管子公称外径,mm。

管子弯曲时除产生椭圆度外,内侧管壁在压应力 σ_2 作用下,还会丧失稳定性而形成波浪形皱纹(皱折),如图 5.2.3 所示。

管子在弯曲时的椭圆度大小或弯曲内侧形成波浪皱纹等的严重程度,主要和相对弯曲半径 R_x 与相对弯曲壁厚 S_x 有关。

$$R_x = \frac{R}{D}$$

$$S_x = \frac{S_0}{D}$$

式中 R——弯管时的弯曲半径,mm;

D——管子公称外径,mm;

S_0——管子壁厚,mm。

管子公称外径 D 与壁厚 S_0 由结构与强度设计决定,管子的弯曲半径应按结构与工艺进行选择。生产中选用的最小弯曲半径 R_{min} 可按下式计算。

$$R_{min} = 9.25D\sqrt{0.2 - \frac{S_0}{D}}$$

而后根据锅炉结构要求以及工厂弯管设备条件,按 JB/T 1624—1993《中低压锅炉管子弯曲半径》选取常用弯管半径系列中的一个尺寸。常用弯管半径尺寸见表 5.2.1。

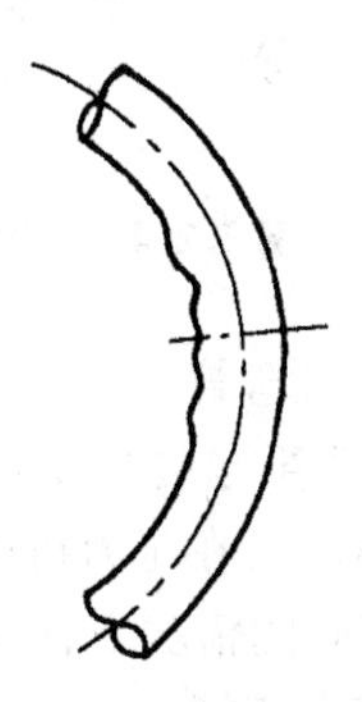

图 5.2.3 管子弯曲时的内侧波浪皱纹

表 5.2.1 常用弯管半径尺寸

管子外径 D/mm	弯曲半径 R/mm				
32	50	60	100	120	150
38	80	100	130	160	180
42	80	100	140	180	200
51	120	160	200	300	400
57	160	200	300	400	
63.5	200	300	400		
76	250	300	400		
89	300	400	500		
108	300	400	500		
159	500	600			
219	800	1 000			

为减小弯管的椭圆度，使弯管易于进行，条件允许时，应取弯管半径 $R \geq 3.5D$。

相对弯曲半径 R_x 愈小、相对弯曲壁厚 S_x 愈小（即弯曲半径 R 愈小、管子壁厚 S_0 愈薄，而管子直径愈大），管子在弯曲处的横截面变偏愈严重，管子外侧减薄愈显著，内壁侧越容易出现波浪形皱纹。因此在弯管时，要尽可能采用较大的弯曲半径 R，同时要采用相应的工艺措施以保证弯管椭圆度在允许范围之内。

2. 机械冷态弯管

机械冷态弯管按外力作用方式可分为压（顶）弯、滚弯和拉弯等几种形式。其中的压弯和滚弯弯管示意图如图 5.2.4 和图 5.2.5 所示，由于弯曲控制较难，弯管质量不稳定，应用较少。目前在锅炉厂广泛应用的是拉拔式弯管方法。

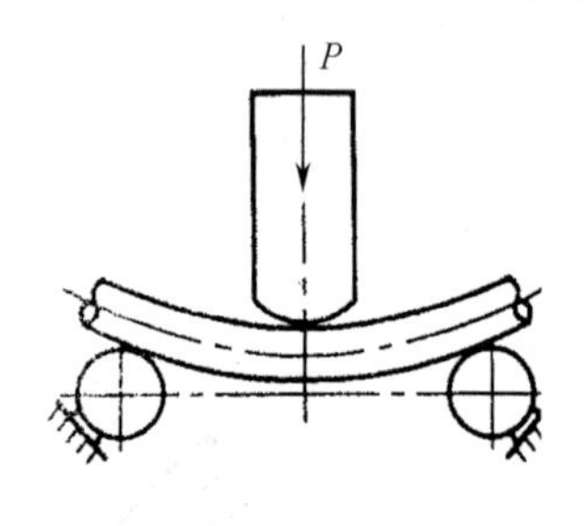

图 5.2.4 压弯弯管示意图

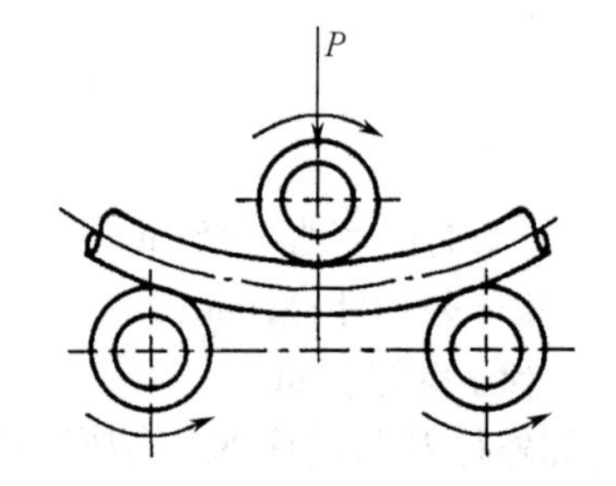

图 5.2.5 滚弯弯管示意图

（1）压弯弯管

这种弯管方法是用压力机的扁平压头或扇形压弯模对两支点钢管进行压弯，如图 5.2.4 所示。可在压力机或顶弯机上进行，可以冷弯或加热弯曲，一般在少量弯管且 $R_x > 10$、$S_x \geq 0.06$ 的情况下，可以考虑选择应用。

（2）滚弯弯管

滚弯弯管一般在卷板机或型钢弯曲机上进行，如图 5.2.5 所示。通常在冷态下弯管，应使用带槽辊轮滚压，在弯曲螺旋管且 $R_x > 10$、$S_x \geq 0.06$ 情况下可考虑采用。

(3)拉拔式弯管

根据生产经验，对管径小于 89 mm 的钢管，当适用合适的弯管半径，按操作规程在拉拔式弯管机上进行弯管时，其椭圆度一般不超过允许范围。因此，通用的 $\phi51$、$\phi57$、$\phi63.5$、$\phi70$、$\phi76$ 钢管都可按需要在弯管机上进行一般冷态弯曲。如果管子直径≥89 mm，或者直径虽小于 89 mm 但弯管半径取的较小，弯管后椭圆度 a 超过允许值；或者壁厚 S_0 较薄产生波浪形皱折，则应采取措施以防止过大的椭圆度和皱折，通常采用有芯弯管或反变形法弯管。

①有芯弯管

根据管子弯曲应力分析可以看出，管子在弯曲变形同时即产生椭圆度。为了防止椭圆度的产生，可在此处管内插入一根固定芯棒，使芯棒在管内阻止管子变扁，因此称为有芯弯管。

图 5.2.6 为有芯弯管示意图。依靠夹块 2 将管子 4 夹紧在模盘 1 上。当模盘 1 顺时针转动时，管子便随着一起旋转。由于压紧导轮 3(一般有两个以上压紧导轮)把管子挡住，管子便只能被围绕在模盘上弯曲成模盘的曲率半径。根据管子设计弯曲度的需要，模盘转动相当角度即停止转动。模盘的半径，在此即为弯管的弯曲半径(弯管机配有不同半径的模盘)。以上的操作过程即为弯管机对一般钢管的冷态弯制过程。管子弯成后，松开夹块 2，便可将弯制好的管子取出。

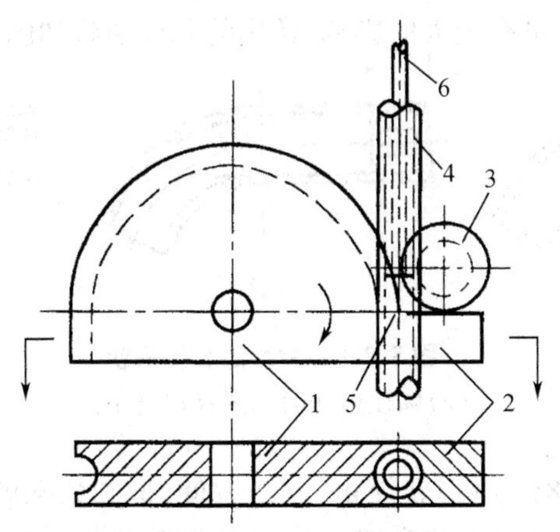

图 5.2.6　有芯弯管示意图

1—模盘；2—夹块；3—压紧导轮；
4—管子；5—芯棒；6—芯杆

为了弯制直径大的管子，或为了减小椭圆度，在弯管机上可使用芯棒装置。从前述弯管过程可以看出，管子弯曲发生在模盘(图 5.2.6)中心线的右侧管子转弯处，因此将芯杆 6 端部的芯棒 5 伸入管子这个部位撑住；以防止弯曲过程中产生椭圆度。芯杆的另一端固定在弯管机支架上，弯管时芯棒与芯杆不动，管子和它相对运动。

为了使夹块、模盘和压紧导轮能与管子紧密接触，它们都有圆弧形凹槽，其圆弧半径与管子外径相符合。由于管子是围绕在模盘上弯曲成型的，因此要弯制不同弯曲半径的管件时，要更换相应半径的模盘，而且管子直径不同，也要有不同圆弧槽的模盘。

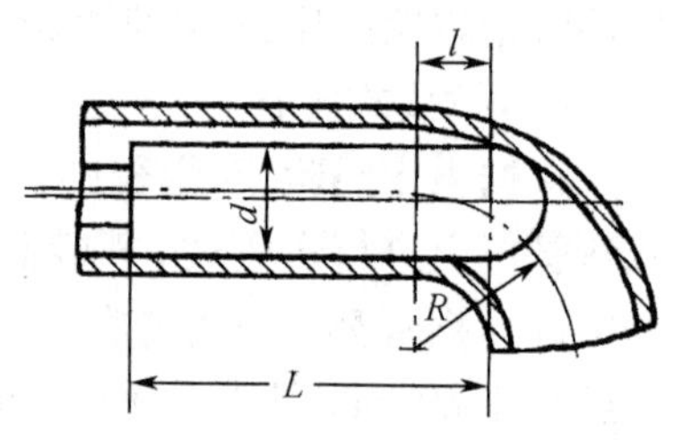

图 5.2.7　芯棒的位置和尺寸

在有芯弯管时，芯棒是保证弯管质量的关键，因此芯棒的形状尺寸以及芯棒伸入管内的位置是很重要的（图 5.2.7）。芯棒的直径 d 一般取为管子内径 D_n 的 90% 以上，通常比管子内径小 0.5 ~ 1.5 mm，可通过下列计算式核对选取。

$$d = D_n(\delta_D + 2\delta_t)$$

式中　δ_D——管子直径的下偏差绝对值，一般可取为 $0.01D$，mm；

δ_t——管子壁厚的上偏差值，一般可取为 $0.1S_0$，mm。

芯棒的长度 L 一般取为 $(3 \sim 5)d$，当 d 大时，系数取小值，反之则取大值。

芯棒伸入弯管区的距离 l，可按下式选取。

$$l = \sqrt{2\left(R + \frac{D_n}{2}\right)Z - Z^2}$$

式中　R——管子弯曲半径，mm；

D_n——管子的内径，mm；

Z——管子内径与芯棒间的间隙，$Z = D_n - d$，mm；

d——芯棒直径，mm。

弯管时，为了减少芯棒和管子内壁的摩擦，管内应涂润滑油。

芯棒的形状对弯管质量有较大的影响，常用的芯棒形状如图 5.2.8 所示。

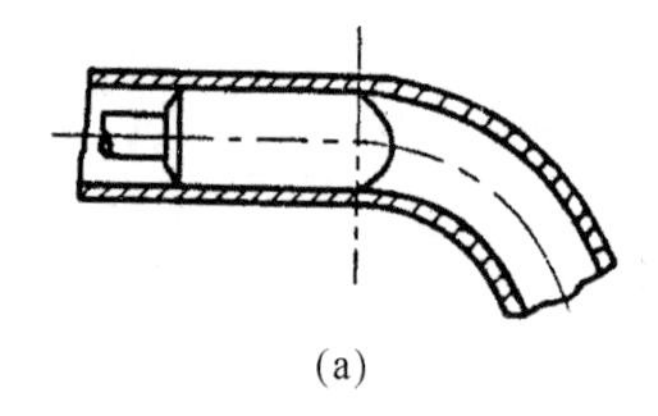
(a)

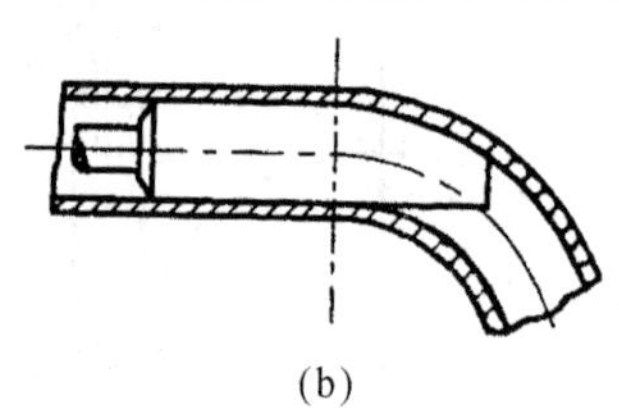
(b)

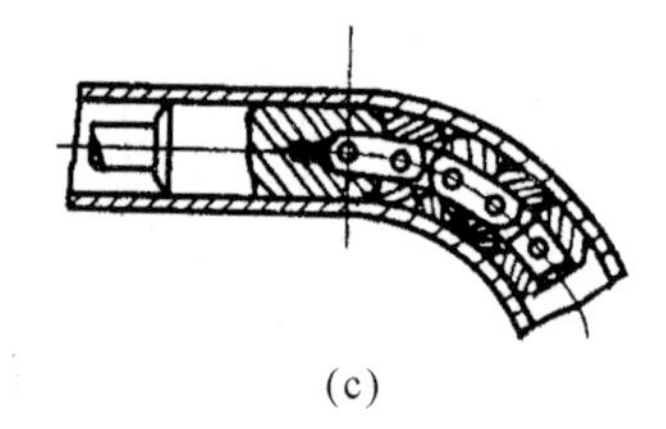
(c)

图 5.2.8　常用的芯棒形状

(a)圆柱形；(b)勺式；(c)链节式

圆柱形芯棒(图 5.2.8(a))形状简单，制造方便，但芯棒和管壁的接触面积小，因此防止椭圆变形的效果较差。这种芯棒常用于相对弯曲半径 $R_x = 2$，相对弯曲厚度 $S_x = 0.5$ 的情况，或 $R_x \geqslant 3$，$S_x = 0.035$ 的情况。

勺式芯棒(图 5.2.8(b))与管于内侧壁的支承面积较大，防止椭圆变形的效果较好，但制作稍嫌复杂。这种芯棒可用于相对弯曲半径 $R_x = 2$ 的中等壁厚的管子弯曲。

链节式芯棒(图 5.2.8(c))是一种柔性芯棒，由支承球和链节组成，能在管子的弯曲平面内挠曲，以适应管子的弯曲变形，因为它可以深入管子内部与管子一起弯曲，所以防止椭圆变形的效果最好。但这种柔性芯棒制造过程复杂、成本高，一般不宜采用。

有芯弯管虽能防止管子的椭圆度，但在弯管过程中，由于芯棒和管子内壁摩擦，会使管子内壁拉毛，而且芯棒也易于磨损，同时，弯管所需功率也有所增加。

②反变形弯管

为了克服有芯弯管的不足，改善弯管质量，可采用反变形法弯管。生产实践说明，在采用具有半圆形槽的模盘进行弯管时，管子内侧基本上是圆形的，管子变扁主要发生在外侧。

如果在管子发生弯曲变形处，事先使管子外侧受到反向变形向外凸出，用以抵消管子弯曲变形时产生的椭圆度，则可使管子弯曲后的截面回复到圆形，这就是反变形弯管的基本原理。从理论上讲，只要反变形槽尺寸适当，弯管部分的椭圆度可降到零。

反变形弯管示意图如图5.2.9所示。其所用的模盘、夹块和导向轮与有芯弯管一样，只是压紧轮3具有反变形槽。压紧轮中心线与模盘中心线之间的距离δ在0～12 mm范围内调整，为了便于装卸管子，压紧轮与导向轮的中心线应和模盘水平中心线倾斜3°～4°。压紧轮上反变形槽的尺寸（图5.2.10）可按表5.2.2选取。

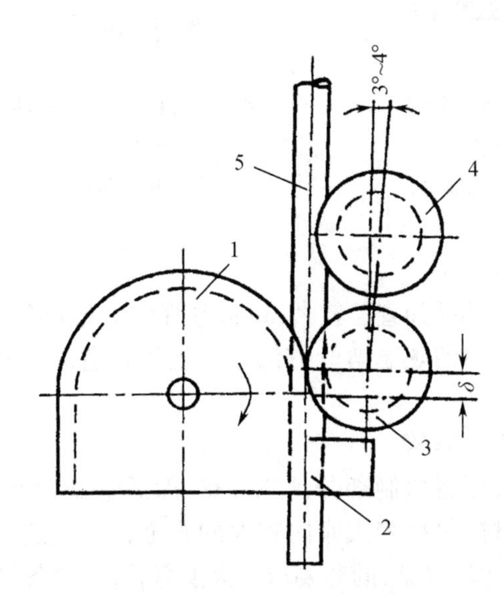

图5.2.9　反变形弯管示意图

1—模盘；2—夹块；3—压紧轮；4—导向轮；5—被弯管子

表5.2.2　反变形槽尺寸

$R_x=\frac{R}{D}$	R_1	R_2	R_3	H
1.5～2	$0.5D$	$0.95D$	$0.37D$	$0.56D$
2～3.5	$0.5D$	$1.0D$	$0.4D$	$0.545D$
≥3.5	$0.5D$	—	$0.5D$	$0.5D$

反变形弯管时，先调整具有反变形槽的压紧轮，使夹住的待弯钢管产生局部塑性变形，而后开机使弯管模盘旋转，钢管即被拉弯曲。反变形部分钢管在弯曲时得到恢复，弯曲后横截面即呈圆形，因此弯曲部分椭圆度不大。但终弯点的后边一小段的反变形无法恢复（图5.2.11中阴影A处）。因这部分钢管未受弯曲，反而呈椭圆形，即管子的椭圆度也应测量此处的D_{max}与D_{min}。因此要恰当选择调整反变形槽尺寸，反变形不可过大，弯曲后弯管部分虽稍呈椭圆形，但椭圆度在允许范围之内；同时减小了终弯点部分的剩余反变形，使这部分的椭圆度也在允许范围之内。

一般来说，有一定批量的大直径弯管，为保证要求的椭圆度才考虑采用反变形弯管。因制造特殊反变形槽压紧轮比较复杂，使用中也易于磨损。另外，只有弯曲半径$R>1.5D$

时，采用反变形弯管才能确保弯管质量，否则将产生大的变扁和外侧管壁减薄现象。

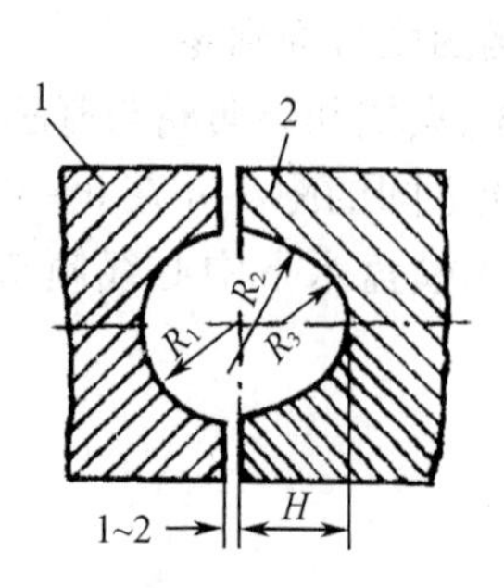

图 5.2.10　反变形槽

1—弯管模盘；
2—反变形压紧轮

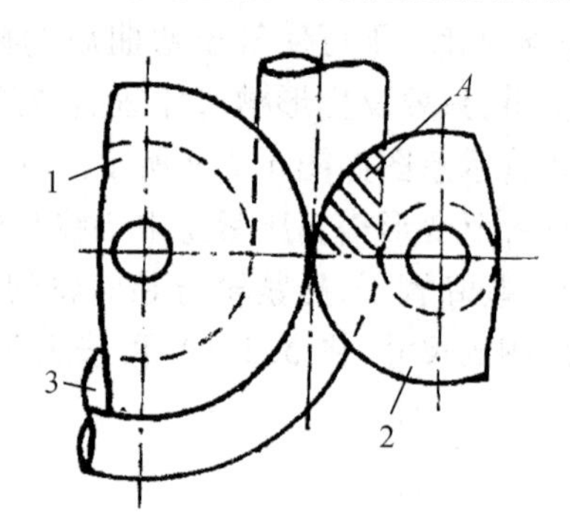

图 5.2.11　反变形法终弯点的变形区

1—模盘；2—反变形压紧轮；
3—被弯钢管

3. 机械热态弯管

在冷态弯管设备功率不足（如直径较大）或被弯管材不允许冷弯（如高合金钢管）时，应采用先加热钢管，再进行弯曲的热态弯管方法。大直径管道的弯曲，以及各种急弯头的制造，常常采用热态弯管方法。

（1）大型弯管机上的热态弯管

对大直径管道的弯制，可将弯制部分预先加热，而后送到大型弯管机上进行弯管。这种热态弯管可弯制各种钢材，包括淬火倾向较大的合金钢材管道，但要配备加热钢管的加热炉。这使加热弯管变得比较复杂，同时要求有大型弯管机，设备投资也比较大。

（2）火焰加热弯管

利用特制的火焰加热圈对管子进行局部加热，然后进行弯管称为火焰加热弯管。这种方法设备简单，制造方便，成本低廉，但温度较难控制，生产率较低。

火焰加热圈可根据弯管直径设计（图 5.2.12），它以氧－乙炔混合气体作为燃料，在加热圈的内圆周侧开一圈火焰喷孔，孔径一般取 0.5 mm，孔距 3～4 mm。在加热圈背对弯管方向的侧面，可开一圈 1 mm 喷水孔，以便加热弯管之后对管子进行冷却，同时对加热圈本体进行冷却。加热圈内径应比管子外径大 8～10 mm。

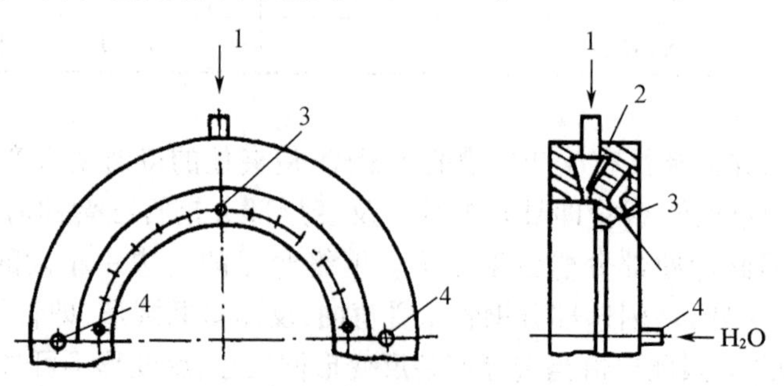

图 5.2.12　火焰加热圈示意图

1—氧－乙炔进口；2—火焰喷口；3—喷水孔；4—冷却水进水孔

火焰加热弯管通常取乙炔压力为 50～100 kPa，氧气压力取为 400～600 kPa，火焰性质应使用中性焰。喷水量应很好控制,如喷水量过多,会影响火焰的稳定性。

火焰加热圈的设计使用,应根据生产批量进行,并在生产实践中调整掌握,以便保证得到较好的弯管质量。

(3)中频感应加热弯管

中频感应加热弯管是将特制的中频感应圈固定在弯管机上,套在管径适当位置(图5.2.13),依靠中频电流(一般为2 500 Hz),对管子待弯部位进行局部感应加热,待加热到900 ℃左右时,利用机械传动使管子产生弯曲变形。

中频感应加热弯管具有以下特点。

①弯管机结构简单,所需电动机功率较小。

②不需特殊模具,可弯制相对弯曲半径 $R/D=1.5\sim2$ 的管件。

③加热速度快、热效率高、弯管表面不生氧化皮。

④弯曲部分外形好,椭圆度一般小于5%。

⑤可根据管径和壁厚选择最佳的加热和弯管规范,适于弯制小批量、大口径、非标准弯曲半径的管件。

中频弯管的主要缺点如下。

①采用拉弯时,外侧管壁减薄量较大,当相对弯曲半径 $R/D=1.5$ 时,减薄率甚至可达25%。

②中频机组投资费用较高。

③生产效率低,耗电量大。

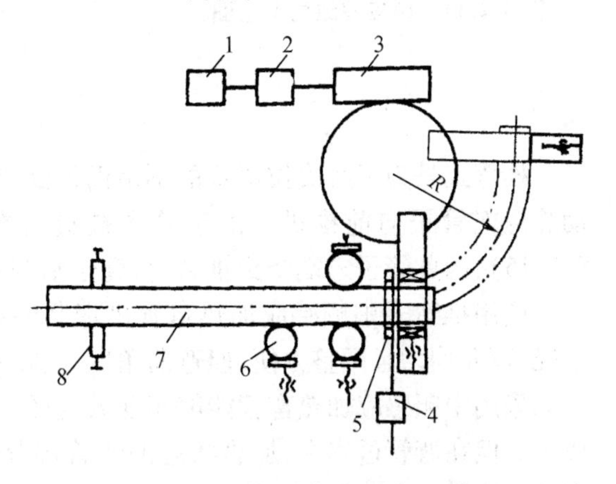

图5.2.13 中频感应加热弯管示意图

1—电动机;2—减速器;3—蜗轮副;4—变压器;5—中频感应圈;6—导向轮;7—钢管;8—滚轮支架

感应加热的基本原理是:当导体处在强大的交变电磁场中时,导体本身会被感应出电流,这个电流使导体本身得以加热。根据集肤效应,交变电磁场频率愈高,被感应的电流密度的分布愈趋于导体表面,使导体表面温度急速升高。因此在选择中频电源时,应考虑管子直径的大小与壁厚。直径大,则要求电功率大;壁厚大,则要求频率低些。

管子在中频交变电磁场内被感应加热时,管子仅在感应圈宽度 b 的范围内(一般5~20 mm)被加热(图5.2.14),感应圈内通过的冷却水从感应圈侧面斜孔喷出,可立即冷却已被加热并弯曲成形的管子区段。因此,管子的加热区段被限制在很窄的范围内,其前后均处于冷态。当外界对管子施加弯曲力矩时,只有这狭窄的加热段会产生弯曲变形。这样,局部区域被迅速加热、弯曲变形、冷却、紧邻局部区域又被加热、弯曲变形,反复连续进行下去,就完成了弯管工作。调整力臂的长度(即管子中心线到旋转中心的距离)就可获得不同的弯曲半径 R。

中频感应加热弯管机有拉弯式和推弯式两种。拉弯式的弯曲半径大小可以调节,弯曲均匀,可弯制180°的弯头,但弯头外侧壁厚减薄量大,弯曲半径的大小受转臂调节范围的限制。

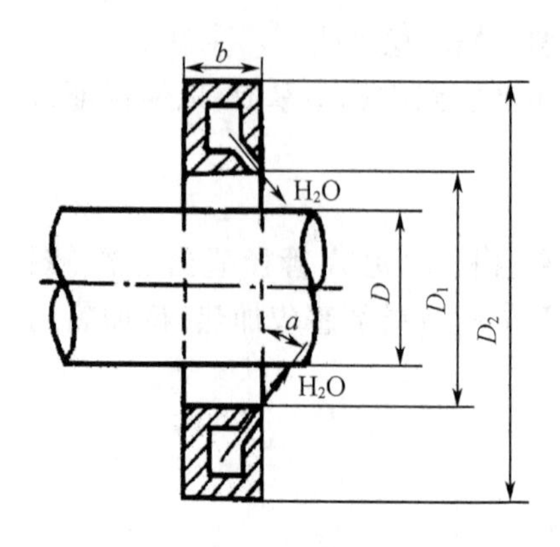

图 5.2.14　感应圈结构示意图

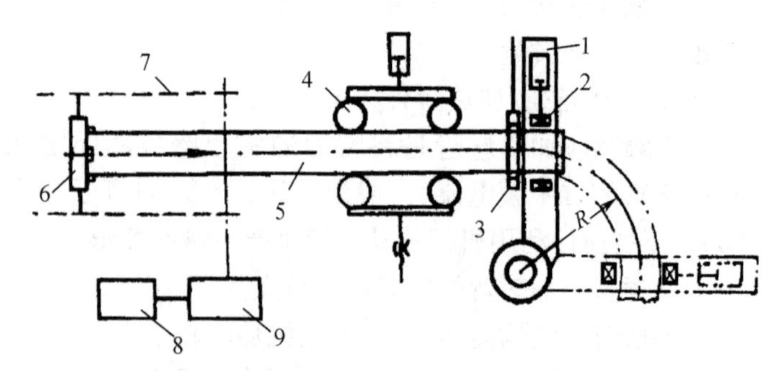

图 5.2.15　推弯式中频感应加热弯管机

1—转臂;2—夹块;3—感应圈;4—滚轮;5—管子;6—推力挡板;7—链条;8—调速电机;9—变速箱

推弯式是为了解决拉弯式的不足而得到应用的。推弯的动力在管子的尾部,靠液压传动装置把管子向前推进。由于管子被夹持在夹头内,夹头与转臂可围绕立柱转动(图5.2.15),因此管子末端受到推力时,管子沿圆弧曲线弯曲。

应用推弯式中频感应加热弯管机弯制的钢管,弯转处外壁减薄小,可弯制不同的弯管半径,弯曲均匀且调整方便,但弯曲角度一般不超过90°。

采用中频感应加热弯管能够实现大直径管道弯制工作的机械化,并能保证良好的弯管质量。但在弯管过程中,加热状态的弯管部分受到喷水冷却,因此一般认为中频感应加热弯管只适用于弯制低碳钢管。如对铬钼低合金钢管进行中频感应加热弯管,应采用皂化油做冷却剂,弯制后应进行适当的热处理,以保证弯管的质量。

4. 弯管机类型

弯管机的种类多,一些工厂也曾自行设计制造。

弯管机按的传动方式可分为以下几种。

(1)手动弯管机:设备简单,靠人力弯管,可弯制 $D\leqslant25$ mm 的管件。

(2)气动弯管机:采用气压传动,可弯制 $D\leqslant32$ mm 的管件。

(3)机械传动弯管机:靠电动机与蜗轮副等机械传动,结构也比较简单,制造方便,通用性大,可弯制 $D\leqslant159$ mm 的管件。

(4)液压传动弯管机:传动平稳可靠;噪音小,结构紧凑,易于实现自动化,可弯制各种直径的管件。

弯管机按控制方式可分为以下几种。

(1)人工控制:可用于安装及修配工作。

(2)半自动控制:一般只对弯管角度实行自动控制,适于中、小批量生产。

(3)自动控制:一般采用液压传动,通过尺寸预选机构和程序控制系统对弯管的全过程(送进、弯管、空间转角)实现自动控制。适于大批生产应用。

(4)数控弯管机:能按零件图规定的程序和尺寸制成穿孔纸带或计算机程序,根据输入数据实现弯管过程的全部自动控制,这种弯管机适于大批生产,尤其适于管件尺寸参数多变的情况。

一种普遍使用的机械传动(齿轮传动)式弯管机 BW27－108 型弯管机主要技术数据见表 5.2.3。

表 5.2.3　BW27－108 型弯管机主要技术数据

技术项目		技术数据
最大弯管直径		108 mm
最小弯管直径		38 mm
弯曲半径范围		150～410 mm
最大弯曲角度	弯曲半径≤400 mm	180°
	弯曲半径＞400 mm	90°
最大管壁厚度		4.5 mm
弯管机转数		0.42 r/min
电动机规格		7.5 kW　1 450r/min
机床外形尺寸(长×宽×高)		3 790 mm×1 810 mm×1 098 mm
机床质量		1 960 kg

5. 小弯曲半径管件的弯制

随着工业技术的迅速发展,为了获取紧凑的结构,对减小管子的弯曲半径提出了新的要求。所谓小弯曲半径管件是指相对弯曲半径 $R/D<1.5$ 的管件。这类管件的弯曲目常采用下列方法。

(1)带有轴向顶墩装置的机械冷弯

为了改善小弯曲半径弯头的质量,在管子末端施加轴向推力。在轴向推力的作用下,可以使管子外侧拉伸区的切向拉伸应力由 $+\sigma_1$ 减小到 $+\sigma_3$,使弯曲中性层外移。这样,弯头截面的畸变和外侧壁厚减薄均可得到改善。但此时内侧压缩区的压缩应力 $-\sigma_1$ 增大至 $-\sigma_3$,这会增加内侧壁产生皱折的可能性。为此,在内侧需采用防皱折装置。此外,轴向推力的送进速度必须稍大于弯管的线速度,否则不能起到顶墩的作用。轴向推力的大小应根据具体要求来确定。通常是按照使中性层半径外移至等于平均弯曲半径的原则来确定的,因为在此时弯管具有比较理想的应力—应变状态。这种弯曲方法可弯制 $R_x=1.2$ 的弯头。

(2)冷挤压弯管

利用金属的塑性,在常温状态下将直管压入带有弯形槽的模具中,形成管子的弯头。此时,管子除受弯曲力矩的作用外,还受到轴向力和与轴向力方向相反的摩擦力的作用。这样的作用力使管子外侧壁厚的减薄量减少,从而保证了弯头的质量。目前用这种方法生产的弯头最小相对弯曲半径 $R/D\approx1.3$。制成的弯头具有较小的椭圆度(≤3%)。

冷挤压弯管通常要求管子的相对壁厚 $S/D\geqslant0.06$,否则,管子会由于刚性差而丧失稳定性,致使弯曲内侧发皱,或使整个弯曲管子扭曲。

6. 管子的拼接工作

管子的拼接工作应根据批量、管径与壁厚等具体情况采用适当的焊接方法。近年来,许多新的焊接方法已在管子拼接中得到了应用。

手工气焊目前主要用于焊接小直径薄壁管件,特别是对已弯制的合金钢管件的拼接常采用手工气焊。但气焊生产率低,焊接质量不易保证,因此已逐渐被各种新的焊接方法所取代。

手工电弧焊通常用以拼接直径较大、管壁较厚的管件。对已弯制的水冷壁管、下降管和汽水管道等的拼接,都常常应用手工电弧焊。

闪光对接焊曾用于直径为 38 ~76 mm 的直管的拼接工作,其主要问题是目前对焊后去除内毛刺和防止接头中的灰斑缺陷尚无最有效的解决措施。因而焊接质量不能得到充分保证。

全位置钨极氩弧焊和等离子弧焊接,目前在小直径厚壁管子的拼接中已得到广泛的应用,已成功地焊接了 $\phi 42\times5$、$\phi 51\times3.5$ 和 $\phi 60\times5$ 等锅炉管件,质量可完全满足要求。

三、蛇形管制造工艺特点

锅炉的过热器、再热器和省煤器大都采用蛇形管受热面,蛇形管外径一般为 25 ~51 mm,壁厚一般为 3.5 ~6 mm,但展开长度可达 60 ~80 m,甚至超过 100 m。由于蛇形管的需要量大、焊接接头多、弯曲半径各不相同等特点,锅炉制造业都采取一些特殊措施,如建立流水生产线,实现制造过程的机械化与自动化等,以提高蛇形管零部件制造速度,并保证产品的制造质量。

蛇形管的成型方式主要有三种:第一种是管子弯成弯头元件后,再与直管组装拼焊成蛇形管;第二种是将管子预先接成长直管后,再进行连续弯曲成型,第三种是一边弯管一边接长,即在弯曲过程中逐渐接长管子,从而形成蛇形管。

1. 弯头元件与直管组装拼焊成蛇形管

这种方法采用的弯头元件有两种。一种是将手杖形的弯头元件进行焊接,如图 5.2.16(a)所示。它根据设计尺寸把直管都弯成一端有弯头的手杖形元件,而后把手杖元件逐个组装拼焊成型。另一种是采用“标准弯头”与直管组装拼焊成蛇形管,如图 5.2.16(b)所示。这种方法是先把短管弯制成两端平齐的弯头元件,再按设计要求把直管和弯头组装拼焊成蛇形管。

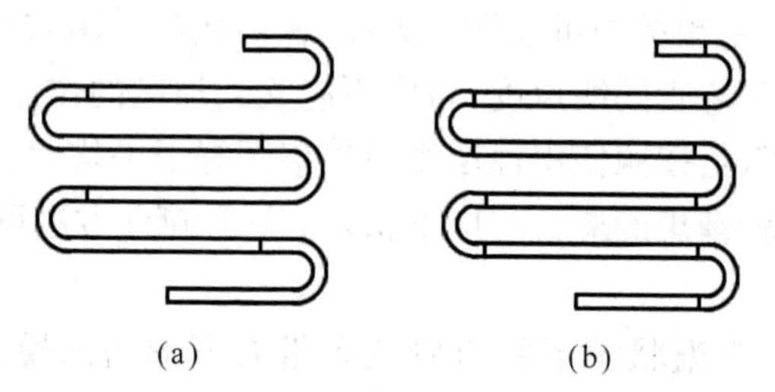

图 5.2.16　弯头元件与直管组装拼接焊成蛇形管

这两种方法的优点是弯管不需要大面积场地,采用的管子较短,材料利用率高。为提高下料精确度、下料速度和原材料利用率,可采用电子计算机编排管子套裁程序。套裁时规定在蛇形管弯头和焊有零件的部位不准有拼接接头,其余管段均可焊接(但最短不应小于 500 mm)。管子原材料先由自动装置测量其长度;将管子数量及长度送入计算机储存器中,再将蛇形管的展开长度和不允许有拼接接头的范围送入计算机,电子计算机经过运算即可得出下料拼接的最佳方案,并可操纵机器进行切管、弯管与焊接。这种方法可使蛇形管上接头数目最少,原材料的利用率高达 98.5% ~90%。

2. 用接长的直管连续弯制成蛇形管

这种方法是先把原料管子进行对接拼焊，接成符合蛇形管展开尺寸的长直管，然后再将长直管按程序控制依次进行弯曲，形成蛇形管，按这种方式制造蛇形管的生产线是专门设计布置的，适于批量生产。它包括自动选管机（选管及分类）、切管机、焊管机（摩擦焊或全位置等离子弧焊）、长管架及输送装置、液压双头弯管机（两方向弯管）等组成部分。设备台数多，占用厂房面积大，适于专业化批量生产，国内有些锅炉厂已建立了这类生产线。

3. 边弯管边接长制造蛇形管

在制造蛇形管的过程中，管子被一边弯曲一边接长（图 5.2.17）。在第 1 工作位置直管下料切断，而后在第 2 工作位置弯第一个弯头同时被送到工作位置 3；在第 3 工作位置进行管子接长并被送到工作位置 4，在第 4 工作位置弯第二个弯头并被送到第 5 工作位置；在第 5 工作位置再接长管子，接着再弯曲，再接长。如此弯曲、接长一直进行下去，直到达到所需弯曲个数和规格。

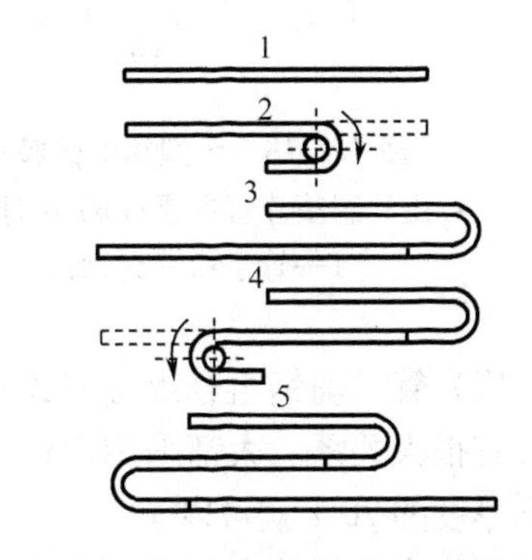

图 5.2.17　边弯管边接长制造蛇形管

1—直管；2—弯第一个弯头；3—管子接长；4—弯第二个弯头；5—管子接长

由于弯管和焊接过程只能依次进行，因此生产效率较低，占用厂房面积较大，目前应用较少。

四、膜式水冷壁制造工艺特点

随着锅炉技术的发展，膜式水冷壁已得到广泛应用，膜式水冷壁的制造可分为膜式水冷壁管排的制造、膜式水冷壁管排的组装与弯制。

1. 膜式水冷壁管排的制造

生产中采用的膜式水冷壁管排组合焊接的方法有三种，现简要介绍如下。

（1）鳍片管 + 鳍片管组合焊接

这种组合方式是把轧制成的鳍片管在其鳍片端部相互焊接起来，组成管排（图 5.2.18(a)）。焊接时可采用单面焊一次焊成，但必须保证其熔深大于鳍端厚度的 70% 以上。使焊缝能承受膜式水冷壁工作时的温度应力及疲劳应力。其焊接工作大都采用多头埋弧自动焊或气体保护焊。

这种方法的优点是制造过程简单，生产率高。但鳍片管成本高，而且在管径、管距选择上灵活性小。另外，轧制的鳍片管都比较短，所以组成的管排长度小，如欲加大，则需增加许多鳍片管焊接接头。

（2）光管 + 扁钢组合焊接

图 5.2.18(b) 给出了光管与扁钢组合焊接膜式水冷壁的情况。这种组合方式材料成本低，管径与管距的选择更换比较自由，因此得到了较广泛的应用。常用的焊接组合方式有三种：(1) 奇数双生法。先将光管两侧焊上扁钢，然后在两根焊好扁钢的管子中间加焊一根光管形成三管组。再在两个三管组中间加焊一光管，组成七管组，即按 1,3,7,15,…，顺序组合到所需尺寸。(2) 偶数双生法。先将两根光管中间焊上一条扁钢组成双管组，然后将两个双管组中间加焊一条扁钢，焊成四管组，按 2,4,8,16,…，顺序组合到需要的尺寸。(3) 多头同时焊接法。采用各种多头焊机同时进行管排中各扁钢与光管的焊接工作。采用这种方法一次就可焊成一片模式水冷壁管排。

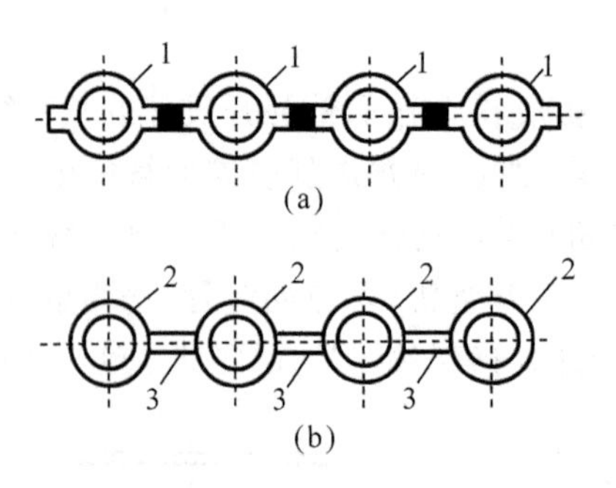

图 5.2.18　大型锅炉的膜式水冷壁

(a)由轧制鳍片管焊成;(b)由钢管加扁钢焊成

1—管子;2—扁钢;3—焊丝

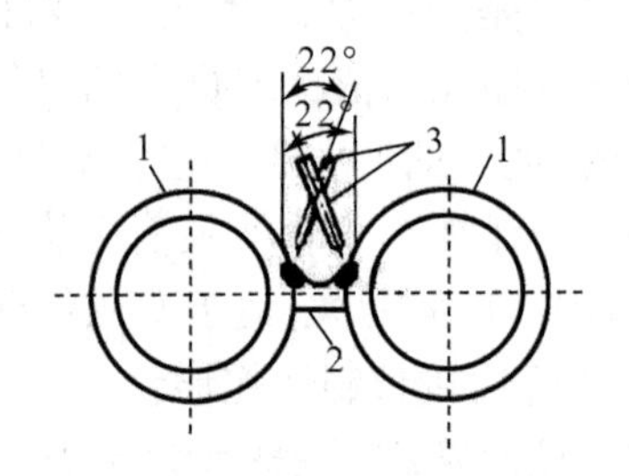

图 5.2.19　光管与扁钢组焊示意图

1—鳍片管;2—钢管;3—扁钢

采用光管+扁钢组合焊接方式时,扁钢与光管焊接的焊缝设计对于保证膜式水冷壁的质量具有很大关系。大都采用双面焊接的方法,但并不要求全部焊透,其总熔深只要不小于扁钢厚度的70%就可以了。

扁钢与光管焊接大都采用多头CO_2气体保护焊,为保证接头熔化均匀,焊丝应倾斜一定角度(图5.2.19),焊丝的间距约为40 mm左右。其焊接速度为50~55 m/s。

光管与扁钢组焊方法的主要缺点是接头多,效率低,工件要经常翻转。

(3)膜式水冷壁的高频焊接

利用频率为200~250 kHz的高频电流的集肤效应,使被焊钢管待焊侧面温度迅速增高而形成焊接热源(图5.2.20),用以焊接钢管和扁钢制成膜式水冷壁排管,在此钢管与扁钢是连续送进的,钢管侧面的加热被逐步升高,在三角形左端顶点达到最高温度,可以是半熔化状态或超过熔化温度,在挤压力作用下实现压焊结晶过程,扁钢和光管即可焊牢。高频焊接的特点是速度快,接头可靠,焊件不需要翻转,因此已得到较广泛的应用。但高频焊接消耗的电功率大并要注意选择合适的焊接工艺参数(夹角α及距离A,B等)。

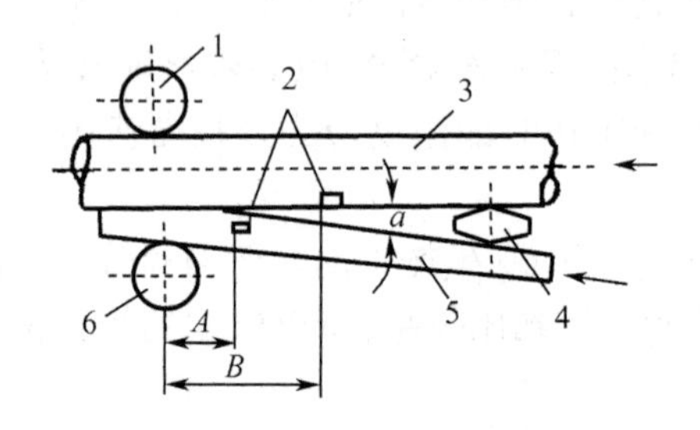

图 5.2.20　管子与扁钢的高频焊接示意图

1—靠轮;2—导电触点;3—管子;4—分角轮;5—扁钢;6—挤压轮

2. 膜式水冷壁管排的组装与弯制

把膜式水冷壁管排组装成管屏,一般都使用特制的装配装置,以便提高装配速度,保证装配质量。如设有气动推动管排机构的装配架,具有上下钳口可夹持两个管排,并有保证装配定位的可移动小车等,可保证逐段装配、定位和焊接。

膜式水冷壁管排的弯制,一般采用卧式或立式液压机进行,也可使用卷板机进行辊弯成型。生产批量较大的工厂,常采用专用的成排弯管机进行弯制。成排弯管机控制准确、弯管椭圆度小,操作方便,生产率高。

五、管件制造中的质量检验

锅炉钢管应按锅炉原材料入厂检验标准进行检验,未经检验或检验不合格者不准投产。

锅炉管件在下料、焊接、成型过程中应进行严格检验,主要检验项目如下。

(1)管子对接接头端面倾斜度 Δf(图 5.2.21),中低压锅炉应符合表 5.2.4 规定。

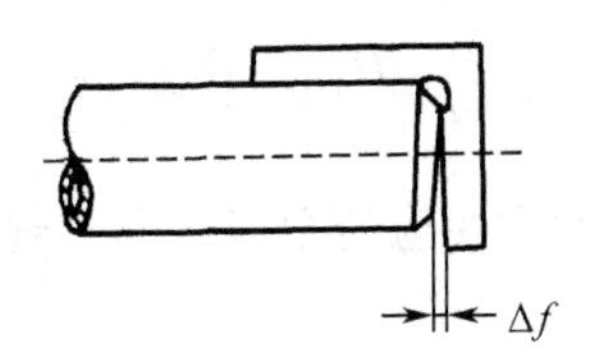

图 5.2.21　管子对接接头端面倾斜度

表 5.2.4　中低压锅炉管子对接接头端面的倾斜度

管子外径/mm	Δf/mm	
D≤108	手工焊	≤0.8
	机械化焊法	≤0.5
108 < D≤159	≤1.5	
D > 159	≤2	

(2)管子焊后直线度 ΔW,每米不应大于 2.5 mm(图 5.2.22);管子外径小于或等于 108 mm时,全长内最大 ΔW 不应大于 5 mm;管子外径大于 108 mm 时,全长内最大 ΔW 不应大于 10 mm,测量位置应距焊缝 50 mm 处。

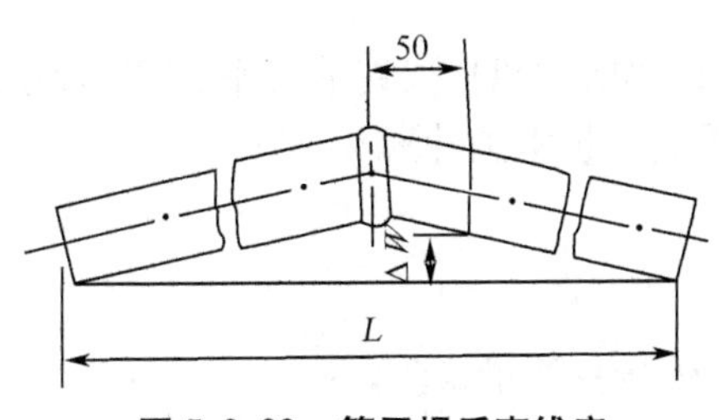

图 5.2.22　管子焊后直线度

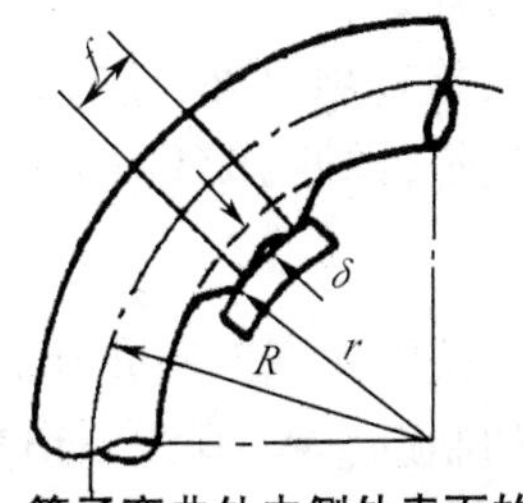

图 5.2.23　管子弯曲处内侧外表面的面轮廓度

(3)管子弯曲处内侧外表面的面轮廓度 δ(图 5.2.23)应符合表 5.2.5 的规定,轮廓峰的间距 P 应大于 4δ。

表 5.2.5　管子弯曲处内侧外表面的面轮廓度 δ

单位:mm

D	<76	76	76 < D≤108	133	159≤ D≤219	273≤ D≤325	377	>377
δ	≤2	≤3	≤4	≤5	≤6	≤7	≤9	≤2

(4)管子外径大于60 mm的弯管,其弯头应进行椭圆度检查,外径不大于60 mm的弯头允许抽查。应注意,管子的椭圆度计算方法和封头、锅筒的椭圆度计算方法有所不同。弯管允许的椭圆度见表5.2.6。

表5.2.6 弯管允许的椭圆度

弯管半径 R	$R \leqslant 1.4D$	$1.4D < R < 2.5D$	$R \geqslant 2.5D$
椭圆度 a	≤14%	≤12%	≤10%

$$a = \frac{D_{max} - D_{min}}{D}$$

(5)管子对接焊缝接头,焊后的内径应符合表5.2.7规定。

表5.2.7 管子对接焊缝接头内径标准

管子公称内径 D_n/mm	$D_n \leqslant 25$	$25 < D_n \leqslant 40$	$40 < D_n \leqslant 55$	$D_n > 55$
焊缝接头处内径	$\geqslant 0.75D_n$	$\geqslant 0.8D_n$	$\geqslant 0.85D_n$	$\geqslant 0.9D_n$

(6)管子外径D不大于60 mm的受热面管子,制成以后应进行通球试验,通球直径按表5.2.8规定。

表5.2.8 管子通球试验的通球直径

弯管半径 R	$R < 1.4D$	$1.4D \leqslant R < 1.8D$	$1.8D \leqslant R < 2.5D$	$2.5D \leqslant R < 3.5D$	$R_n > 3.5$
通球直径	$\geqslant 0.7D_n$	$\geqslant 0.75D_n$	$\geqslant 0.8D_n$	$\geqslant 0.85D_n$	$\geqslant 0.9D_n$

采用先弯曲后焊接的受热面管子时,通球直径可按表9.2.7与表9.2.8中规定的较小球径进行通球检查试验。

除上述主要检查项目外,还有管子弯头的平面度、蛇形管偏差、蛇形管平面度、管子弯头处壁厚减薄量等,详见JB/T 1611—1993《锅炉管子制造技术条件》。

- **任务实施**

该任务严格按照如下工序进行工艺卡编制。

1. 封管件的制造过程:画线→切割下料→弯管→焊接→质量检验。
2. 焊接方法选择。
3. 质量检验工具确定。

- **任务评量**

(厂　名)	零部件加工工艺卡	产品图号		零部件图号		(文件编号)	
		产品名称		零部件名称		共4页	第1页

重要度分级		材料标记移植		毛坯种类		毛坯尺寸		每毛坯可制件数		每台件数		备注	

工序号	控制形式	工序名称	工步	工序(工步)内容	车间	设备名称及型号	工艺装备名称及编号	工时	
								准终	单件
1	WP	准备		制造管子的材料须经检验部门按 JB/T 3375—2002《锅炉用材料入厂验收规则》的规定检验,检验不合格者不准投产。			标记移植工具		
2		放样	1	(1)放样时,平面弯曲的管子均需在平台上按图样进行。放样要求如下。①直段长度公差:当 $L \leqslant 500$ mm, $\Delta L \leqslant \pm 0.5$ mm;当 $L > 500$ mm, $\Delta L \leqslant \pm 1$ mm。②角度公差:$\Delta\alpha \leqslant 15'$。③管端位置偏移不应超过 2 mm。 (2)为了使放样准确,放样时须把与管子相连的锅筒线或集箱线画出。			放样平台及画线工具,角度尺、直尺、卡尺		
			2	放样经检查合格后,在弯管的起始弯点和终止点等点均应打样冲,并用油漆笔圈画出明显标记,用石笔画线时,尽量使石笔的内侧对齐样冲点中心。					
3	RP	检验		检验放样质量、样冲的位置。					
4	CP WP	试弯		试弯求下料长度。		弯管机			

按 JB/T 9165.2—1998《工艺规程格式》格式一

（厂　名）	零部件加工工艺卡	产品图号		零部件图号		（文件编号）	
		产品名称		零部件名称		共 4 页	第 2 页

重要度分级		材料标记移植		毛坯种类		毛坯尺寸		每毛坯可制件数		每台件数		备注	

工序号	控制形式	工序名称	工步	工序（工步）内容	车间	设备名称及型号	工艺装备名称及编号	工时	
								准终	单件
5		下料		根据确定的下料长度下料，并做材料标记移植。管子下料后去除毛刺。		切管机或锯床	标记移植工具		
6	RP	检验		检查下料长度及下料质量。 （注：管子长度足够时或需先弯后拼接时，直接进入工序 9）			卷尺		
7	RP	管端加工		拼接端按焊接工艺要求进行坡口加工。拼接端端面倾斜及错边、削薄等均应符合 GB/T 16507.5—2013、CIBB 4.6—2007《工业锅炉通用工艺守则　管子弯制》的有关规定。		管端加工机			
8	RP	拼接		水冷壁、连接管、锅炉范围内管道等管子的拼接应符合 GB/T 16507.5—2013、CIBB 4.6—2007 的规定。					
			1	清除拼接端氧化皮及其他杂物，直至露出金属光泽。 清理范围：外侧距坡口边缘 10 mm，内侧距坡口边缘 5 mm。					
	CP WP		2	管子拼接，并在焊缝附近打焊工代号钢印或采用其他标记方法进行焊工标记。焊接按焊接工艺卡进行。		焊机			

按 JB/T 9165.2—1998《工艺规程格式》格式一

(厂　名)	零部件加工工艺卡	产品图号		零部件图号		(文件编号)	
		产品名称		零部件名称		共4页	第3页

重要度分级		材料标记移植		毛坯种类		毛坯尺寸	每毛坯可制件数		每台件数		备注	

工序号	控制形式	工序名称	工步	工序(工步)内容	车间	设备名称及型号	工艺装备名称及编号	工时	
								准终	单件
	RP		3	通球应符合 GB/T 16507.6—2013 的规定。			钢球		
	HP		4	检查管子拼接质量(按焊接工艺卡)、光谱检测。		光谱仪	焊缝尺		
9	RP	弯制		管子的弯制按 CIBB 4.6—2007 进行弯制。		弯管机			
10		管端加工		与工序7相同。		管端倒角机			
11	CP WP	拼接		与工序8相同。		焊机			
12		矫正		对管子进行矫正。		平台、校管工具			
13	HP	检验		首件应全面检查,批量时应抽查。按 GB/T 16507.5—2013、GB/T 16507.6—2013、CIBB 4.6—2007 的有关规定进行检验。包括通球、无损检测、弯头内侧波纹幅度和波距、圆度等。					
14		管端加工		切除管端余量、旋头倒角,其要求同工序7。 (注:厂内组装锅炉时直接进入工序18)		管端倒角机			
15		焊配合件		按图样及 GB/T 16507.5—2013 规定焊配合件。					

按 JB/T 9165.2—1998《工艺规程格式》格式一

（厂　名）	零部件加工工艺卡	产品图号		零部件图号		（文件编号）	
		产品名称		零部件名称		共 4 页	第 4 页

重要度分级		材料标记移植		毛坯种类		毛坯尺寸	每毛坯可制件数		每台件数		备注	

工序号	控制形式	工序名称	工步	工序（工步）内容	车间	设备名称及型号	工艺装备名称及编号	工时	
								准终	单件
			1	画配合件位置线。			画线工具		
			2	定位焊配合件。		焊机			
	CP		3	焊接。					
	WP		4	按 GB/T 16507.5—2013 规定检查配合件焊接件质量。			焊缝尺		
16	CP HP	水压试验		按 GB/T 16507.6—2013、CIBB 4.18—2007《工业锅炉通用工艺守则　水压试验》的有关要求进行。试验后，清除内部的积水等。		水压泵	压力表		
17		涂装包装		按 JB/T 1615—1991《锅炉油漆和包装技术条件》、CIBB 4.20—2007《工业锅炉通用工艺守则　涂装与包装》的有关规定进行。					
18	RP	检验		检验涂装、包装质量。					
19		入库		产品入库或待装。					

按 JB/T 9165.2—1998《工艺规程格式》格式一

- **复习自查**

1. 管子弯曲时断面发生怎样的变形？什么叫管子的椭圆度？
2. 说明无芯弯管的工作原理及其有哪些特点？
3. 管子在整个制造过程中的检验项目有哪些？其合格标准是什么？

任务三 锅炉辅助部件制造工艺

• 学习目标

知识:掌握集箱制造工艺特点与锅筒的异同;熟悉锅壳式锅炉制造工艺。

技能:熟练进行集箱拼接、开孔工艺操作;精准制定锅炉辅助部件制造工艺卡。

素养:建立良好学习创新的习惯;善于使用新工艺、新技术。

• 任务描述

现有 75 t/h 循环流化床锅炉省煤器集箱结构尺寸为 $\phi159\times10$ mm、长度为 3 120 mm,按照锅炉管件的制造工艺准确选择工艺方法,进行模拟操作,并编制省煤器集箱制造工艺卡。

• 知识导航

一、集箱的制造工艺特点

1. 集箱的拼接及开孔

集箱一般用大口径无缝钢管制成,为了节约原材料,必要时允许拼接。拼接时最短一节长度应不小于 500 mm。集箱上拼接环缝总数规定如下:当集箱长度 L 小于或等于 5 m 时,不得超过一条;当 5 m $<L\leqslant$10 m 时,不得超过 2 条;当 $L>$10 m 时,不得超过 3 条。

集箱拼接时的对接焊缝边缘应尽量对齐,其边缘偏差应符合规定(图 5.3.1)。

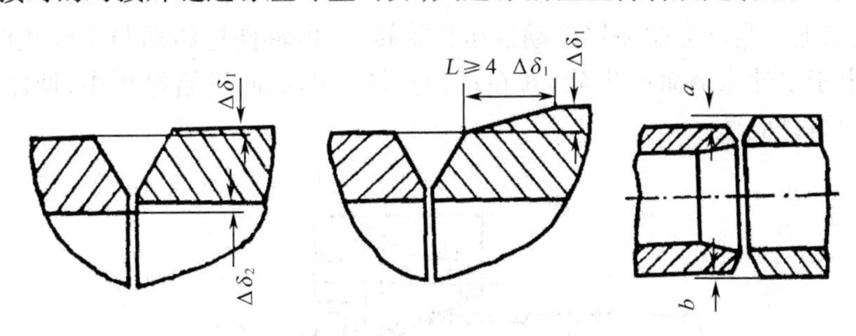

图 5.3.1 集箱拼接对接焊缝边缘差

(1)外侧边缘偏差 $\Delta\delta_1$ 不得大于 10% 壁厚加 0.5 mm,且不大于 4 mm。边缘偏差超出上述规定时应削薄,削薄长度至少应为削薄厚度的 4 倍。

(2)内侧边缘偏差 $\Delta\delta_2$ 不得大于 10% 壁厚加 0.5 mm,且不得大于 1 mm。边缘偏差超出上述规定时应削薄,削薄长度至少应为削薄厚度的 4 倍。

(3)公称外径相同,而实际外径不同的筒体对接时,除需满足(1)(2)条要求外,为了尽量对准中心和焊缝坡口,要求 $a-b\leqslant2$ mm。

集箱上的管孔一般不应开在焊缝上,并应避免管孔焊缝与相邻焊缝的热影响区重合,如不能避免时,必须同时满足以下条件才可在焊缝及其热影响区开孔。

(1)管孔中心四周 1.5 倍管孔直径(如管孔直径小于 60 mm,则取 $0.5d+60$ mm)范围内的焊缝经射线探伤合格,且孔边不应有缺陷。

(2)管接头焊后经热处理或局部热处理消除应力。

集箱上管接头高度:对中低压锅炉不得小于 50 mm;对高压锅炉不得小于 70 mm。

集箱长度偏差(包括端盖)ΔL 应符合下列规定:对中低压锅炉 $\Delta L \leqslant \pm 8$ mm,对高压锅炉,当集箱长度 $L \leqslant 10$ m 时,$\Delta L \leqslant ^{+4}_{-8}$ mm;当 10 m $< L \leqslant 20$ m 时,$\Delta L \leqslant ^{+6}_{-10}$ mm;当 $L > 20$ m 时,$\Delta L \leqslant ^{+8}_{-12}$ mm。对采用旋压端盖的集箱,其长度偏差按上述规定加大 50%。

集箱的拼接一般采用手工电弧焊或埋弧自动焊焊接,手工电弧焊生产率较低,质量也不易保证,但在工业锅炉生产中仍是主要的拼接方法。采用埋弧自动焊时,由于集箱直径较小,熔池易流失,焊剂不易保持,近年来对厚壁集箱采用窄间隙气体保护电弧焊方法,可得到较好效果。

2. 集箱封头制造工艺

目前集箱封头一般为两种形式,平封头(平端盖)及凸形封头,传统的集箱封头大都采用平端盖(图 5.3.2)。这种封头在内压力作用下弯曲应力较大,需用较厚钢材制造,而且需经机械加工和准备焊接坡口,焊接工作量大,而且与筒体连接的环焊缝需经 X 射线探伤,拍片工作量大,难度也较大,无法适应锅炉生产要求。近年来发展了集箱封头的热塑新工艺,不仅解决了探伤难题,而且简化了制造工艺。

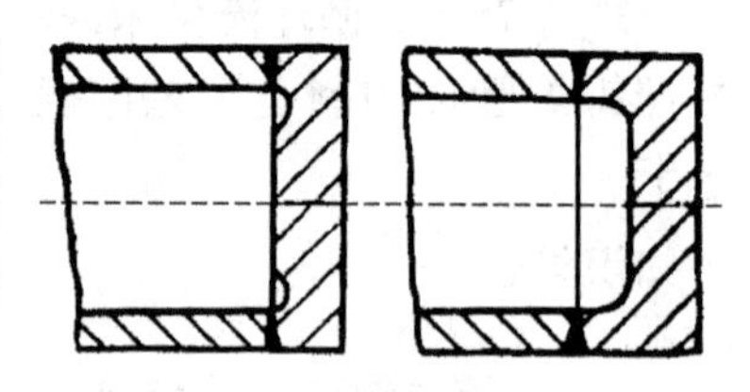

图 5.3.2 集箱平端盖

热塑型集箱可采用热旋压或锻压,目前各厂大都采用热旋压。图 5.3.3 为集箱封头热旋压示意图。这种旋压机由动力头、驱动箱、旋压头、机架等部分组成。旋压头由一个成型滚压轮两个托轮组成。将集箱管端(长 100 ~ 150 mm)在专用炉中加热至 1 000 ~ 1 100 ℃后,夹紧在机架上。当动力驱动箱带动旋压头旋转,并做轴向进给而与工件接触时,成型滚压轮和托轮由于工件摩擦而产生旋转,在动力头缓慢的轴向进给过程中,使已加热的集箱管口经旋压而缩口成形。

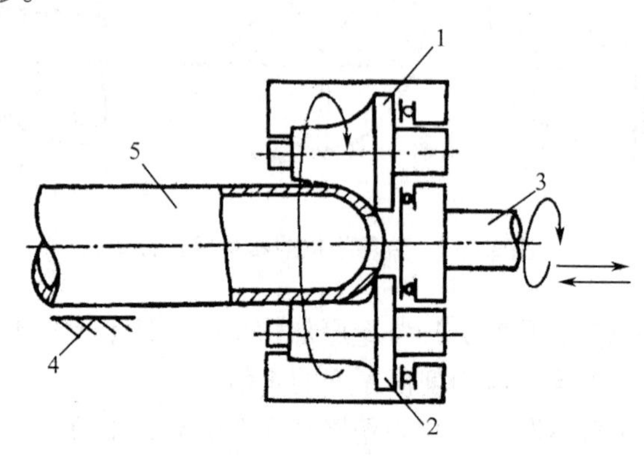

图 5.3.3 集箱封头热旋压示意图

1—成型滚压轮;2—托轮(二个);3—动力头轴;4—机架;5—集箱

图 5.3.4 为集箱热锻压示意图,将集箱管端加热后,固定于支架上,由摩擦压力机或液压机用球形压模快速锻压,缩口成为球形(图 5.3.4(a))。或将集箱在需热缩处加热后沿轴旋转,在锻压机上用二半模做上下运动,即可一次热缩成所需封头形状。热缩后切开分为两个(图 5.3.4(b))。

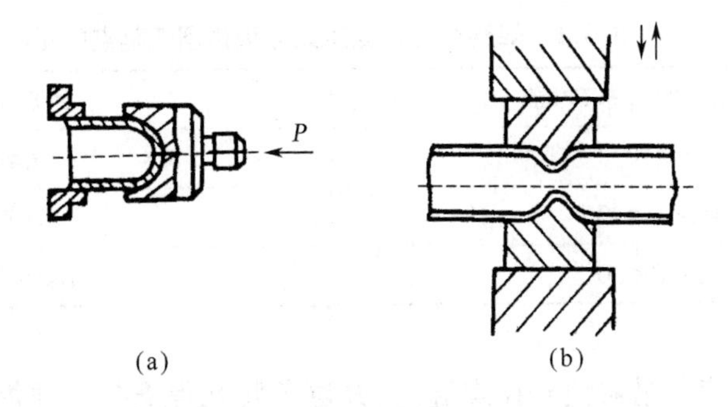

图 5.3.4 集箱热锻压示意图

3. 集箱制造中的质量检验

制造集箱用的钢材和焊接材料必须经检查部门按 JB 3375—2017 的规定进行入厂检验,未经检验或检验不合格者不准投产。

制造集箱用钢材在下料、焊接、成型过程中应进行严格检验,主要检验项目如下。

(1)集箱管子与封头端面倾斜度 Δf 应符合 JB/T 1609—1993《锅炉锅筒制造技术条件》的要求。

(2)直线度 ΔW,当全长 L 不大于 20 m 时不超过 1.0 mm/m,当 L 大于 20 m 时不超过20 mm。

(3)管孔中心距偏差按 JB/T 1623—1992《锅炉管孔中心距尺寸偏差》。

(4)管接头的纵向倾斜度和横向倾斜度均不大于 1.5 mm;管接头的端面倾斜度不大于 1 mm;单个管接头的高度偏差不超过 ±3 mm。

(5)成排管接头中相邻两管接头管端节距 P 的偏差 ΔP 不超过 ±3 mm,任意两管接头管端节距 P 的偏差 ΔP 不超过 ±6 mm。

(6)成排等高管接头的高度偏差、法兰端面倾斜度及支吊架基准线间距离偏差等见 JB/T 1610—1993《锅炉集箱制造技术条件》的有关规定。

二、锅壳锅炉受压元件制造技术要求

1. 管板(封头)制造技术要求

管板是锅壳式内燃锅炉承受内压的重要部件,是高温烟气直接通过的地方,热变形较大。因此,管板的加工质量直接影响锅炉的使用寿命和安全。

(1)管板有平管板和拱形管板两种形式。管板允许拼接,拼接及连接焊缝应采用双面对接焊。管板拼接焊缝数量应符合以下规定。

①公称内径 D_n 不大于 2 200 mm 时,拼接焊缝不多于 1 条。

②公称内径 D_n 大于 2 200 mm 时,拼接焊缝不多于 2 条。

(2)管板上焊缝位置的布置应满足以下要求:管板上整条拼接焊缝不得布置在扳边圆弧上,切不得通过扳边孔。封头上的拼接焊缝应符合 JB/T 1609—1993 的规定。焊缝中心至受压元件扳边圆弧起点的距离应符合表 5.3.1 的规定。

表 5.3.1　焊缝中心至受压元件扳边圆弧起点的距离

扳边元件的壁厚 S/mm	距离 L/mm
$S \leqslant 10$	$L \geqslant 25$
$10 < S \leqslant 20$	$L \geqslant S + 25$
$20 < S \leqslant 50$	$L \geqslant S/2 + 25$

(3)焊接管孔应尽量避免开在焊缝上,并避免管孔焊缝与相邻焊缝的热影响区互相重合。如不能避免时,须同时满足下列条件,方可在焊缝上及其热影响区内开孔。

①管孔中心四周 1.5 倍管孔直径(若管孔直径小于 60 mm,则取 $1/2d + 60$ mm)范围内的焊缝,经射线探伤合格,且管孔边缘处焊缝没有夹渣。

②管接头焊接后经热处理或局部热处理消除应力。

(4)在受压元件主要焊缝上及其热影响区内,应避免焊接零件。不能避免时,焊接零件的焊缝可穿过主要焊缝,而不要在焊缝上及其热影响区域终止,以避免在这些部位发生应力集中。

(5)管板扳边圆弧最薄处的厚度不得低于其设计计算厚度的 0.85 倍。

(6)管板扳边孔直段减薄,当没有加强圈且不可能加强时,其直段边缘的厚度不得小于元件设计计算厚度的 0.7 倍。

(7)管板压制成形后,表面上不允许有裂纹,如有裂纹和裂口应按下述规定处理。

①凡因钢板不符合质量要求及过烧而造成的裂纹和裂口不得补焊。

②凡确实不属于上述原因造成的裂纹和裂口均可补焊,补焊后需进行无损探伤检查。

③冲压封头、管板上的凹陷深度在 0.5 mm 至板厚的 10% 范围内,应修磨成圆滑过渡,超过板厚的 10% 时应补焊磨平,并进行无损探伤检查。

(8)管板、封头的内径偏差,管板、封头的同一断面最大直径与最小直径之差,管板的平面度,均不超过表 5.3.2 的规定。

表 5.3.2　管板、封头几何偏差

单位:mm

公称内径 D_n	内径偏差	同一断面最大直径与最小直径之差	管板平面度
$D_n \leqslant 1\ 000$	${}^{+3}_{-2}$	3	2
$1\ 000 < D_n \leqslant 1\ 500$	${}^{+5}_{-3}$	4	3
$1\ 500 < D_n \leqslant 1\ 800$	${}^{+7}_{-5}$	5	4
$1\ 800 < D_n \leqslant 2200$	${}^{+7}_{-5}$	7	6
$2\ 200 < D_n \leqslant 2\ 500$	${}^{+7}_{-5}$	9	8
$D_n > 2\ 500$	${}^{+7}_{-5}$	11	10

(9)管板总高 H(图 5.3.5)的偏差应均不超过 $^{+5}_{-3}$mm。封头总高 H(图 5.3.6)的偏差应不超过 $^{+10}_{-3}$mm。

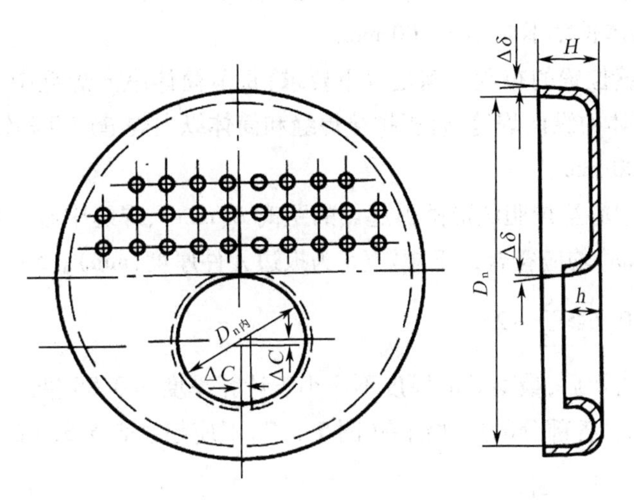

图 5.3.5　管板尺寸偏差

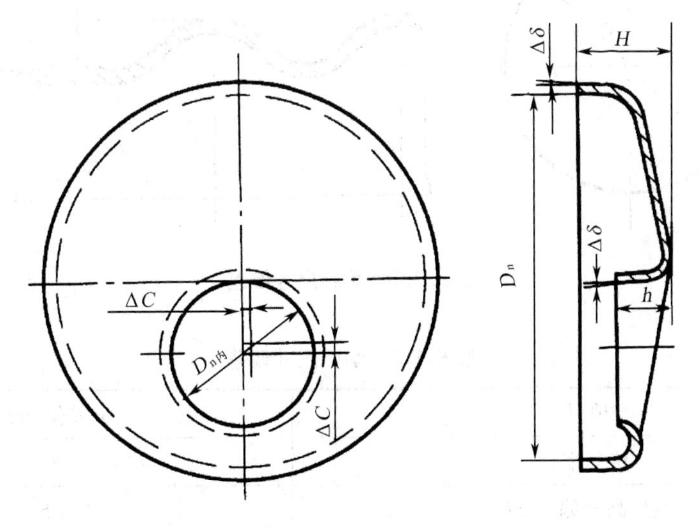

图 5.3.6　封头尺寸偏差

(10)管板、封头扳边孔中心线的偏差 ΔC(图 5.3.5、图 5.3.6)不应超过 5 mm。扳边孔高 h 的偏差不超过 ±3 mm。人孔长短轴的偏差不超过 $^{+4}_{-2}$ mm。

(11)管板或封头上的炉胆孔内径 $D_{n内}$ 的直径偏差均应不超过表 5.3.2 的规定。同一断面上最大直径与最小直径之差均不超过 $D_{n内}$ 的 0.5%。

2. 炉胆制造技术要求

炉胆是锅壳内燃锅炉承受外压的重要部件,是火焰和高温烟气直接通过的地方,热变形较大。因此炉胆的加工质量直接影响锅炉的使用寿命和安全。

(1)炉胆有平直型、波型和平直波型组合型。炉胆允许拼接,拼接及连接焊缝应采用双面对接焊。炉胆纵向焊缝数量应符合以下规定。

①公称内径 D_n 不大于 1 800 mm 时，拼接焊缝不多于 2 条。

②公称内径 D_n 大于 1 800 mm 时，拼接焊缝不多于 3 条。

③最短一节筒体长度不应小于 300 mm。

（2）炉胆上焊缝位置的布置应满足以下要求：每节筒体纵向焊缝中心线间的弧长不小于 300 mm；相邻筒体的纵向焊缝、管板拼接焊缝和筒体纵向焊缝应互相错开，且两焊缝中心线间弧长不小于 100 mm。

（3）炉胆焊缝中心至炉胆波形圆弧起点的距离 L(mm)、焊缝中心至受压元件扳边孔的扳边圆弧起点 L(mm)均应符合以下规定（S 为扳边元件厚度，mm）。$S<10$，$L\geqslant 25$；$10\leqslant S\leqslant 20$，$L\geqslant S+15$；$S>20$，$L\geqslant \frac{S}{2}+25$。

（4）炉胆波形成形后，最薄处的厚度不应小于计算厚度的 0.85 倍。

（5）炉胆制成后，各部分的尺寸偏差（图 5.3.7）不应超过表 5.3.3 的规定。

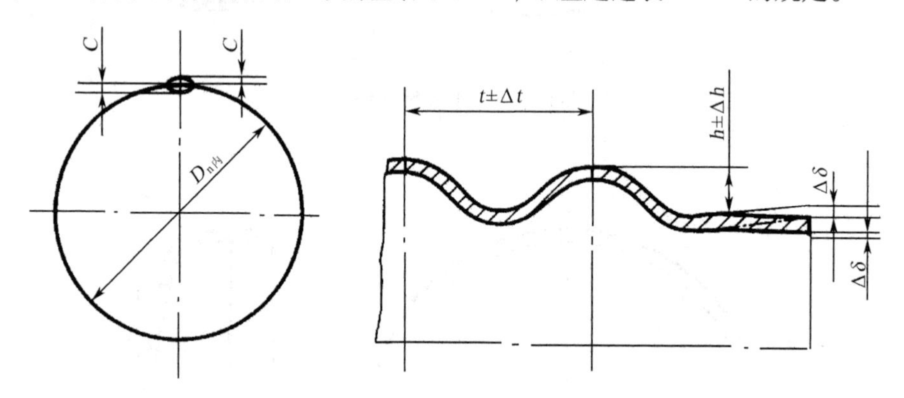

图 5.3.7　炉胆尺寸偏差

表 5.3.3　炉胆尺寸偏差

项目	偏差值/mm
棱角度 c	3
波形高度偏差 Δh	±5
波形直段和扳边孔直段倾斜 $\Delta\delta$	3
波距偏差 Δt	±10
扳边孔中心线偏移	6
立式炉胆高度偏差	±5

波形炉胆可用两种方法制造，一种是先制成几段平直形炉胆，再热压伸缩环；以后再将伸缩环与平直炉胆装配焊接而成。这种方法工序多，生产效率低。另一种方法是在专用设备上将平直炉胆加热滚压成形。图 5.3.8 是行星滚轮内旋压波形炉胆示意图。

行星滚轮内旋压波形炉胆可在卷板机上进行。把旋轮 3 粘接在卷板机主轴 4 上，工件

1 加热后和滚筒 2 按图 5. 3. 8 所示安装在卷板机上，卷板机主轴 5、6 由卷板机主电机传动机构带动做同向转动。卷板机主轴 4 由卷板机副机传动机构带动可上下移动，做进给运动，当 5、6 轴做同向运动时，装在卷板机主轴 5、6 上的滚筒 2 在擦摩力的作用下也做同向转动。副电机启动后使卷板机主轴 4 向下做进给运动，旋轮 3 和工件 1 接触后产生正压力，在摩擦力的作用下使旋轮 3 和工件 1 沿着滚筒 2 的内环做行星滚动。设计的滚筒 2 和旋轮 3 的波形与炉胆的波形相同。当卷板机主轴 4 不断向下做进给运动时，工件产生塑性变形而旋压成形。

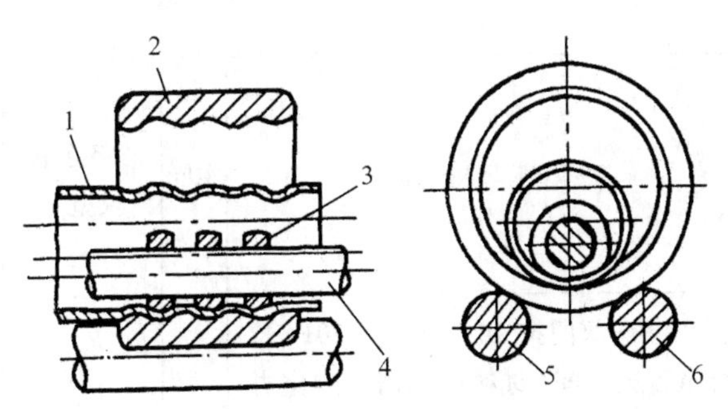

图 5.3.8　行星滚轮内旋压波形炉胆示意图

1—工件;2—滚筒;3—旋轮;4,5,6—卷板机主轴

- **任务实施**

该任务严格按照如下工序进行工艺卡编制。

1. 集箱拼接工艺。
2. 集箱开孔工艺。
3. 集箱封头制造工艺。
4. 集箱制作质量检验工艺。

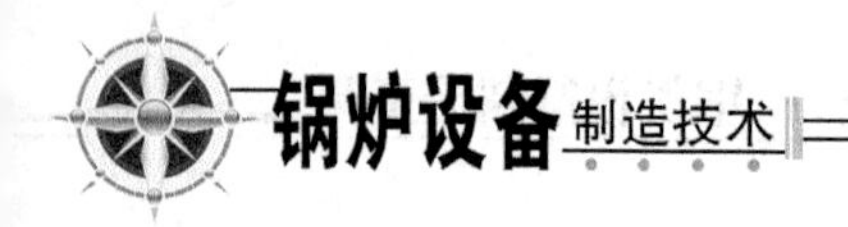

- **任务评量**

（厂　名）	零部件加工工艺卡	产品图号		零部件图号		（文件编号）	
		产品名称		零部件名称		共6页	第1页

重要度分级		材料标记移植		毛坯种类		毛坯尺寸		每毛坯可制件数		每台件数		备注	

工序号	控制形式	工序名称	工步	工序（工步）内容	车间	设备名称及型号	工艺装备名称及编号	工时	
								准终	单件
1	WP	准备		材料经检查部门按 JB/T 3375—2017 检验合格后进车间（材料代用需按规定办理材料代用手续）。					
2		画线	1	按图样画下料线，下料尺寸为集箱名义长度＋余量（余量包括机加工余量、缩口余量、弯管用直段余量等，需要拼接时，再加拼接端机加工余量）。下料偏差为 $+_{0}^{5}$ mm。					
			2	材料钢印标记移植。					
3	RP	检验		检查画线及钢印移植的正确性。			卷尺		
4		下料		下料，按 CIBB 4.2—2007 的规定执行。					
5	RP	检验		检验下料长度、下料质量。			卷尺		
6		矫正		检查集箱管直线度 ΔW，当直线度不符合要求时，校直。		压力机			
7		机加工		集箱管端部机加工。坡口形式按焊接工艺卡要求，集箱管长度偏差、端面倾斜度按 CIBB 4.2—2007 的相应规定。		车床或镗床			
8	RP	检验		检查集箱管端部加工质量及坡口形式与尺寸。 （注：无拼接的集箱管直接进入工序 14）					

按 JB/T 9165.2—1998《工艺规程格式》格式一

(厂　名)	零部件加工工艺卡	产品图号		零部件图号		(文件编号)	
		产品名称		零部件名称		共6页	第2页

重要度分级		材料标记移植		毛坯种类		毛坯尺寸	每毛坯可制件数		每台件数		备注	

工序号	控制形式	工序名称	工步	工序(工步)内容	车间	设备名称及型号	工艺装备名称及编号	工时	
								准终	单件
9	RP	拼接	1	清除距坡口 15 ~ 25 mm 范围内的油污、锈蚀等,使之露出金属光泽。		(风动)砂轮			
			2	若拼接处有隔板应先将隔板定位、焊接、无损检测完毕。		焊机			
			3	用定位板点焊牢固两集箱管,不允许在坡口内定位焊。对接边缘偏差 $\Delta\delta$ 应符合 JB/T 1613—1993 的规定。焊接间隙按焊接工艺卡要求。					
10	RP	检验		按工序 9 要求检查。					
11	CP WP	焊接	1	按焊接工艺卡要求焊接。		焊机			
			2	清除熔渣和飞溅。					
			3	去除定位板。					
			4	打焊工代号钢印					
			5	修磨焊缝两侧及定位焊疤。					
12	RP	检验		按图样、技术条件及焊接工艺检查焊缝质量。定位板去除后表面检测(需作表面检测时)合金钢打光谱检测。		探伤机 光谱仪	焊缝尺		
13		矫正		检查集箱管直线度 ΔW,当不符合要求时,应校直。		压力机			

按 JB/T 9165.2—1998《工艺规程格式》格式一

（厂　名）	零部件加工工艺卡	产品图号		零部件图号		（文件编号）	
		产品名称		零部件名称		共6页	第3页

重要度分级		材料标记移植		毛坯种类		毛坯尺寸	每毛坯可制件数		每台件数		备注	

工序号	控制形式	工序名称	工步	工序（工步）内容	车间	设备名称及型号	工艺装备名称及编号	工时	
								准终	单件
14		画线		画集箱管四中线。（注：无缩口的集箱直接进入工序20。）					
15	CP	缩口		集箱管端部加热缩口按图样及CIBB 4.8—2007《工业锅炉通用工艺守则　管端缩口》要求进行。缩口集箱管两端椭圆孔轴线应与集箱四中线相对应并保持方向一致。		加热设备 缩口机	缩口模		
16	RP	检验		按工序15要求检验。			缩口样板		
17		装配	1	修磨手孔，除油污、锈蚀等杂物，装配定位焊手孔加强圈。		焊机			
			2	按要求检查装配质量。					
18	CP WP	焊接		按焊接工艺卡要求焊接手孔加强圈，并打焊工代号钢印。		焊机			
19	HP	检验		检查焊缝外观质量（表面检测）。合金钢焊缝光谱检查。 （注：无管接头集箱直接进入工序24）		探伤仪 光谱仪			
20		画线	1	复校集箱管四中心线，画管孔线。		数控钻床	画线工具		
			2	打样冲眼，孔距偏差按CIBB 4.16—2007《工业锅炉通用工艺守则　管孔机加工》中有关画线公差要求。		数控钻床			

按JB/T 9165.2—1998《工艺规程格式》格式一

(厂　名)	零部件加工工艺卡	产品图号		零部件图号		(文件编号)	
		产品名称		零部件名称		共 6 页	第 4 页

重要度分级		材料标记移植		毛坯种类		毛坯尺寸		每毛坯可制件数		每台件数		备注	

工序号	控制形式	工序名称	工步	工序(工步)内容	车间	设备名称及型号	工艺装备名称及编号	工时 准终	工时 单件
21	RP	检验		检查画线的正确性。					
22		钻孔		钻孔按图样及 CIBB 4.16—2007 中有关规定执行。		钻床、镗床	钻孔夹具		
23	RP	检验		按工序 22 检查钻孔质量、管孔尺寸及中心距偏差等。(注:无端盖集箱直接进入工序 28)			游标卡尺		
24		装配	1	清除距坡口 15 ~ 20 mm 范围内的油污、锈蚀等,使之露出金属光泽。		焊机			
			2	用定位板定位焊牢固端盖,不允许在坡口内定位焊。					
	RP			$\Delta\delta$ 应符合 JB/T 1613—1993 的规定。焊接间隙按焊接工艺卡要求。					
25	RP	检验		按工序 24 要求检查。					
26	CP WP	焊接	1	按焊接工艺卡要求焊接。		焊机			
			2	清除焊接熔渣和飞溅。					
			3	去除定位板。					
			4	打焊工代号钢印。					

按 JB/T 9165.2—1998《工艺规程格式》格式一

(厂　名)	零部件加工工艺卡	产品图号		零部件图号		(文件编号)	
		产品名称		零部件名称		共6页	第5页

重要度分级		材料标记移植		毛坯种类		毛坯尺寸	每毛坯可制件数		每台件数		备注	

工序号	控制形式	工序名称	工步	工序(工步)内容	车间	设备名称及型号	工艺装备名称及编号	工时 准终	工时 单件
			5	修磨焊缝及定位焊疤痕。					
27	RP	检验		按图样、技术条件及焊接工艺检查焊缝质量。合金钢进行光谱检测。 (注:对无管接头集箱进入工序31)		光谱仪	焊缝尺		
28		装配	1	清除管孔及管接头待焊区10~15 mm范围内的油污、锈蚀等杂物,直至露出金属光泽。		焊机			
			2	管座、管接头等拉线找正,装配定位焊。					
	RP		3	检验装配质量。管接头纵向及横向倾斜不超过1 mm,管接头管端节距偏差及管座法兰螺栓孔偏移、法兰的端面倾斜度等均按JB/T 1610—1993的要求。					
29	CP WP	焊接		按焊接工艺卡焊接管接头、管座等零件,清除焊接熔渣、飞溅,打焊工代号钢印。		焊机			
30	HP	检验		按焊接工艺卡及JB/T 1610—1993、JB/T 1613—1993的要求检查焊缝质量及管接头的倾斜度、节距偏差等。合金钢进行光谱检查。 (注:无附件集箱直接进入工序33。)		光谱仪	焊缝尺		
31		装配	1	画线装配耳板、支座等集箱附件并定位焊。		焊机			

按JB/T 9165.2—1998《工艺规程格式》格式一

(厂　名)	零部件加工工艺卡	产品图号		零部件图号		(文件编号)	
		产品名称		零部件名称		共6页	第6页

重要度分级		材料标记移植		毛坯种类		毛坯尺寸	每毛坯可制件数		每台件数		备注	

工序号	控制形式	工序名称	工步	工序(工步)内容	车间	设备名称及型号	工艺装备名称及编号	工时 准终	工时 单件
			2	焊接完毕并清除熔渣、飞溅,打焊工代号钢印。					
32	RP	检验		按图样及JB/T 1610—1993、JB/T 1613—1993的要求检查。(无焊后热处理要求时,直接进入工序35)					
33		矫正		检查集箱管直线度ΔW,当直线度不符合要求时,应校直。也可采用热校直,热校直温度按工艺规定进行。		压力机			
34	CP WP	热处理		按JB/T 1613—1993的规定及有特殊要求集箱进行焊后热处理,具体要求按CIBB 4.14—2007《工业锅炉通用工艺守则　受压元件焊后热处理》的规定。		热处理设备	测温仪		
35		校直		集箱直线度应符合JB/T 1610—1993的要求,超过时应进行校直。		压力机			
36	HP	水压试验		水压试验按CIBB 4.18—2007规定进行。		水压泵	压力表		
37		气割		气割去除管接头水压试验封板,留齐头倒角余量约5 mm。		气割机			
38		齐头		管接头齐头倒角。		钻床、镗床	刮刀		
39	HP	检验		按图样及JB/T 1610—1993要求全面检查。					
40		涂装与包装		清理集箱内部,封闭手孔。按CIBB 4.20—2007的规定,进行涂装与包装,检验合格后入库。					

按JB/T 9165.2—1998《工艺规程格式》格式一

• **复习自查**

1. 集箱的作用是什么？集箱制造过程的技术要求是什么？
2. 管板和炉胆制造技术要求和合格标准是什么？
3. 波形炉胆的作用是什么？有几种成形方法？简述波形炉胆制造工艺过程。